电子测量技术

朱　云　王洪伟　陈　嵩
梁　坤　张　丹　王明江　主编

教学课件　　　　　习题答案

清 华 大 学 出 版 社
北京交通大学出版社
·北京·

内 容 简 介

本书在讲述电子测量基本概念、测量不确定度和测量数据处理知识的基础上，重点讲述了时间、频率、电压、阻抗、波形、频谱等基础电量和信号特性的测量原理和方法，详细介绍了电子计数器、数字电压表、信号发生器、数字存储示波器、频谱分析仪、网络分析仪及逻辑分析仪等常规测量仪器的结构和原理，系统介绍了测量自动化技术的发展历程及最新进展。

本书是根据作者及其所在电子测量课程组全体教师多年来从事电子测量教学工作的体会，在历年的讲稿和讲义的基础上，借鉴国内外有关资料、教材的优点，结合电子测量所涵盖的各个测量领域的新技术、新方法，并充分吸收测量领域的最新发展成果编写而成的。本书内容取舍恰当，既突出技术性、新颖性，又不失必要的理论基础；对于测量原理的讲述，力求重点突出、条理清晰、深入浅出，强调启发性，培养学生的创新精神；对于测量方法，则侧重于归纳和比较。

本书主要面向高等学校电子信息类本科生而写，可作为高校通信、电子、自动化、电气等专业教材，也可作为在职专业人员的继续教育教材或相关工程技术人员的参考、培训教材。

图书在版编目（CIP）数据

电子测量技术 / 朱云等主编 . —北京：北京交通大学出版社：清华大学出版社，2023.11

ISBN 978-7-5121-4828-4

Ⅰ.①电…　Ⅱ.①朱…　Ⅲ.①电子测量技术　Ⅳ.①TM93

中国版本图书馆 CIP 数据核字（2022）第 203195 号

电子测量技术

DIANZI CELIANG JISHU

责任编辑：严慧明　　特约编辑：师红云

出版发行：清华大学出版社　　邮编：100084　　电话：010-62776969　　http://www.tup.com.cn

　　　　　北京交通大学出版社　　邮编：100044　　电话：010-51686414　　http://www.bjtup.com.cn

印 刷 者：北京时代华都印刷有限公司

经　　销：全国新华书店

开　　本：185 mm×260 mm　　印张：26.5　　字数：612 千字

版 印 次：2023 年 11 月新 1 版　　2023 年 11 月第 1 次印刷

定　　价：69.90 元

本书如有质量问题，请向北京交通大学出版社质监组反映。对您的意见和批评，我们表示欢迎和感谢。

投诉电话：010-51686043，51686008；传真：010-62225406；E-mail：press@bjtu.edu.cn。

前　言

在科学研究中，科学是从测量开始的，没有测量就没有科学，科学技术的重大发现和创新离不开测量与仪器。在人类的生产生活中，没有测量，就无法开展生产；没有测量，就不能完成产品的买卖。同时，随着测量手段的提高，测量结果越来越准确，产品的生产质量也随之提高，进而改善人们的生活水平。因此，测量在人类的生产和生活当中占有非常重要的地位，也是人类认识世界的必要手段。测量和仪器作为获取信息的主要手段，是信息技术的源头，发达国家都将测量与仪器技术的进步作为重要的国家发展战略，其整体发展水平成为国家综合国力强弱的重要标志之一。随着信息时代和网络时代的来临，测量学科与电子、通信、计算机、材料、系统工程等学科深度融合、相互促进，推动着测量技术和测量仪器的不断进步。

本书是2011年高等教育出版社出版的《电子测量技术》的修订版本，本书分为四大篇。第1篇是电子测量基础知识，由第1、2章组成，首先简要介绍了测量、电子测量和计量等基本概念，以及电子测量仪器与自动测试系统的发展历史和现状，然后系统讲述了测量误差理论和测量数据处理方法，在此基础上，引出了测量不确定度的概念，并详细介绍了测量不确定度的评定方法。第2篇是关于基础电量的测量和信号发生器的内容，包括三章内容，在第3章和第4章中，详细介绍了时间、频率、电压、阻抗等基础电量的测量原理和测量方法，在第5章中介绍了信号发生器的多种电路结构与实现原理及方法，重点讲述了直接数字频率合成、直接数字波形合成及锁相环三种频率合成的关键技术。第3篇以三章的篇幅介绍了信号的显示、分析与测量。这一部分以被测电量（信号）的采集、存储、显示、测量与分析为经线，以时域、频域、数据域为纬线来进行有机组织，详细介绍了数字存储示波器、外差式频谱分析仪和逻辑分析仪的结构、原理和关键技术。第4篇介绍测试自动化领域的关键技术和前沿知识，详细介绍了测试系统中的各种总线技术和基于虚拟仪器测试系统规范，以及自动测试系统的组建和软件开发等，最后，简要介绍了下一代自动测试系统的概念和发展情况。

相对于2011年版的《电子测量技术》，本书主要做了以下几个方面的修订。首先，更正了原有版本中的部分编辑错误，包括文字、图表等。其次，更新了部分章节的内容，主要有：第 5 章信号发生器中，增加了 DDFS-PLL 频率合成和集成频率合成器的内容，这些内容把前面的知识结合起来，给出了完整的频率合成方案；第 7 章频域测量中，增加了矢量网络分析仪的内容，完善了频域测量的知识体系。最后，优化了一些测量原理、工作过程的描述，使读者更容易理解。

本课程的教学参考学时是 32 学时或 48 学时。如果采用 32 学时授课，对于书中标有"＊"的章节不做讲述，其他章节的建议学时安排为：第 1 章 1 学时，第 2、3、4 章各 3 学时，第 5、6、7、9 章各 4 学时，第 8 章 2 学时，课内试验 4 学时。如果采用 48 学时授课，建议学时安排为：第 1 章 1 学时，第 2、3、4 章各 5 学时，第 5 章 6 学时，第 6、7 章各 5 学时，第 8 章 2 学时，第 9 章 8 学时，课内试验 4 学时，习题课和复习 2 学时。本书在每章（第 1 章除外）后面附有习题与思考题，其中最后一至两道题为综合性练习题，旨在提高学生综合运用所学知识的能力，教师可根据情况选择布置。

本书是根据作者及其所在电子测量课程组全体教师多年来从事电子测量教学工作的体会，在历年的讲稿和讲义的基础上，借鉴国内外有关资料、教材的优点，并充分吸收本领域的最新发展成果编写而成的。在编写过程中，作者再一次领会了电子测量这门学科的深厚历史积淀，深刻体会到其中蕴含的很多科学内涵和哲理，也感受到电子测量界同仁积极进取的科学精神，感受到他们在科技创新方面的激情和智慧。电子测量的历史可以追溯到电学创始之初的 19 世纪，然而其近年来的发展仍有巨大的活力且发展十分迅速。作者希望本书能够传承电子测量界的一贯科学精神，对电子测量的教学及学术水平的提高做出微薄的贡献。

本书共计 9 章。其中，第 3 章由梁坤编写，第 4 章由王洪伟编写，第 5 章由张丹编写，第 6 章由陈嵩编写，第 7 章由王明江编写，其他章节均由朱云编写。杜吉伟和赵传猛工程师为本书提供了许多资料，在此对他们表示感谢。本书承赵会兵教授审阅，他对本书提出了许多宝贵的修改意见，衷心感谢他的辛勤工作。在编写过程中，也得到了北京交通大学电子信息工程学院许多同事的热情支持和帮助，在此，对他们一并表示诚挚的谢意。

由于作者水平有限，书中一定存在许多错误和不足之处，恳请读者批评指正。联系方式：yzhu@bjtu.edu.cn。

作　者
2023 年 8 月于北京交通大学

目　录

第1篇　电子测量基础知识

第2篇　基础电量的测量与信号发生器

第3篇　信号的显示、分析与测量

电子测量基础知识

第1章 绪 论

1.1 测量、电子测量和计量

1.1.1 测量的定义

从古到今，人们在日常生活、生产、贸易和科学研究等活动中，总离不开比较和判断，例如：比较事物的大小、轻重、冷热、快慢等。单凭直觉来比较和判断事物之间的差异，所得的结论不一定可靠、准确。为了得到可靠的判断和准确的数据，就必须进行测量。

准确地说，测量就是利用合适的工具，确定某个给定对象在某个给定属性上的量值的程序或过程。测量结果通常用数值和测量单位来表示。测量的目的是准确地获取被测参数的值。通过测量能使人们对事物的一个或多个属性有定量的概念，从而发现事物的规律性，准确地认识世界。因此，测量是人类认识事物必不可少的手段。正如俄国科学家门捷列夫在论述测量的意义时所说的："没有测量就没有科学""测量是认识自然界的主要工具"。测量和仪器作为获取信息的主要手段，是信息技术的源头，发达国家都将测量与仪器技术的进步作为重要的国家发展战略，其整体发展水平成为国家综合国力强弱的重要标志之一。随着信息时代和网络时代的来临，测量技术与电子、通信、计算机、材料、系统工程等学科深度融合，相互促进，推动着测量技术和测量仪器的不断进步，也对现代信息技术的发展产生了深远的影响。

图1-1-1描述了完成任何一次测量必不可少的三个部分，即被测对象、测量仪器系统及测量人员。测量人员操作测量仪器系统，从被测对象上获取某一属性的信息，测量人员通过仪表的显示，记录相应的数据。

图1-1-1 测量

实际上，考虑到测量过程中对测量过程和结果可能造成影响的各个因素，测量具有五个基本要素：被测对象、测量仪器系统、测试技术、测量人员和测量环境。各个要素之间的相互关系如图 1-1-2 所示。

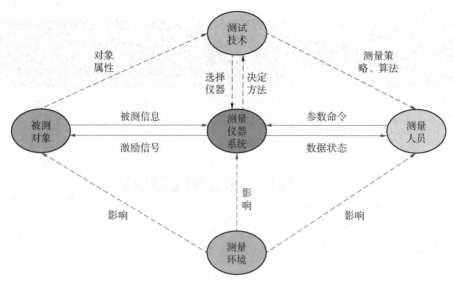

图 1-1-2　测量的五个基本要素之间的关系

其中，被测对象是事物的某一属性，测量是对这一属性信息的获取，信息反映了事物的特性、运动的状态及其变化方式。所要测量的被测对象的属性决定了在测量过程中所采用的测量技术。

测量仪器系统是指测量时使用的量具、仪器系统及附件等。测量仪器系统在测量过程中，负责向被测对象施加激励信号，获取测量数据。

测量人员是测量的主体，负责操作测量设备，设定仪器设备的工作参数，读取测量结果并记录。在测量过程中，可以是测量人员直接操作仪器仪表参与测量，也可以自动测量。自动测量时，测量过程的指挥和管理交给智能设备（计算机等）完成，但测量策略、软件算法、程序编写需由测量人员事先设计好。

测试技术是测量中所采用的原理、方法和技术措施的总称。对同一个量的测量，可以采用不同的原理、技术和方法。

测量环境是指测量过程中测量人员、被测对象和测量仪器系统所处空间的一切物理和化学条件的总和。测量环境会影响处在测量环境中的被测对象、测量仪器系统和测量人员，对最终的测量结果产生影响。

任何一次测量，都可以分成论证、设计和实施三个阶段，如图 1-1-3 所示。

在论证阶段，测量人员根据测量任务要求、被测对象的特点和属性，以及现有仪器设备状况，拟定合理的测量方案；在设计阶段，测量人员选择测量仪器并完成仪器互联，决定测量技术并拟定测量步骤，以此组建测量系统。在实施阶段，对仪器和系统实施测试操作（手动或程控），按照逻辑和时序完成测量过程，主要包括设置仪器工作参数、执行测量操作、处理测量数据并显示测量结果。当然，对一些较为简单的测量，在以往测量经历和经验的基础上，论证和设计阶段可以省略。

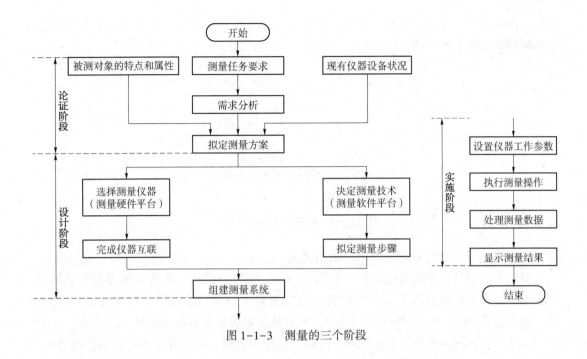

图 1-1-3　测量的三个阶段

1.1.2　电子测量的概念、内容和特点

1. 电子测量的概念

电子测量一般是指利用电子技术和电子设备对电量或非电量进行测量的过程，它是测量学和电子学相互结合的产物。广义地说，电子测量可以分为两类。一类是通过运用电子科学的原理、方法和设备对各种电量、电信号及电路元器件的特性和参数进行测量。另一类是指利用各种敏感元件或传感装置，将非电量如位移、速度、温度、压力、流量、物面高度、物质成分等变换成电信号，再利用电子测量设备进行的测量。因此，电子测量不仅用于电学各专业，也广泛用于物理学、化学、光学、机械学、材料学、生物学、医学等科学领域，以及生产、国防、交通、通信、商业贸易、生态环境保护乃至日常生活的各个方面。本书主要讲述第一类电子测量的相关技术，也称为狭义的电子测量。

2. 电子测量的内容

电子测量的内容主要包括以下两个方面。

（1）对电信号各种特性的测量

对信号特性的测量可以分为时域测量、频域测量、数据域测量和调制域测量等。在时域测量中，主要考察被测对象随时间的变化情况，既包括对电压、电流和功率等基本参数的测量，也包括对频率、周期、相位、调制系数、失真度等参数的测量，还包括对脉冲占空比、上升时间、下降时间等参数的测量及高级的眼图测量、抖动分析等；频域测量，主要是对电信号的频谱、功率谱、相位噪声等进行测量；数据域测量，是对数字系统中多路数据流的逻辑状态或时序进行测量；调制域测量，是对信号频率、周期、时间间隔、相位等随时间的变化规律进行测量。时域、频域与调制域的关系如图 1-1-4 所示，广义地说，数据域测量也属于时域测量的范畴。

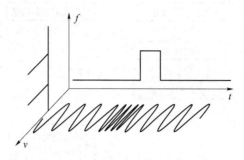

图 1-1-4 时域、频域与调制域

（2）对电子元器件及电路网络参数的测量

对电子元器件参数的测量包括对电阻、电感、电容、阻抗、品质因数等参数的测量。对各种无源或有源电路网络参数的测量，包括测量电路的传输系数、频率特性、冲击响应、放大倍数/衰减量、灵敏度、信噪比、驻波比及耦合度等参数的测量。

上述各项测量内容中，尤以频率、时间、电压、相位、阻抗等基本电参数的测量更为重要，它们往往是其他参数测量的基础。

3. 电子测量的特点

与其他测量方法相比，电子测量具有以下特点。

（1）测量频率范围宽

电子测量能够测量的信号频率范围极宽。除直流外，可以测量低至 μHz、高至 THz 范围的信号频率。由于在不同频段，许多电量的测量原理和方法差异很大，因此有些电子测量仪器根据频段分为不同的类型，例如，在频率和时间测量仪器中就有通用计数器和微波计数器之分。随着技术的发展，能够跨越多个频段、在更宽频率范围工作的仪器不断被研制出来。

（2）测量量程广

量程是测量范围的上、下限值之差或上、下限值之比。电子测量的被测对象的量值大小相差悬殊，因而电子测量仪器的量程也很广。例如，现代的数字万用表可以测量从 nV 级到 kV 级的电压信号，量程可达 12 个数量级；电子计数器的量程更能够达到 18 个数量级。

（3）测量准确度高

电子测量结果的准确度可以达到很高的水平，例如对于时间和频率的测量，由于采用原子频标作为基准源，使得最佳相对误差可以达到 $10^{-13} \sim 10^{-18}$ 的量级，这可以说是人类能够达到的最高测量准确度水平。相比之下，长度测量和力学测量能够达到的最高精确度分别为 10^{-8} 和 10^{-9}。数字信号处理技术在电子测量中的应用使得测量精确度的提高有了更好的技术基础。

（4）测量速度快

由于电子测量是基于电子运动和电磁波的传播，加之现代测试系统中高速电子计算机的应用，使得电子测量无论在测量速度上，还是在测量结果的处理和传输中，都可以以极高的速度进行。这对于要求快速测量的工业自动化、国防、航空航天等领域的应用系统十分重要。

（5）易于实现远距离测量和长期不间断测量

采用电子测量技术可以将测量位置分布距离较远、人类不便长期停留或者无法到达现场的各种测量，转换成易于传输的电信号，用有线或无线的方式传送到测试控制台，进而实现遥测和长期不间断测量，从而扩大了人类认识世界的范围。

（6）易于实现测量自动化和测试智能化

现代电子测量技术融合了计算机、数字信号处理和软件工程等领域的最新技术，智能仪器、虚拟仪器的发展使得电子测量仪器实现了从硬件实现到软件实现、从单一功能到多功能、从简单功能到智能处理的发展，各种测量专用技术、通用总线技术的发展为测量自动化技术的实现奠定了坚实的基础。

1.1.3 计量及其他相关概念

在人类历史的发展过程中，各国家曾经使用了各种不同的度量单位。单位不统一给生产和贸易带来许多麻烦，也阻碍了人们的交流和科技发展，于是就有了统一单位的需要。我国古代秦王朝第一次统一了全国的度量衡，有力地推动了生产和经济的发展。第二次世界大战后，出现了进一步加强国际合作的趋势，迫切要求进一步改进计量单位和单位制的统一。计量和计量学应运而生。

计量是指利用技术和法制手段实现测量单位统一和量值准确可靠的一种测量，在历史上被称为"度量衡"。随着生产和科学技术的发展，现代计量已远远超出"度量衡"的范围，并形成了一门独立的学科——计量学。计量学研究量与单位、测量原理与方法、测量标准的建立与方法、测量标准的建立与溯源、计量器具及其特性，以及与测量有关的法制、技术和行政管理等内容。计量学也研究物理常量（常数）、标准物质、材料特性的测量。

计量具有统一性、准确性和法制性的特点。计量工作主要是使用计量基准来校准、检定受检器具或仪器设备，以衡量和保证使用受检器具或仪器设备进行测量时所获得的测量结果的可靠性。计量工作也包括单位的统一、计量基准和标准的建立、计量监督管理、测量方法及其手段研究等工作。计量工作是国民经济中一项极为重要的技术基础工作，意义十分重大，从事电子测量的人员都应该了解计量工作。

1948年，第九届国际计量大会要求国际计量委员会在科学技术领域中开展国际征询，创立一种简单而科学的、供所有米制公约组织成员国均能使用的实用单位制。1954年，第十届国际计量大会决定采用米（m）、千克（kg）、秒（s）、安培（A）、开尔文（K）和坎德拉（cd）作为基本单位，其中开尔文是热力学温度的单位，坎德拉是发光强度的单位。1960年，第十一届国际计量大会决定将上述六个基本单位为基础的单位制命名为国际单位制，并以 SI（法文 *Système international d'unités* 的缩写）表示。1971年，第14届国际计量大会又决定增补物质的量的单位摩尔（mol）作为基本单位，至此，确立了目前国际单位制的七个基本单位，其他的单位都可以通过这七个基本单位经过换算得到（例如 $N = kg \cdot m/s^2$）。同时，国际单位制中还规定了一系列配套的导出单位和前缀，形成了一套严密、完整、科学的单位制。SI 测量单位的标准前缀如表 1-1-1 所示，在单位前面使用前缀可以得到原始单位的若干倍数或者分数。SI 单位制的提出和完善是国际科技合作的一项重要成果，也是物理学发展的又一标志。此外，SI 也不是静止不变的，随着测量科技的进步、测量精度的不断提高，国际单位的建立和定义也会通过多国之间的国际协定来进行修改。例如，千克是 SI 中的一个基本单位，1791 年，第 14 届国际计量大会对千克的定义是：$1 \ dm^3$ 纯水在 4 ℃时的质量，并用铂铱合金制成原器，保存在巴黎，后称国际千克原器，2018 年 11 月 16 日，第 26 届国际计量大会通过"修订国际单位制"决议，正式更新了"千克"的定义为"对应普朗克常量为 6.626 070 15×10^{-34} J·s 时的质量单位"，其原理是将移动质量为 1 千克物体所需机械力换算成可用普朗克常量表达的电磁力，再通过质能转换公式算出质量。

表 1-1-1　SI 测量单位的标准前缀

倍数	名称		deca-	hector-	kilo-	mega-	giga-	tera-	peta-	exa-	zetta-	yotta-
	符号		da	h	k	M	G	T	P	E	Z	Y
	因子	10^0	10^1	10^2	10^3	10^6	10^9	10^{12}	10^{15}	10^{18}	10^{21}	10^{24}
分数	名称		deci-	centi-	milli-	micro-	nano-	pico-	femto-	atto-	zepto-	yocto-
	符号		d	c	m	μ	n	p	f	a	z	y
	因子	10^0	10^{-1}	10^{-2}	10^{-3}	10^{-6}	10^{-9}	10^{-12}	10^{-15}	10^{-18}	10^{-21}	10^{-24}

计量基准或计量标准是指"为了定义、实现、保存或复现量的单位甚至一个甚至多个量值，用作参考的实物量具、测量仪器、参考物质或测量系统"。在 1999 年我国实施的国家计量技术规范中，对"基准"和"标准"视为同义词而并列，有些文献中认为"标准"低于"基准"。计量基准主要分为国际基准、国家基准、原级基准和次级基准四个等级。

①国际基准是指"经国际协议承认的测量标准，在国际上作为对有关量的其他测量标准定值的依据"。国际米制公约组织下设的国际计量委员会（CIPM）和国际计量局（BIPM）两个机构研究、建立、组织和监督国际测量标准的工作。国际基准在国际范围内具有最高计量学特性，它是世界各国测量单位量值定值的最初依据，也是溯源的最终终点。

②国家基准是指"经国家决定承认的测量标准，在一个国家内作为对有关量的其他测量标准定值的依据"。国家基准必须是国家决定承认的，这就确立了它的法定地位。同时，它是一个国家科学计量水平的体现，能以国内最高的准确度复现和保存给定的计量单位。在给定的计量领域中，所有计量器具进行的一切测量均可追溯到国家标准所复现和保存的计量单位量值，从而保证这些测量结果准确可靠和具有实际的可比性。我国《计量法》第五条规定："国务院计量行政部门负责建立各种计量基准器具，作为统一全国量值的最高依据。"

③原级基准是指"具有最高的计量学特性，其值不必参考相同量的其他标准，被指定的或普遍承认的测量标准"。原级基准具有最高的计量学特性，当被国家承认后，就被称为国家基准；但也还有一些没被国家承认、却被一些部门指定的或公众普遍承认的基准。在我国目前的计量基准体系中，原级基准一直被称为主基准，都是由国家承认批准的国家基准，而其他一些符合该定义的原级基准，则可能被列入社会公用计量标准或部门、企业、事业单位的最高标准。

④次级基准是指"通过与相同量的基准比对而定值的测量标准"。次级基准区别于原级基准，其量值是通过与相同量的基准比对确定的，在计量学特性上要稍低于原级基准，但又高于日常用的工作标准，在我国将副基准与工作基准与其对应。

除了这四个级别的计量基准之外，还有一些计量标准的定义，如参考标准、工作标准、传递标准、搬运式标准等。参考标准是指"在给定地区或在给定组织内，通常具有最高计量学特性的测量标准，在该处所做的测量均从它导出"。工作标准是指"用于日常校准或核查实物量具、测量仪器或参考物质的测量标准"。工作标准通常用参考标准校准。当工作标准用于确保日常测量工作正确进行时，称为核查标准，工作标准是实现量值溯源的重要环节，它的数量很大。传递标准是指"在测量标准相互比较中用作媒介的测量标准"，它是在测量标准相互比较中，包括同级标准间的相互比对或上一级标准向下一级标准传递量值中，用作媒介的测量标准。搬运式标准是指"供运输到不同地点、有时具有特殊结构的测量标准"，这种标准的特点是可在实验室或测试场地间来回搬运。

除了计量之外，与测量相近的其他两个基本概念是测试（test）和检测（detection）。测试是指借助特定测量手段对被测对象的某种功能或者属性进行评估，通常需要设计一些测试装置或者测试系统，以保证测试结果的可信度。检测则是指从大量信息流中抽取特定的信息，不依赖来自信息发送者的协作或者同步操作。例如，信号检测的目的就是从噪声中提取有用信号，再如食品、化学、环境、机械等行业的质量检测。

1.2　电子测量仪器及测试系统

1.2.1　电子测量仪器

测量仪器是将被测量转换成可供直接观察的指示值或等效信息的器具。利用电子技术对各种待测量进行测量的设备，统称为电子测量仪器。电子测量仪器发展至今，经历了模拟器件仪器、数字器件仪器、智能仪器、虚拟仪器等发展阶段。其间，微电子学和计算机技术对仪器技术的发展起了巨大的推动作用。自 2004 年以来，随着下一代自动测试系统的发展，又出现了合成仪器（synthetic instrument，SI）的概念。

1. 早期的测量仪器

早期的模拟器件仪器采用了电磁机械式的基本结构，借助指针来显示最终结果，如模拟电压表、模拟电流表、模拟转速表等。这类仪器仪表常用在要求精度不高、定性指示的场合。

20世纪中期，数模变换和模数变换技术的发展促进了数字化仪器的发展，如电子计数器、数字电压表等。这类仪器将模拟信号的测量转化为数字信号的测量，并以数字方式输出最终结果，目前仍然有一些低端的测量仪器采用这种方式实现。

2. 智能仪器

自20世纪70年代以来，随着微处理器和计算机技术的发展，微处理器或微机被越来越多地嵌入到测量仪器中，构成了所谓的智能仪器或灵巧仪器（smart instruments）。智能仪器实际上是一个专用的微处理器系统，一般包含微处理器电路（CPU、RAM、ROM等）、模拟量输入输出通道（A/D、D/A、传感器等）、键盘显示接口、标准通信接口（GPIB或RS-232）等。智能仪器使用键盘代替传统仪器面板上的旋钮或开关，对仪器实施操控，这就使得仪器面板布置与仪器内部功能部件的分布之间不再互相限制和牵连；利用内置微处理器强大的数字运算和数据处理能力，智能仪器能够提供单位变换、统计分析、误差处理、长时间记录等传统仪器难以实现的功能；智能仪器还能够实现自动量程转换、自动调零、触发电平自动调整、自动校准和自诊断等"自动化""智能化"的功能，大大简化了操作人员的操作，减少了人为因素带来的测量误差，提高了测量的精度；智能仪器一般都带有GPIB（general purpose interface bus）、RS-232接口或者网络接口，具备可程控功能，可以很方便地与其他仪器实现互联，组成复杂的自动测试系统。此外，智能仪器在成本、体积、功耗控制方面也有很大优势。目前，市场上的很多测量仪器都已经是智能仪器。

3. 个人仪器

随着智能仪器和个人计算机（PC）的大量应用，在工程技术人员的工作台上常常会出现多台带有微机的仪器，与PC同时使用。一个系统中拥有多台微机、多套存储器、显示器和键盘，但又不能相互补充或替代，造成资源的极大浪费。1982年，美国西北仪器系统公司推出了第一台个人仪器（personal instrument）。个人仪器也称为PC仪器（PC instrument）或卡式仪器，基本上可以认为是虚拟仪器的前身。在个人仪器或个人仪器系统中，通用的个人计算机代替了各台智能仪器中的微机及其键盘、显示器等人机接口，由置于个人计算机扩展槽或专门的仪器扩展箱中的插卡或模块来实现仪器功能，这些仪器插卡或模块通过PC总线直接与计算机相连。个人仪器充分利用了PC的软件和硬件资源，相对于传统仪器，大幅度地降低了系统成本、缩短了研制周期。因此，个人仪器的发展十分迅速。个人仪器最简单的构成形式是将仪器卡直接插入PC的总线扩展槽内。这种构成方式结构简单、成本很低，但缺点是PC扩展槽数目有限，机内干扰比较严重，电源功率和散热指标也难以满足重载仪器的要求。此外，PC总线也不是专门为仪器系统设计的，无法实现仪器间的直接通信以及触发、同步、模拟信号传输等仪器专用功能。因此，这种卡式个人仪器性能不是很高。

为了克服卡式仪器的缺点，美国HP（Hewlett Packard）公司于1986年推出了6000系列模块式PC仪器系统，该系统采用了外置于PC的独立仪器机箱和独立的电源系统；专门设计了仪器总线PC-IB；提供了8种常用的个人仪器组件，即数字万用表、函数发生器、通用计数器、数字示波器、数字 I/O、继电器式多路转换器、双 D/A 转换器和继电器驱动器，每种组件都封装在一个塑料机壳内，并具有 PC-IB 总线接口。在将一块专用接口卡插入 PC 扩展槽后，PC 与外部仪器组件就可以通过 PC-IB 总线实现连接。随后，Tektronix 公司及其他一些公司也相继推出了各自的高级个人仪器系统。

4. 虚拟仪器

个人仪器系统以其突出的优点显示了强大的生命力。然而，由于各厂家在生产个人仪器时没有采用统一的总线标准，不同厂商的机箱、模块等产品之间兼容性很差，在很大程度上影响了个人仪器的进一步发展。在个人仪器发展的过程中，计算机软件在仪器控制、数据分析与处理、结果显示等方面所起的重要作用也越来越深刻地为人们所认识。1986 年，美国国家仪器公司（National Instrument，NI）提出了虚拟仪器（virtual instrumentation）的概念。这一概念的核心是以计算机作为仪器的硬件支撑，充分利用计算机的数据运算、存储、回放、调用、显示及文件管理等的功能，把传统仪器的测试数据处理和分析、结果表达和显示、仪器控制等功能尽可能多地软件化，仅在模拟前端这一部分与传统仪器相同。这就形成了一种从外观到功能都与传统仪器相似，但在实现时却主要依赖计算机的软硬件资源的全新仪器系统。由于仪器的核心部分用软件取代硬件，使得仪器具备了软件的灵活性，仪器功能因突破了硬件的限制而更加易于实现，且能够实现用户自定义功能，因此虚拟仪器较传统仪器有着非常突出的特点。

到 20 世纪 90 年代，PC 的发展更加迅速，面向对象和可视化编程技术在软件领域为更多易于使用、功能强大的软件开发提供了可能性，图形化操作系统 Windows 也成为 PC 的通用配置。虚拟现实、虚拟制造等概念纷纷出现，发达国家更是在这一虚拟技术领域的研究上投入了巨资，希望有朝一日能在它的带动下率先进入信息时代。在这种背景下，虚拟仪器的概念在世界范围内得到广泛的认同和应用。美国 NI 公司、Agilent 公司、Tektronix 公司、Racal 公司等相继推出了基于 PC-DAQ（data acquisition）、VXI（VMEbus extensions for instrumentation）、PXI（PCI extensions for instrument）以及 LXI（LAN-based extensions for instrumentation）总线等多种虚拟仪器系统。在虚拟仪器得到人们认同的同时，虚拟仪器的相关技术规范也在不断地完善，有代表性的规范是 VPP（VXIplug&play，VXI 即插即用）和 IVI（interchangeable virtual instruments，可互换式虚拟仪器）两个技术规范。

自虚拟仪器概念诞生以来，不过 30 多年时间。国际上从 1988 年开始陆续有虚拟产品面市，当时有 5 家制造商推出了 30 种产品。此后，虚拟仪器产品成倍增加，到 1994 年底，虚拟仪器制造厂已达 95 家，共生产出 1 000 多种虚拟仪器产品，销售额达 2.93 亿美元，占整个仪器销售额 76 亿美元的 4%。虚拟仪器的生产厂家、产品品种发展很快，对于低端的电子测量仪器来说，这一趋势更加明显。

5. 合成仪器

进入 21 世纪，随着下一代自动测试系统的发展，出现了合成仪器的概念。合成仪器是一种可重配置系统，它通过标准化的接口链接一系列基础硬件或软件组件，并使用数字信号处理技术来产生信号或进行测量。基础组件可通过软件命令调整和重调整，以模拟一种或多种传统测试设备。

如图 1-2-1 所示，在射频/微波应用中，多部仪器的基本单元通过信号调节器、频率转换器（向上变频器或向下变频器）、数据转换器（数字化器或任意波形发生器）和数字变频器四类组件实现。通过排列和重新排列这些组件和互联关系，可以在少得多的物理空间内实现示波器、频谱分析仪、网络分析仪、功率计等大多数射频/微波仪器的功能。与通用仪器不同，合成仪器通过软件动态配置仪器组件来实现特定仪器功能，具有冗余部件少、系统体积小、容易运输、更新和升级方便、使用灵活、系统生命周期成本低、软件升级简单等优势，基于 LXI 的合成仪器可以有效满足下一代自动测试系统 NxTest 的需求。

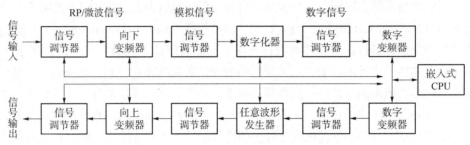

图 1-2-1 射频/微波合成仪器的基本结构

2006 年 5 月，Agilent 推出了首批获得 LXI 联盟认证的第一批 Class A LXI 产品。包括：N8201A 26.5 GHz 向下变频器、N8211A 20/40 GHz 向上变频器、N8212A 20 GHz 矢量向上变频器、N8221A 窄带 IF 数化器、N8241A 15-bit 任意波形发生器和 N8242A 10-bit 任意波形发生器。随着保证准确的可重复结果、互换软件组件的软件工具等合成仪器技术的发展，基于合成仪器的开发成本将不断下降，合成仪器的未来增长和发展值得特别关注。

1.2.2 自动测试系统

随着现代科学技术和现代工业生产的发展，测试内容和测试对象日趋复杂，测试工作量与日俱增，对测试速度和测试精度的要求不断提高，这使得传统的人工测试已经不适应甚至不满足实际测试的需求，采用自动测试系统成为必然的选择。

1. 自动测试系统的概念

通常把以计算机为核心，能够在程序控制下自动完成特定测试任务的仪器系统称为自动测试系统，简称 ATS（automatic test system）。与人工测试相比，自动测试具有测试速度快、测试准确度高、重复性好、能够实现定时或长期不间断测试及适用于高危、恶劣环境等优点。

2. 自动测试系统的发展概况

自动测试系统的研制工作最早可追溯到 20 世纪 50 年代美国为解决军方在军用电子设备维护中遇到的问题而开展的 SETE 计划。到了 20 世纪 60 年代，电子计算机开始用于测试领域，自动测试技术也得到迅速的发展和普遍的应用，其发展大致可分为以下四个阶段。

（1）第一代自动测试系统

常见的第一代测试系统主要有数据采集系统、自动分析系统、产品自动检验系统及自动监测系统等。系统的控制采用计算机或其他一些简单的逻辑和定时电路。20世纪60年代，由于标准化、通用化的仪器产品还未出现，这一代的自动测试系统属于定制系统，设计人员需要根据测试需求自行设计仪器与仪器、仪器与计算机之间的接口电路和相关的控制电路。当测试系统中用到的设备较多时，系统研制的工作量很大、费用高，系统的适应性和可扩展性也较差。因此，第一代自动测试系统仅用来进行大量重复性试验、快速测试或复杂测试，或用于对测试可靠性要求极高、有碍测试人员健康及测试人员难以接近的测试场所。

（2）第二代自动测试系统

20世纪70年代，第二代自动测试系统出现了，其中最具代表性的是CAMAC总线系统和GPIB总线系统。两者的共同特点是采用标准的总线接口，系统中所用的计算机、程控仪器、开关等均配有标准化的接口电路。用统一的总线电缆将各器件连接起来，如同搭积木一样。设计人员无须自行设计接口电路，测试内容的更改、增删十分灵活，测试速度和精度也大大提高。在这一代自动测试系统中，计算机主要承担系统的控制、计算和数据处理任务，基本上是模拟人工测试的过程。

（3）第三代自动测试系统

20世纪80年代，随着智能仪器、个人仪器的发展，计算机与测量仪器的结合更加紧密，计算机软件不仅承担系统控制和通信功能，也开始代替传统仪器中某些硬件的功能。在这种条件下，第三代自动测试系统出现了。这一代自动测试系统将计算机与测试设备融为一体，用功能强大的计算机软件代替传统设备中某些硬件的功能，由计算机来直接参与激励信号的产生、测试功能的实现、测试数据的分析等，这也就是前面提到的"虚拟仪器"技术。此外，第三代自动测试系统也普遍采用了VXI、PXI、LXI等总线技术，虚拟化、模块化、网络化成为这一代自动测试系统的显著特点。

（4）下一代自动测试系统

美国军方从20世纪80年代中期开始研制针对多种武器平台和系统、由可重用公共测试资源组成的通用自动测试系统，并形成了四大标准测试系统系列（海军的CASS、陆军的IF-TE、海军陆战队的TETS和电子战设备标准测试系统JSECST），但这种以军种为单位的通用测试系统仍然存在应用范围有限、开发和维护成本高、系统间缺乏互操作性、测试诊断新技术难以融入已有系统等诸多不足。从20世纪90年代中后期开始在美国国防部自动测试系统执行局（DoD ATS EAO）的统一协调下，美国陆、海、空三军，海军陆战队与工业界联合开展了名为"NxTest"的下一代自动测试系统的研究工作，并于1996年提出了下一代自动测试系统的开放式体系结构，同时进行了名为"敏捷快速全球作战支持"（ARGCS）的演示验证系统的开发工作。2002年4月美军设立国防部自动测试系统（ATS）执行办公室，启动下一代自动测试系统集成制造组（NxTest IPT）计划的实施工作。

下一代自动测试系统拟达到的主要目标包括：①改善测试系统仪器的互换性；②提高测试系统配置的灵活性，满足不同测试用户需要；③提高自动测试系统新技术的注入能力；

④改善测试程序集（TPS）的可移植性和互操作能力；⑤实现基于模型的测试软件开发；⑥推动测试软件开发环境的发展；⑦确定便于验证、核查的TPS性能指标；⑧进一步扩大商用货架产品在自动测试系统中的应用；⑨综合运用被测对象的设计和维护信息，提高测试诊断的有效性；⑩促进基于知识的测试诊断软件的开发；⑪定义测试系统与集成诊断框架的接口，便于实现集成测试诊断。

下一代自动测试系统涉及的关键技术包括：并行测试技术、合成仪器、公共测试接口、先进测试软件开发技术。其中，先进测试软件开发技术又包括：软件体系结构与ABBET标准（广域测试环境）、仪器可互换技术与IVI规范、TPS（测试程序集）可移植与互操作技术、AI-ESTATE标准（适用于所有测试环境的人工智能信息交换与服务）与ATML（自动测试标注语言）等。

2003年，美国洛克希德·马丁公司为第四代战斗机研制的通用自动化测试系统"洛马之星"（LM-STAR）投入使用，这是目前采用NxTest技术开发的最先进的测试系统。我国相关科研单位也在密切跟踪国际自动测试系统的发展，深入开展下一代自动测试系统相关关键技术的研究。

1.2.3 仪器与自动测试技术的发展趋势

近年来，仪器与自动测试技术的发展十分迅速。一方面，人类的生产和生活对现代仪器技术要求越来越高。美国商业部国家标准局在20世纪90年代初评估仪器仪表工业对国民经济总产值影响时指出，仪器仪表工业总产值虽然只占整个工业总产值的4%，但它对国民经济的影响高达66%。现代的工业、交通运输、航空航天、国防等领域中，如果没有先进的仪器仪表发挥检测、控制和显示功能，就无法保证各系统正常地运行。仪器仪表在产品质量检验和评估、卫生检疫、医疗保健等领域的重要地位，也使仪器仪表与人类的健康、生活与工作休戚相关。因此，美国、日本及欧洲的发达国家已将科学仪器的发展提升到国家战略的高度，专门制定了各自的发展战略，以加速原创性仪器的发明和产业化进程。另一方面，现代光学、电子学、生物学、物理学、微机械和计算机领域的一些最新研究成果被更加迅速地应用于仪器仪表与自动测试领域，使现代测试与仪器技术的发展出现了一些新的特点，归纳起来有以下几点。

（1）应用范围的拓展

随着人类对客观世界的认识不断深入，科学研究的尺度深入到了介观（纳米）和微观，发展超快时间分辨率和超高空间分辨率的仪器技术成为新的追求目标。近年来纳米技术的惊人发展，为现代仪器发展提供了一条全新的技术途径。现在已经有报道称：用纳米粒子荧光免疫法进行单分子检测，在病毒感染、心血管和癌症诊断方面取得满意结果。在扫描隧道电子显微镜基础上发展纳米分析新技术，可确定原子和亚微米尺度范围内超薄膜层面结构的几何排列和电子排列形式。而微机械学和纳米机械学已经造出可在人体器官内操作的微机器人，并可完成生物血管中和眼科手术中的诊断、细微检测甚至修补、除栓等任务。可以预见，激光技术、超导技术、纳米技术、信号处理、图像处理、存储技术、生物芯片、微传感和微制造技术的深入发展，必将直接影响现代仪器技术的发展及其在生物、医学、生态、航天等领域中的应用。

（2）高速度

一方面，仪器与自动测试系统使用的背板总线和通信总线数据传输速率在不断地提高，作为自动测试系统控制器的现代 PC 的主频也已经达到了数 GHz，预计在未来的自动测试或仪器系统中，千兆甚至数千兆的光纤和以太网都将被用于控制器与外围测试系统的连接，视频采集和传输也更加普及。另一方面，虚拟仪器技术的发展极大地加速了仪器与自动测试的产品化进程，一种新的检测方法从被人们认识到形成实用化仪器产品的时间越来越短。

（3）智能化

传统"智能仪器"概念的内涵已经被大大拓展了，柔性化设计、人工智能、人工生命等一些新方法、新技术被越来越多地用于仪器和测控系统的实现，数据处理过程中的诊断也进一步发展成为基于知识的专家系统。预计今后的虚拟仪器将对用户更开放，自身也更完善，且通常都具备下列功能：自定义功能（self-defining）、自联想功能（self-associating）、自组织功能（self-organizing）、自寻优功能（self-optimizing）、自维修功能（self-maintaining）、自检测功能（self-detecting）、自适应功能（self-adapting）、自标定功能（self-calibrating）、自推理功能（self-reasoning）、自修正功能（self-compensating）、自学习功能（self-learning）和自更新功能（self-updating）等。

（4）集成化

ASIC（application specific integrated circuit）技术将被普遍应用于仪器与自动测试系统中。新兴的生物芯片技术是集成化发展的新方向，其基本思想是采用一种 lab-on-chip 的结构，在芯片上实现混合、化学反应、分离等宏观上不连续的物理化学过程，使这些过程连续化，并提高系统的性能。以硅微细加工为主的 MEMS（micro electro-mechanical system）加工技术与微电子工艺有良好的兼容性，能够实现各种微生化功能单元和电路的集成，将仪器仪表的传感器及其处理、控制和后续电路等都集成于芯片上已不是不可实现的。微全分析系统（μTAS）则将样品的分析和信息的处理结合在一起，将微流体单元、检测单元、控制电路集成在一起。

（5）小型化和微型化

为了适应野外测试、现场监测、机载和车载测试、星载分析检测等的需求，测试与仪器系统的小型化已成为发展潮流，一些功能不亚于传统庞大实验室的小型化、轻量化甚至全固件化的仪器已经实现，如可在野外工作的短柱高速气相色谱仪、便携式质谱仪、便携式气相色谱/质谱联用仪、便携式 γ 射线分析仪、移动式傅里叶变换微波谱仪等。此外，纳米技术、微传感和微制造技术的发展也使仪器与自动测试系统的微型化成为可能。

（6）网络化

网络技术的飞速发展已经使网络化的测控或仪器系统的应用越来越普及。测试数据能够直接通过网络共享，仪器用户与厂商之间能够通过 Internet 实现异地信息交互，及时完成仪器故障诊断、指导用户维修或交换新仪器改进的数据、软件升级等工作。以计算机和网络为基础的虚拟实验室或虚拟实验中心也将得到重视和发展。

总之，21世纪的仪器与自动测试系统将在融合多学科知识的基础上继续发展，前景十分广阔。

1.3 本课程的任务

1. 设置本课程的目的

本课程是工科大学电子类专业的一门技术基础课，是电子测量与仪器、通信工程、自动化、电子科学与技术及相关专业本科生的重要课程。本课程是培养学生知识、能力和素质综合发展重要的一环。课程的目的是使学生综合应用模拟电路（高频和低频）、数字电路、微机原理、信号与系统等前导课程所学基本知识，系统地掌握在电子测量中常用的基本测量技术、测量原理和测量方法；具备一定的测量误差分析和测量数据处理能力；理解各种电子测量仪器的特点和应用；了解现代新技术在电子测量中的应用及电子测量仪器和测量技术飞跃发展的状况，为后续专业课程准备理论基础和技术知识；并在此基础上，提高实践技能，培养严格的科学态度和科学的工作方法，能够适应电子测量技术迅速发展的状况，为适应今后在生产和科研中遇到的大量测量任务做技术准备。

2. 本教材的特点

本教材在编写过程中充分借鉴了同类教材的一些优点，突出了系统性的特点。教材的重点内容编排是以被测电量（信号）的产生、采样、存储、显示、分析为经线，以时域、调制域、频域、数据域为纬线来进行有机组织的，重点突出、基本概念和条理清晰、循序渐进，体现了现代电子测量发展的内在逻辑性。在讲述时则以基本测量原理、测量功能及接口关系为主，弱化电路实现方面的内容。由于一些基本的测量电路在先修课程中都已涉及，本课程将不重复这些内容，而是强调从测量需求出发，如何合理地选择测量方法，在测量误差分析的基础上，如何合理地进行测量仪器的总体结构设计和功能设计。这是系统工程中常用的一种自顶而下的系统设计和分析方法。读者应适当地调整思路，更多地关注测量需求及测量原理、测量方法的掌握，而不是陷入电路实现的细节，以达到更好的学习效果。

随着电子测量技术的飞速发展，电子测量仪器仪表的更新换代很快。本书力求尽可能多地反映当今电子测量技术的最新发展和最新成果，注重内容的新颖性。例如，在介绍测量数据处理时，重点解释了系统不确定度的概念，删减了传统的误差分析方面的内容；在介绍时域测量时，重点介绍数字存储示波器，大幅度删减了传统模拟示波器的内容；通信技术的进步和广泛应用使得频谱分析仪的重要性日益提高，频谱分析仪已成为电子工程师必须掌握的仪器，本书不仅增加了这方面的内容，而且力求讲深、讲透；在介绍测量自动化时，阐述了近年来自动测试领域出现的 LXI、VISA、仪器驱动器等新技术；即使在讲述传统的时频测量和万用表时，也介绍了近期出现的一些新型 A/D 变换技术及调制域分析方面的成果。电子测量领域的新发展、新技术、新成果在很多学术期刊、学位论文、网络资源中都可以找到，读者可以根据自己的兴趣做延伸阅读。本书的参考文献也是选择延伸阅读材料的一个来源。

电子测量是一门实践性很强的学科。本书在介绍各种测量原理和方法的同时，也给出了相关的计算公式、仿真结果、测试数据等，读者可以根据自己学过的信号与系统、数字信号处理、通信理论等知识，在 MATLAB 环境下做一些计算和验证，加深对这些原理和方法的认识。同时，本书也介绍了电子测量仪器的一些主要技术参数及其与实现方法的对应关系，便于读者更深入地理解测量原理、更快地掌握新型仪器、更好地发挥仪器的效能。读者可以在相关仪器制造商的网站上查找相关的仪器手册、编程参考、教学视频和应用指南等，进一步了解这些仪器的原理及应用。本书在各章的习题中也给出了一些比较有挑战性的实践性、综合性的题目，读者可以结合自己所学专业和兴趣进行案例分析，并通过实验设计、结果分析来锻炼自己的动手能力。目前国外几家公司推出了诸如 Multisim、LabVIEW、LabWindows/CVI、Agilent VEE Pro 等软件，读者可以利用这些软件平台设计虚拟仪器、完成虚拟实验，这也是很好的一个实践途径。

3. 学习时的注意事项

在上面关于本教材的特点介绍中，说明了学习本课程的一些要点。除此之外，读者还应端正对测量原理、测量方法的态度。不能认为有了高级的仪器设备就可以解决一切问题。有了先进的测量仪器设备，并不等于就一定能够得到高精度的测量结果。采用不当或者错误的测量方法，不仅不能得到正确的测量结果，甚至有可能损坏测量仪器和被测设备。没有精密的测量仪器，也不一定不能得到高精度的测量结果。例如，在电子测量历史发展过程中，出现了零示法、微差法、替代法、交换法等测量方法，采用这些测量方法，能够消除仪器仪表系统误差对测量结果的影响，达到以低精度的仪器仪表获取高精度测量结果的目的。尽管与提出这些方法的年代相比，电子测量技术和仪器设备已经得到了飞速的发展，但这些方法中包括的哲理却是永恒不变的，且在特定条件下这些方法仍有其重要的应用价值。通过电子测量课程的学习，读者应学会根据不同的测量对象、测量环境、测量需求等，选择正确的测量方法及合适的测量仪器，通过细心操作、合理的数据分析，得到符合实际情况的测量结果。

电子测量仪器种类很多，涉及学科和领域也很多，很多的先修课程知识在其中得到了应用，这就是电子测量多学科融合的特点。读者应以本门课程的学习为契机，系统地梳理之前学过的专业基础知识，融会贯通，不加吝惜地应用到解决电子测量的实际需求上来，这里是没有什么界限或门户之见的。与其他学科一样，电子测量也有其内在的逻辑性、丰富的内涵，读者可以尝试使用类比、演绎、归纳等方法，开动强大的逻辑思维、推理能力，透过现象看本质，抓住问题的核心，并举一反三，提高学习效率。此外，各章后的习题能够加深对于本章内容的理解，课外资料和参考文献有利于拓宽视野、了解最新技术的发展动态，读者可以利用本书提供的一些资源在深度和广度方面进一步拓展，为今后的科学研究和实践奠定基础。

作为一门实践性很强的学科，电子测量十分强调其科学性和严谨性。与其他同类教材一样，本书在介绍各种测量技术之前，深入介绍了测量数据处理理论。虽然电子测量技术发展十分迅速，但"一切测量都具有误差，误差自始至终存在于所有科学实验的过程之中"，这是误差公理。对测量误差本身的性质和特点进行深入的研究，寻找产生误差的原因，认识误差的规律和性质，找出减小误差的途径及方法，以求获得尽可能接近真值的测量结果，对测量结果的处理和正确评价具有很大的作用。掌握一定的误差理论和数据处理知识是科技工作者必备的基本素质之一。通过学习本课程，读者应具备一定的测量误差分析和测量数据处理能力。掌握频率、电压等常用电学量的计量方法，并在严格的科学态度和科学的工作方法培养方面有新的认识。对大多数测量来说，测量工作的价值完全取决于测量的准确程度，当测量误差超过一定限度时，测量工作和测量结果不但变得毫无意义，甚至会给工作带来很大危害。测量误差的控制是衡量测量技术水平甚至科学技术水平的重要标志之一。

电子测量的历史可以追溯到电学创始之初的 19 世纪，然而近年来的发展仍有巨大的活力且发展十分迅速，其中蕴含了很多科学发展的规律，体现着科技世界无穷的魅力，也蕴含了科技工作者在科技创新方面的激情和智慧，展示了人类积极进取的科学精神。希望通过该课程的学习，读者能够感受这种氛围，激发探索自然规律的激情，在科学预见性和远见卓识方面受到启迪，塑造自己的创造能力，为科学进步和人类发展做出自己的贡献。

第2章　测量误差理论和测量数据处理

2.1　测量误差理论概述

在测量过程中，测量设备、测量对象、测量方法、测量人员都不同程度地受到本身和周围各种因素的影响，且这些因素也在不断地变化，这些变化的因素对测量结果会造成影响。另外，测量过程一般都会改变被测对象的原有状态，因此测量结果反映的并不是被测对象客观存在的数值，而只是一种近似。测量结果（即近似值）与被测量真值之间存在的偏差，称为测量误差。

随着科学技术水平的飞速发展，计量技术不断提高。但是，测量的结果仍然存在误差，误差的存在是不可避免的。

2.1.1　基本概念

1. 测量误差定义

在《国际通用计量学基本术语》（*International Vocabulary of Basic and General Terms in Metrology*，VIM）中，测量误差定义为：测量结果减去被测量的真值。测量误差理论就是分析和处理测量误差的理论和方法。

在任何测量过程中，都是通过实验来求出被测量的量值，因此测量过程就要涉及标准和误差这两个重要问题。求出被测量的量值的过程实际上是把被测量直接或间接地与一个同类已知量相比较，求出被测量与已知量的比值，已知量作为比值单位，将比值连同单位一起作为被测量的量值。所以在测量过程中必须要有一个体现计值单位的量作为标准，测量结果才有意义。

在任何测量过程中，都不可避免地会产生误差。测量误差的来源是多种多样的，可分为以下几类。

（1）仪器误差

测量仪器仪表及其附件在测量中引入的误差称为仪器误差，如电桥中的标准电阻、天平的砝码、示波器的探头、仪器零位偏移、数字仪表的量化和有限显示位数造成的舍入误差等。

（2）操作误差

操作误差是操作者执行测量操作时所产生的一种误差，即操作者执行测量过程中的某些失误，如连接错误、读数错误等。操作误差只有通过对操作人员进行良好的基础训练和培养严格的工作作风来避免。

（3）环境误差

环境误差是由于测量环境改变而引起的误差。例如，环境的温度、湿度的变化会造成被测量发生变化，电磁场微变、振动等对被测量和测量设备或系统都会带来影响等。环境误差在被测对象和测量设备或系统对环境因素敏感时尤其明显。

（4）方法误差

由于测量方法不合理所造成的误差称为方法误差。例如，当用万用表测量高内阻回路的电压时，由于万用表的输入电阻不够高会引起此类误差。另外，由于知识的不足或研究不充分忽略了不该忽略的因素，也将引起方法误差。

近年来，为了克服误差评定的困难，在国际测量界确立和推广了测量不确定度的概念。不确定度是建立在误差理论基础上的一个新概念，测量不确定度就是对测量结果质量的定量评定。关于测量不确定度的概念和评定方法将在 2.3 节做详细的介绍。

2. 研究误差理论的目的

误差理论是计量学的主要研究内容之一，是计量学的重要组成部分，也是测量中要重点解决的问题之一。开展测量误差理论的研究，是对测量误差本身的性质和特点进行深入的研究，目的是寻找产生误差的原因，认识误差的规律、性质，找出减小误差的途径及方法，合理、正确地处理数据，以求获得尽可能接近真值的测量结果，对测量结果的处理和正确评价具有很大的作用。掌握一定的误差理论和数据处理知识，是科技工作者必备的基本素质之一。

对很多测量来说，测量工作的价值完全取决于测量的准确程度或者误差的大小，当测量误差超过一定限度时，测量工作和测量结果不但变得毫无意义，在使用超限误差的测量数据时，甚至会导致错误的判断和给出错误的结论，给工作带来很大危害。测量误差的控制水平是衡量测量技术水平乃至科学技术水平的重要标志之一。

随着测量技术的发展，测量中的误差可以逐步减小，但不可能做到完全消除，测量误差是永远也消除不了的，误差总是伴随测量而存在的。有时即使为了减少一点误差也要花费大量人力和物力的代价，所以还要根据实际工作的需要确定测量的精度，以免造成不必要的浪费。

2.1.2 测量误差的表达式

1. 真值

一个量在被观测时，该量本身所具有的真实大小称为真值。在一定的时空条件下，某被测量总是有一个客观存在的确定数值，这个值就是真值。

2. 测量误差的表达

通常测量误差有四种表示形式。

（1）绝对误差

绝对误差定义为量的给出值与其客观真值之差，由于误差和给出值具有相同的量纲，

故称其为绝对误差，其表达式为

$$\Delta x = x - x_0 \qquad (2-1-1)$$

式中，x 是给出值，x_0 是被测量的真值。

绝对误差是一个有符号、大小、量纲的物理量。其特点是：绝对误差有量纲和计量单位，所以数据的大小和计量单位有关；绝对误差不仅能反映给出值和真值差异的大小，还能反映误差的方向；给出值的修正值与误差的大小相等、符号相反。

给出值是取决于给出方式的值。它包括测得值、实验值、标称值、示值、计算近似值及猜测的值等。测得值是从计量器具上直接反映或经过必要的计算而得出的量值，例如，用电压表测量交流电压，测得值为 100 V。标称值是计量或测量器具上标注的量值，如电阻器阻值的标称值，标准砝码上标出的 1 kg。受制造、测量及环境条件变化的影响，标称值并不一定等于它的实际值，通常在给出标称值的同时也应给出它的误差范围或精度等级。示值是由测量仪器给出或提供的量值，也称测量值。对于数字显示仪表，仪表显示的测量数据就是示值；而对实物量具而言，示值就是它所标出的值。

真值是指一定的时空条件下，某物理量体现的真实数值，是被测量所具有的真实大小。在通常情况下，真值是不可测量、无法得到的。所以按上述定义来求得的误差也是不准确的。随着科技的发展，人们对客观事物认识的不断提高，测量结果的数值会不断接近真值。实际的计量和测量工作中，经常使用"约定真值"或"相对真值"来代替真值使用。

约定真值的定义为：对于给定目的具有适当不确定度的、被认为充分接近真值、可用于替代真值的量值。约定真值是按照国际公认的单位定义，利用科技发展的最高水平所复现的单位基准约定的。一般来说，约定真值有以下 4 种情况。

①理论真值。例如，平面三角形内角之和为 180°，圆周角为 360°。此外还有理论设计和理论公式表达式等。

②标准值。由国际计量大会决议规定的值，例如，水的三相点热力学温度为273.16 K、阿伏伽德罗常量值为 6.022 136 7×10^{23} mol^{-1} 等。

③高一等级计量标准所测得的量值。高一等级标准器的误差与低一等级标准器或普通计量仪器的误差之比为 1/5（或 1/20~1/3）时，则可以认为前者是后者的约定真值。

④修正后的值用已修正过的值或者多次测量的算术平均值来代替真值。

与绝对误差大小相等、符号相反的量定义为修正值，即

$$C = x_0 - x \qquad (2-1-2)$$

绝对误差及修正值是与给出值具有相同量纲的量。绝对误差的大小和符号分别表示了给出值偏离真值的程度和方向，修正值概念的引入是为了消除误差的影响，它采用代数方法通过将其与未修正测量结果相加以补偿系统误差的影响。使用修正值的前提是，仪器的示值或给出值在给定的有效期内必须足够稳定。

一般测量仪器在说明书和校准报告中常常以表格、曲线或公式的形式给出修正值。利用修正值可求出用该仪器测量的被测量的实际值。测量仪器的修正值一般通过计量部门检定给出，由式（2-1-2）知测量值加上修正值可得相对真值，即实际值。

$$x = x_0 + C \qquad (2-1-3)$$

一般修正值是一条曲线或一个表格，即测量不同大小的量值时有不同的修正值，此时应该对应该曲线或表格，查找修正值。对于使用表格表示的修正值，当读数值在表格的数据点之间时，应通过插值算法得到读数值的修正值。图 2-1-1 是某电流表在其某量程上的

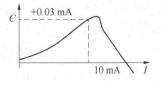

图 2-1-1　修正值曲线

修正值曲线，如果测某电流时，仪表读数值为 10 mA，可得其修正值为 +0.03 mA，则可求出被测电流的实际值为

$$I = 10.00 + (+0.03) = 10.03(\text{mA})$$

在智能仪器中，修正值数据还可以预先储存在仪器中，测量时仪器自动读取修正值数据对测量结果进行修正。

（2）相对误差

绝对误差并不能很好地表示测量的准确程度，它的大小不能作为比较测量结果准确度高低的依据。例如，当测量两个频率时，其中一个被测频率为 100 Hz，其绝对误差为 1 Hz；另一个频率为 100 kHz，其绝对误差为 10 Hz。后者的绝对误差虽然是前者的 10 倍，但后者的测量准确度却比前者高，因为后者的误差占被测频率的比重为 0.01%，而前者的误差占被测频率的比重为 1%。也就是说，测量的准确程度，除了与误差的大小有关以外，还和被测量的大小有关。在绝对误差相等的情况下，测量值越小，测量的准确程度越低；测量值越大，测量的准确程度越高。因此，为了弥补绝对误差的不足，更好地反映测量的准确程度，提出了相对误差的概念。

相对误差又叫相对真误差，定义为绝对误差与真值之比，表示为

$$\gamma = \frac{\Delta x}{x_0} \times 100\% \qquad (2-1-4)$$

相对误差是一个比值，数值大小与计量单位无关，是无量纲的纯数值，通常用百分数表示。相对误差不但能反映误差的大小，而且能反映出测量的准确度。

（3）引用误差

相对误差可以较好地反映某次测量的准确程度，但并不适合用于表示或衡量测量仪器的准确度。因为在同一量程内，被测量可能有不同的数值，这将导致相对误差计算式中的分母发生变化，求得的相对误差也就随着改变。为了计算和划分仪表准确程度等级，引入了引用误差（又叫满度相对误差或引用相对误差）的概念。它的定义是仪器示值的绝对误差与测量范围上限值（量程）之比，表示为

$$\gamma_{\text{m}} = \frac{\Delta x}{x_{\text{m}}} \times 100\% \qquad (2-1-5)$$

式中，x_{m} 表示仪表的量程。

引用误差是可正、可负的，通常用百分数表示。电工仪表正是按 γ_{m} 之值来进行分级的，电工仪表的准确度等级分别规定为 ±0.1、±0.2、±0.5、±1.0、±1.5、±2.5 和 ±5.0，共七级，表明仪表的引用误差不超过的百分比。例如，±1.0 级的电表表明其引用误差不超过的百分比为 ±1.0%。如果该电表同时有几个量程，则所有量程内引用误差不超过的百分比均为 ±1.0%。很显然，在不同的量程段内，仪表所引起的绝对误差是不同的。

引用误差是为评价测量仪表精确度等级而引入的，它可以客观正确地反映测量仪表的精度高低。一般来说，如果仪表为 s 级，则说明仪表最大引用误差不会超过 $s\%$，而不能认为它在各刻度点上的示值都具有 $s\%$ 的准确度。要注意的是，准确度等级在 0.2 级以上的电表属于精密仪表，使用时要求具备较严格的工作环境及操作步骤。

例 2-1-1 现有两块电压表，其中一块是量程为 100 V 的 1.0 级表，另一块是量程为 10 V 的 2.0 级表，用它们来测 8 V 左右的电压，选用哪一块表更合适？

解： 根据引用误差及仪表等级的定义，若仪表等级为 s 级，则对应的引用误差为 $s\%$，则用该表测量所引起的绝对误差

$$\Delta x \leq x_{\mathrm{m}} \cdot s\%$$

若被测量的实际值为 x_0，则测量的相对误差为

$$\frac{\Delta x}{x_0} \leq \frac{x_{\mathrm{m}} \cdot s\%}{x_0} \tag{2-1-6}$$

若使用量程为 100 V 的 1.0 级电压表，则测量误差为

$$\Delta x \leq 100 \times 1\% = 1 \ (\mathrm{V})$$

相对误差为：$\gamma = \dfrac{\Delta x}{x_0} \leq \dfrac{1}{8} = 0.125 \times 100\% = 12.5\%$

若使用量程为 10 V 的 2.0 级电压表，则测量误差为

$$\Delta x \leq 10 \times 2\% = 0.2 \ (\mathrm{V})$$

相对误差为：$\gamma = \dfrac{\Delta x}{x_0} \leq \dfrac{0.2}{8} = 0.025 \times 100\% = 2.5\%$

由结果可以看出，尽管第一块表的准确度级别高，但由于它的量程远大于被测量，可能引起的测量误差范围也很大。也就是说，当一个仪表的等级选定后，所产生的最大绝对误差与量程 x_{m} 成正比。为了减少测量中的误差，在选择量程时应使测量值尽可能接近于满度值。在选择测量仪表时，不应片面追求仪表的级别，而应该根据被测量的大小，兼顾仪表的量程和级别。

由此例还可以得到以下结论：测量值与量程 x_{m} 相差越小，测量准确度越高。故选仪表量程时应尽可能使测量值接近仪表满度值，一般要求不小于满度值的 2/3。

应该注意的是，在考核仪表的准确度或在选用仪表时，通常需要将引用误差换算成相对误差，再进行分析，以判断是否满足测量准确度的要求，因为引用误差不能表示测量时真实的准确程度，离满刻度值越远，越难以判断其准确程度。

（4）分贝误差

在一些测量中，如电子学和声学测量中，测量结果是以分贝来表示的，相对误差也以分贝（dB）的形式表示，称为分贝误差。它实质上是相对误差的另一种表示形式。

设一个有源网络的电压输出输入比为

$$A = U_{\mathrm{out}}/U_{\mathrm{in}}$$

则电路增益可以用分贝表示为

$$G = 20\lg A$$

当测量中存在误差时，电压输出输入比 A 产生误差 ΔA，则分贝表达式中也对应地产生一个误差 ΔG，所以

$$G+\Delta G = 20\lg(A+\Delta A) = 20\lg\left[A\left(1+\frac{\Delta A}{A}\right)\right]$$

$$\Delta G = 20\lg\left(1+\frac{\Delta A}{A}\right)$$

ΔG 表示分贝误差。电压、电流等电参数的分贝误差表示为

$$\gamma = 20\lg\left(1+\frac{\Delta x}{x_0}\right) = 20\lg(1+\gamma) \tag{2-1-7}$$

功率等电参数用 dB 表示的分贝误差为

$$\gamma = 10\lg(1+\gamma) \tag{2-1-8}$$

在无线电计量中，分贝误差的使用往往分两种情况。一种情况是直接以分贝的形式读取数值，然后直接计算出分贝误差的大小，衰减器、电平表通常都属于这种情况。另一种情况是读取电压值或功率值，然后再通过计算以 dB 的形式表示出来。

误差的表示方法主要有以上 4 种。在不同的仪器设备中，常常需要根据仪器功能来决定采用以上哪种表示方法来表征仪器的准确程度。在后续章节介绍仪器时，再详细说明。

2.1.3　测量误差的分类及特点

产生测量误差的因素有很多，这些因素对测量结果造成的影响各有其特点。按照测量误差的基本性质和特点，可以把误差分成三类：系统误差、随机误差和粗大误差。

1. 系统误差

在相同条件下，对同一物理量进行多次重复测量时，误差的绝对值和符号保持不变，或当条件改变时按某种规律变化的误差称为系统误差。换句话说，系统误差是有确定规律的误差。所谓相同条件即重复条件，它包括：相同的测量程序、测量条件（温度、湿度、气压等）、观测人员、测量设备、测量地点等。系统误差通常用无限多次测量结果的平均值与该被测量真值之差来表示。实际应用中，用约定真值或相对真值来代替真值，故系统误差也只能是近似估计。

根据系统误差的变化规律不同，可将其分为恒值系统误差和变值系统误差两种类型。误差的数值与符号在一定条件下保持恒定不变的称为恒值系统误差。误差的数值按某一确定规律变化的系统误差称为变值系统误差。

产生系统误差的原因有很多方面，包括：测量仪器设计原理及制作工艺的缺陷、安装和放置不当等；测量环境的温度、湿度、电源电压及电磁场变化等；测量使用方法不完善、依据原理不严密、对某些物理量的定义不明确、计算方法不准确或近似等；测量人员感觉器官的不完善和不正确的测量习惯等。

图 2-1-2 是用电压电流法测量负载上消耗的功率时，由于测量方法不完善、依据原理

不严密导致系统误差的典型例子。在图 2-1-2（a）中，由于电压表的分流，会产生测量误差；图 2-1-2（b）中，由于电流表的分压，也会产生测量误差。这些误差都是由于测量方法不完善、依据原理不严密导致的，属于系统误差，具体使用哪种方法，应根据被测负载电阻的阻值、电压表和电流表的内阻大小关系来选择，看哪种方法产生的误差较小。一般来说，如果电压表内阻远大于负载电阻，应选择图 2-1-2（a）的方法，如果电流表内阻远小于负载电阻，应选择图 2-1-2（b）的方法。

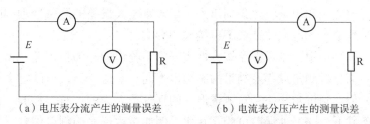

（a）电压表分流产生的测量误差　　　　（b）电流表分压产生的测量误差

图 2-1-2　用电压电流法测量负载上消耗的功率

　　尽管造成系统误差的原因很多，但都具有一定的规律性，在实际测量中可以分析系统误差产生的原因，采取一定的技术措施、测量方法、校准等，减小或补偿系统误差造成的影响。对于已掌握变化规律的系统误差，可以通过修正值来消除；对于不能确定的那部分系统误差，将导致测量不确定度的产生。

　　2. 随机误差

　　随机误差是指在相同条件下，对同一物理量做多次重复测量时，受偶然因素影响而出现的没有一定规律的测量误差。在测量环境相同的条件下，随机误差一般具有高斯分布特性。

　　随机误差主要是由多种对测量结果影响较小而且互不相关的因素的共同作用导致的，如热噪声、测量环境空间电磁场的微小变化、空气扰动、大地微振等无规律的微小因素。由于这些因素影响较小，从宏观上看，测量条件没有变，但当测量仪器的灵敏度足够高时，测量结果会有上下起伏的变化。

　　就单次测量而言，随机误差没有规律，其大小和方向完全不可预测。但在相同条件下做多次重复测量时，随机误差在整体上服从统计规律。总的来说，随机误差具有下列特性：

　　①绝对值相等、符号相反的误差在多次重复测量中出现的可能性相等，即对称性；

　　②在一定测量条件下，随机误差的绝对值不会超出某一限度，即有界性；

　　③随机误差的算术平均值随测量次数的增加而趋于零，即抵偿性；

　　④绝对值小的随机误差比绝对值大的随机误差在多次重复测量中出现的机会多，即单峰性。

　　对随机误差的研究通常借助于概率论和数理统计的方法，研究它的概率分布和数字特征，估计可能出现的大小和范围，进而给出最接近真值的结果。利用随机误差的抵偿性，还可以通过对被测量进行多次测量并对结果取平均值的方法来克服和减小随机误差，削弱随机误差对测量结果的影响。然而，随机误差对测量过程及结果的影响是必然的，随机误差无法根本消除。

3. 粗大误差

明显超出规定条件下预期的误差，即测量值显著地偏离其实际值所对应的误差称为粗大误差。产生粗大误差的原因，往往是一些未被认识的偶然因素，例如，读数错误、测量方法错误、使用有缺陷的计量器具、实验条件的突变、测量人员操作不当和疏忽大意、在测量过程中供电电源突发的瞬间跳动或者外界较强的电磁干扰等原因都会造成粗大误差。它表现为统计的异常值。含粗大误差的测量值是对被测量的歪曲，测量结果中带有粗大误差时，应采用一定方法和规则将之识别出来，把含有粗大误差的测量数据剔除掉，以免其对测量结果的平均值和标准偏差造成不可接受的影响。

综上所述，在测量中，测量误差按其性质分为系统误差、随机误差、粗大误差，它们各自有其特点，而且对测量过程及结果的影响也不同。对这三类误差的定义是科学而严谨的，不能混淆。但在测量实践中，对测量误差的划分是人为的、有条件的。在不同测量场合、不同测量条件下，这三种误差可相互转化。例如指示仪表的刻度误差，对制造厂同型号的一批仪表来说具有随机性，故属随机误差；而对用户所使用的特定的一块仪表来说，该误差是固定不变的，故属于系统误差。

误差的分类还有其他方法。例如，容许误差指的是测量仪器在使用条件下可能产生的最大误差范围，它是衡量仪器的最重要的指标，仪器的准确度、稳定度等指标可用容许误差来表征。按《电工和电子测量设备性能表示》（GB/T 6592—2010）的规定，容许误差可用工作误差、固有误差、影响误差、稳定性误差来描述。

4. 测量误差对测量结果的影响

系统误差表明了无限多次测量结果的均值偏离真值的程度。在误差理论中，常用正确度（correctness）一词来表征系统误差的大小。系统误差越小，则正确度越高。

随机误差表现为测量值的分散性。在误差理论中，常用精密度（precision）来表征随机误差的大小。随机误差越小，测量数据分布越集中，精密度越高。

我们希望测量结果既精密又正确，通常用测量准确度（accuracy）表征测量结果与被测量真值之间的一致程度。准确度是用来同时表示测量结果中系统误差和随机误差大小的程度。当测量值的随机误差及系统误差都很小时，表明测量既精密又正确，测量准确度高。测量准确度涉及真值，由于真值的"不可知性"，所以它只是一个定性概念，不能用于定量表达。定量表达则需要用"测量不确定度"来描述。

可以用图 2-1-3 所示的打靶结果来描述系统误差和随机误差对测量结果的影响。图 2-1-3 （a）中，着靶点围绕靶心分散均匀，着靶点分布的几何中心接近靶心，但分散程度大。这种情况对应于测量中随机误差大而系统误差小的情况，说明测量的精密度差而正确度好。在图 2-1-3 （b）中，着靶点分布很集中，但着靶点分布的几何中心位置偏离靶心较远。这说明射手的瞄准重复性很好，可能是由于准星未得到校准，或是风向等原因造成了着靶点偏离靶心，只要找出偏离的原因误差就可得到纠正。这种情况相当于测量中的系统误差较大而随机误差较小，导致测量值虽然集中但偏离真值（或实际值）较远，说明测量的精密度好而正确度差。图 2-1-3 （c）所示的情况是，着靶点分布很集中，且几何中心接近靶心，这种情况相当于测量中的系统误差与随机误差都较小，测量准确度高。

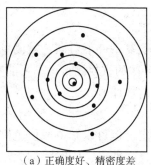 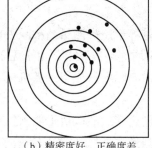 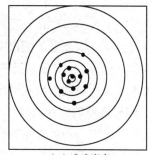

（a）正确度好、精密度差　　　　　（b）精密度好、正确度差　　　　　（c）准确度高

图 2-1-3　测量结果的正确度、精密度和准确度示意图

2.2　测量数据的处理与估计

如前所述，任何测量都会产生测量误差，误差的性质和特点也各不相同。本节按照随机误差、系统误差、粗大误差的顺序讨论三种误差的处理方法，然后介绍误差的合成与分配、非等精密度测量及测量数据处理的其他问题。

2.2.1　随机误差的处理与估计

1. 随机误差的表示

在测量中，随机误差是不可避免的。在不考虑粗大误差的情况下，测量误差由随机误差和系统误差两部分组成，即

$$\Delta x_i = \varepsilon_i + \delta_i \tag{2-2-1}$$

式中，ε_i 为第 i 次测量的系统误差，δ_i 为第 i 次测量的随机误差。对于相同条件下的多次重复测量而言，每一次测量的系统误差都是相同的，即 $\varepsilon_i = \varepsilon$。

如果对每次测量的误差求和取平均，可以得到

$$\frac{1}{n} \sum_{i=1}^{n} \Delta x_i = \varepsilon + \frac{1}{n} \sum_{i=1}^{n} \delta_i$$

由于随机误差的抵偿性，当测量次数 n 趋于无穷大时，上式右边的第二项趋于 0。由此可以得出结论，当测量次数足够多时，测量的系统误差等于各次测量绝对误差的算术平均值，即

$$\varepsilon = \lim_{n \to \infty} \left(\frac{1}{n} \sum_{i=1}^{n} \Delta x_i \right) \tag{2-2-2}$$

由式（2-2-1）可得

$$\delta_i = \Delta x_i - \varepsilon = \Delta x_i - \lim_{n \to \infty} \left(\frac{1}{n} \sum_{i=1}^{n} \Delta x_i \right) = (x_i - x_0) - \lim_{n \to \infty} \left[\frac{1}{n} \sum_{i=1}^{n} (x_i - x_0) \right]$$

$$= x_i - \lim_{n \to \infty} \left(\frac{1}{n} \sum_{i=1}^{n} x_i \right) \tag{2-2-3}$$

因此，某一次测量的随机误差等于该次测量结果减去在重复条件下对同一被测量进行无限多次（$n \to \infty$）测量结果的平均值。实际上，由于无限多次的重复测量也不可能实现，所以随机误差不可能准确地得出，实际中只能得到随机误差的估计值。

2. 随机误差的统计处理

在概率论中，随机变量的特点是变量的取值不能预先确定，但可以知道取值范围。正如前面讨论的结果，随机误差对测量数据的影响具有随机变量的特点，同时根据大量的实际统计，可以看出随机误差服从概率统计规律。因此，下面将通过回顾概率论相关知识来介绍随机误差的处理方法。

概率论中的中心极限定理说明，只要构成随机变量总和的各独立随机变量的数目足够多，而且其中每个随机变量对于总和只起微小的作用，则随机变量总和的分布规律可认为近似服从正态分布，又称为高斯（Gauss）分布。在测量中，随机误差往往具备随机变量的这种性质，因此测量中随机误差的分布大多接近于正态分布，受随机误差影响的测量数据的分布也大多接近于正态分布。如果造成随机误差的因素有限或某项因素起的作用特别大，就不满足中心极限定理所要求的条件，误差就将呈非正态分布，如均匀分布、三角形分布及反正弦分布等。总之，随机误差及其影响下的测量数据都服从一定的统计规律。对随机误差的统计处理就是要采用概率论和数理统计的方法研究随机误差对测量数据的影响，以及它们的分布规律。还要研究在实际的有限次测量中，如何能用统计平均的方法减小随机误差的影响，估计被测量的数学期望和方差，为最后给出测量结果和评定测量不确定度提供数据。

（1）随机变量的数字特征

测量值的取值可能是连续的，也可能是离散的。理论上，大多数测量值的可能取值范围是连续的，而实际上由于测量仪器的分辨力不可能无限小，因而得到的测量值往往是离散的。例如，用数字式仪器测某电阻值，从理论上看，由于随机误差的影响，测量值可能在电阻真值附近某个区间的任何位置上，但实际上测量的全部可能取值范围是该区间内、间隔为仪器能分辨的最小值的整数倍的一系列离散值。此外，有一些测量值本身就是离散的，例如测量单位时间内脉冲的个数，其测量值本身就是离散的。因此可根据离散随机变量的特性来分析测量值的统计特性。

随机变量的数字特征常用数学期望和方差来表征。在概率论中，数学期望和方差都是在样本空间为无穷时定义的。然而，在实际测量中不可能在相同条件下做无限次测量，而只能进行有限次的测量，不能按照数学期望和方差的原始定义来计算它们的值，特别是在测量次数 n 不太大的情况下。如何根据有限次测量所得结果对被测量的数学期望和标准偏差做出估计是讨论的重点。

（2）用有限次测量值的算术平均值来估计测量值的数学期望

对同一个量值做一系列等精密度的独立测量，设被测量的真值为 x_0，n 次等精密度测量值为 x_1，x_2，$\cdots$，x_n，则所有测量值的算术平均值为

$$\bar{x} = \frac{1}{n}(x_1 + x_2 + \cdots + x_n) = \frac{1}{n}\sum_{i=1}^{n} x_i \tag{2-2-4}$$

用有限次测量值的算术平均值来估计测量值的数学期望是否恰当呢？在概率论中有两个原则，即估计的一致性与无偏性。如果估计值满足上述两个原则，那么，这个估计就是恰当的。可以证明，将式（2-2-4）给出的算术平均值作为测量值数学期望的估计值 $E(X)$ 是符合以上原则的。因此，在实际测量中，以多次测量的算术平均值作为测量值数学期望的估计值，即：$E(X) = \bar{x}$。

（3）算术平均值的标准偏差

当测量次数 n 有限时，算术平均值本身也是一个随机变量。根据正态分布随机变量之和的分布仍然是正态分布的理论，$\bar{x}$ 也服从正态分布。随机变量 $\bar{x}$ 的方差为

$$\sigma^2(\bar{x}) = \sigma^2\left(\frac{1}{n}\sum_{i=1}^{n} x_i\right) = \frac{1}{n^2}\sigma^2\left(\sum_{i=1}^{n} x_i\right) = \frac{1}{n^2}n\sigma^2(x) = \frac{1}{n}\sigma^2(x) \tag{2-2-5}$$

写成标准偏差的形式为

$$\sigma(\bar{x}) = \frac{\sigma(x)}{\sqrt{n}} \tag{2-2-6}$$

式（2-2-5）及式（2-2-6）说明了测量平均值的方差比总体或单次测量的方差小，为总体方差的 $1/n$，或者说平均值的标准偏差是总体测量值的标准偏差的 $1/\sqrt{n}$。这是由随机误差的抵消性造成的，在计算求和的过程中，正负误差相互抵消，n 越大，抵消程度越大，平均值离散程度越小，所以平均值的分布就越集中。

值得注意的是，当 n 增大时，每个测量值的随机误差对平均值的随机误差影响减小。根据中心极限定理，可以得到另一个结论：无论被测量总体分布是什么形状，随着测量次数的增加，测量值算术平均值的分布都越来越趋近于正态分布。

（4）用有限次测量数据估计测量值的标准偏差——贝塞尔公式

测量值的总体标准偏差是在测量次数为无穷多次情况下定义的，实际中测量次数 n 不可能为无穷大，因此标准偏差不可能根据数学期望求出，只能根据数学期望的估计值求出每次测量的残差。下面讨论如何根据有限次测量数据来计算测量值标准偏差的最佳估计值 $\hat{\sigma}(X)$。

定义残差 $v_i = x_i - \bar{x}$，对于标准偏差可以采用贝塞尔公式进行估计，即

$$\hat{\sigma}(X) = \sqrt{\frac{\sum_{i=1}^{n} v_i^2}{n-1}} \tag{2-2-7}$$

或

$$\hat{\sigma}(X) = \sqrt{\frac{\sum_{i=1}^{n} x_i^2 - n\bar{x}^2}{n-1}} \tag{2-2-8}$$

同样，以贝塞尔公式作为标准偏差的估计是满足估计的一致性和无偏性原则的，详细的理论证明，本书不再阐述。

3. 测量结果的置信问题

（1）置信概率与置信区间

由于随机误差的影响，测量值均会偏离被测量真值。测量值分散程度用标准偏差表示。一个完整的测量结果，不仅要知道其量值的大小，还希望知道该测量结果的可信赖程度。下面从两方面来分析测量的可信度问题。

①虽然不能预先确定即将进行的某次测量的结果，但希望知道该测量结果落在数学期望附近某一确定区间内的可能性有多大。由于标准偏差表示测量值的分散程度，常用标准偏差的若干倍来表示这个确定区间。测量的可信度问题可以描述为："希望知道测量结果落在这个区间内的概率有多大"，即

$$P\left\{\left[E(X)-c\sigma(X)\right]\leqslant x\leqslant\left[E(X)+c\sigma(X)\right]\right\} \qquad (2\text{-}2\text{-}9)$$

②在大多数实际测量中，我们真正关心的不是某次测量值出现的可能性，而是关心被测量的数学期望处在某测量值 X 附近某确定区间内的概率，即

$$P\left\{\left[x-c\sigma(X)\right]<E(X)<\left[x+c\sigma(X)\right]\right\} \qquad (2\text{-}2\text{-}10)$$

在测量结果的可信度问题中，$[-a,+a]$ 称为置信区间，P 称为相应的置信概率。置信区间和置信概率是紧密相连的，只有明确一方才能讨论另一方。置信区间概括了测量结果的精确性，置信概率表明这个结果的可靠性。在实际计算中往往是根据给定的置信概率求出相应的置信区间或根据给定的置信区间求置信概率。

从数学上来讲，式（2-2-9）与式（2-2-10）定义的概率是相等的，所以在实际计算中，不必去区分这两种情况。

（2）t 分布中均值的置信区间

有限次测量结果的置信问题通常是以 t 分布为基础来研究的。

设随机变量 t 为

$$t=\frac{\overline{x}-E(X)}{\hat{\sigma}(\overline{x})}=\frac{\overline{x}-E(X)}{\hat{\sigma}(X)/\sqrt{n}}=\sqrt{n}\,\frac{\overline{x}-E(X)}{\hat{\sigma}(X)} \qquad (2\text{-}2\text{-}11)$$

当测量值服从正态分布时，它的平均值也服从正态分布。但上式中 $\hat{\sigma}(X)$ 不服从正态分布，它的平方即方差服从 χ^2 分布，因此随机变量 t 不再服从正态分布，而服从 t 分布，即学生分布（习惯上简称为 t 分布）。t 分布的概率密度函数为

$$f(t_k)=\frac{\Gamma\left(\dfrac{k+1}{2}\right)}{\sqrt{k\pi}\,\Gamma\left(\dfrac{k}{2}\right)}\left(1+\frac{t^2}{k}\right)^{-\frac{k+1}{2}} \qquad (2\text{-}2\text{-}12)$$

式中：$\Gamma(\alpha)=\int_0^\infty x^{\alpha-1}e^{-x}\mathrm{d}x$，称为伽马函数；$k=n-1$，称为自由度。t 分布的概率密度函数如图 2-2-1 所示，可以看出，其概率密度函数关于 $t=0$ 是对称的，并且类似于标准正态分布的图形。但 t 分布的概率密度函数与测量次数或自由度有关，这与正态分布不同。

从图 2-2-1 可以看出，当自由度很大（即测量次数很多）时，t 分布与正态分布就很接近了。可以用数学方式证明当 $n\to\infty$ 时，t 分布与正态分布完全相同，即正态分布是 t 分布的一个特例。t 分布一般用来解决小样本的置信问题。

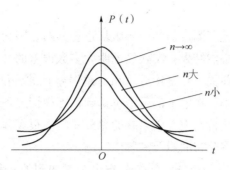

图 2-2-1　t 分布的概率密度函数

根据 t 分布的概率密度函数 $f(t_k)$，就可用积分的方法求出 $E(X)$ 处在均值附近对称区间 $[\bar{x}-t_\alpha\hat{\sigma}(\bar{x}),\ \bar{x}+t_\alpha\hat{\sigma}(\bar{x})]$ 内的置信概率，即

$$P\big[\,|\bar{x}-E(X)|<t_\alpha\hat{\sigma}(\bar{x})\big]=P\big[\bar{x}-t_\alpha\hat{\sigma}(\bar{x})<E(X)<\bar{x}+t_\alpha\hat{\sigma}(\bar{x})\big]=\int_{\alpha-t_\alpha}^{t}f(t_k)\,\mathrm{d}t$$

$$(2\text{-}2\text{-}13)$$

为区别起见，这里标准偏差的系数用 t_α 表示，称为 t 分布因子。由于 t 分布的积分计算很复杂，通常以查表的方式得到。附录 A 列出了 t 分布在对称区间的积分表。

例 2-2-1　对某信号源输出信号进行了 10 次等精密度测量，测得的数值分别为 20.46，20.52，20.50，20.52，20.48，20.47，20.50，20.49，20.47，20.49 kHz，若要求在 $P=95\%$ 的置信概率下，该信号源输出信号频率真值应在什么置信区间内？

解：第一步：求出均值和均值的标准偏差估计值。

$$\bar{f}=\frac{1}{10}\sum_{i=0}^{9}f_i=20.49\ (\mathrm{kHz})$$

$$\sigma(\bar{f})=\frac{\sigma(f)}{\sqrt{n}}=\sqrt{\frac{\sum_{i=0}^{9}v_i^2}{n(n-1)}}\approx0.006\ (\mathrm{kHz})$$

第二步：查 t 分布表，由 $P=0.95$，$k=n-1=9$ 查得 $t_\alpha=2.26$。

第三步：估计频率值的置信区间 $[\bar{x}-t_\alpha\hat{\sigma}(\bar{x}),\ \bar{x}+t_\alpha\hat{\sigma}(\bar{x})]$，将上述计算结果代入，得到 $[20.49-2.26\times0.006,20.49+2.26\times0.006]\,\mathrm{kHz}=[20.48,20.50]\ (\mathrm{kHz})$。

因此，信号源输出频率的置信区间为 $[20.48,20.50]\,(\mathrm{kHz})$，对应的置信概率为 95%。

根据本例再深入理解置信概率和置信区间的意义。这 10 个数据只是从总体中取得的大小为 10 个数据的子样本，由此可计算得出这一组数据所对应的置信区间。对于不同的样本数据，可以得到不同的置信区间。这里所得的 $[20.48,20.50]\,\mathrm{kHz}$ 只是各种可能的置信区间中的一个。如果能用更高级的仪器或某种方法测得更精确的值，则并不能肯定这个区间一定包含真值，但在同样测量条件下，测量得到多组容量为 10 的样本，再用上述方法求出各组样本对应的置信区间，就可以确定这些区间中有 95% 的区间包含真值，这就是置信概率的意义。

（3）其他分布

在前面的分析中都假定了测量值和误差服从正态分布。因为从理论上说，正态分布是概率论的中心极限定理的必然结果，实践已证明大多数误差的分布接近正态分布。要注意的是中心极限定理有两个前提：一是构成总和（总误差）的分量的数目足够多；二是每一分量对总和的贡献都足够小。在电子测量中也遇到在不少情况下，测量结果对某些影响量很敏感，如果其中一项影响特别大，则误差的总分布将在很大程度上取决于这一项误差分布。下面介绍常见的非正态分布曲线及其置信问题。

在测量实践中，除正态分布外，均匀分布也是常遇到的一种重要分布。例如仪器最小分辨力限制引起的误差就服从均匀分布。在仪器最小分辨能力决定的某一范围内出现的所有测量值我们往往都认为是一个值，而实际上这些值是以相等的概率出现在这个范围的任意位置上。对于数字化仪表，由于最小计数单位限制引起的误差也属于同样的情况。另外，在测量数据的处理中会根据舍入规则去掉一些低位数字，由于低位数字的出现是等概率的，所以引起的误差也服从均匀分布。还有不少误差，往往只能估计出其极限大致在［$-a$，$+a$］范围内，而对其分布规律完全无知，在此情况下，一般都假定该误差在［$-a$，$+a$］内均匀分布。因为均匀分布在测量中是仅次于正态分布的重要分布，所以下面主要以均匀分布为重点来讨论非正态分布。另外还有三角形分布、反正弦分布等，这里不再讨论。

均匀分布又称为等概率分布、矩形分布，其概率分布函数为

$$\varphi(x) = \begin{cases} \dfrac{1}{b-a}, & a \leqslant x \leqslant b \\ 0, & \text{其他} \end{cases} \tag{2-2-14}$$

其分布曲线如图 2-2-2 所示。现在来求具有上述均匀分布的测量值的数学期望和方差。

$$E(X) = \int_{-\infty}^{\infty} X\varphi(X)\,\mathrm{d}X = \int_{a}^{b} X \cdot \frac{1}{b-a}\mathrm{d}X = \frac{b+a}{2} \tag{2-2-15}$$

$$\sigma^2(X) = \int_{-\infty}^{\infty} [X - E(X)]^2 \varphi(X)\,\mathrm{d}X = \int_{a}^{b}\left(X - \frac{b+a}{2}\right)^2 \frac{1}{b-a}\mathrm{d}X = \frac{(b-a)^2}{12}$$

$$\sigma(X) = \frac{b-a}{\sqrt{12}} \tag{2-2-16}$$

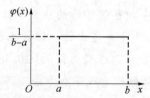

图 2-2-2　均匀分布曲线

2.2.2 系统误差的处理

1. 系统误差处理的基本原则

系统误差具有一定的规律性。在测量时，一旦明确了系统误差产生的原因，就可以通过技术途径来消除或削弱其影响；对于掌握了方向和大小的系统误差部分，可以通过修正值与测量结果的代数和将其从测量结果中消除；对于现阶段无法掌握其变化规律的那部分系统误差，就成为残余系统误差（不可预期的那部分），最后导致了测量的不确定度。

在实际测量中，系统误差一般都是存在的。如果在一列测量数据中存在着未被发现的系统误差，那么对测量数据按随机误差进行的一切数据处理将毫无意义。所以在对测量数据进行统计处理前必须要检查是否有系统误差存在。由于系统误差和随机误差的性质和对测量结果的影响不同，在处理方法上也有所不同。通常对系统误差的处理涉及以下几个方面。

①在进行测量之前，分析测量方案或方法中可能造成系统误差的因素，并尽力消除这些因素，如校准仪器的刻度、选择正确的测量方案等。

②根据测量的具体内容和条件，在测量过程中采取某些技术措施，以尽量消除和减弱系统误差的影响。

③在测量结束后，首先要检验测量数据中是否存在随测量条件变化而变化的系统误差，即变值系统误差。存在变值系统误差的测量数据原则上应舍弃不用，并根据变值系统误差的变化特性，找出产生变值系统误差的因素，重新进行测量。当残差的最大值明显小于测量允许的误差范围时，也可考虑使用所得的测量数据。

④用修正值（包括修正公式和修正曲线）对评定可用的测量数据所得的结果进行修正，设法估算出未能消除而残留下来的系统误差对最终测量结果的影响，即设法估计出残余的系统误差的数值极限范围，计算出测量结果的不确定度。

产生系统误差的原因多种多样，系统误差的表现形式也不尽相同，但仍有一些方法来发现和判断系统误差。凡属于测量方法或测量原理引入的系统误差，只要找到被测量的真值或真值的近似值，再求出多次测量值的平均值，检验这两个数值是否相等就可以发现是否存在数值不变的系统误差；可以采用准确度高的仪器进行重复测量，发现采用准确度较低的仪器测量结果中的系统误差；还可以通过观察残差来发现系统误差的存在，采用一些规则进行判断等。下面通过对系统误差进行分类来讨论系统误差的判别和处理方法。

2. 恒值系统误差的检查和处理

恒值系统误差是在测量条件保持不变时也保持不变的系统误差。常用校准的方法来检查恒值系统误差是否存在，通常用标准仪器或标准装置来发现并确定恒值系统误差的数值，或依据仪器说明书、校准报告上的修正值，对测量结果进行修正。下面分析恒值系统误差对测量结果的影响。

根据式（2-2-2），当测量次数 n 足够大时，随机误差对均值的影响可忽略，而系统误差会反映在测量结果的均值中。由于系统误差不具有抵偿性，通过统计平均的方法来消除恒值系统误差是无效的。利用修正值 C 可以在进行平均前的每个测量值中扣除，也可以在得到算术平均值后扣除。对于因测量方法或原理引入的恒值系统误差，可通过理论计算修正。

由于系统误差不影响残差的计算，因此也不影响标准偏差的计算。也就是说，恒值系统误差并不引起随机误差分布密度曲线的形状及其分布范围的变化，也就无从通过统计方法来检查是否存在恒值系统误差的存在。

3. 变值系统误差的判定

变值系统误差是指随测量条件变化而变化的系统误差。总的来说，当测量条件变化时，系统误差客观上是有确定规律的误差。例如，温度对电阻率的影响造成了电阻值的变化属于变值系统误差，理论上能找出温度与电阻值之间的解析关系式以确定系统误差的大小。但在大部分情况下，很难掌握系统误差的变化规律。要对测量数据进行分析和判别，当测量数据中变值系统误差的值明显大于随机误差时，数据就应舍弃不用。

如果存在非正态分布的变值系统误差，那么一系列重复测量值的分布将会偏离正态。可以通过检验测量结果分布的正态性，来检查测量中是否存在变值系统误差，这种方法比较麻烦，在实际测量中，判断是否存在系统误差，有时可通过直接观察残差来发现。例如，当将测量数据按测量的先后依次排列，残差的大小有规则地向一个方向变化时，测量中可能有线性系统误差。如中间有微小波动，则说明有随机误差的存在；又如残差的符号若有规律地变化，那么可能存在周期性误差；而当测量条件变化时，残差的符号发生变化，这说明测量中含有随测量条件改变而改变的系统误差。在实践中可以利用一些较为简捷的判断方法来检查。常用的判据有以下两种。

（1）累进性系统误差的判别——马利科夫判据

图 2-2-3 表示了与测量条件呈线性关系的累进性系统误差，如由于蓄电池端电压的下降引起的电流下降。在累进性系统误差的情况下，残差基本上向一个固定方向变化。

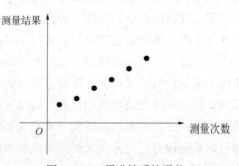

图 2-2-3　累进性系统误差

马利科夫判据是常用的判别有无累进性系统误差的方法。把 n 个等精密度测量值所对应的残差按测量顺序排列，将残差分成前后两部分求和，再求其差值。若测量数据中含有累进性系统误差，则前后两部分残差和明显不同，差值应明显地异于零。所以马利科夫判据是根据前后两部分残差和的差值来进行判断。若前后两部分残差和的差值近似等于零，则上述测量数据中不含累进性系统误差，若其明显地不等于零（与最大的残差值相当或更大)，则说明上述测量数据中存在累进性系统误差。

马利科夫判据可以用不等式是否成立来描述，其中测量次数有可能是偶数，也有可能是奇数。当 n 为偶数，如果如下不等式成立：

$$\left| \sum_{i=1}^{n/2} v_i - \sum_{i=n/2+1}^{n} v_i \right| \geqslant \left| v_i \right|_{\max} \tag{2-2-17}$$

当 n 为奇数，如果如下不等式成立：

$$\left| \sum_{i=1}^{(n-1)/2} v_i - \sum_{i=(n+3)/2}^{n} v_i \right| \geqslant \left| v_i \right|_{\max} \tag{2-2-18}$$

则认为测量中存在累进性系统误差。

（2）周期性系统误差的判别——阿贝–赫尔默特（Abbe-Helmert）判据

周期性系统误差如图 2-2-4 所示，是呈规律性交替变换的系统误差。

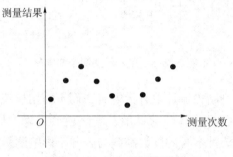

图 2-2-4　周期性系统误差

通常用阿贝–赫尔默特判据来检验周期性系统误差的存在。把测量数据按测量顺序排列，将对应的残差两两相乘，然后求其和的绝对值，再与总体方差的估计相比较，若式（2-2-19）成立则可认为测量中存在周期性系统误差。

$$\left| \sum_{i=1}^{n-1} v_i v_{i+1} \right| > \sqrt{n-1} \hat{\sigma}^2(X) \tag{2-2-19}$$

当按照随机误差的正态分布规律检查测量数据时，如果发现应该剔除的粗大误差占的比例较大（粗大误差的剔除在下节做详细介绍），就应该怀疑测量中含有非正态分布的系统误差。

存在变值系统误差的测量数据原则上应舍弃不用。但是，若虽然存在变值系统误差，但残差的最大值明显地小于测量允许的误差范围或仪器规定的系统误差范围，则测量数据可以考虑使用，在继续测量时需密切注意变值系统误差的情况。

4. 消除或减弱系统误差的典型测量方法

虽然在测量之前应注意分析和避免产生系统误差的来源，但仍然很难消除产生系统误差的全部因素。因此在测量过程中，可以采用一些专门的测量技术和测量方法，借以消除或减弱系统误差。这些技术和方法往往要根据测量的具体条件和内容来决定，并且种类也很多，其中比较典型的有下面几种。

（1）零示法

这种方法主要是为了消除指示仪表不准而造成的误差。在测量中我们使被测量对指示仪表的作用与某已知的标准量对它的作用相互平衡，以使指示仪表示零，这时被测量就等于已知的标准量。这种方法叫作零示法。

图 2-2-5 是用零示法测未知电压 V_x 的电路图例。图中 E 是标准电池，R_1 与 R_2 构成标准可调分压器。测量时调节分压比，使 V 恰好等于被测电压 V_x，这时检流计 G 中没有电流流过，即检流计指针示零。用这种方法就可以测得被测电压的数值，计算公式为

$$V_x = V = E \frac{R_2}{R_1 + R_2}$$

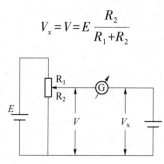

图 2-2-5　用零示法测未知电压

在测量过程中，只需判断检流计中有无电流，而不需用检流计读出度数。因此只要标准电池及标准分压器准确，检流计转动灵敏，测量就会准确。检流计支路不对 R_2 起负载作用，不影响分压比，检流计本身的读数准确与否并不影响测量的误差。

在电子测量中广泛使用的平衡电桥也是应用零示法来进行测量的。在电桥中作为指示仪表的检流计应该灵敏，作为已知量的电桥各臂元件值应该准确。

（2）代替法（置换法）

代替法是在测量条件不变的情况下，用一个标准已知量去代替被测量，并调整标准量使仪器的示值不变，在这种情况下，被测量就等于标准量的数值。由于在代替的过程中，仪器的状态和示值都不变，那么仪器的误差和其他造成系统误差的因素对测量结果基本上不产生影响。

图 2-2-6 是用代替法求未知电阻 R_x 阻值的电路图例。测量时首先接入被测电阻 R_x，调节电桥臂使电桥平衡。然后用一个可变标准电阻代替被测电阻，调整这个可变标准电阻的阻值，使电桥达到原来的平衡。这时被测电阻的阻值 R_x 就等于可变标准电阻的阻值 R_0。只要电桥中检流计 G 的灵敏度足够高，测量的误差就主要取决于标准电阻的准确程度，而与电桥臂 R_1、R_2、R_3 的阻值及检流计的准确度无关，电桥中的分布电容、分布电感等对测量也基本上没有什么影响。

（3）交换法（对照法）

当估计由于某些因素可能使测量结果产生单一方向的系统误差时，可以进行两次测量。利用交换被测量在测量系统中的位置或测量方向等办法，设法使两次测量中误差源对被测量的作用相反。对照两次测量值，可以检查出系统误差的存在，对两次测量值取平均值，将大大削弱系统误差的影响。例如用旋转度盘读数时，分别将度盘向右旋转和向左旋转进行两次读数，用对读数取平均值的办法就可以在一定程度上消除由传动系统的回差造

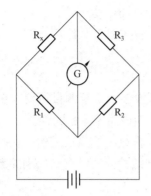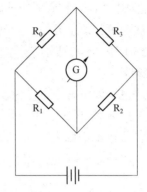

图 2-2-6　用代替法求未知电阻

成的误差。又如用电桥测电阻时，将被测电阻放在不同的两个桥臂上进行测量，也有助于削弱系统误差的影响。

（4）微差法

前面提到的零示法要求被测量与标准量对指示仪表的作用完全相同，以使指示仪表示零，这就要求标准量与被测量完全相等。但在实际测量中标准量不一定是连续可变的，这时只要标准量与被测量的差别较小，那么它们的作用相互抵消的结果也会使指示仪表的误差对测量的影响大大减弱，这种方法即为微差法。微差法虽然不能像零示法那样全部消除指示仪表误差带来的影响，但它不需要标准量连续可调，同时还有可能在指示仪表上直接读出被测量的数值，这就使微差法得到了广泛的应用。

2.2.3　粗大误差的处理

在无系统误差的情况下，测量中大误差出现的概率是很小的。在正态分布情况下，误差绝对值超过 $2.57\sigma(X)$ 的概率仅为 1%，误差绝对值超过 $3\sigma(X)$ 的概率仅为 0.27%。对于误差绝对值较大的测量数据，就值得怀疑，可以列为可疑数据。可疑数据对数据处理和最终给出的测量结果影响很大，可能造成测量结果的不正确。因此，遇到可疑数据时，要进行有针对性的分析。首先，要对测量过程进行分析，如是否有外界干扰（如电力网电压的突然跳动），是否有人为错误（如小数点读错等），是否有测量仪器、测量方法方面的错误等，判断是否是正常的随机大误差。其次，可以在等精密度条件下增加测量次数，以减少个别离散数据对最终统计估值的影响。在不明原因的情况下，应该根据统计学的方法来判别可疑数据是否是粗大误差。这种方法的基本思想是：给定置信概率，确定相应的置信区间，凡超过置信区间的误差就认为是粗大误差，并予以剔除。

用于粗大误差剔除的常见方法有以下几种。

1. 莱特检验法

莱特检验法是一种测量数据服从正态分布情况下判别异常值的方法，判别方法如下。

假设在一系列等精密度测量结果中，第 i 项测量值 x_i 所对应的残差 v_i 的绝对值 $|v_i|>3\cdot$

$\hat{\sigma}(X)$，则该误差为粗大误差，所对应的测量值为异常值，应剔除不用。

这种检验方法简单，使用方便，当测量次数 n 较大时，是比较好的方法。一般适用于 $n>10$ 的情况，$n<10$ 时，不再适用。

2. 肖维纳检验法

肖维纳检验法也是以正态分布作为前提的，假设多次重复测量所得 n 个测量值中，某测量值所对应残差的绝对值 $|v_i|>$ Ch $\cdot \hat{\sigma}(X)$，则认为该误差是粗大误差。式中 Ch 是系数，可通过查附录 B 的肖维纳准则表得到。要注意的是肖维纳检验法是建立在测量数据服从正态分布的前提下，要求在 $n>5$ 时使用。另外，肖维纳检验法没有给出剔除数据判据对应的置信概率。

3. 格拉布斯检验法

格拉布斯检验法是在未知总体标准偏差的情况下，对正态样本或接近正态样本异常值进行判别的一种方法，是一种从理论上就很严密、概率意义明确、经实验证明效果较好的判据。

对一系列重复测量中的最大或最小数据，若其对应残差绝对值 $|v_i|>g \cdot \hat{\sigma}(X)$，即残差绝对值大于格拉布斯系数 g 与标准偏差估计值的乘积，则判断此值为异常数据，应予剔除。g 值根据重复测量次数 n 及置信概率由附录 C 的格拉布斯准则表查出。

除上述三种检验法以外，还有奈尔检验法、Q 检验法和狄克逊检验法等。

在粗大误差处理中要注意以下几个问题。

① 所有的检验法都是人为主观拟定的，至今尚未有统一的规定。这些检验法多是以正态分布为前提的，当偏离正态分布时，检验可靠性将受影响，特别是测量次数少时更不可靠。

② 若有多个可疑数据同时超过检验所定置信区间，应逐个剔除，先剔出残差绝对值最大的，然后重新计算标准偏差估计值 $\hat{\sigma}(X)$，再行判别。若有多个相同数据超出置信区间时，也应逐个剔除。

③ 在一组测量数据中，可疑数据应极少。反之，说明系统工作不正常。因此剔除异常数据是一项需慎重对待的操作。要对异常数据的出现进行分析，以便找出产生异常数据的原因，不应因轻易舍去异常数据而放过发现问题的机会。

例 2-2-2 对某物体质量进行多次重复测量，所得结果列于表 2-2-1，试检查测量数据中有无异常数据。

表 2-2-1 测量数据列表

序号	测得值/g	残差/g	序号	测得值/g	残差/g
1	24.3	+0.15	6	23.9	−0.25
2	24.0	−0.15	7	24.2	+0.05
3	23.9	−0.25	8	24.0	−0.15
4	24.3	+0.15	9	24.1	−0.05
5	24.9	+0.75	10	23.9	−0.25

解：由于测量数据个数为 10，所以不能采用莱特准则，我们考虑采用格拉布斯准则。

①取置信概率为 99%，则 $n=10$，查表得到 $g=2.41$，标准偏差为 $\hat{\sigma}(X)=0.306$，$|v_5|=0.75$，$g\cdot\hat{\sigma}(X)=2.41\times0.306=0.74$，由于 $|v_5|>g\cdot\hat{\sigma}(X)$，所以第 5 个数据为异常数据，应剔除。

②将剩余 9 个数据重新计算平均值和标准偏差，得到表 2-2-2。

表 2-2-2 剩余数据列表

序号	测得值/g	残差/g	序号	测得值/g	残差/g
1	24.3	+0.23	6	23.9	−0.17
2	24.0	−0.07	7	24.2	+0.13
3	23.9	−0.17	8	24.0	−0.07
4	24.3	+0.23	9	24.1	+0.03
5			10	23.9	−0.17

剔除第 5 个异常数据后，$\hat{\sigma}(X)=0.164$，$n=9$，查表得到 $g=2.32$，$g\cdot\hat{\sigma}(X)=0.380$，观察以上 9 个残差可知，此时测量数据中没有异常数据。

2.2.4 误差的合成与分配

在实际测量中，有一些被测量不能或者不方便通过直接测量得到，而是需要通过测量其他量，然后根据被测量和这些量之间的数学关系，通过计算间接得到被测量的值。例如，测量电阻上消耗的功率，常通过测量电阻的阻值和电阻两端的电压，根据 $P=V^2/R$ 计算出电阻上消耗的功率。在这种测量中，电阻阻值的测量和电压的测量都存在误差，那么计算得到的功率也必然存在误差。电阻和电压的测量误差称为分项误差，功率误差称为总误差。

在测量中，常常需要从两方面考虑总误差和分项误差之间的关系：第一方面是如何根据分项误差来确定总误差的大小，这是测量误差的合成问题；第二方面是在确定了总误差的要求后，如何确定各个分项误差的大小以满足总误差的要求，这是误差的分配问题。

1. 误差的合成

设间接测量的数学模型为 $y=f(x_1,x_2,\cdots,x_n)$，式中各分量之间彼此独立，有

$$y+\Delta y=f(x_1+\Delta x_1,x_2+\Delta x_2,\cdots,x_n+\Delta x_n) \tag{2-2-20}$$

按泰勒级数展开，则

$$f(x_1+\Delta x_1, x_2+\Delta x_2, \cdots, x_n+\Delta x_n)$$

$$= f(x_{10}, x_{20}, \cdots, x_{n0}) + \left[\frac{\partial f}{\partial x_1}(x_1-x_{10}) + \frac{\partial f}{\partial x_2}(x_2-x_{20}) + \cdots + \frac{\partial f}{\partial x_n}(x_n-x_{n0}) \right] +$$

$$\frac{1}{2!} \left[\frac{\partial^2 f}{\partial x_1^2}(x_1-x_{10})^2 + \cdots + \frac{\partial^2 f}{\partial x_n^2}(x_n-x_{n0})^2 \right] + \cdots$$

略去高阶小量，得到

$$y + \Delta y = f(x_1+\Delta x_1, x_2+\Delta x_2, \cdots, x_n+\Delta x_n)$$

$$\approx f(x_{10}, x_{20}, \cdots, x_{n0}) + \frac{\partial f}{\partial x_1}\Delta x_1 + \frac{\partial f}{\partial x_2}\Delta x_2 + \cdots + \frac{\partial f}{\partial x_n}\Delta x_n$$

即 $\Delta y = \frac{\partial f}{\partial x_1}\Delta x_1 + \frac{\partial f}{\partial x_2}\Delta x_2 + \cdots + \frac{\partial f}{\partial x_n}\Delta x_n$

可写成

$$\Delta y = \sum_{i=1}^{n} \frac{\partial f}{\partial x_i}\Delta x_i \tag{2-2-21}$$

假如可忽略随机误差，得到系统误差合成表达式

$$\varepsilon_y = \sum_{j=1}^{m} \frac{\partial f}{\partial x_j}\varepsilon_j \tag{2-2-22}$$

若各分项的系统误差为零，则系统随机误差合成表达式成为

$$\delta_y = \sum_{j=1}^{m} \frac{\partial f}{\partial x_j}\delta_j \tag{2-2-23}$$

将上式两边平方，可得到

$$\delta_y^2 = \sum_{j=1}^{m} \left(\frac{\partial f}{\partial x_j} \right)^2 \delta_j^2 + \sum_{\substack{j \neq k \\ j=1\_m \\ k=1\_m}} \frac{\partial f}{\partial x_j}\frac{\partial f}{\partial x_k}\delta_j\delta_k$$

当进行了 n 次测量，对上式从 1 至 n 求和，则

$$\sum_{i=1}^{n} \delta_{yi} = \sum_{i=1}^{n} \sum_{j=1}^{m} \left(\frac{\partial f}{\partial x_j} \right)^2 \delta_{ji}^2 + \sum_{i=1}^{n} \sum_{\substack{j \neq k \\ j=1\_m \\ k=1\_m}} \frac{\partial f}{\partial x_j}\frac{\partial f}{\partial x_k}\delta_{ji}\delta_{ki}$$

若 x_1，x_2，$\cdots$，x_m 均为独立随机变量，则上式 δ_{ji} 和 δ_{ki} 也互不相关，且大小和符号都是随机变化的，它们的积也是随机变化的，当测量次数趋向于无穷大，各乘积项互相抵消的结果使上式第二项趋近于零。不考虑第二项以后，将上式两端同除以 n，得到

$$\frac{1}{n}\sum_{i=1}^{n} \delta_{yi} = \sum_{j=1}^{m} \left(\frac{\partial f}{\partial x_j} \right)^2 \left(\frac{1}{n}\sum_{i=1}^{n} \delta_{ji}^2 \right) \tag{2-2-24}$$

得到

$$\sigma^2(y) = \sum_{j=1}^{m} \left(\frac{\partial f}{\partial x_j} \right)^2 \sigma^2(x_j) \tag{2-2-25}$$

式（2-2-25）为已知各分项方差求总和方差的公式，仅适用于对 m 项独立的分项测量结果进行综合。

2. 误差的分配

在设计或组建一个测试系统时，给定总误差后，需要将误差分配到各个分项。由于存在多个分项，从理论上讲可以有多种分配方案，下面将在某些前提下来讨论误差的分配。

（1）等准确度分配

所谓等准确度分配是指将误差平均分配到各个分项，就是说，将系统误差和随机误差的影响同时平均分配到各个分项，如下式所示

$$\begin{cases} \varepsilon_1 = \varepsilon_2 = \cdots = \varepsilon_m \\ \sigma(x_1) = \sigma(x_2) = \cdots = \sigma(x_m) \end{cases} \tag{2-2-26}$$

则根据式（2-2-22）和式（2-2-25）得到

$$\varepsilon_j = \frac{\varepsilon_y}{\sum\limits_{j=1}^{m} \dfrac{\partial f}{\partial x_j}} \tag{2-2-27}$$

由式（2-2-20）和式（2-2-25）得到

$$\sigma(x_j) = \frac{\sigma(y)}{\sqrt{\sum\limits_{j=1}^{m} \left(\dfrac{\partial f}{\partial x_j}\right)^2}} \tag{2-2-28}$$

等准确度分配通常用于各分项性质相同、大小相近的情况。

（2）等作用分配

等作用分配是指分配到各分项的误差对测量总误差的作用或对总和的贡献是相同的。即

$$\begin{cases} \dfrac{\partial f}{\partial x_1}\varepsilon_1 = \dfrac{\partial f}{\partial x_2}\varepsilon_2 = \cdots = \dfrac{\partial f}{\partial x_m}\varepsilon_m \\ \left(\dfrac{\partial f}{\partial x_1}\right)^2 \sigma^2(x_1) = \left(\dfrac{\partial f}{\partial x_2}\right)^2 \sigma^2(x_2) = \cdots = \left(\dfrac{\partial f}{\partial x_m}\right)^2 \sigma^2(x_m) \end{cases} \tag{2-2-29}$$

则根据式（2-2-27）和式（2-2-28）得到

$$\varepsilon_j = \frac{\varepsilon_y}{m \dfrac{\partial f}{\partial x_j}} \tag{2-2-30}$$

$$\sigma(x_j) = \frac{\sigma(y)}{\sqrt{m} \left| \dfrac{\partial f}{\partial x_j} \right|} \tag{2-2-31}$$

在按以上的误差分配原则对误差进行分配后，可根据实际情况对各分项误差达到给定要求的难易程度适当进行调节。在满足总误差要求的前提下，对不容易达到要求的分项适当放宽分配的误差要求，而对容易达到要求的分项，可对其提高要求。

除了以上的分配原则外，在实际测量中，当其中某一项误差很大时，可抓住主要误差项进行分配，而忽略次要误差项的分配问题，只要保证主要误差项的误差小于总和的误差

即可。

2.2.5 非等精密度测量和加权平均

测量的精密度取决于测量的条件，如测量的仪器设备、测量方法、测量人员的熟练度和细心度、周围温度、湿度、干扰情况等。在这些条件完全相同的情况下，测量结果的精密度相同，称为等精密度测量。当测量条件不同时，测量结果的精密度不同，称为非等精密度测量。最常见的非等精密度测量还包括在上述相同条件下，每组测量次数不同时，取每组平均值作为测量结果的情况。例如在相同条件下测量某一电压，有一组测量了 100 次取平均值，另一组测量了 2 次取平均值，虽然这 102 次测量每一次测量条件都相同，标准偏差 $\sigma(V)$ 也相同，但对两组平均值来说，测量 100 次那组的平均值更精密可靠，因为它的标准偏差为 $\sigma_1(\overline{V}) = \sigma(V)/\sqrt{100}$，而测量 2 次那组的平均值相对来说就不太精密可靠，它的标准偏差 $\sigma_2(\overline{V}) = \sigma(V)/\sqrt{2}$。由于这两组平均值每组测量次数不同，也就是得到平均值的条件不同，因而这两个平均值是非等精密度的。

下面讨论由多个非等精密度测量数据如何估计被测量的数值，并讨论这种估计的精确度，即估计值的标准偏差。

1. 测量结果的权（weight）

假设测量的系统误差为零，那么对非等精密度的测量结果来说，精密度高的测量结果是比较可靠的，显然应该给予更大的重视。反之，对精密度低的测量结果重视的程度就应该小一些。通常用数值 w_j 表示第 j 个测量结果受到重视的程度，称数值 w_j 为第 j 次测量值的"权"。

由于 x_i 的测量精密度越高，方差 $\sigma^2(x_j)$ 越小，所以定义权 w_j 为

$$w_j = \frac{\lambda}{\sigma^2(x_j)} \tag{2-2-32}$$

式中，λ 为任意常数。由 $\lambda = w_j \sigma^2(x_j)$ 可知，当 $w_j = 1$ 即为单位权时，λ 的数值恰为 $\sigma^2(x_j)$，因此 λ 可以看成是单位权的方差。在讨论一列非等精密度测量时，若 λ 增大某固定倍数，各测量值的权将同时增大若干倍，但各测量值之间权的比值不变，因而不影响问题的讨论。

2. 加权平均

若对某量 X 进行了 m 次非等精密度测量，得到了 m 个数据 x_1，x_2，$\cdots$，x_m，它们对应的权分别为 w_1，w_2，$\cdots$，w_m，那么如何根据这些数据估计 X 的数值呢？显然，这时仍用这 m 个数据的均值来估计肯定是不合适了，因为各数据不是等精密度的，不应受到相同的对待。

采用加权平均的方法可以将非等精密度测量等效为等精密度测量。它的基本想法是将每个权为 w_j 的测量值 x_i 都看成 w_j 次等精密度测量的平均值。例如，x_1，x_2，x_3 的权分别为 3，5，2，本来它们的权不相同可能是由于仪器精密度不等、测量方法不同等很多原因造成的，但可以把它等效为共有 $(3+5+2) = 10$ 次等精密度的测量，x_1，x_2，x_3 分别是其中 3，5，2 次

测量的平均值。若每次等精密度测量的方差为 $\sigma^2(X)$，则 3 组平均值对应权的比

$$w_1 : w_2 : w_3 = \frac{\lambda}{\sigma^2(x_1)} : \frac{\lambda}{\sigma^2(x_2)} : \frac{\lambda}{\sigma^2(x_3)} = \frac{\sigma^2(X)}{\sigma^2(X)/3} : \frac{\sigma^2(X)}{\sigma^2(X)/5} : \frac{\sigma^2(X)}{\sigma^2(X)/2} = 3 : 5 : 2$$

这样就把非等精密度的测量等效为等精密度的测量了，前面对等精密度的测量已经做过比较详细的讨论，因而容易得出所需结论。同时，由于这种等效关系是可逆的，即不同次数等精密度测量的平均值也可以等效于不同权的等精密度测量，因而用这种方法导出的结论不失一般性。下面就用这种方法讨论上述 X 的估计值。

首先把 m 次非等精密度测量等效为 $n = \sum\limits_{j=1}^{m} w_j$ 次等精密度测量，各测量值 x_j 等效为 w_j 次等精密度测量值的平均值，非等精密度测量值与其权乘积的和 $\sum\limits_{j=1}^{m} w_j x_j$ 等效于 n 次等精密度测量值之和 $\sum\limits_{i=1}^{n} x_i$，这样 X 的估计值就是 n 次等精密度测量值的平均值，即由

$$\hat{X} = \frac{1}{n} \sum_{i=1}^{n} x_i$$

得到

$$\hat{X} = \frac{\sum\limits_{j=1}^{m} w_j x_j}{\sum\limits_{j=1}^{m} w_j} \tag{2-2-33}$$

式（2-2-33）用来计算非等精密度测量的估计值 $\hat{X}$，它是各 x_j 值的加权平均值。

3. 加权平均的方差

在等精密度测量中，随着测量次数 n 的增加，平均值的方差减小为总体方差或单次测量值方差的 $1/n$。仍采用上面介绍的将非等精密度测量等效为等精密度测量的方法，可以很方便地求出加权平均值的方差。将 m 次非等精密度测量等效为 $n = \sum\limits_{j=1}^{m} w_j$ 次等精密度测量。每次等精密度测量的方差即为单位权的方差 $\lambda = \sigma^2(x_i) = \sigma^2(X)$，$i = 1, 2, 3, \cdots, n$。则加权平均值的方差为

$$\sigma^2(\hat{X}) = \frac{\sigma^2(X)}{n} = \frac{\lambda}{\sum\limits_{j=1}^{m} w_j} = \frac{\lambda}{\sum\limits_{j=1}^{m} \lambda / \sigma^2(x_j)}$$

可得

$$\sigma^2(\hat{X}) = \frac{1}{\sum\limits_{j=1}^{m} 1 / \sigma^2(x_j)} \tag{2-2-34}$$

或

$$\frac{1}{\sigma^2(\hat{X})} = \sum_{j=1}^{m} \frac{1}{\sigma^2(x_j)} \tag{2-2-35}$$

由式（2-2-35）可见，在知道了各非等精密度测量值的方差以后，可以直接求出加权平均值的方差。

例 2-2-3 用两种方法测量某电压，第一种方法测量得 $V_1 = 10.3$ V，测量值的标准偏差 $\sigma(V_1) = 0.2$ V；第二种方法测量得 $V_2 = 10.1$ V，测量值的标准偏差 $\sigma(V_2) = 0.1$ V。求该电压的估计值及标准偏差。

解： 取 $\lambda = 1$，则两种测量值的权分别为

$$w_1 = \frac{\lambda}{\sigma^2(V_1)} = \frac{1}{0.2^2} = \frac{1}{0.04}$$

$$w_2 = \frac{\lambda}{\sigma^2(V_2)} = \frac{1}{0.1^2} = \frac{1}{0.01}$$

则电压的估计值为

$$\hat{V} = \frac{w_1 V_1 + w_2 V_2}{w_1 + w_2} = \frac{10.3/0.04 + 10.1/0.01}{1/0.04 + 1/0.01} = 10.14 \text{ (V)}$$

可求出电压估计值的方差

$$\sigma^2(\hat{V}) = \frac{1}{\dfrac{1}{\sigma^2(V_1)} + \dfrac{1}{\sigma^2(V_2)}} = \frac{1}{\dfrac{1}{0.2^2} + \dfrac{1}{0.1^2}} = 0.008 \text{ (V}^2\text{)}$$

则 $\sigma(\hat{V}) = 0.089$ V。

2.2.6　测量数据处理

1. 有效数字和测量结果的表示

通过实际测量取得测量数据后，通常还要对这些数据进行计算、分析、整理，有时还需要把数据归纳成一定的表达式或画成表格、曲线等，也就是要进行数据处理。数据处理是建立在误差分析的基础上的。在数据处理过程中要进行去粗取精、去伪存真的工作，并通过分析、整理引出正确的科学结论。这些结论还要在实践中进一步检验。

（1）有效数字

由于在测量中不可避免地存在误差，并且仪器的分辨能力有一定的限制，测量数据就不可能完全准确。同时，在对测量数据进行计算时，遇到像 π、$\sqrt{2}$ 等无理数，实际计算时也只能取近似值，因此我们得到的数据通常只是一个近似数。当我们用这个数表示一个量时，为了表示得确切，通常规定误差不超过末位数字的一半。例如末位数字是个位，则包含的误差绝对值应不大于 0.5，若末位是十位，则包含的误差绝对值应不大于 5。对于这种误差都不大于末位单位数字一半的数，从它左边第一个不为零的数字起，直到右面最后一个数字止，都叫作有效数字。例如：

3.141 6 有五位有效数字，其极限（绝对）误差 $\leqslant 0.000\,05$；

8 700 有四位有效数字，其极限误差 $\leqslant 0.5$；

87×10^2 有两位有效数字，其极限误差 $\leqslant 0.5 \times 10^2$；

0.087 有两位有效数字，其极限误差≤0.000 5。

由上述几个例子可以看出，位于数字中间和末位的 0（零）都是有效数字，而位于第一个非零数字前面的 0，都不是有效数字。

数字末位的"0"很重要，如写成 20.80 表示测量结果准确到百分位，最大绝对误差不大于 0.005，而若写成 20.8，则表示测量结果准确到十分位，最大绝对误差不大于 0.05，因此上面两个测量值分别在（20.80−0.005）~（20.80+0.005）和（20.8−0.05）~（20.8+0.05）间，可见最末一位是欠准确的估计值，称为欠准数字。决定有效数字位数的标准是误差，多写则夸大了测量准确度，少写则会带来附加误差。例如，如果某电流的测量结果写成 1 000 mA，有四位有效数字，表示测量准确度或者绝对误差≤0.5 mA。而如果将其写成 1 A，则有 1 位有效数字，表示绝对误差≤0.5 A，显然后面的写法和前者含义不同，但如果写成 1.000 A，仍有四位有效数字，绝对误差≤0.000 5 A＝0.5 mA，含义与第一种写法相同。

（2）数字的舍入规则

古典的"四舍五入"法则是有缺点的，如果只取 n 位有效数字，那么从第 $n+1$ 位起右边的数字都应处理掉，第 $n+1$ 位数字可能为 0~9 共十种可能，它们出现的概率相同，其中舍弃 0 不会引起误差，其他 1~9 不管是舍弃还是进位都会引起误差，如果按照"四舍五入"的规则，舍弃后产生舍弃误差的概率为 4/9，而产生进位误差的概率为 5/9，为了避免此种情况的发生，对测量结果中的多余有效数字，应按下面的舍入规则进行。

以保留数字的末位为单位，它后面的数字若大于 0.5 单位，末位进 1；小于 0.5 个单位，末位不变；恰为 0.5 个单位，则末位为奇数时加 1，末位为偶数时不变，即末位凑成偶数。简单概括为"小于 5 舍，大于 5 入，等于 5 取偶"法则。由于末位是奇数和偶数的概率各是 50%，因此当末位后面的数等于 5 时，有一半的可能是舍弃，一半可能是进位，这样有利于消除或减小舍入误差。

例 2-2-4 将下列数字保留到小数点后一位：12.34，12.36，12.35，12.45。

解： 12.34→12.3（4<5，舍去）

12.36→12.4（6>5，进一）

12.35→12.4（3 是奇数，5 入）

12.45→12.4（4 是偶数，5 舍）

所以采用这样的舍入法则，是出于减小计算误差的考虑。每个数字经舍入后，末位是欠准数字，末位之前是准确数字，最大的舍入误差是末位的一半。因此，当测量结果未注明误差时，就认为最末一位数字有"0.5"误差，称此为"0.5 误差法则"。

例 2-2-5 用一台 0.5 级电压表 100 V 量程挡测量电压，电压表指示值为 85.35 V，试确定有效位数。

解： 该表在 100 V 挡最大绝对误差为

$$\Delta V_m = \pm 0.5\% \times V_m = \pm 0.5\% \times 100 = \pm 0.5（V）$$

可见被测量实际值在 84.85~85.85 V 之间，因为绝对误差为±0.5 V。根据"0.5 误差法则"，测量结果末位应是个位，即只应保留两位有效数字，根据含入规则，示值末尾的 0.35<0.5，所以含去，因而不标注误差时的测量报告值应为 85 V。附带说明一点，一般习惯上将测量记录值的末位与绝对误差对齐，本例中的误差为 0.5 V，所以测量记录值写成 85.4 V（85.35 V 用含入规则进行了含入），这不同于测量报告值。

2. 数据处理过程

下面介绍一个例子，该例子展示了一个完整的数据处理过程，包括检查是否存在异常数据，是否有累进性和周期性的系统误差，最后给出测量结果在一定置信概率下的置信区间。

例 2-2-6 用一套测量系统测量电压，根据以往多次使用情况，由系统误差带来的影响可以忽略，按测量时间先后记录了 11 个测量数据如下，分析测量数据，并给出被测电压在 95% 置信概率下的置信区间。

测量序号 i	1	2	3	4	5	6	7	8	9	10	11
电压/V	2.72	2.75	2.65	2.71	2.62	2.45	2.62	2.70	2.67	2.73	2.74

解：

（1）求平均值 $\overline{V}$ 及标准偏差估计值 $\hat{\sigma}(V)$

由式（2-2-4）和式（2-2-8）求得

$$\overline{V} = \frac{1}{11}\sum_{i=1}^{11} V_i = 2.67 \ （V）$$

$$\hat{\sigma}(V) = \sqrt{\frac{\sum_{i=1}^{11} v_i^2 - 11\overline{V}^2}{11-1}} = 0.085\ 8 \ （V）$$

（2）检查有无异常数据

根据格拉布斯准则，在置信概率为 95%、测量次数 $n=11$ 时，查格拉布斯准则表得 $g=2.23$。考虑到 V_6 偏离 $\overline{V}$ 最大，首先检查它，因为

$$|V_6 - \overline{V}| = |2.45 - 2.67| = 0.22 \ （V）$$

$$g\hat{\sigma}(V) = 2.23 \times 0.085\ 8 = 0.191 \ （V）$$

不等式 $|V_6 - \overline{V}| > g\hat{\sigma}(V)$ 成立，确定 V_6 为坏值，将其剔除。

在余下的 10 个数据中重复上述步骤，算得

$$\overline{V} = 2.69 \ （V）; \quad \hat{\sigma}(V) = 0.048 \ （V）$$

在置信概率为 95%、$n=10$ 的条件下，由格拉布斯准则表查得 $g=2.18$，则

$$g\hat{\sigma}(V) = 2.18 \times 0.048\ 2 = 0.105 \ （V）$$

在 10 个数据中偏离 $\overline{V}$ 最大的数据为 $V_2 = 2.75$ V，则

$$|V_2 - \overline{V}| = 0.06 < g\hat{\sigma}(V) = 0.105 \ （V）$$

因此在这 10 个数据中不再存在异常数据。

（3）判断有无随时间变化的变值系统误差

虽然题中已给出"系统误差可以忽略"，但对数据进行误差分析和数据处理时，有时还希望判别有无累进性系统误差或周期性系统误差。当判明存在这种系统误差时往往先要消除这种系统误差的根源，再重新进行测量。

①判别有无累进性系统误差：列出剔除坏值后的 10 个测量数据及相应的残差。

序号	1	2	3	4	5	6	7	8	9	10
电压/V	2.72	2.76	2.65	2.71	2.62	2.62	2.70	2.67	2.73	2.74
残差/V	0.03	0.06	−0.04	0.02	−0.07	−0.07	0.01	−0.02	0.04	0.05

由马利科夫判据可得

$$M = \left| \sum_{i=1}^{n/2} v_i - \sum_{i=n/2+1}^{n} v_i \right| = 0 - 0.01 = -0.01$$

M 接近于零，其绝对值明显小于较大的残差绝对值，因而未发现累进性系统误差。

②判别有无周期性系统误差：由阿贝-赫尔默特准则，若

$$\left| \sum_{i=1}^{n-1} v_i v_{i+1} \right| > \sqrt{n-1}\, \hat{\sigma}^2(X)$$

则可认为有周期性系统误差。在本题中，

$$\left| \sum_{i=1}^{n-1} v_i v_{i+1} \right| = 0.002\,4; \quad \sqrt{n-1}\, \hat{\sigma}^2(V) = 0.006\,97$$

未发现存在周期性系统误差。

（4）给出置信区间

先求出平均值的标准偏差

$$\hat{\sigma}(\bar{V}) = \frac{\hat{\sigma}(V)}{\sqrt{n}} = \frac{0.048}{\sqrt{10}} = 0.015 \ (\text{V})$$

由 $n=10$，查 t 分布的对称区间积分表，在 95% 置信概率下，$t_\alpha = 2.262$，由此可以得到置信区间为

$$[\bar{V} - t_\alpha \hat{\sigma}(\bar{V}), \bar{V} + t_\alpha \hat{\sigma}(\bar{V})] = [2.69 - 2.262 \times 0.015, 2.69 + 2.262 \times 0.015] = [2.66, 2,72] \ (\text{V})$$

*2.3 测量不确定度

1. 测量不确定度的概念

测量不确定度（uncertainty of measurement）的定量表示是计量学领域中一个较新的概念，它的应用具有广泛性和普遍性。正如国际单位制计量单位已渗透到各种科学技术的测量领域并被全世界采用一样，所有的测量都要给出测量结果，无论哪个学科领域的测量都用到测量不确定度。不确定度作为测量误差的数字指标，表示由于测量误差的存在而对被

测量不能肯定的程度，是测量理论中一个很重要的新概念。早在 1963 年，美国国家标准局（NBS）在研究"仪器校准系统的精密度和准确度的估计"时提出了定量表示不确定度的建议。到了 20 世纪 70 年代，NBS 在研究和推广测量保证方法（MAP）时在不确定度的定量表示方面有了进一步的发展。不确定度这个术语逐渐在测量领域内被广泛应用。长期以来，在各个国家和不同学科领域内存在着对测量结果不确定度的评估方法及表达形式的不一致性，影响了计量和测量成果的相互交流和利用。1978 年，国际计量委员会（CIPM）要求国际计量局（BIPM）着手解决这个问题。1980 年，BIPM 发布了一份建议书 INC–1（1980）。1986 年，CIPM 再次重申采用上述测量不确定度表示的统一方法，并发布了 CIPM 建议书 CI—1986。CIPM 建议的不确定度表示方法已经在世界各国许多实验室和计量机构中使用。自此，由国际标准化组织（ISO）的第四技术顾问组（TAG4）第三工作组（WG3）开始起草《测量不确定度表示指南》，该工作组的成员是由 BIPM、IEC、ISO 和 OIML 四个国际组织提名的。1993 年《测量不确定度表示指南》第一版以 7 个国际组织的名义由 ISO 出版发行并在全世界推广应用。

（1）不确定度的定义

自从不确定度工作组公布《测量不确定度表示指南》以来，我国在计量和测量领域内使用的经典的概念术语、数据处理方式及测量结果的表达方式等都面临着重大的改革和变化。本教材就是根据该指南及 VIM 的定义来介绍测量不确定度这一概念的。

不确定度这个词的意思是不能肯定或有怀疑的程度。测量不确定度是对测量结果的不可信程度或对测量结果有效性的怀疑程度。由于测量条件的不完善及人们的认识不足，使被测量的值不能被确切地知道，或者说测量总是存在误差，测量值以一定的概率分布落在真值附近的某个区域内。表征被测量值分散性的参数就是测量不确定度，简称不确定度。在给出测量结果时必须同时给出其测量不确定度，有时又称为测量结果的不确定度。

在 VIM 中，测量结果的不确定度定义为：表征合理地赋予被测量之值的分散性，与测量结果相联系的参数。由定义可知，测量（结果）的不确定度是与测量结果相联系的一种参数，用于表征被测量值可能的分散程度的参数。在 VIM 中规定，这个参数可以是标准偏差 s 或是 s（前面章节用 σ 表示标准偏差）的倍数 ks，也可以是具有某置信概率 p（例如 $p=95\%$ 或 99%）的置信区间的半宽。也就是说，测量不确定度用标准偏差表示，必要时也可用标准偏差的倍数或置信区间的半宽度表征。此新定义的测量不确定度是可以定量评定的，因此是一个具有可操作性的定义，这一点正是与传统的不确定度定义区别之所在。

（2）不确定度在技术监督中的意义

测量的质量如何，需要用不确定度来定量说明。不确定度可作为量值溯源的依据，表明检定测试或校准的水平，并用来表明测量设备的质量。测量过程控制所用的计量保证，就是要保证经过验证的测量不确定度要尽可能小，以满足计量校准或计量检测的要求。

在质量管理和质量保证中，不确定度也极为重要。ISO 9001《质量体系——设计/开发、生产、安装和服务的质量保证模式》中规定，应保证所用设备的不确定度已知。在 ISO/IEC17025《检测和校准实验室能力认可准则》中指出，实验室的每份证书或报告，必须包含有关评定校准或检测结果不确定度的说明。可见，检测结果的不确定度直接关系着设备合格与否。如果不确定度评定过大，会因测量不能满足需要而再投资，造成浪费；如果不确定度评定过小，可能造成对测量结果精确程度的盲目乐观；在实验室之间比对认证或国际认证的时候，有可能使已经检测认证合格的产品或测量系统不达标，造成企业的损失和认证实验室的信誉度下降。

（3）分类

测量不确定度一般由若干分量组成（例如，利用公式 $P = IV$ 测量某负载上消耗的功率，由于在测量电压 V 和电流 I 时，都有不确定度存在，因此，功率 P 的测量不确定度必然包含电压 V 和电流 I 的不确定度）。如果这些分量用实验标准偏差表示就称为标准不确定度（standard uncertainty）。其中可以按统计方法计算的不确定度称为 A 类标准不确定度，用实验标准偏差表征；而由其他方法或由其他信息的概率分布估计的不确定度称为 B 类标准不确定度，用根据经验或资料及假设的概率分布估计的标准偏差表征。与这两类不确定度对应的方法分别称为标准不确定度的 A 类计算法（type A evaluation）和 B 类计算法（type B evaluation）。

各个不确定度的分量都会影响到测量结果，通常用合成标准不确定度（combined standard uncertainty）来表示各种不确定度分量联合影响测量结果的一个最终的、完整的标准不确定度。即测量结果的标准不确定度等于这些量的方差和协方差的平方和的正平方根，这些方差是根据测量结果随这些量的变化而变化的情况进行加权的。

由于某种特殊的需要，由某个较大的置信概率所给出的不确定度称为扩展不确定度（expanded uncertainty），它是用来确定测量结果区间的量，这个区间的半宽度是用包含因子乘以标准偏差得到的，称为扩展不确定度。其中，包含因子是一个系数（例如，包含因子 $k = 2$，此时扩展不确定度等于标准不确定度的 2 倍），它表明测量结果有一定的可靠性落在该区间内，可靠性大小用置信概率来表示。

综上所述，测量不确定度分类如图 2-3-1 所示。

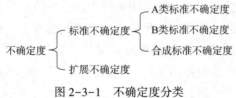

图 2-3-1　不确定度分类

2. 测量不确定度的来源

测量过程中有许多可能引起不确定度的来源。在前述各节中我们讨论了测量误差产生的原因，在此讨论测量不确定度的来源也许会被认为与前述内容有些重复，但由于测量不准确度与测量误差是两个概念，所以有必要详细讨论。测量不确定度可能来源于以下几个因素。

①被测量的定义不完善，实现被测量定义的方法不理想，被测量样本不能代表所定义的被测量。例如，定义被测量是一根标称值为 1 m 长的钢棒的长度。如果要求测准到微米量级，该被测量的定义就不够完整，因为被测的钢棒受温度和压力的影响比较明显，而这些条件没有在定义中说明，由于定义的不完整就使测量结果引入温度和压力影响的不确定

度。如果在定义要求的温度和压力下测量就可避免由此引起的不确定度。

②测量装置或仪器的分辨力或识别门限不够、抗干扰能力不足、控制部分稳定性差等因素的影响。

③对环境条件的影响认识不足或环境条件的不完善。测量环境的不完善会对测量过程造成影响，测量人员技术水平不够会导致其对环境条件的影响认识不足，这些都会对测量不确定度造成影响。同样以钢棒为例，如果不仅温度与压力影响其长度，实际上湿度和钢棒的支撑方式都对测量结果有明显影响，但由于认识不足，没有采取措施，将会引起不确定度。此外在按被测量的定义测量钢棒的长度时，测量温度和压力时所用的温度计和压力表的不确定度也会在测量结果中引入不确定度。

④计量标准和标准物质的值本身的不确定度。测量标准包括标准装置、标准器具、实物量具和标准物质，它们本身也有给定值的不确定度。

⑤在相同条件下，由随机因素所引起的被测量本身的不稳定性。

⑥对模拟仪表读数存在人为偏离。

⑦在数据处理时所引用的常数及其他参数的不确定度及在测量过程中引入的近似值的影响。

⑧复现被测量的测量方法不理想。

由此可见，测量不确定度一般来源于测量条件不充分或对事物本身认识的不足。所有这些不确定度来源，当影响到测量结果时，都会对测量结果的分散性做出贡献，也就是说由于这些不确定度来源的综合效应使测量结果的可能值是按某种概率分布的。可以用概率分布的标准偏差来表示测量不确定度分量，称为标准不确定度。在分析测量不确定度来源时要注意它们之间是否相关，如果它们之间存在相关性，处理的复杂性将大大增加。在综合不确定度分量时要避免对同一来源重复评定。

3. 不确定度与测量误差的区别

测量误差客观存在，是理想的、意义明确的概念，反映测量误差大小的准确度是一个定性的概念。测量不确定度是人们对被测量的认识不足的程度，是可以定量评定的量。不确定度意味着测量结果的准确性和可疑程度，是用于说明测量结果的质量优劣的一种表示，即有可能测量结果非常接近被测量的真值，但由于认识的不足，只能认为被测量的值是落在一个较大的区间内的。因此，测量结果的不确定度不应该理解为剩余的未知误差。从上述不确定度的来源中可以看出有随机效应的影响，也有系统效应的影响。不确定度和误差的概念易被混淆。归纳起来，测量误差和不确定度之间的主要区别如下。

①两者的最大差别在于定义上，误差表示的是测量结果与真值的差别，因此它是一个确定的值，在数轴上对应的是一个点；而测量不确定度表示被测量之值的分散性，是以分布区间的半宽度表示的，在数轴上它表示一个区间。

②测量误差是一个有正有负的量值，其值为测量结果减去被测量的真值；测量不确定度是一个恒为正值的参数，用标准偏差或其倍数表示。

③由于真值未知，往往不能准确得到测量误差的值。当使用约定真值时，可以得到测量误差的估计值，可操作性差；测量不确定度可以由人们根据实验、资料、经验等信息进

行评定，从而可以定量确定测量不确定度的值。

④测量误差按性质可分为随机误差和系统误差，按照定义，随机误差和系统误差都是无穷多次测量时的理想概念；而不确定度则根据评定方法不同被分为 A 类评定和 B 类评定。测量不确定度评定时一般不必区分其性质，若需要区分时，应表述为"由随机影响引入的测量不确定度分量"和"由系统影响引入的测量不确定度分量"。

⑤已知系统误差的估计值时，可以对测量结果进行修正；不能用测量不确定度对测量结果进行修正。对已修正的测量结果进行测量不确定度评定时，应考虑修正不完善引入的测量不确定度。

⑥误差和不确定度的合成方法不同。误差是一个确定的量值，对误差合成时采用 2.2.4 节介绍的误差传递公式进行合成。而不确定度是一个区间，当各个不确定度分量之间互不相关时，用方和根法进行合成；当不确定度分量之间具有相关性时，还要考虑相关项。

⑦测量结果的不确定度仅与测量方法有关，测量方法包括测量原理、测量程序、测量人员及数据处理方法等；而测量误差仅与测量结果和真值有关，与测量方法无关。

⑧测量误差是通过试验测量得到的；而测量不确定度是通过评定得到的。

在测量不确定度中不包括已确定的修正值，也不包括异常值。例如某电阻值的未修正结果为 1 kΩ，用高一级标准装置校准得到该电阻值的修正值为 2.3 Ω，由于标准装置的校准不准引起的修正值的不确定度为 0.01 Ω。如果其他因素引起的不确定度可忽略，则该电阻值的修正结果为 1 002.30 Ω，其不确定度为 0.01 Ω。修正值本身不包括在不确定度之内。在测量中，由于粗心大意、仪器的使用不当或突然故障、突然的环境条件变化（如突然冲击或振动、电源电压突变等）都会产生异常的测量值，经判别确为异常值的数据应该剔除，不应该包括在测量值之内，因此不确定度的评定中不应该包括异常值。

另外要注意的是在随机误差、系统误差与 A、B 类标准不确定度之间不存在简单的对应关系。A 类标准不确定度是由统计方法获得的分量，它既可以对应随机误差，如重复测量中的变化，由贝塞尔公式评定；也可以对应系统误差，如由上一级基准用统计方法得到的不确定度值。B 类标准不确定度是用除统计方法以外的其他方法计算得到的不确定度分值，它可以对应于随机误差，如温度波动影响；也可以对应于系统误差。

4. 测量不确定度的评定方法

（1）评定流程

测量不确定度评定时一般遵循以下流程：

①找出所有影响测量结果的影响量，建立测量过程的数学模型；

②确定各个输入量的标准不确定度 $u(x_i)$ 及其标准不确定度分量 $u_i(y)$；

③将各个标准不确定度分量 $u_i(y)$ 合成为标准不确定度 $u_c(y)$；

④确定被测量可能值分布的包含因子；

⑤确定扩展不确定度 U 或 U_p。

下面分别介绍上述流程中的每一步涉及的方法和实施步骤。

（2）评定过程数学模型

建立测量过程数学模型也称为测量模型化，目的是要建立满足测量不确定度评定所要求的数学模型，即被测量 Y 和所有各个影响量 X_i 的具体函数关系。

广义来说，测量过程模型可表达为

$$Y = f(X_1, X_2, \cdots, X_n) \tag{2-3-1}$$

式中，Y 是被测量或输出量；X_i 是影响量或输入量，也是公式中的自变量。公式中大写字母既代表物理量，也代表随机变量。其中 X_1，$\cdots$，X_i，$\cdots$，X_m 为输入量，Y 为输出量。x 为输入量的估计值，可以通过 n 次重复测量得到，也可从手册、检定证书或其他人提供的测量结果中得到。y 为输出量 Y 的估计值，即间接测量结果，对应的公式为

$$y = f(x_1, x_2, \cdots, x_n) \tag{2-3-2}$$

在评定测量不确定度时，建立的数学模型应包含对全部测量结果的不确定度有显著影响的影响量，包括修正值和修正因子。许多情况下，用来计算测量结果的公式是一个近似公式，因此一般不要把数学模型简单地理解为就是计算测量结果的公式，有些对测量结果影响较小的量常常被忽略而不会出现在计算公式中，但在评定不确定度时是必须要考虑的。只有在特殊情况下，当其他不确定因素对测量的影响可以忽略不计时，数学模型才和计算测量结果的公式相同。

在测量不确定度的评定中，建立一个合适的数学模型是非常关键的。建立数学模型应和寻找各个影响测量不确定度的来源同步反复地进行，一个好的数学模型应满足下述条件：①数学模型应包括对测量不确定度有显著影响的全部输入量，没有遗漏；②不重复计算任何不确定度分量。

一般建立数学模型的步骤为：①根据测量原理设法从理论上导出初步的数学模型；②将初步模型中未能包括的对测量不确定度有显著影响的输入量一一补充完整，使数学模型不断完善；③如果给出的测量是经过修正的，还应该考虑修正值不完善所引入的不确定度分量。

不确定度评定中所考虑的不确定度分量要与数学模型中的输入量相一致。根据对各个输入量掌握的信息量不同，数学模型可以采用两种方法得到，即透明箱模型和黑箱模型。

①透明箱模型。

当对测量原理了解比较透彻时，数学模型可以从测量的基本原理直接得到。下面以长度测量中常见的比较测量为例来说明。

例 2-3-1　用比较仪测量量块长度时，若比较仪测得的标准量块和被测量块长度差为 Δl，则被测量块长度的计算公式为

$$L = L_s + \Delta l \tag{2-3-3}$$

式中，L 为被测量块长度，L_s 为标准量块长度。

根据规定，检定证书上给出的量块长度应是在 20 ℃下的长度，因此严格来说，上式应更加准确地写为

$$L(1 + \alpha\theta) = L_s(1 + \alpha_s\theta_s) + \Delta l \tag{2-3-4}$$

式中，θ 为测量状态下被测量块的温度相对于参考温度 20 ℃的偏差；θ_s 为测量状态下标准

量块的温度相对于参考温度20 ℃的偏差；α 为被测量块的线性膨胀系数；α_s 为标准量块的线性膨胀系数。

式（2-3-4）可写成

$$L = \frac{L_s(1+\alpha_s\theta_s)+\Delta l}{(1+\alpha\theta)} \tag{2-3-5}$$

由于标准量块和被测量块标称长度相同，即 $\Delta l \ll L_s$，同时，$\alpha_s\theta_s \ll 1$，$\alpha\theta \ll 1$，展开上式并忽略二阶小量得

$$L \approx (L_s + L_s\alpha_s\theta_s + \Delta l)(1-\alpha\theta)$$
$$\approx L_s + \Delta l + L_s\alpha_s\theta_s - L_s\alpha\theta = L_s + \Delta l - L_s\delta\alpha\theta - L_s\alpha_s\delta\theta$$

其中 $\delta\theta = \theta - \theta_s$，$\delta\alpha = \alpha - \alpha_s$。

这样做是为了消除 θ 和 θ_s、α 和 α_s 之间的相关性。

在本例中，数学模型是由理论公式推导出来，每个输入量对被测量的影响都一清二楚，因此被称为透明箱模型。对于透明箱模型，各输入量对测量结果及其不确定度的影响是完全已知的。

②黑箱模型。

在许多测量中，有一些输入量对测量结果的影响无法像透明箱模型那样能用解析的形式表示，这时只能根据经验来估计输入量对测量结果的影响。

例 2-3-2　在开阔场地测量电子设备的辐射发射场强时，待测 EUT 辐射发射场强的计算公式为

$$E(\mathrm{dBuV/m}) = V(\mathrm{dBuV}) + A(\mathrm{dB/m}) + C(\mathrm{dB})$$

式中，$V(\mathrm{dBuV})$ 是测量接收机的表头读数，$A(\mathrm{dB/m})$ 是测量天线的天线校正系数，$C(\mathrm{dB})$ 是电缆损耗的校准因子。

但是，考虑到其他各种影响不确定度分量后，其数学模型成为

$$E(\mathrm{dBuV/m}) = V(\mathrm{dBuV}) + A(\mathrm{dB/m}) + C(\mathrm{dB}) + R_s(\mathrm{dB}) + A_d(\mathrm{dB}) + A_h(\mathrm{dB}) +$$
$$A_p(\mathrm{dB}) + A_i(\mathrm{dB}) + D_v(\mathrm{dB}) + S_i(\mathrm{dB}) + M_m(\mathrm{dB})$$

式中，$R_s(\mathrm{dB})$ 为接收机校准示值修正因子，$A_d(\mathrm{dB})$ 为天线方向性修正因子，$A_h(\mathrm{dB})$ 为天线高度变化修正因子，$A_p(\mathrm{dB})$ 为天线中心相位变化修正因子，$A_i(\mathrm{dB})$ 为频率插值修正因子，$D_v(\mathrm{dB})$ 为测量距离修正因子，$S_i(\mathrm{dB})$ 为场地不完善修正因子，$M_m(\mathrm{dB})$ 为接收机与天线失配修正因子。

这些因素对测量结果是有影响的，但是不能把它们的影响用解析的方法来描述，只能根据经验来估计，因此属于黑箱模型。

（3）A 类标准不确定度的评定

A 类标准不确定度的评定是指用对被测量重复观测的数据序列，利用统计分析的方法来评定影响量的标准不确定度，标准不确定度以标准偏差来表征，实际工作中，以实验标准偏差 s 作为其估计值。

A 类标准不确定度评定的典型表达可以是在重复条件下的一组重复测量值的标准偏差或者其推广（如最小二乘法），用估计方差及其自由度来表征。

评定 A 类标准不确定度常用的方法介绍如下。

①基本方法：贝塞尔法。

对被测量 X，在同一条件下进行 n 次独立重复观测，观测值为 $x_i (i=1,2,\cdots,n)$。平均值 $\bar{x}$ 的实验标准偏差即测量结果的标准不确定度，表示为

$$u(x) = s(\bar{x}) = \frac{s(x)}{\sqrt{n}} = \sqrt{\frac{\sum_{i=1}^{n}(x_i - \bar{x})^2}{n(n-1)}} \qquad (2-3-6)$$

贝塞尔法是评定 A 类标准不确定度最常用的方法，采用此方法，测量次数 n 不能太小，一般要求 n 不小于 10。

②合并样本标准差。

若对被测量做 n 次独立观测，并且有 m 组这样测量的数据，由于各组之间的测量条件可能会稍有不同，因此不能直接用贝塞尔法对总共 $m \times n$ 个测量数据计算实验标准差，而必须用其合并样本标准差来表示。合并样本标准差可表示为

$$S_p = \sqrt{\frac{\sum_{j=1}^{m}\sum_{k=1}^{n}(x_{jk} - \bar{x}_j)^2}{m(n-1)}}$$

即

$$S_p = \sqrt{\frac{\sum_{j=1}^{m}S_j^2}{m}} \qquad (2-3-7)$$

式中，S_p 为合并标准偏差，是测量数据组内标准偏差的统计平均值；S_j 为每组数据的标准偏差；m 为数据的组数。

在这种情况下，由于该测量过程对被测量进行了 n 次观测，当以算术平均值作为测量结果时，测量结果的标准不确定度为

$$u(x) = \frac{S_p}{\sqrt{n}} \qquad (2-3-8)$$

③最小二乘法。

当被测量 X 的估计值是由实验数据用最小二乘法拟合的一条直线或曲线上得到时，任意预期的估计值或表征曲线拟合参数的标准不确定度可以用已知的统计程序计算得到。最小二乘法的标准不确定度的计算比较复杂，在此不做详细介绍。

④如果被测量随时间随机变化，即为随机过程，则应采用专门的方差分析方法求得标准偏差。例如频率稳定度的测量，由于闪烁噪声对振荡器的影响，若用贝塞尔公式估计标准偏差时标准偏差不收敛，随取样次数的增大标准偏差也变大。因此对频率随机起伏的参量，即频率稳定度的测量采用阿仑方差来表征。对被测量频率进行 $m+1$ 次测量，每次测量取样时间为 τ，每两次测量为一组，其测量值为 y_{i+1} 和 y_i，共测 m 组，求得方差即阿仑方差，可表示为

$$s_y^2(\tau) = \frac{1}{2m} \sum_{i=1}^{m} \left[y_{i+1}(\tau) - y_i(\tau) \right]^2 \qquad (2-3-9)$$

频率的 A 类标准不确定度为 $u(f) = s_y(\tau) = \sqrt{s_y^2(\tau)}$。

（4）B 类标准不确定度的评定

在很多情况下无法用统计方法求得不确定度，就要用非统计的 B 类方法来分析。所谓非统计方法即统计方法以外的其他方法，例如可以从资料查出或换算出测量的不确定度。将这种方法估计的标准不确定度称为 B 类标准不确定度。它与 A 类标准不确定度的区别在于它不是利用多次测量直接求出，而是需要通过已有信息来获得。而这类信息往往也是通过统计方法得出的，但信息不全，常常只给出一个极大值与极小值，而未提供测量值的分布及自由度大小。根据现有信息来评定近似的方差或标准偏差及相应的自由度就是 B 类标准不确定度的评定。在 B 类标准不确定度的评定中要求实验人员了解所依据的信息，判断其可靠性；也要求对其分布做出某种估计，这些都需要有一定的实践经验。

在 B 类标准不确定度的评定方法中，对于信息只给出了极大、极小这样两个极限值的情况下，首先要考虑其概率分布，再根据其可能分布从理论上预先求出包含因子 k，B 类标准不确定度就是区间的半宽除以包含因子。

B 类评定式的信息来源主要有：①以前测量的数据；②经验和对有关仪器性能或材料特性的一般知识；③厂商的手册或技术说明书中的技术指标；④检定证书、校准证书、测试报告及其他提供数据的文件；⑤引用的手册或资料给出的参考数据和不确定度；⑥国际上所公布的常量、常数等。

B 类标准不确定度的评定方法根据信息来源可以分为两类，即信息来源于检定证书或校准证书及其他各种资料。

如果信息来源于检定证书或校准证书，在检定证书或校准证书中均会给出测量结果的扩展不确定度和包含因子，根据扩展不确定度和标准不确定度之间的关系，被测量 x 的标准不确定度为

$$u(x) = \frac{U(x)}{k} \qquad (2-3-10)$$

式中，k 和 $U(x)$ 分别为包含因子和扩展不确定度。

例 2-3-3 校准证书给出标称值为 100 g 的质量 m 为 100.000 22 g，并说明包含因子 $k=2$ 时的扩展不确定度 $U=0.14$ mg，那么，其标准不确定度为 $u(m) = 0.14/2 = 0.07$（mg）。

如果信息来源于其他资料或手册，它们通常给出被测量分布的极限范围，因此，要根据经验或有关的信息和资料，分析判断被测量的可能值的区间 $(-a, a)$，并假设被测量的值的概率分布，由要求的置信水平（置信概率）估计包含因子 k，表 2-3-1 是一些常见分布的包含因子。则测量不确定度为

$$u(x) = \frac{a}{k} \qquad (2-3-11)$$

式中，a 为区间的半宽度。

表 2-3-1　常见分布的包含因子对照表

分布类型	包含因子 k	分布类型	包含因子 k
两点分布	1	正态分布	3
均匀分布	$\sqrt{3}$	梯形分布	$\sqrt{6}/(1+\beta^2)$
三角分布	$\sqrt{6}$	反正弦分布	$\sqrt{2}$

表 2-3-1 中，β 为梯形上、下底之比。

在不确定度的 B 类评定方法中，我们遇到的一个问题是，如何假设其概率分布。根据中心极限定理，尽管被测量的值的概率分布是任意的，但只要测量次数足够多，其算术平均值的概率分布为近似正态分布。如果被测量受许多个相互独立的随机影响量的影响，这些影响量变化的概率分布各不相同，但每个变量影响均很小，被测量的随机变化将服从正态分布。如果被测量既受随机影响又受系统影响，一般假设为均匀分布。有些情况下，可采用同行的共识，如微波测量中的失配误差为反正弦分布等。B 类标准不确定度的可靠性取决于可利用的信息的质量，在可能情况下应尽量充分利用长期实际观测的值来估计其概率分布。

（5）合成标准不确定度的确定

合成标准不确定度是指受到几个不确定度分量影响的测量结果的标准不确定度，分量可以是 A 类标准不确定度分量，也可以是 B 类标准不确定度分量。具体方法如下。

①如果测量结果的标准不确定度包含若干个不确定度分量，当各个不确定度分量和被测量之间没有确定的函数关系时，可用各不确定度分量的合成得到。当各分量相互不相关时，合成标准不确定度为单个标准不确定度的方和根值

$$u_c = \sqrt{\sum_{i=1}^{n} u_i^2} \qquad (2-3-12)$$

②如果被测量由 N 个其他量的函数关系确定，即 $Y=f(X_1,X_2,\cdots,X_N)$，这些量中包含了对测量结果的不确定都有明显贡献的量。被测量 Y 的估计值为 y，测量结果为 $y=f(x_1, x_2,\cdots,x_n)$，如果忽略泰勒级数高阶项的影响，且 x_i 间彼此不相关，测量结果的合成标准不确定度为 $u_c(y)$ 可以表示成

$$u_c(y) = \left[\sum_{i=1}^{N} \left(\frac{\partial f}{\partial x_i} u(x_i) \right)^2 \right]^{1/2} = \left[\sum_{i=1}^{N} c_i^2 u^2(x_i) \right]^{1/2} \qquad (2-3-13)$$

当 x_i 和 x_j 间彼此相关时，则

$$u_c(y) = \left\{ \sum_{i=1}^{N} \left(\frac{\partial f}{\partial x_i} \right)^2 u^2(x_i) + 2 \sum_{i=1}^{N-1} \sum_{j=i+1}^{N} \frac{\partial f}{\partial x_i} \frac{\partial f}{\partial x_j} u(x_i, x_j) \right\}^{1/2}$$

$$= \left[\sum_{i=1}^{N} c_i^2 u^2(x_i) + 2 \sum_{i=1}^{N-1} \sum_{j=i+1}^{N} c_i c_j r(x_i, x_j) u(x_i) u(x_j) \right]^{1/2} \qquad (2-3-14)$$

该式为 $y=f(x_1,x_2,\cdots,x_n)$ 的一阶泰勒级数近似，并称为不确定度的传递定律。偏导数 $\frac{\partial f}{\partial x_i}$ 通常称为灵敏系数 c_i 的估计值；$u(x_i)$ 是输入估计值的标准不确定度；$u(x_i, x_j)$ 是 x_i 和 x_j

的协方差的估计值，$u(x_i,x_j)=r(x_i,x_j)u(x_i)u(x_j)$，其中，$r(x_i,x_j)$ 为 $x_i x_j$ 的相关系数的估计值。

当 $y=f(x_1,x_2,\cdots,x_n)$ 的泰勒级数展开的高阶项的影响不能忽略时，如果忽略三阶以上的影响，不确定度传播定律成为

$$u_c(y)=\left\{\sum_{i=1}^{N}\left(\frac{\partial f}{\partial x_i}\right)^2 u^2(x_i)+\sum_{i=1}^{N}\sum_{j=1}^{N}\left[\frac{1}{2}\left(\frac{\partial^2 f}{\partial x_i\partial x_j}\right)^2+\frac{\partial f}{\partial x_i}\cdot\frac{\partial^3 f}{\partial x_i\partial x_j^2}\right]u^2(x_i)u^2(x_j)\right\}^{1/2}$$

$$(2-3-15)$$

（6）扩展不确定度的确定

合成标准不确定度 $u_c(y)$ 可以直接用来表示测量结果的不确定度，但 $u_c(y)$ 给出的区间所能包含的被测量的概率太小，以正态分布为例，落在 $[-\sigma,+\sigma]$ 区间的误差只有 68% 的概率。对于某些实际应用来说，此概率常显得不足。为了放大区间，可将 $u_c(y)$ 乘以一个包含因子 k，得到扩展不确定度。

扩展不确定度用 U 表示，由合成不确定度乘包含因子得到

$$U=ku_c(y) \tag{2-3-16}$$

测量结果可表示为 $Y=y\pm U$，y 是被测量的最佳估计值，被测量的可能值以较高的置信概率落在该区间内。

实际上在给出 U 的同时必须指明包含因子 k 的值，所以扩展不确定度并没有增加测量结果的信息，而只是以不同形式表示了已有的信息。

以下介绍确定 k 值的几种方法。

①当被测量接近于正态分布时，为使置信区间具有某种给定的置信概率 P，包含因子 k 为一个具有给定置信概率的包含因子 k_p，首先应计算各个分量的自由度和合成标准不确定度的有效自由度 v_{eff}，按给定置信概率 P，由 t 分布表查得包含因子 k_p，$k_p=t_p(v_{eff})$，此时，扩展不确定度用 U_p 表示为

$$U_p=k_p U_c=t_p(v_{eff})U_c \tag{2-3-17}$$

式中，合成标准不确定度的有效自由度 v_{eff} 可根据 x_i 的自由度通过下式计算

$$v_{eff}=\frac{u_c^4(y)}{\displaystyle\sum_{i=1}^{N}\frac{c_i^4 u^4(x_i)}{v_i}} \tag{2-3-18}$$

式中，$c_i=\partial f/\partial x_i$。

设所有 $u(x_i)$ 是相互独立的，v_i 是 $u(x_i)$ 的自由度，那么必然有 $v_{eff}\leqslant\sum\limits_{i=1}^{N}v_i$。

对于 A 类评定，各种情况下标准不确定度的自由度为：用贝塞尔公式计算实验标准差时，自由度等于重复测量次数减一，即 $v=n-1$；在 n 次测量中如果同时测量 m 个分量，则自由度 $v=n-m$；在 n 次测量中如果同时测量 m 个分量，另外还有 t 个约束条件，则自由度 $v=n-m+t$。

对于 B 类评定，标准不确定度的自由度可由下式求出

$$v_i=\frac{1}{2}\left\{\frac{u[u(x_i)]}{u(x_i)}\right\}^{-2} \tag{2-3-19}$$

式中，$u(x_i)$ 为被测量 x_i 的标准不确定度，$u[u(x_i)]$ 为标准不确定度 $u(x_i)$ 的标准不确定度，一般可凭经验和认识获得。

例 2-3-4 若用 B 类评定得到某输入量的标准不确定度为 $u(x)$，并估计其相对标准不确定度为 20%，按照式（2-3-19），可以得到其自由度

$$v = \frac{1}{2 \times (20\%)^2} = \frac{1}{2 \times 0.04} = 12.5$$

包含因子的值是根据 $y \pm U$ 的区间所要求的置信水平而选择的，一般是在 2～3 范围内。当取 $k = 2$ 时，区间的置信水平约为 95%。当要求更高置信水平时，可以取 $k = 3$，此时置信水平约为 99%。美国 NIST 和西欧 WECC 的方针都是在一般情况下取 $k = 2$。

根据置信概率 P 选取 k 时可参照表 2-3-2。

表 2-3-2 正态分布时置信概率与包含因子的关系

置信概率 P/%	包含因子 k	置信概率 P/%	包含因子 k
50	0.675	95.45	2
68.27	1	99	2.576
90	1.645	99.73	3
95	1.96		

②当无法判断被测量的分布时，即无法根据规定的置信概率求出包含因子 k，此时只能假设一个 k 值，一般取 k 等于 2 或 3，大多数取 k 等于 2，此时扩展不确定度用 U 表示为 $U = ku_c = 2u_c$，此时无法知道扩展不确定度对应的置信概率。

③当被测量为某种非正态分布的其他分布时，若可以判断被测量接近某种已知的非正态分布，如均匀分布、三角分布、梯形分布等，则可由分布的概率密度函数及规定的置信概率计算出包含因子 k。扩展不确定度用 U_p 表示为 $U_p = k_p u_c$。

均匀分布时置信概率与包含因子的关系可参照表 2-3-3。

表 2-3-3 均匀分布时置信概率与包含因子的关系

置信概率 P/%	包含因子 k
57.74	1
95	1.65
99	1.71
100	1.73

5. 测量不确定度的算例

下面的实例清楚地说明测量不确定度的评定方法和过程（根据欧洲认可合作组织提供

的实例改写)。

例 2-3-5 评定标称值为 10 kg 的砝码校准的测量不确定度。

解:

(1) 测量原理

用性能已测定过的质量比较仪,通过与同样标称值的 F2 级参考标准砝码进行比较,对标称值为 10 kg 的 M1 级砝码进行校准。两砝码的质量差由 3 次测量的平均值给出。

(2) 测量过程

采用替代法进行比较测量,替代方案为 ABBA, ABBA, ABBA。其中 A 和 B 分别表示参考标准砝码和被校准砝码。对被校准砝码和标准砝码之间的质量差做了 3 组测量,其结果见表 2-3-4。

表 2-3-4 被校准砝码和标准砝码质量差的 3 组测量结果

序号	折算质量	读数/g	测得差值/g
1	标准	+0.010	+0.01
	被测	+0.020	
	被测	+0.025	
	标准	+0.015	
2	标准	+0.025	+0.03
	被测	+0.050	
	被测	+0.055	
	标准	+0.020	
3	标准	+0.025	+0.02
	被测	+0.045	
	被测	+0.040	
	标准	+0.020	

(3) 数学模型

被校准砝码折算质量 m_x 的计算公式为

$$m_x = m_s + \Delta m \qquad (2\text{-}3\text{-}20)$$

式中, m_s 为标准砝码的折算质量; Δm 为观测到的被校准砝码与标准砝码之间的质量差。

但考虑到标准砝码的质量自最近一次校准以来可能产生的漂移、质量比较仪的偏心度和磁效应的影响及空气浮力对测量结果的影响,未知砝码的折算质量 m_x 可表示为

$$m_x = m_s + \delta_{m_D} + \Delta m + \delta_{m_C} + \delta_B \qquad (2\text{-}3\text{-}21)$$

式中, δ_{m_D} 为自最近一次校准以来标准砝码质量的漂移; δ_{m_C} 为比较仪的偏心度和磁效应对

测量结果的影响；δ_B 为空气浮力对测量结果的影响。

(4) 不确定度分量

根据式 (2-3-21) 给出的数学模型，共有 5 个影响量，它们所对应的灵敏系数均等于 1。

①参考标准砝码折算质量 m_s。

标准砝码的校准证书给出 $m_s = 10\ 000.005$ g，其扩展不确定度 $U(m_s) = 45$ g，并指出包含因子 $k=2$。于是

$$u_1(m_x) = c_1 \cdot u(m_s) = c_1 \cdot \frac{U(m_s)}{k} = \frac{45}{2} = 22.5\ (\text{mg})$$

②自上次校准以来标准砝码质量的漂移 δ_{m_D}。

根据参考标准砝码前几次的校准结果估计，标准值的漂移估计在 0 至 ±15 mg 之间，以矩形分布估计，于是

$$u_2(m_x) = c_2 \cdot u(\delta_{m_D}) = c_2 \cdot \frac{15}{\sqrt{3}} = 8.66\ (\text{mg})$$

③校准砝码和被校准砝码的质量差 Δm。

根据对 2 个相同标称值砝码的质量差的重复性测量，根据以往的使用情况，其合并样本标准差为 25 mg。由于校准时每个砝码共进行 3 次重复测量，故 3 次测量平均值的标准偏差为

$$u_3(m_x) = c_3 \cdot u(\overline{\Delta m}) = c_3 \cdot \frac{25}{\sqrt{3}} = 14.4\ (\text{mg})$$

④质量比较仪偏心度和磁效应的影响 δ_{m_C}。

所用的质量比较仪无明显的系统误差，故对质量比较仪的观测结果不做修正，即 δ_{m_C} 的数学期望为零。质量比较仪的偏心度和磁效应对测量结果的影响以误差限为 ±10 mg 的矩形分布估计，于是

$$u_4(m_x) = c_4 \cdot u(\delta_{m_C}) = c_4 \cdot \frac{10}{\sqrt{3}} = 5.77\ (\text{mg})$$

⑤空气浮力 δ_B。

对空气浮力的影响不做修正，估计其极限值为标称值的 $\pm 1 \times 10^{-6}$，也以矩形分布估计。于是

$$u_5(m_x) = c_5 \cdot u(\delta_B) = c_5 \cdot \frac{1 \times 10^{-6} \times 10}{\sqrt{3}} = 5.77\ (\text{mg})$$

(5) 相关性

这些输入量中，没有任何输入量具有值得考虑的相关性。

(6) 不确定度汇总

表 2-3-5 给出各不确定度分量的汇总表。

表 2-3-5　标称值为 **10 kg** 的 **M1** 级砝码的标准不确定度分量汇总表

输入量	估计值 x_j/g	标准不确定度分量 $u(x_j)$	概率分布	灵敏系数 c_j	标准不确定度分量 $u(y_j)$
m_s	10 000.005	22.5	正态	1	22.5
Δm	0.02	14.4	正态	1	14.4
δ_{m_D}	0	8.66	矩形	1	8.66
δ_{m_C}	0	5.77	矩形	1	5.77
δ_B	0	5.77	矩形	1	5.77
m_x	10 000.025				29.3

（7）被测量分布的估计

由上述不确定度概算可知，没有任何一个不确定度分量是明显占优势的分量。两个最大的分量均为正态分布，两者的合成仍为正态分布。虽然该合成分布并不是占优势的分布，但可以说是比较接近于占优势的分布。两个最小的分量为等宽度的矩形分布，它们的合成应为三角分布。再与另一个宽度稍大的矩形分布合成后，其合成分布应呈凸形。于是可以估计被测量比较接近与正态分布。

（8）扩展不确定度

由于被测量的分布无法明确，因此取包含因子 $k=2$，于是扩展不确定度为

$$U(m_x) = k \cdot u(m_x) = 2 \times 29.3 = 59 \text{（mg）}$$

（9）不确定度报告

测得标称值为 10 kg 的 M1 级砝码的质量为 10.000 025 kg±59 kg。

报告的扩展不确定度是由标准不确定度 29.3 mg 乘以包含因子 $k=2$ 得到的。由于估计测量结果的有效自由度较大，故对于正态分布来说，这对应于置信概率约为95%，对于本测量，上面分析过被测量比较接近于正态分布，因此，其对应的置信概率接近95%。

（10）评注

①由实例看出，测量的数学模型为 $m_x = m_s + \delta_{m_D} + \Delta m + \delta_{m_C} + \delta_B$，它和测量结果的计算公式完全不同。在数学模型中，有3个影响量是用"δ"表示的。实际上它们是对3项随机误差的修正值。随机误差的数学期望值为零，但它们的不确定度不为零。它们是3个小黑箱模型。

②由欧洲认可合作组织提供的实例，当被测量 Y 接近于正态分布，且可以确认自由度不太小时，为简单起见一般不计算自由度，直接取包含因子 $k=2$。对评定结果不会产生很大的影响。

③报告结果中说："……，对于正态分布来说，这对应于置信概率约为95%。"该结论是有前提的，即应在自由度不太小的情况下才成立。而在本测量中，虽然只对质量差测量了三次。但其平均值的标准不确定度是由以前的测量通过合并样本标准差计算得到的。虽然评定中并没有说明共采用了多少组测量结果，但由于合并样本标准差的自由度的和，因此可以相信其自由度理应比较大。

④在测量两砝码的质量差 Δm 时，其测量程序是"标准砝码—被测砝码—被测砝码—标准砝码"，这一测量过程具有对称性，因此可以消除由于环境条件等因素的慢漂移对测量结果的影响。在安排测量程序时，应该尽可能采用这种对称性的测量程序。

习题与思考题

2-1　某被测电压的实际值在 10 V 左右，现用 150 V、0.5 级和 15 V、1.5 级 2 个电压表，选择哪个表测量更合适？

2-2　测量一个 15 V 的直流电压，要求测量误差不大于 ±1.5%，现有 4 个电压表，其量程和精度如下所示：

电压表编号	1	2	3	4
量程/V	20	30	30	50
准确度	1.0 级	1.0 级	0.5 级	0.5 级

问哪些电压表能满足要求？哪个电压表测量结果的误差最小？

2-3　预检定一个 3 mA、2.5 级电流表的引用相对误差。按规定，引入修正值后所使用的标准仪器产生的误差不大于受检仪器容许误差的 1/3，现有下列几个标准电流表，问应选哪一个最适合？

①10 mA、0.5 级；②10 mA、0.2 级；③15 mA、0.2 级；④5 mA、0.5 级。

2-4　用 1.0 级 3 V 量程的直流电压表测得题图 2-1 中 a 点和 b 点对地的电压 $U_a = 2.54$ V，$U_b = 2.38$ V。试问：

①U_a 和 U_b 的相对误差是多少？

②通过测量 U_a 和 U_b 来计算 R_2 上电压 U_2 时，U_2 的相对误差是多少？

③若用该电压表直接测量 R_2 两端电压 U_2 时，U_2 的相对误差是多少？

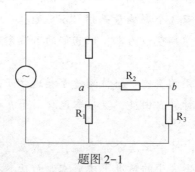

题图 2-1

2-5　已知 CD-4B 型超高频导纳电桥在频率高于 1.5 MHz 时，测量电容的误差为：±5%（读数值）±1.5 pF。求用该电桥分别测 200 pF、30 pF、2 pF 时测量的绝对误差和相对误差，并以所得绝对误差为例，讨论仪器误差的相对部分和绝对部分对总测量误差的影响。

2-6 某单级放大器电压放大倍数的实际值为100，某次测量时测得值为95，求测量值的分贝误差。

2-7 设两只电阻 $R_1 = (150 \pm 0.6)$ Ω，$R_2 = 62$ Ω（$1 \pm 2\%$），试求此两只电阻分别在串联及并联时的总阻值及其误差。

2-8 用电压表和电流表测量电阻值可用题图2-2所示的两种电路。

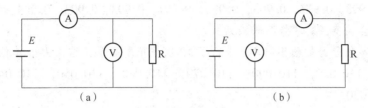

（a）   （b）

题图 2-2

设电压表内阻为 R_V，电流表内阻为 R_A，试问两种电路中由于 R_V 和 R_A 的影响，被测电阻 R_x 的绝对误差和相对误差是多少？这两种电路分别适用于测量什么范围的阻值？

2-9 用电桥测电阻 R_x，电路如题图2-3所示，电桥中 R_s 为标准可调电阻，利用交换 R_x 与 R_s 位置的方法对 R_x 进行两次测量，试证明 R_x 的测量值与 R_1 及 R_2 的误差 ΔR_1 及 ΔR_2 无关。

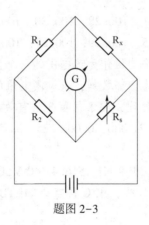

题图 2-3

2-10 用某电桥测电阻，当电阻的实际值为102 Ω 时测得值为100 Ω，同时读数还有一定的分散性，在读数为100 Ω 附近标准偏差为0.5 Ω，若将用该电桥测出6个测得值为100 Ω 的电阻串联起来，问总电阻的确定性系统误差和标准偏差各是多少？系统误差和标准偏差的合成方法有何区别？

2-11 具有均匀分布的测量数据，①当置信概率为100%时，若它的置信区间为 $[M(x) - C\delta(x), M(x) + C\delta(x)]$，问这里 C 应取多大？②若取置信区间为 $[M(x) - \delta(x), M(x) + \delta(x)]$，问置信概率为多大？

2-12 对某信号源的输出电压频率进行8次测量，数据如下（单位：Hz）：
1 000.82，1 000.79，1 000.85，1 000.84，1 000.78，1 000.91，1 000.76，1 000.82
①试求其有限次测量的数学期望与标准差的估计值。

②若测量时无系统误差，给定置信概率为 99%，那么输出频率的真值应在什么范围？

2-13 用电桥测一个 50 mH 左右的电感，由于随机误差的影响，对电感的测量值在 $L_0 \pm 0.8$ mH 的范围内变化。若希望测量值的不确定度范围减少到 0.3 mH 以内，又没有更精密的仪器，可采用什么办法？

2-14 对某电阻进行 10 次测量，数据如下（单位：kΩ）：

0.992，0.993，0.992，0.993，0.993，0.991，0.993，0.993，0.994，0.992

请给出包含误差值的测量结果表达式。

2-15 对某信号源的输出频率 f 进行了 10 次等精度测量，结果为（单位：kHz）：

110.105，110.090，110.090，110.070，110.060，110.050，110.040，110.030，110.035，110.030

试用马利科夫及阿贝-赫尔默特判据判别是否存在变值系统误差。

2-16 对某电阻的 8 次测量值如下（单位：kΩ）：

10.32，10.28，10.21，10.41，10.25，10.31，10.32，100.4

试用莱特准则和格拉布斯准则（对应 99% 的置信概率）判别异常数据，并讨论在本题的情况下应采用哪种准则。

2-17 用两种不同方法测量同一电阻，若在测量中皆无系统误差，所得阻值（Ω）如下。

第一种方法：100.36，100.41，100.28，100.30，100.32，100.31，100.37，100.29。

第二种方法：100.33，100.35，100.29，100.31，100.30，100.28。

①若分别用以上两组数据的平均值作为该电阻的两个估计值，哪一估计值更为可靠？

②用两种不同测量方法所得的全部数据，求被测电阻的估计值（即加权平均值）。

2-18 将下列数字进行舍入处理，要求保留 3 位有效数字。

54.79，96.372 4，500.028，21 000，0.003 125，3.175，43.52，58 350

2-19 改正下列数据的写法：

$$4.45 \text{ kHz} \pm 1.8 \text{ Hz}、516.430 0 \text{ V} \pm 0.425 \text{ V}$$

2-20 参考例 2-2-6 的解题过程，用 C 语言或 MATLAB 设计测量数据误差处理的通用程序，要求如下：

①提供测试数据输入、中间计算结果、粗大误差判别准则选择等的人机界面；

②编写程序使用说明；

③通过实例来验证程序的正确性。

第 2 篇

基础电量的测量与信号发生器

第3章 时间和频率的测量

3.1 引言

3.1.1 时频测量的意义

时间和空间是物质存在的基本形式，时间是目前准确度最高、应用最广的物理量。国际单位制包括 7 个基本单位，分别为长度基本单位米（m）、质量基本单位千克（kg）、时间基本单位秒（s）、电流基本单位安培（A）、热力学温度基本单位开尔文（K）、发光强度基本单位坎德拉（cd），以及物质的量基本单位摩尔（mol）。"秒"是国际单位制 7 个基本单位中最准确和最基础的，复现不确定度达到了 10^{-16} 量级，除了摩尔，其他 5 个基本单位的复现都与时间有直接或间接的关系。频率是时间的倒数，单位是赫兹（Hz）。时间和频率作为重要的基本物理量，在国民经济、国防建设和基础科学研究中发挥着非常重要的作用。高精度时间频率已经成为一个国家科技、经济、军事和社会生活中至关重要的参量，渗透到基础研究领域、工程技术领域及国计民生的诸多方面，关系着国家社会的安全稳定，在卫星导航、通信、电力、交通、金融等许多领域均有重要应用。高精度的时间频率体系是通信领域高速宽带通信网络正常运行、电力系统电网的精确同步、金融领域金融交易、电子政务、电子商务准确可靠的保障。在导航领域，各种导航卫星系统包括我国的北斗导航卫星系统（BDS）是高精度时间频率应用的典型范例。正是由于高精度的时间频率，才使定位到几十米、几米乃至几厘米成为可能。在科学发展史上，时间频率测量准确度的每一次提高，都会引发难以预计的新现象被发现、新理论被证明，近年来的诺贝尔物理学奖有多个都与时间和频率标准有关。

3.1.2 秒定义的变迁

秒是国际单位制中时间的基本单位，符号是 s。在 1000—1956 年之间，秒的定义是平均太阳日的 1/86 400，观测依赖于地球自转。通过观测，人们逐渐意识到地球自转并不稳定，地球自转的不均匀性使得其精度只能达到 10^{-9}，无法满足 20 世纪中叶社会经济各方面的需求。国际天文联合会（IAU）建议采用基于地球公转的回归年为基础来重新定义秒。1956 年，秒被以特定历元下的地球公转周期定义为：秒是指 1900 年 1 月 1 日 0 时起的回归年的 1/31 556 925.974 7。1960 年，第 11 届国际计量大会（CGPM）第 9 号决议批准了秒的该定义，称为历书秒。

由于工业化革命，秒定义和时间频率测量水平已不能满足当时社会经济发展需要，同时随着原子钟相关技术的发展，诸如光谱超精细结构、激光器、光磁共振、分子束磁共振、分离振荡场等实验及研究，使以量子频率标准取代以地球运动周期来定义秒提高不确定度水平成为可能。经过多年的努力，科学家发现，原子能级跃迁会释放频率稳定度更高的振荡信号，因此一种更为精确和稳定的时间标准应运而生，这就是"原子钟"。使用原子钟复现的秒为原子秒。由此秒的定义改为采用原子时作为新的定义基准，而不再采用地球公转周期定义的历书秒。在 1967 年的第 13 届国际计量大会上决定以原子时定义的秒作为时间的国际标准单位：铯 133 原子基态的两个超精细能阶间跃迁对应辐射的 9 192 631 770 个周期的持续时间。1997 年，国际计量委员会（CIPM）又重新定义秒，加入了新的陈述：秒定义适用于静止于 0 K 环境的铯原子。

这个附加说明澄清了秒定义中的铯原子不受黑体辐射影响，也就是原子要处于热力学温度为 0 K 的环境中。1999 年，时间频率咨询委员会（CCTF）要求所有频率基准都要根据环境温度辐射来进行频率修正。实际上，秒定义应该理解为，铯原子不受任何干扰，静止并且处在 0 K 环境下。

在国际计量局（BIPM）的国际单位制手册（第 8 版）附件 2 中，给出了用于实际复现时间单位秒的方法。这个文件强调，秒定义应该理解为本征时间（原时）单位的定义，适用于随复现秒定义的铯原子共同运动的小的空间区域。如果实验室足够小，引力场的非均匀性造成的影响小于秒定义复现的不确定度时，应用狭义相对论修正实验室内原子运动速度的影响后就得到本征时间。使用本地引力场修正是错误的。

2006 年，国际计量局长度咨询委员会和时间频率咨询委员会频率标准工作组给出了新的标准频率推荐值，在这些标准频率推荐值中开始推荐秒的次级表示。到 2017 年，秒的次级表示包含了 1 个铷原子微波跃迁频率和 7 个光学跃迁频率。使用者可以根据实际需求，选择列表中某个秒的次级表示电磁辐射跃迁，在进行了必要的频率偏移修正和不确定度评估之后，用于实际复现秒定义，复现不确定度受列表给出的不确定度限制。

2000 年后，基于离子阱囚禁离子或者光晶格囚禁原子的光学频率标准（光钟）得到了快速的发展，评估不确定度指标比现有最好的铯原子喷泉钟高 2 个数量级，国际计量局长度咨询委员会和时间频率咨询委员会频率标准工作组正在讨论秒定义修改的路线图，在未来的某个时间，秒定义可能会基于光钟而再次被修改。

3.1.3 时标的演变

选择一个时间的基本单位（秒），由一个特定起点累积而成的时间坐标或时间尺度，简称时标。时标体现时刻和时间间隔两个基本概念，坐标上的点代表时刻，两点之差代表时间间隔。时标具有三个主要特性：连续性、稳定性和准确性。时标的作用是产生连续、稳定、准确的标准时间频率信号，供授时系统或用户使用。

在追求更稳定、可复现的周期运动过程中，时标的发展经历了世界时、历书时及原子时的变迁。世界时及历书时均以天文观测为基础，统称为天文时。世界时是以地球自转运动为参考的时标，基于地球自转周期导出秒定义——平太阳秒是世界时（UT）的基础，在格林尼治子午线上的平太阳时称为UT0，靠摆钟来进行守时（即时间保持）。随着较为精确的石英晶振的出现，发现了由于地极移动而引起的误差，为消除这种影响，产生了新时标UT1，UT1成为应用最广泛的天文时。由于地球运动的不均匀，UT1每日有±3 ms的变化。在时钟的精确度进一步改进后，又发现由地球自转率的季节性变动引起的UT1的周期性变化，这些影响经修正后，产生一种更加均匀的时标，称为UT2。后来发现地球公转的周期更加稳定，国际天文学会联合会于1956年决定采用以地球公转运动为基础的时间标准，即历书时（ET），从1960年开始，历书时取代世界时作为国际时间标准。历书时的秒长在理论上是均匀的，但要得到这样的秒长需经过长期观测。

1955年，第一台铯原子钟研制成功，开启了原子时时代。1967年的第13届国际计量大会上通过了新的秒定义，用原子秒取代了天文秒。国际原子时（TAI）是根据原子秒定义的时标，它是一种连续性时标，由1958年1月1日0时0分0秒起，以日、时、分、秒计算。由于原子时与世界时在长期运行中逐渐出现偏差，为满足各种时间频率用户的需求，国际电信联盟（ITU）1972年定义了一种称为协调世界时（UTC）的折中时标，并成为全球统一使用的标准时间。UTC由TAI加闰秒实现，以保证协调世界时与世界时（UT1）相差不会超过0.9 s。

BIPM通过组织各国守时实验室参加的国际原子时合作实现TAI，再通过加入国际地球自转与参考系统服务组织（IERS）发布的闰秒信息产生UTC。各守时实验室基于原子钟（组）和时间频率比对装置组建连续运行的守时系统进行守时，并向BIPM报送相关数据，通过BIPM计算并发布的时间公报进行驾驭，产生实时的物理时标——地方协调时UTC（k），如中国计量科学研究院（NIM）产生和保持的UTC（NIM），中国科学院国家授时中心（NTSC）保持的UTC（NTSC）。

3.2 时频测量技术

时间频率测量技术简称时频测量技术，主要分为时间频率标准（包含时标和频标）和时间频率传递两种。

1. 时间频率标准

时标即时间尺度，在3.1.3节中已有详细介绍。频标即频率标准，是能独立工作的、且能给出较高准确度的单一频率值的正弦信号的装置，是时间频率计量重要的研究对象之一。其研究领域和对象，除了具有基准性质的原子频率标准外，还包括各种高稳定性能的晶振、经过溯源校准的高精度晶振频率标准及接收来自全球导航卫星系统信号的频率标准等。

古代人们对频率（时间）的计量主要是根据地球的自转和公转，采用圭表、日晷计量时间。由于地球自转或公转的周期太长，为适应人们测量较短时间间隔的需要，采用人为的周期运动，如钟摆的运动和石英晶体的振荡等来计量时间。基于宏观物理规律的频率标准的准确度随着人类文明的进步不断提高。

随着现代科技的发展，人们对频率（时间）计量的稳定度和准确度要求越来越高，而原子（分子、离子）等量子体系内部运动状态非常稳定，不易受外界环境的影响，因此采用量子体系中能级之间跃迁辐射的电磁波频率作为频率参考，来实现原子频率标准。

频率标准主要是研究高精度频率信号的产生方法与技术、性能的评估及其应用等内容，包括各种高稳定性能的晶振、微波原子频率标准、光学原子频率标准，以及相关的应用等。主要是采用频率非常稳定的体系作为参考，为用户提供高精度的频率信号。

传统的频标以高稳石英晶体为基础，称为石英晶体频标。以原子、分子或者离子等量子跃迁为参考的频标称为原子频标，经常又称为原子钟。原子频率标准主要包括微波频率标准和光学频率标准。微波频率标准从 20 世纪 50 年代发展至 2018 年，技术和工艺都渐趋成熟。光学频率标准由于具有更高的准确度和稳定度，自 2000 年前后飞秒激光频率梳的发明后得到了迅速的发展。常见的微波原子频标按照参考元素的不同，分为铷钟、铯钟和氢钟。基于激光冷却原理建立的铯原子喷泉钟或者铷原子喷泉钟，往往不归类于铯钟和铷钟，而单独称为喷泉钟，在微波原子钟里它的不确定度指标最好，其中铯原子喷泉钟可作为秒长国家基准。光学频率标准又称为激光波长标准，其中基于激光冷却原理、不确定度指标最高的光学频率标准称为光钟。随着科学技术的不断发展，出现了一些新的频率标准，如基于微机电技术和相干布局囚禁原理建造的芯片钟、安装于全球导航卫星系统卫星上的星载钟、利用全球导航卫星系统校准和驾驭的全球导航卫星系统驯服时钟等。

2. 时间频率传递

通过时间频率源（频标或时标）之间的比对，进行时间和频率量值的传递，是各时间频率基准、标准和终端用户内部比对及相互联系的桥梁。

一般时间频率传递由时间频率传递参考、时间频率传递对象、时间频率传递测量系统和数据处理系统四部分完成。时间频率传递参考和时间频率传递对象通过时间频率传递测量系统连接，传递结果由数据处理系统处理得到。时间频率传递路径及路径上的传递仪器装置构成了时间频率传递链路。在时间传递时，链路中各元素的时延需要确定，以便将传递双方的时间进行精密比对，也就是说，精密时间传递链路校准是精密时间传递的必要前提。对时间信号在时间传递链路中的时延进行测量并补偿的过程，即时间传递链路校准。

按测量方式，时间频率传递可分为直接比对和远程传递两大类。直接比对测量时，时间频率传递参考与时间频率传递对象都位于同一端，且直接接触。时间频率传递测量系统通常使用时间间隔计数器、比相仪等。远程传递测量时，时间频率量值以电波或光波为载体，通过有线或无线两种方式进行远距离传递，时间频率传递参考不与时间频率传递对象直接接触。

在微波频段，时间频率远程传递方法主要有全球导航卫星系统（GNSS）载波相位和共视/全视时间频率传递、卫星双向时间频率比对（TWSTFT）和光纤时间频率传递，以及电视授时、电话授时、网络授时、地基无线电授时等，其中 TWSTFT 光纤和 GNSS 载波相位时间频率传递的不确定度水平最高。

GNSS 时间频率传递和 TWSTFT 是最主要的两种远程时间频率传递手段，其中 GNSS 时间频率传递应用最为广泛。国际标准时间——UTC 由 BIPM 主导的 TAI 合作产生，其中正式应用的两种最主要的时间传递链路即是 GNSS 和卫星双向时间传递链路。随着光纤通信的不断发展应用，基于光纤的时间频率传递技术得到了迅速的发展，已成为中短距离内（几百千米）最优不确定度水平的远程时间频率传递方法。

由于篇幅所限，在本章的后续内容中主要对时间传递方法和装置进行介绍，重点介绍用于比对的时频测量仪器——电子计数器。

3.2.1 时频测量仪器

在时频测量技术的发展过程中，出现过很多种测量方法。按照测量原理，可以分为直接法、转换法和比较法 3 类。

1. 直接法

直接法利用无源网络的频率特性来实现频率的直接测量，又细分为谐振法和电桥法。

谐振法是利用电感、电容组成的 LC 串联谐振回路或并联谐振回路的谐振特性来实现测频。将被测信号加到谐振电路上，调整可调器件（通常是电容）的参数，使电路达到谐振状态，根据谐振时频率与电路参数的关系 $f_x = \dfrac{1}{2\pi\sqrt{LC}}$，由电路参数反算出被测频率。电路谐振状态通过电压表或者电流表来给出指示，由人工判断。显然，谐振回路 Q 值比较小时，测量准确度比较低；LC 器件参数的准确度也会影响最终的测量结果。因此，基于普通 LC 器件的谐振法测频一般适用于 50 kHz~1.2 GHz 的频率范围，测量准确度为 0.1%~1%。基于谐振腔（cavity resonators）的谐振法则可以实现 1.1~140 GHz 的频率测量，测量准确度为 0.01%~0.1%。

电桥法测频是利用交流电桥的平衡条件与电桥电源频率有关这一特性来测频。如图 3-2-1 所示，被测频率 f_x 加到图中变压器初级线圈两端，当交流电桥平衡时指示电桥平衡的电流表指示为零。

若取 $R_1 = R_2 = R$，$C_1 = C_2 = C$，则电桥平衡的条件为

$$\begin{cases} R_3 = 2R_4 \\ f_x = \dfrac{1}{2\pi RC} \end{cases} \tag{3-2-1}$$

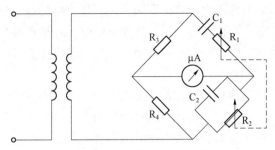

图 3-2-1　电桥法测频原理

因此，调节 R 或 C 可使电桥对被测信号频率达到平衡。在电桥面板上，如果将可变电阻或电容按频率刻度，便可直接从刻度读出被测信号的频率。电桥法测频的准确度取决于电桥中各元件的精确度、判断电桥平衡的准确度（电流表的灵敏度和人眼观察误差）和被测信号的频谱纯度。电桥法能达到的测频精确度约为 $\pm(0.5\% \sim 1\%)$。在高频时，由于寄生参数影响严重，会使测量准确度大大下降，因此电桥法测频仅适用于 50 kHz 以下的音频范围。

综上所述，谐振法和电桥法实现频率测量的准确度受器件参数的限制，通常只能达到 1% 左右的测量准确度，仅能实现频率粗测。这两种方法在通用频率测量仪器中已很少使用。

2. 转换法

转换法主要是指采用"频率-电压"转换法测频。这种方法的测频原理是：通过脉冲形成电路把频率为 f_x 的正弦信号转换为脉冲宽度固定、占空比随正弦信号频率变化的周期脉冲信号，由于脉冲信号的平均值（即直流分量）与正弦信号频率成正比，可以用低通滤波器滤除全部交流分量，将输出的直流电压用电压表指示。如果电压表表盘依照频率刻度，就可以从电压表表盘直接读出被测频率值。这种 $F-V$ 转换式频率计最高测量频率可达几兆赫，测量误差一般为百分之几。可以连续监视频率的变化是这种测量法的突出优点。

3. 比较法

比较法是将被测频率信号与已知频率信号相比较，获得被测信号的频率。比较法又细分为模拟比较法和计数法两类。

（1）模拟比较法

模拟比较法可分为拍频法、差频法和示波器法。拍频法是将待测频率信号与标准频率信号在线性元件上叠加产生拍频，用耳机或电压表、示波器作为指示器对零差进行检测来实现频率测量，这种方法常用于低频测量，误差在零点几赫兹。差频法是将待测频率信号与标准频率信号在非线性元件上进行混频，通过低通滤波选出差频分量，送入电压表进行检测。这两种方法目前较少采用。此外，示波器也具备时频测量的功能，通过水平光标直接读数或者通过李萨育图形都可以实现。

（2）计数法

计数法是指利用电子计数器来测试时间和频率，其基本原理是利用标准频率和被测频率进行比较来测量频率。电子计数法测量范围宽，准确度高，易于实现。此外，电子计数器还具有频率比测量、时间间隔测量、事件计数等功能。电子计数器通常采用高速集成电路和大规模集成电路实现，使仪器在小型化、功耗、可靠性及测量准确度等方面都大为改善。电子计数器也是目前时频测量仪器所采用的主要测量方法，本章将主要介绍基于电子计数器的时频测量技术。

3.2.2 电子计数器

电子计数器通过对标准频率和被测频率进行比较来测量频率。电子计数器测量范围宽，准确度高，易于实现。此外，电子计数器还具有频率比测量、时间间隔测量、事件计数等功能。

1952 年美国 HP 公司生产了第一台用数码管显示的 HP524A 型 10 MHz 电子计数器。多年来，电子计数器的发展早就突破了早期只能用来测量频率或计数的概念，通过内部电路的重构已经可以实现多种测量功能，同时，通过内置微处理器还能实现各种数据统计、分析和显示功能。另外，电子计数器能够测量频率的上限越来越高，目前已经达到 15~20 GHz。专用的微波计数器甚至能够实现高达 46 GHz 微波信号的频率测量。

目前的电子计数器通常分为通用频率计数器/定时器和微波计数器两类。下面分别介绍一些典型的电子计数器产品。

Agilent 53230A 是一种典型的通用频率计数器/定时器，如图 3-2-2 所示，能够实现 2 个通道、DC~350 MHz 频率范围的测量，通过加可选的第 3 通道将测量频率上限提高到6~15 GHz。基本测量功能包括：频率、频率比、周期、单一周期、时间间隔、上升时间/下降时间、占空比、脉宽、相位、电压电平、累加计数等，增加选件可以实现脉冲微波测量功能，包括：猝发载波频率、脉冲重复周期（PRF）、脉冲重复间隔（PRI）等。支持连续无间隙测量，能够实现基本的调制域分析功能。在性能方面，Agilent 53230A 具有 12 digit/s 频率测量分辨率、20 ps 单次时间间隔分辨力；测试速度达到 75 000 个频率读数/s、90 000 个时间间隔读数/s；1 MSa/s 无间隙频率/时间戳。此外，Agilent 53230A 提供数据记录趋势图、累积直方图显示功能，内置数学分析和统计功能，能够实现平均值、标准偏差、阿伦偏差等的计算；内置 1 MB 读数存储器等。

图 3-2-2　Agilent 53230A 通用频率计数器/定时器

Tektronix FCA3120 也是一款通用频率计数器/定时器，提供两个基本通道，频率测量范围为 DC~400 MHz，第 3 通道的频率测量范围为 0.25~20 GHz。

Agilent 53149A 是一款 CW 微波计数器，测量频率范围为 50 MHz~46 GHz，且将功率计及直流 DVM 功能集于一身，提高了仪器的利用率，降低了仪器成本。

3.3 常规电子计数器

常规电子计数器是一种基本形式的通用计数器/定时器，一般能够实现频率测量、周期测量、频率比测量、时间间隔测量及累加计数等功能。

3.3.1 常规电子计数器的基本测量功能

1. 频率测量

频率是指周期性信号在单位时间内重复出现的次数。周期性信号的频率可以用下面的公式来表达

$$F_x = \frac{n}{t} \tag{3-3-1}$$

式中，F_x 是被测信号的频率，n 为在时间间隔 t 内重复出现的信号周期个数。

根据式（3-3-1），如果采用常规计数器对一定的时间间隔内的信号周期个数进行计数，将计数值除以时间间隔就能得到信号的频率。电子计数器测频的原理框图如图 3-3-1 所示。它由输入调节电路、晶振（时基）、时基分频器、门控电路、主门、计数器和显示器等组成。

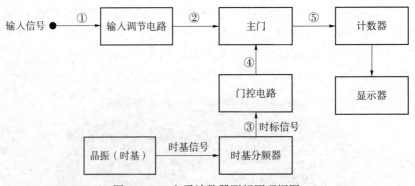

图 3-3-1　电子计数器测频原理框图

输入调节电路通常由衰减器、放大和整形电路等组成。输入调节电路的功能是对被测信号进行放大和整形，使其转换为与主门输入特性兼容的脉冲串信号。当主门开启时，脉冲串通过主门，由后面的计数器对其计数，并由显示器将计数结果以数字形式显示出来。计数器电路通常是由双稳态触发器构成的十进制计数电路。

主门相当于一个开关，一般用数字门电路来实现。主门的开关时间由来自时基信号分频形成的标准时间信号（时标信号）来控制。从式（3-3-1）可以看出，频率测量的准确度与 t 有关，因此多数电子计数器都选用高准确度的晶振作为时基信号发生器。时基分频器的分频系数由"主门时间"开关来选择，分频系数通常是1、10、100、1 000等。"主门时间"就是式（3-3-1）中的 t，它等于时标信号的周期。例如，如果主门时间选择为1 s，计数器在这个时间内的计数值为5 000，被测信号的频率就是5 000 Hz；而如果同样的计数值是在10 s的主门时间内得到的，被测信号的频率就是500.0 Hz，在显示结果时仅需根据主门时间来标定小数点的位置即可。

采用上述方法，对频率为 F_x 的被测信号的频率进行测量，如果时基信号频率为 f_c，时基分频器的分频系数为 k，时标信号频率表示为 f_s，而计数器得到的结果为 N，则

$$F_x = N \cdot f_s = N \cdot \frac{f_c}{k} \tag{3-3-2}$$

2. 周期测量

信号的周期是信号完成一周振荡所需要的时间。周期 T_x 是频率 F_x 的倒数。

电子计数器测周的原理框图如图3-3-2所示，大部分电路与测频原理框图是相同的，不同之处在于：主门开启的时间是由输入信号而不是由时间基准控制的。此时，计数器是对时基分频器输出的脉冲进行计数，计数持续的时间是被测信号的一个周期。因此，如果对周期为 T_x 的被测信号的频率进行测量，时基信号频率为 f_c，时基分频器的分频系数为 k，时标信号频率表示为 f_s，而计数器得到的结果为 N，则

$$T_x = \frac{N}{1 \cdot f_s} = \frac{N \cdot k}{f_c} \tag{3-3-3}$$

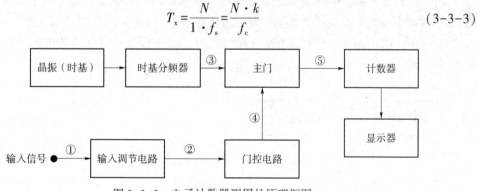

图 3-3-2 电子计数器测周的原理框图

为了提高周期测量的准确度，可以对输入信号进行 m 分频，实现对周期信号的周期倍乘，如图3-3-3所示。此时，主门在输入信号的 m 个周期内开启，被测信号的周期表达式如式（3-3-4）所示。此时的计算结果是 m 个周期的平均值，因此，这就是所谓的多周期平均测量方法。

$$T_x = \frac{N}{m \cdot f_s} = \frac{N \cdot k}{m \cdot f_c} \tag{3-3-4}$$

3. 频率比测量

如图3-3-4所示，电子计数器可以用于两路信号的频率比测量。将低频输入信号经过分

频之后作为门控信号，对高频输入信号进行计数，最终就可以通过计数值 N 来计算频率比。

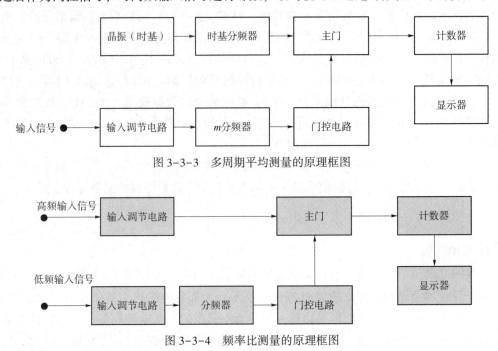

图 3-3-3　多周期平均测量的原理框图

图 3-3-4　频率比测量的原理框图

4. 时间间隔测量

如图 3-3-5 所示，常规电子计数器可以用于时间间隔的测量。此时，主门由两路独立的输入来控制。通道 A 连接"开始"输入信号，用于打开主门；通道 B 连接"停止"输入信号，用于关闭主门。在主门电路开启时间内，由计数器对时标信号进行计数。相关的测量波形如图 3-3-6 所示。时间间隔测量结果的表达式与式（3-3-3）相同。

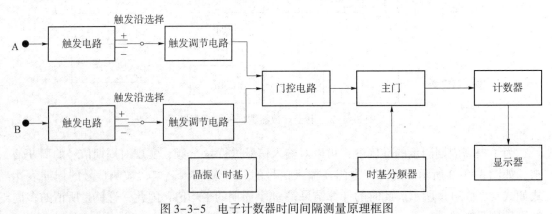

图 3-3-5　电子计数器时间间隔测量原理框图

5. 累加计数

电子计数器也可以工作在累加计数模式下。此时，一个输入通道是用于连接产生计数脉冲的信号源。主门时间的控制可以有多种方式。一种方式是由时标信号来控制主门的开

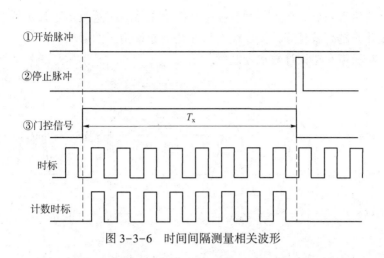

图 3-3-6　时间间隔测量相关波形

启时间；另一种方式是由两个单独的通道分别控制主门的"打开"与"关闭"；甚至是通过仪器前面板的开关由人工控制主门的"打开"与"关闭"。

3.3.2　常规电子计数器的关键电路

1. 输入调节电路

常规电子计数器的输入调节电路如图 3-3-7 所示，主要包括衰减器、阻抗选择、放大器、施密特触发器和触发极性调节等环节。

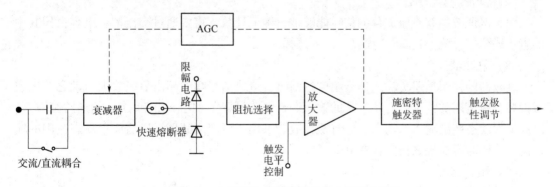

图 3-3-7　常规电子计数器的输入调节电路

在将模拟输入信号转换为与计数器数字电路兼容的数字信号的过程中，施密特触发器起着非常关键的作用。施密特触发器具有迟滞的特性。当输入信号能够达到施密特触发器的高、低两条迟滞电平时，该信号才能被正确转换为方波信号，如图 3-3-8（a）所示。此时，即使信号存在振铃现象，输入方波的频率也不会有变化，如图 3-3-8（b）所示。施密特触发器的这一特性决定了电子计数器输入调节电路的很多特性。

（1）灵敏度

电子计数器的灵敏度是指在测频范围内能保证正常工作的最小输入电压，通常以输入信号的正弦有效值来表征。放大器增益和施密特触发器的滞差决定了计数器的灵敏度。计数器的灵敏度并非越高就越好，灵敏度太高往往会导致错误的触发。此外，计数器的输入阻抗越大，它对噪声和错误计数也越敏感。

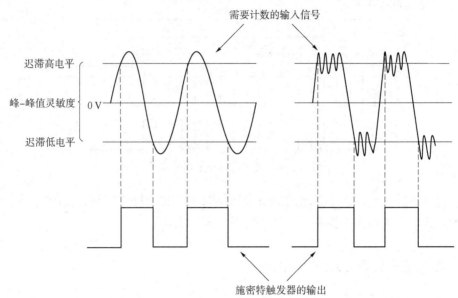

（a）输入信号必须穿越高、低两条迟滞电平　　　　　　（b）信号振铃不会引起错误计数

图 3-3-8　常规电子计数器的输入特性

（2）交流/直流耦合

为了保证叠加有直流成分的信号能够被正确地计数，需要通过交流耦合电容去掉其中的直流成分。交流/直流耦合提供了这种选择。

（3）衰减器

衰减器的作用是避免输入信号幅度过高时，造成信号幅度超出后级放大器动态范围或者损坏后级电路的情况。有些复杂的输入调节电路设置了×1、×10 和×100 的递阶衰减器，以满足大动态范围输入的需求。还有些计数器采用了可变衰减器，以适应小动态范围的输入需求，同时也对提高信噪比有益。

（4）阻抗选择

对于被测频率在 10 MHz 左右的信号，1 MΩ 的输入阻抗是比较合适的。在这个阻抗水平上，对被测电路的负载效应较轻，电路包含的约 35 pF 旁路电容对被测电路的影响也不大。考虑到噪声的影响，采用 1 MΩ 输入阻抗时的灵敏度最好，约为 25~50 mV。如果被测信号频率超过 10 MHz，旁路电容对输入阻抗的影响很大，此时宜采用 50 Ω 的输入阻抗，灵敏度为 20~25 mV。

（5）自动增益控制

自动增益控制（AGC）用于根据输入信号的幅度自动调整衰减器或者放大器的增益。在 AGC 的响应速度和能够测量最低信号频率之间必须有个折中。通常，AGC 的最低适用频率为 50 Hz。因而，自动增益控制主要在频率测量中起作用。

（6）动态范围

动态范围定义为输入放大器的线性工作范围。为了保护放大器在大信号输入或者误操作的时候不被损坏，在放大器前级设置了快速熔断器和限幅电路。

（7）触发电平控制

触发电平控制的功能是提高或降低施密特触发器的迟滞电平，使得图 3-3-9（b）和图 3-3-9（c）所示的正脉冲序列及负脉冲序列能够被正确地计数。应该注意的是：当被测信号是占空比很小或者是占空比不断变化的脉冲信号时，采用交流耦合的意义不大，只有合适地调整触发电平才是正确的选择。一些计数器提供了 3 种触发电平设置，分别是图 3-3-9（a）的"预置"位置，图 3-3-9（b）的"+"位置和图 3-3-9（c）的"-"位置，图中的水平实线为"参考地"。高级的计数器提供了能够在整个动态范围内连续可调的触发电平控制，这可以保证在计数器灵敏度范围内的任何输入信号都可以被正确地计数。

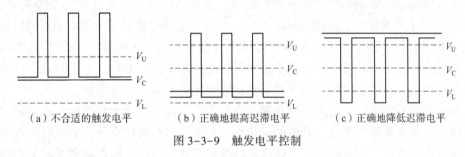

（a）不合适的触发电平　　　（b）正确地提高迟滞电平　　　（c）正确地降低迟滞电平

图 3-3-9　触发电平控制

（8）触发极性调节

触发极性用于设定施密特触发电路是由一个正极性的信号触发，还是由一个负极性的信号触发。正极性触发时，施密特触发电路在信号达到迟滞高电平 V_U 处产生输出脉冲；负极性触发时，施密特触发电路在信号达到迟滞低电平 V_L 处产生输出脉冲。

2. 时基电路——晶振

在式（3-3-2）~式（3-3-4）中，f_c 是指时基信号频率，时基信号频率的准确度直接影响计数器测量的准确度。大多数计数器都使用晶振作为时基发生器。

（1）晶振的类型

用于计数器的晶振有 3 种基本类型：室温晶振（RTXO）、温度补偿晶振（TCXO）和恒温控制晶振（OCXO）。室温晶振是专为 0~50 ℃ 的室温应用而制造的，高质量的 RTXO 在 0~50 ℃ 时的频率变化率小于 $2.5×10^{-6}$。温度补偿晶振采取相反温度系数的外接电容或其他元件，来提高晶振频率的稳定性。TCXO 在 0~50 ℃ 时的频率变化率小于 $5×10^{-7}$。恒温控制晶振采用恒温槽来减少晶振周围环境温度的变化，OCXO 在 0~50 ℃ 时的频率变化率小于 $7×10^{-9}$。OCXO 上电之后通常需要 20 min 以上的时间预热来达到其标称的频率准确度，因此多数计数器在电源线连接好后 OCXO 就一直处于上电状态，即使是计数器处于关机状态，以便减少预热时间。

影响晶振频率准确度的因素很多，除了温度之外，供电电压变化、老化率或长期稳定度、短期稳定度、磁场、重力场及振动、冲击、湿度等环境因素也会影响晶振的频率准确度。其中，前 3 种因素的影响较大。不同因素对晶振频率准确度的影响如表 3-3-1 所示。

表 3-3-1 不同因素对晶振频率准确度的影响

晶振类型	室温晶振	温度补偿晶振	恒温控制晶振（开关控制）	恒温控制晶振（比例控制）
温度（0~50 ℃）	$<2.5\times10^{-6}$	$<5\times10^{-7}$	$<1\times10^{-7}$	$<7\times10^{-9}$
供电电压变化（10%）	$<1\times10^{-7}$	$<5\times10^{-8}$	$<1\times10^{-9}$	$<1\times10^{-10}$
老化率	$<3\times10^{-7}$/月	$<1\times10^{-7}$/月	$<1\times10^{-7}$/月	$<1.5\times10^{-8}$/月 或$<5\times10^{-10}$/d
短期稳定度（1 s 采样间隔）	$<2\times10^{-9}$	$<1\times10^{-9}$	$<5\times10^{-10}$	$<1\times10^{-11}$

（2）晶振的频率稳定度

频率稳定度表征频率在测量过程中的起伏，是评估频率源性能优劣的主要技术指标，用频率源内部噪声调制产生的相位噪声大小（频域）或其导致的频率取样值的随机波动大小（时域）表征。其中，频域表征为信号频率（载频）傅里叶频谱（旁频）的单边带相位噪声谱密度幅值（dBc/Hz）；时域表征则用阿伦方差和其他方差。上述频域表征和时域表征可相互转换。对稳定度的描述主要有长期稳定度和短期稳定度两种。

晶振的物理特性呈现出随着时间逐渐变化的特性，这一特性导致晶振出现逐渐累积的频率漂移，这种现象称为老化。晶振的老化率与晶振的固有特性有关，老化时时刻刻都在发生，老化率通常用一个月或者一天内晶振的频率变化来表示，因此也通常称为晶振的长期稳定度。OCXO 老化率的典型值是 1.5×10^{-8}/月。在一个月或者一天这种较长的时间内，随机误差的影响比较小，主要是由于老化引起的系统误差，如图 3-3-10 所示。因此，可以采用基于最小二乘法的直线或曲线拟合的方法来估计长期稳定度。

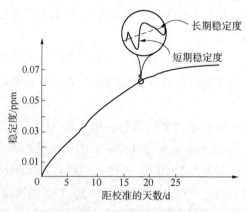

图 3-3-10 晶振的频率稳定度

晶振的短期稳定度也称为时域稳定度，与晶振内部存在的噪声引起的随机频率波动和相位抖动有关。此时主要是随机误差起主要作用，老化漂移的影响体现不出来。噪声对短期稳定度产生的影响与测量时间有关，测量时间越长，影响越大。因此，在描述短期稳定度时，一般都需要设置固定的取样时间，来计算这段时间内由于噪声影响导致频率的各次测量值相对于平均值的离散情况。实际测量中，通常用阿仑方差来描述。阿仑方差定义为

$$\sigma_a^2 = \frac{1}{2mf_0^2} \sum_{i=1}^{m} (f_i' - f_i)^2 \tag{3-3-5}$$

式中，m 为取样的组数，相邻两次为一组；f_i 和 f_i' 分别为两次相邻测量在取样时间 τ 内的平均值；f_0 为晶振的标称频率值。m 通常取 30～100；每组的取样时间 τ 为 1 s 或者其他值；测试时要求每组之间不能有间隔时间，要求测量用的计数器或者其他仪器具有连续时间间隔测量的功能。σ_a 也称为阿仑偏差。

3. 主门

与任何门电路一样，计数器的主门有传播延迟，在"开""关"状态转换之间需要一定的时间。这些延迟时间会反映在主门打开计数的时间里面。若转换时间接近计数信号最高频率的周期，那么计数结果值就会出现错误。若转换时间与计数信号最高频率的周期相比来说很小，那么这点误差就可忽略不计。例如，对于 500 MHz 的信号，如果主门状态切换时间小于 1 ns，这个误差就可以忽略。当然要达到小于 1 ns 的切换时间，在主门、计数器电路设计方面需要做特殊考虑。

3.3.3 常规电子计数器的测量误差分析

1. 测频误差分析

根据上面所介绍的测频的原理，其测量误差取决于时基信号所决定的主门时间的准确性和计数器计数的准确性。根据测量误差的合成公式，从式（3-3-2）可推导出

$$\frac{\Delta F_x}{F_x} = \frac{\Delta N}{N} + \frac{\Delta f_c}{f_c} \tag{3-3-6}$$

式中，第一项 $\Delta N/N$ 是数字化仪器所特有的计数误差，也称为量化误差；第二项 $\Delta f_c/f_c$ 是时基误差。具体分析如下。

（1）量化误差

用电子计数器测量频率，实质上是一个量化过程，量化的最小单位是数码的一个字，或者 1 个计数脉冲。对于被测信号和门控时间而言，由于两个量中一个是已知标准量，另一个是未知被测量，它们是不相关的；同时计数值 N 只能是一个正整数。当主门开启时间 T 不是 T_x 的整数倍时，存在舍入误差；当门控时间 T 恰好等于 N 个被测信号的周期时，在最坏的情况下也可能出现 ±1 个计数误差。如图 3-3-11 所示，图 3-3-11（a）的计数值 $N=8$，没有量化误差；在图 3-3-11（b）中，如果 $\Delta t \rightarrow 0$，在极端情况下，第一个脉冲和最后一个脉冲都可能作为计数脉冲进入计数器，使得计数值为 9，也可能两者都进不了计数器，使得计数值为 7。由此，最大量化误差为 $\Delta N = \pm1$。由此，可总结出如下的表达式

$$\frac{\Delta N}{N} = \frac{\pm 1}{N} = \pm \frac{1}{Tf_x} \tag{3-3-7}$$

式中，T 为主门时间；f_x 为被测信号频率。

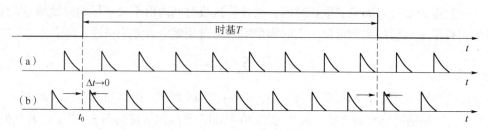

图 3-3-11　量化误差示意图

根据以上分析，不管计数值为多少，其最大计数误差不超过±1 个计数单位，所以又称为"±1 误差"。在整个测量过程中，如果被测信号和门控时间两者的时间关系在每次计数时都相同，例如，自校时的情形就如此，这个±1 误差几乎不会发生。在一般情况下，计数过程的这个时间关系是随机的，产生±1 误差也是不可避免的，这是利用计数原理进行测量的仪器所固有的。

从式（3-3-7）可知，当被测信号频率为一定值时，增大主门时间可减少量化误差；当主门时间一定时，被测信号频率越低，量化误差越大。因此，量化误差在计数器直接测频模式下对低频测量的影响很大。例如，$f_x = 10$ Hz，主门时间为 0.1 s 时，测量误差达 100%。

（2）时基误差

影响频率测量误差的另一因素，是时基误差 $\Delta f_c/f_c$，它是由于时基晶振的实际频率和标称频率之间的误差造成的计数器测量误差。在前一节中已经介绍了产生这种误差的原因。

通常，对时基误差 $\Delta f_c/f_c$ 的要求是根据所要求的测频相对误差提出来的，例如，当测量方案的最小计数单位为 1 Hz 时，被测信号频率为 1 MHz，在主门时间为 1 s 时，测量相对误差为 $\pm 1 \times 10^{-6}$（只考虑±1 误差）。为了使时基误差不对测量结果产生影响，晶振的输出频率相对误差 $\Delta f_c/f_c$ 应优于 $\pm 1 \times 10^{-7}$，即比±1 误差引起的测频误差小一个数量级。

另外，在测频时，被测信号首先通过触发器转换成脉冲，在计数器中，一般采用施密特电路作为触发器。众所周知，施密特电路具有滞后特性，由于其滞后带来的触发电平范围称为触发窗。由于电路一般都会有噪声干扰，如果被测信号受噪声干扰，信号波形上会叠加上干扰信号，当峰-峰值很大时将会产生额外的触发，从而使计数器产生额外计数。这种误差称为触发误差。为了消除噪声引起的触发误差，可以通过 AGC 将信号通道的增益减小，这样使得叠加在信号上的噪声幅度同时减小，不发生额外触发。

综上所述，可得如下结论。

①计数器直接测频误差主要有两项，即±1 误差和时基误差，总误差采用分项误差绝对值合成。对于上面讲到的触发误差，可以将其纳入系统误差的范畴，在随机误差的分析中不考虑在内。

$$\frac{\Delta F_x}{F_x} = \pm \left(\frac{1}{T f_x} + \left| \frac{\Delta f_c}{f_c} \right| \right) \tag{3-3-8}$$

②测量低频信号时不宜采用直接测频方法。为了提高低频测量的准确度，通常把电

子计数器的测频功能转换为测周功能，并利用其倒数来确定频率。这样可以得到很高的准确度。

③通过相应措施可避免触发误差。现代计数器中都备有自动增益控制电路，用来调节加到触发器的信号电压，避免额外触发，同时通过正确选择触发窗相对于被测信号的位置，从而确保测量准确度。

2. 测周误差分析

与分析电子计数器测频时的误差类似。根据式（3-3-3），利用误差传递公式可得

$$\frac{\Delta T_x}{T_x} = \frac{\Delta N}{N} - \frac{\Delta f_c}{f_c} \qquad (3-3-9)$$

根据图 3-3-2 测周原理可得

$$N = \frac{T_x}{T_s} = \frac{T_x}{kT_c} = \frac{T_x f_c}{k}$$

式中，k 为分频系数。与测频类似，式（3-3-9）中的第一项是量化误差，且最大量化误差 $\Delta N = \pm 1$，也可称为 ± 1 误差；第二项为时基误差。采用绝对值合成，可得

$$\frac{\Delta T_x}{T_x} = \pm \left(\frac{k}{T_x f_c} + \left| \frac{\Delta f_c}{f_c} \right| \right) \qquad (3-3-10)$$

从式（3-3-10）可见，测周时的误差表达式与测频时的误差表达式相似，很明显 T_x 越大，即频率越低，± 1 误差对测周精确度的影响越小。

尽管从上述分析来看，计数器测频与测周的误差表达式相似，但从计数器的技术对象来说，则完全不同。测量频率时，计数器是对被测信号进行计数的，而标准时基是由内部原始基准——晶振产生，由它来控制主门开闭，在进行电路设计时，通常必须将其误差控制在可忽略的范围内（例如，在技术上选用高准确度和高稳定度的晶振，采用防干扰措施及稳定触发器的触发电平等）。在测量周期时，计数器是对内部时基信号进行计数，打开主门的门控信号则由被测信号控制，被测信号中叠加的噪声会直接导致输入信号过早或者过晚通过迟滞窗的边界，从而导致主门在不正确的时间间隔内开启，这就导致了周期测量的随机定时误差，这种误差称为触发误差或者转换误差。

下面对触发误差对周期测量的影响进行简单的分析。当无噪声干扰时，主门开启时间刚好等于一个被测周期。当被测信号受到干扰时，由于噪声干扰的存在，使施密特电路原在 A_1 点的触发，提前在 A_1' 点触发，如图 3-3-12 所示。可利用下面的公式来计算正弦波的触发误差。

从图 3-3-13 可得触发点的变化率为

$$\gamma = \tan\alpha = \frac{\mathrm{d}V_x}{\mathrm{d}t} \Big|_{V_x = V_B} \qquad (3-3-11)$$

则

$$\Delta T_1 = \frac{V_n}{\tan\alpha} \qquad (3-3-12)$$

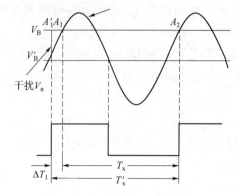

图 3-3-12　正弦信号触发误差的产生情况

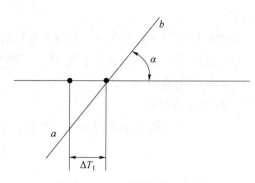

图 3-3-13　触发误差的计算

对变化率求偏导，得到

$$\gamma = \frac{dV_x}{dt}\bigg|_{V_x = V_B} = \omega_x V_m \cos\omega_x t_B$$

$$= \frac{2\pi}{T_x} \cdot V_m \sqrt{1 - \sin^2\omega_x t_B} = \frac{2\pi}{T_x} \cdot V_m \sqrt{1 - \left(\frac{V_B}{V_m}\right)^2} \tag{3-3-13}$$

将式（3-3-13）代入式（3-3-12），实际一般电路采用过零触发，即 $V_B = 0$，可得

$$\Delta T_1 = \frac{T_x}{2\pi} \times \frac{V_n}{V_m} \tag{3-3-14}$$

同样，在正弦信号下一个上升沿上也可能存在干扰，即也可能产生触发误差 ΔT_2 为

$$\Delta T_2 = \frac{T_x}{2\pi} \times \frac{V_n}{V_m} \tag{3-3-15}$$

由于干扰和噪声都是随机的，所以 ΔT_1 和 ΔT_2 都属于随机误差，可按随机误差来合成

$$\Delta T_n = \sqrt{(\Delta T_1)^2 + (\Delta T_2)^2}$$

所以得

$$\frac{\Delta T_n}{T_x} = \frac{\sqrt{(\Delta T_1)^2 + (\Delta T_2)^2}}{T_x} = \pm\frac{1}{\sqrt{2}\,\pi} \times \frac{V_n}{V_m} \tag{3-3-16}$$

由于触发误差仅在主门开启与关闭时间对测量产生影响，因此，利用多周期测量可以减少触发误差。

如图 3-3-14 所示，图中假设采用 10 个周期进行测量。由于相邻两周期的触发误差是相互抵消的，只有第 1 个周期开始产生的 ΔT_1 和第 10 个周期结束产生的 ΔT_2 才产生测周误差，即 $\Delta T_n = \sqrt{(\Delta T_1)^2 + (\Delta T_2)^2}$，这个误差和测 1 个周期产生的误差一样，再除以 10，则误差减少到 $\Delta T_n/10$。此外，由于周期倍乘，计数器计得的数也增加了 10 倍，这样，由 ± 1 误差所带来的测周误差也可减小为原来的 $\frac{1}{10}$。

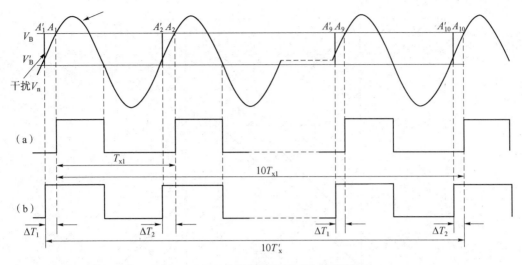

图 3-3-14　多周期测量可减小触发误差

如图 3-3-3 所示，实现多周期测量时，可在门控通道的输入调节电路之后接入一个分频器，分频系数由"周期倍乘"选择开关控制，由分频器输出门控信号。若将周期倍乘置于×10 步位，仪器在改变周期倍乘步位的同时，相应地将读数向左移动一位小数点，即完成一次除 10 运算，计数器可直接显示 T_x 值。

综上所述，可得出如下结论。

①采用多周期测量法测周的误差主要有三项：量化误差、触发误差和时基误差。对于正弦信号，其误差合成可按下式计算

$$\frac{\Delta T_x}{T_x} = \pm\left(\frac{k}{10^n T_x f_c} + \frac{1}{\sqrt{2}\times 10^n \pi}\times\frac{V_n}{V_m} + \left|\frac{\Delta f_c}{f_c}\right|\right) \qquad (3\text{-}3\text{-}17)$$

式中，10^n 为多周期测量选择的周期个数。

②在一定时间限制条件，采用多周期测量可提高测量准确度，但测量速率下降。

③测量过程中，提高信噪比可提高测量准确度。

3. 测频与测周误差的综合分析

根据以上讨论可知，采用测频方式进行测量，当被测信号的频率很低时，由±1 误差而引起的测量误差将大到不能接受的程度；测周方式则不同，通过多周期测量可以大大降低测量误差。因此为提高低频测量准确度，通常将电子计数器转为测周期功能，然后再利用频率与周期互为倒数的关系来换算；同样，在测量周期时，被测周期很小时也会产生同样的问题，也存在同样的解决方法。那么，究竟是应该采用测频还是测周模式，这就需要引入一个中界频率的概念。如图 3-3-15 所示，测频和测周两条量化误差曲线交点所对应的被测信号频率称中界频率 f_{xm}。在中界频率处，测频和测周所引起的量化误差相等。当 $f_x > f_{xm}$ 适宜采用测频模式，当 $f_x < f_{xm}$ 适宜采用测周模式。中界频率与测频时所取的闸门时间及测周时所取的时标有关，例如测频时取闸门时间为 1 s，测周时取时标为 10 ns、周期倍乘为 1 时的中界频率 $f_{xm} = 10$ kHz，从图 3-3-15 中可看到，此时两种模式所引起的量化误差均为 10^{-4}。

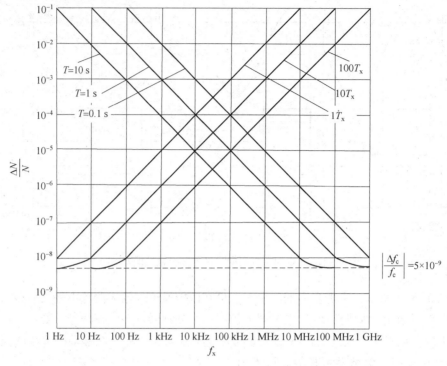

图 3-3-15　测频、测周量化误差曲线

4. 时间间隔测量的误差分析

测量时间间隔的误差分析和测量周期相似，由量化误差、触发误差和时基误差组成。由于时间间隔测量的两路触发信号来源不同，输入调节电路也不同，因此两个触发点对于主门开启与关闭造成的触发误差也会有所不同。

时间间隔的误差表达式为

$$\frac{\Delta T_x}{T_x} = \pm\left(\frac{1}{T_x f_c} + \frac{\sqrt{x_1^2 + e_{n1}^2}}{T_x \gamma_1} + \frac{\sqrt{x_2^2 + e_{n2}^2}}{T_x \gamma_2} + \left|\frac{\Delta f_c}{f_c}\right|\right) \qquad (3\text{-}3\text{-}18)$$

在这个公式中，触发误差的表示方式与式（3-3-17）不同，这是由于式（3-3-17）仅适用于正弦信号，式（3-3-18）则考虑了任意形状的输入信号。图 3-3-16 表示一个任意形状信号产生的触发误差情况。

在 B 点存在一个干扰，由于干扰的存在，使原在 A 点触发的施密特电路，提前在 B 点触发。由此造成了主门开启时间的误差，该触发误差与 B 点信号的幅度变化率有关。用公式描述为

$$\Delta T_n = \frac{\sqrt{x^2 + e_n^2}}{\gamma} \qquad (3\text{-}3\text{-}19)$$

式中，x 为计数器输入通道产生的内部噪声有效值；e_n 是落在计数器频带内的外部噪声有效值；γ 为触发点的信号幅度变化率。

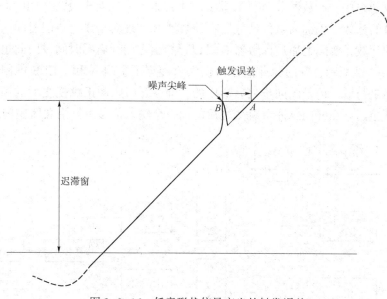

图 3-3-16　任意形状信号产生的触发误差

　　除了式（3-3-18）的三类误差之外，时间间隔测量的误差来源还有系统误差，例如：主门"开始"通道和"停止"通道放大器的上升时间和传输延迟差异会造成内部系统性误差，探头或者电缆长度的不匹配则会导致外部的系统性误差。此外，触发电平的定时误差是另一种系统性误差，实际触发点的不确定性是引起这种误差的原因。触发点的不确定性不是由噪声引起的，而是由于迟滞和漂移引起的触发电平读数偏移引起的。系统误差是一种固定的误差，在每次测量中都存在。系统误差通常很小，但是在短时间延迟或脉冲宽度的绝对测量中影响却很大。既然误差是固定的，它就会降低测量准确度，不过却不影响分辨力。高性能的时间间隔计数器的系统误差通常比较小，例如 HP 5345A 的时间间隔测量系统误差为 0.7 ns，且这个误差可以通过校准措施来减小或者消除。

　　总的来说，时间间隔测量准确度可以通过几个方式来改进。测量误差的前两个来源，即±1 误差和触发误差呈随机特性，可以通过求大量测量数据的平均值来减小其影响，也可以通过提高信噪比以减小触发误差。而时基误差和系统误差无法通过时间间隔平均改变。时基误差的值可以通过使用高质量的时基振荡器减小。系统误差可通过测量设置的校准和开始/停止通道的失配的消除来减小。

3.4　提高测量准确度的方法

3.4.1　倒数计数器

1. 倒数计数器的原理

　　倒数计数器是一种低频及频率和周期测量的新方法。如图 3-4-1 所示，倒数计数器主要由两个计数器组成：计数器 A 和计数器 B。计数器 A 实现对于设定主门时间内待测信号周期出现次数的计数，也称为事件计数器；计数器 B 实现对于设定主门时间内时基信号周期出现次数的计数，实际上通过计数器 B 可以计算出主门开启的时间，因此也称为时间计数器。如图 3-4-2 所示，开门脉冲信号仅仅大致确定了主门 A 和主门 B 的闸门时间，真实的闸门时间是与输入信号的同步之后形成的，即在开门脉冲正跳变之后的第一个输入信号上升沿打开主门，在开门脉冲负跳变之后的第一个输入信号上升沿关闭主门。

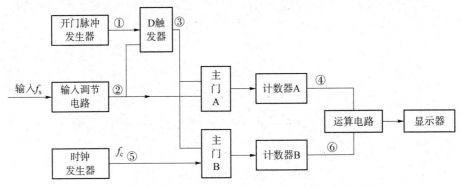

图 3-4-1　倒数计数器测频的原理框图

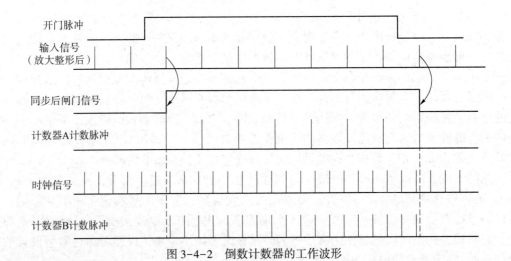

图 3-4-2　倒数计数器的工作波形

设 f_x 为输入信号频率，f_c 为时钟脉冲频率。在同一主门时间内，两个计数器 A、B 分别对 f_x 和 f_c 计数，计数器 B 相当于工作在测周模式，且计数器值 $N_A = f_x T$，$N_B = f_c T$。式中 T 是被测信号周期的整数倍，图 3-4-2 中的示例为 $7T_x$。运算电路进行除法运算，得到 $\dfrac{N_A}{N_B} = \dfrac{f_x}{f_c}$，因此，被测频率为

$$f_x = \frac{N_A}{N_B} f_c \tag{3-4-1}$$

由于主门信号与被测信号同步，N_A 没有 ±1 误差。N_B 虽然有 ±1 误差，但因时钟频率很高，±1 误差很小。更为重要的是：该误差与被测频率 f_x 无关，这与常规计数器的测频模式是截然不同的。当然，如果被测信号频率接近时钟频率，测量误差将大于常规计数器的测频模式。因此，有些智能化的计数器能够根据被测信号频率的大小，在多周期同步模式与常规测频模式之间自动转换，保证在整个测量范围内的高测量准确度。

在仅考虑量化误差的前提下，倒数计数器的测量分辨力主要由主门时间的测量分辨力决定。如采用 10 MHz 时基，分辨力为 100 μs，若用 1 s 的主门，测量 60 Hz 的输入信号，分辨力为 0.000 006 Hz；若信号频率为 600 Hz，分辨力则为 0.000 060 Hz，但仪器所能显示的有效频率位数都是 7 位。从这个角度看，可以用位数来表示测频分辨力。而且对于确定的主门和时基，倒数计数器的测频分辨力位数是一个常数，提高分辨力的方法之一是采用更高频率的时基，如 100 MHz。实际的倒数计数器的时基可达 500 MHz，如主门时间为 1 s，则可获得 2 ns 或者近 9 位的分辨力。此外，分辨力位数与主门时间成正比，如果 1 s 的主门能提供 9 位的分辨力，那么 0.1 s 的主门将提供 8 位的分辨力。

在式（3-4-1）中，如果 N_A 取值为 1，被测频率实际上就是对时间计数器测得的周期值取倒数运算得到的，由于该计数器具有实现倒数运算的功能，因此也被称为倒数计数器。

2. 倒数计数器及其扩展应用

对于倒数计数器来说，如果增加主门开启的时间，使得 N_A 取值大于 1，采用倒数计数器测得的频率实际上是 N_A 个周期内的平均频率。

倒数计数器除了具有量化误差独立于被测频率的优点之外，还具备通过预触发实时控制主门的优点。在计数器直接测频模式下，主门是由来自时基振荡器的信号控制的，操作者无法控制主门的开关。使用倒数计数器测频，则可以实现外部预触发。如果从被测输入信号中提取预触发信号，并用此信号来控制图 3-4-1 中的开门脉冲发生器，就可以实现与被测输入信号同步的预触发功能。预触发可以极大地简化一些复杂的测量问题。如图 3-4-3 所示，测量射频脉冲信号时，往往不清楚脉冲信号何时出现。通过将被测信号与预设的触发电平进行比较，产生预触发信号，该信号启动开门脉冲发生器产生主门开关控制信号，这就实现了与被测信号同步的自动触发和测试功能。

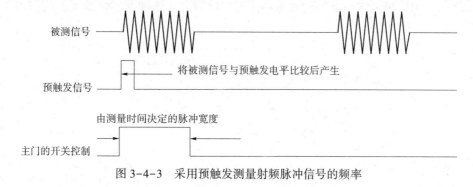

图 3-4-3　采用预触发测量射频脉冲信号的频率

总之，倒数计数器的优点是它充分利用了计数器在整个频率范围中的分辨能力。另外，倒数计数器的实时测量能力也为射频脉冲系统频率特性的测量提供了条件。随着微处理器和大规模集成电路技术的发展，倒数计数器的实现成本也大幅降低，高性能且低价位的倒数计数器在现代电子计数器中得到了广泛应用。

3.4.2　平均测量技术

在常规电子计数器中，无论是测频、测周还是测时间间隔，单次测量时，量化误差绝对值为±1个量化单位。如果测量读数为 N，由于闸门开启和被测信号脉冲时间关系的随机性，量化相对误差在 $-\dfrac{1}{N} \sim +\dfrac{1}{N}$ 范围内出现的数值将呈现出随机性。如果取多次测量结果的平均值作为最终的测量结果，量化误差必然随着测量次数的无限增多而趋于零。在周期测量和时间间隔测量中，触发误差也具备同样的特性。假定噪声信号是平稳随机的，当进行多次测量时，由噪声信号引起的触发误差均值也必然随着测量次数的无限增多而趋于零。

考虑到实际测量的困难性，不可能测量无限次，通常采用有限次测量取平均的方法。根据随机误差的合成定律，有限次平均条件下测周量化误差的合成结果为

$$\frac{\Delta T_\mathrm{x}}{T_\mathrm{x}} = \pm \frac{\sqrt{\sum\limits_{i=1}^{n}\left(\dfrac{1}{N_i}\right)^2}}{n} \tag{3-4-2}$$

对于±1误差，$N_1 = N_2 = \cdots = N$，因此

$$\frac{\Delta T_\mathrm{x}}{T_\mathrm{x}} = \pm \frac{1}{\sqrt{n}} \cdot \frac{1}{N} \tag{3-4-3}$$

可见有限次平均测量的量化误差为单次误差的 $1/\sqrt{n}$。测量次数越大，其相对误差平均值越小，测量精确度越高。这个结论对于触发误差也是成立的，即有限次平均测量的触发误差为单次测量误差的 $1/\sqrt{n}$。

要通过平均测量降低测量误差，前提是必须保证闸门开启时刻和被测信号脉冲之间具有真正的随机性。图3-4-4是一个实用测量方案，图中用齐纳二极管产生的噪声对时基脉冲进行随机相位调制，使时基脉冲具有随机的相位抖动。这种技术保证了平均测量结果是一种真正意义上的均值。

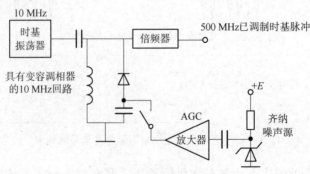

图 3-4-4　平均测量技术

平均测量方法也要求待测信号必须是周期重复的，且测量次数越多也会导致测量时间增加，因此这种方法仅在某些条件下适用。

3.4.3 模拟内插法

模拟内插法是一种提高时间间隔测量准确度和分辨力的方法。这种方法通过模拟内插器对小于量化单位的时间零头进行扩展，然后对扩展后的时间再次进行时钟计数，从而大大减小了±1 计数误差。

如图 3-4-5 所示，模拟内插法在测量被测时间间隔 T_x 时，实际上需要完成 3 次单独的测量，包括对于时间间隔 T、ΔT_1 和 ΔT_2 的测量。T 是指起始脉冲之后的第 1 个时基脉冲与终止脉冲之后的第 1 个时基脉冲之间的时间间隔；ΔT_1 是指起始脉冲与其后面的第 1 个时基脉冲之间的时间间隔；ΔT_2 是指终止脉冲与其后面的第 1 个时基脉冲之间的时间间隔。被测时间间隔可以由这 3 个时间间隔来确定，即 $T_x = T + \Delta T_1 - \Delta T_2$。

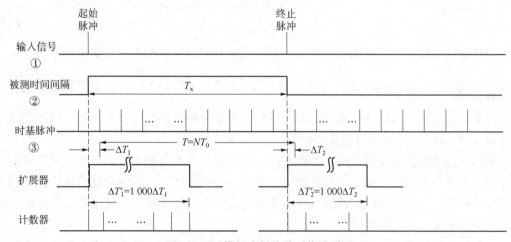

图 3-4-5 模拟内插法的工作波形图

时间 T 的测量方法和通用电子计数器测量时间间隔的方式一样，时基脉冲的周期为 T_0 时，时间间隔 T 等于 NT_0，这里不存在量化误差。测量 ΔT_1 和 ΔT_2 的一般方法是：先用两个时间扩展器将它们扩展 1 000 倍，在扩展后的时间间隔内，对基本的时基（如10 MHz）信号进行常规计数，最后将测得的时间除以 1 000 就是实际的 ΔT_1 和 ΔT_2。

如图 3-4-6 所示，用时间扩展器测量 ΔT_1 时，在 ΔT_1 内，用 1 个恒流源将 1 个电容器充电，然后以充电时间的 999 倍的时间放电至电容器原电平。内插扩展器控制门由起始脉冲开启，在电容 C 恢复至原电平时关闭。扩展器控制的开门时间为 ΔT_1 的 1 000 倍，即

$$\Delta T_1' = \Delta T_1 + 999\Delta T_1 = 1\,000\Delta T_1$$

在 $\Delta T_1'$ 内计得时钟脉冲数为 N_1，得到 $\Delta T_1' = N_1 T_0$，所以

$$\Delta T_1 = \frac{N_1 T_0}{1\,000}$$

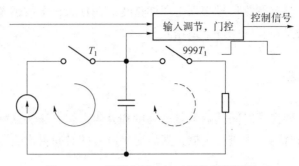

图 3-4-6　模拟内插法的时间扩展器原理

同样的终止内插器将实际测量时间 ΔT_2 扩展 1 000 倍，这时 $\Delta T'_2 = N_2 T_0$，

$$\Delta T_2 = \frac{N_2 T_0}{1\ 000}$$

由图 3-4-5 可见，N_0、T_0 和被测时间间隔的区别在于多计了 ΔT_2 和少计了 ΔT_1，所以

$$T_x = \left(N + \frac{N_1 - N_2}{1\ 000} \right) \cdot T_0 \tag{3-4-4}$$

用模拟内插技术，虽然测 ΔT_1 和 ΔT_2 时 ±1 误差依然存在，但其相对大小可缩小为原来的 $\frac{1}{1\ 000}$，使计数器的分辨力提高了 3 个数量级。例如，$T_0 = 100$ ns 时，常规计数器的测量分辨力不会超过这个数量级；采用模拟内插后，测量分辨力将提高到 0.1 ns，这相当于常规计数器用 10 GHz 时钟时的测量分辨力。

模拟内插法的优点是理论测量准确度高，但是这一技术是基于模拟方法实现的时间扩展技术。如果扩展时间较长，电容充放电的非线性误差将增大，这将限制模拟内插法测量准确度的提高。由于采用模拟电路，也非常容易受到噪声的干扰；当要求连续测量时，电路反应速度也是一个大问题。

与平均测量法相比，模拟内插法避免了通过多次测量平均来满足分辨力和准确度的要求，这意味着内插技术可以缩短测量时间。更重要的是：对于某些单次出现的瞬态信号，希望用平均法提高分辨力是不可能的。在这种情况下，使用模拟内插法计数器尤为重要。

3.4.4　游标法

游标法计数器在减小时间间隔测量的量化误差原理方面，与游标卡尺提高长度测量准确度的原理相似。图 3-4-7 是游标法计数器的原理框图，图 3-4-8 是游标法计数器的工作波形图。

如图 3-4-7 所示，设 T_0 是时基脉冲周期，实际被测时间间隔应为 T_x。为了实现准确测量 T_x 的目的，游标法计数器中设置了两个游标振荡器。游标振荡器能够由外部脉冲触发的锁相振荡器来实现，且输出脉冲的周期取值比时基信号稍大，为 $T_1 = T_0(1 + 1/N_d)$，其中 N_d 为游标内插系数。

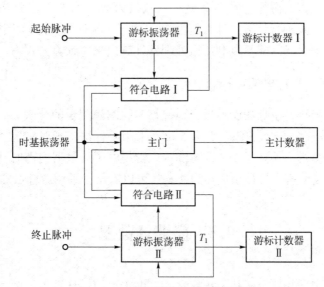

图 3-4-7 游标法计数器的原理框图

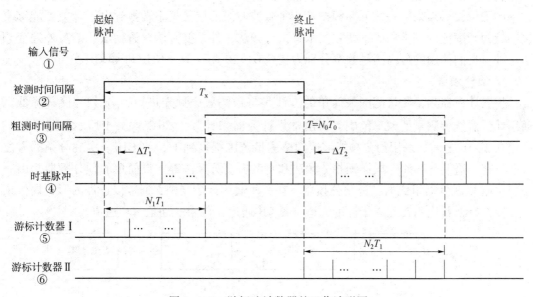

图 3-4-8 游标法计数器的工作波形图

当待测输入信号的起始脉冲出现后，起始脉冲打开主门并且使游标振荡器 I 开始工作，游标计数器 I 对游标振荡器 I 输出的脉冲信号进行计数。由于游标振荡器 I 输出脉冲的频率比时基信号稍低，从游标计数器 I 计数开始算起，需要经过 N_1 个游标脉冲后，游标振荡器 I 输出的游标脉冲能够恰好与时基脉冲相重合，此时符合电路 I 产生一个符合信号，使游标振荡器 I 停振，游标计数器 I 停止计数，显示计数值为 N_1。当待测输入信号的终止脉冲出现后，终止脉冲使游标振荡器 II 开始工作，游标计数器 II 开始计数，同样，当游标计数器计得 N_2 个数时，游标脉冲与时基脉冲重合，符合电路 II 产生一个符合信号使游标振荡器 II 停止工作，游标计数器 II 显示计数值为 N_2。此外，主计数器对两次符合信号之间的时基脉冲个数进行计数，计数值为 N_0。由于 3 次计数都是同步进行的，不存在量化误差。最终的待测时间间隔可以利用微处理器计算出来，计算公式为

$$T_x = N_1 T_1 + (N_0 T_0 - N_2 T_1) = T_0 \cdot \left[N_0 + \left(\frac{1+N_d}{N_d} \right) \cdot (N_1 - N_2) \right] \qquad (3-4-5)$$

与常规计数器相比，游标法能够极大地提高时间间隔测量的分辨力。例如，某型号电子计数器时基信号频率为 200 MHz，T_0 为 5 ns。采用游标法实现时，选择 N_d 为 256，因此其时间间隔测量的分辨力达到了 $T_0/N_d \approx 20$ ps。常规电子计数器内部时基频率的极限值通常为 500 MHz，测量分辨力的最小值仅为 2 ns。可以看出，采用游标法的优势十分明显。

3.5 微波计数器

测量频率是电子计数器主要技术指标之一。由于主门、计数器、触发器等逻辑电路的工作频率限制，目前通用电子计数器能直接测量的频率在 500 MHz 左右。如果要实现更高频率的测量，必须采取一些下变频技术，将微波波段的信号频率转换到电子计数器能够直接测量的频率范围。常用的下变频技术有预分频法、外差变频法、置换法、谐波外差变频法 4 种，它们使用的最高测量频率分别为 3 GHz、20 GHz、23 GHz 和 40 GHz。

1. 预分频法

扩展计数器频率测量范围最简单的方法是将被测频率预先进行 N_p 分频，使其降低至通用计数器能够测量的频率范围，再由常规计数器来计数，如图 3-5-1 所示。通常，N_p 的值在 2~16 之间。采用预分频能够使频率测量范围提高到 1.5~3 GHz。实现分频的方法很多，有二进制分频法、取样锁相分频法和自激振荡分频法等。最简单的预分频器是由一系列快速 D 触发器组成的二进制分频器。在一些通用计数器中，通常以选件的形式提供预分频器，且通常应用在独立于标准通道（A、B 通道）的第 3 通道（C 通道）。

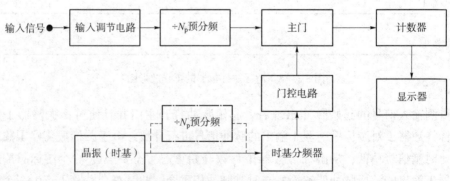

图 3-5-1 预分频法的原理框图

在常规计数器中使用预分频时，将计数器测量结果乘以 N_p，或者将主门开启时间增大 N_p 倍，就可以得到所测的频率值。但预分频也会导致测量分辨力的下降，或者是测量

时间的延长。

当预分频用到倒数计数器中时，测量分辨力不受影响，因为倒数计数器的分辨力仅取决于闸门时间的测量分辨力。因此，一个在1 s时间内显示9位数字的倒数计数器，加入预分频后1 s内显示的有效数字依然是9位，但最低有效位就可能是1 Hz而不是0.1 Hz了。

2. 外差变频法

外差变频法是通过外差法将被测微波信号转换成频率较低的中频信号，然后由常规计数器进行频率测量的方法。

外差变频法的基本原理框图如图3-5-2所示。电子计数器产生的标准频率 f_r 经过谐波发生器产生高次谐波，由谐波滤波器选出所需的谐波分量 Kf_r，与被测信号进行混频，得到被测频率和 Kf_r 的差频 $f_1 = f_x - Kf_r$，这个差频是一个频率较低的中频信号，经过中频放大之后，能被计数电路直接计数。

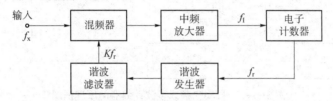

图 3-5-2 外差变频法的基本原理框图

外差变频法工作原理简单，能覆盖20 GHz或稍高的频率范围；测量结果中的 Kf_r 部分具有与时基信号同样的准确度，差频部分具有直接计数频率计的分辨力和精确度，因此测量准确性较高，且测量准确度主要由内部时基频率决定。外差变频法也有不足之处，由于受谐波选择器的腔体调谐范围的限制，要实现宽带工作时，必须采用多个腔体；由于在混频器输入端的高次谐波信号幅度较低，因此计数器的灵敏度较低，一般只能到100 mV左右；另外由于每次测量都需要调谐和判断，使用比较烦琐，测量速度较慢。

采用自动变频可以提高外差变频法的测量速度、降低测量操作的复杂性。自动变频式微波计数器的原理如图3-5-3所示。图中虚线框内的部分实现自动变频功能，虚线框外新增了微处理器来实现测量控制和测量计算等功能。计数器的高稳定度晶振产生的时基信号首先由倍频器倍频为100~500 MHz，该频率命名为 f_r。f_r 作为谐波发生器的输入。谐波发生器采用阶跃恢复二极管，以产生覆盖计数器整个频率范围的各次谐波，即 Kf_r。谐波选择器采用YIG电调谐滤波器，其谐振频率可在很宽范围实现可调。微处理器通过滤波器控制单元控制YIG的外加磁场，使YIG的谐振频率由低到高步进式地改变，从而可逐次地选出参考频率的各次谐波。当 K 次谐波 Kf_r 与待测频率 f_x 的差频落在视频放大器的带宽范围内时，差频信号 $f_1 = f_x - Kf_r$ 经放大、检波后输出一个直流电压，微处理器记录此时的 K 值，使YIG固定地调谐在 K 次谐波上。此时，频率选择过程结束，计数器开始对差频信号 f_1 计数，然后根据当前的 K 值计算并显示出被测频率的值，即 $f_x = f_1 + Kf_r$。

例如，某被测频率 $f_x = 6\ 980.034\ 752$ MHz，设参考频率 $f_r = 100$ MHz，故选择69次谐波（ $K = 69$），混频之后得到差频80.034 752 MHz，它由电子计数器直接测出。最终显示数字

$$f_x = Nf_s + f_1 = 6\ 980 + 80.034\ 752 = 6\ 980.034\ 752\ (\text{MHz})$$

其中，数字 69 是直接预置到显示器，80.034 752 是计数得到的数字。

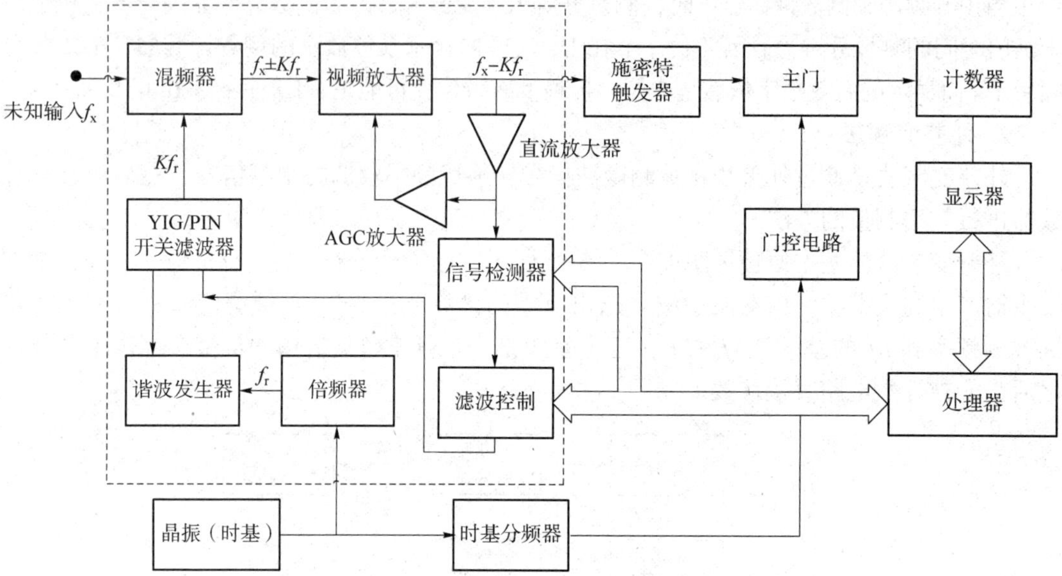

图 3-5-3　自动变频式微波计数器的原理框图

　　YIG 电调谐滤波器是自动变频式微波频率计数器的关键器件，它可以逐次选出参考频率的各次谐波，起到预选器的功能。YIG 必须扫描整个频率范围，直到发现信号，并且还要花时间进行调谐，这个过程通常比直接混频要慢（约 250 ms）。此外，受滤波的带通特性限制，YIG 也有自己的调频容限。图 3-5-3 中还包括自动增益控制电路，其目的是抑制进入视频滤波器和施密特触发器的噪声。

3. 置换法

　　置换法是利用一个频率较低的压控振荡器产生的 N 次谐波，与被测频率 f_x 进行分频式锁相（锁相环的原理详见第 5 章），从而把被测微波频率转换到较低的频率 f_L（通常为 100 MHz以下）。置换法的简化方框图如图 3-5-4 所示。

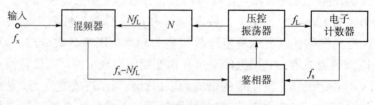

图 3-5-4　置换法的简化方框图

　　当锁相环锁定时，被测频率为

$$f_x = Nf_L + f_s \tag{3-5-1}$$

式中，f_L 为压控振荡器（即置换振荡器）的频率；f_s 为计数器的标准频率。

　　一种基于置换法的微波计数器的原理框图如图 3-5-5 所示。图中使用了取样器。取样器是一种非线性的射频器件，它的输出是被取样信号频率 f_x 与取样脉冲频率 f_L 的 N 次谐波之差，即 $f_1=f_x-Nf_L$。

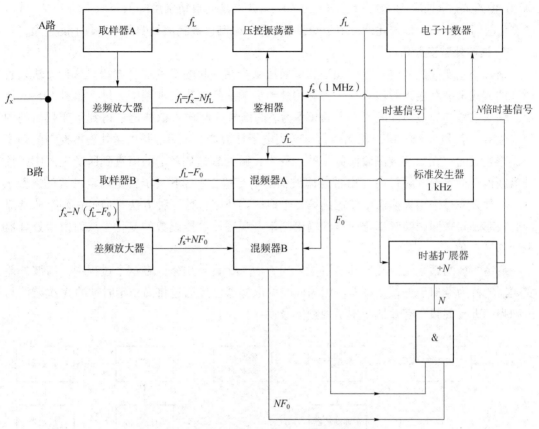

图 3-5-5　置换法微波计数器的原理框图

　　待测微波信号通过功率分配器分成 A、B 两路进入取样器。A 路为主通道，被测频率与压控的压控振荡器的频率 f_L 进入取样器 A，得到差频 $f_1=f_x-Nf_L$。当 f_1 落在差频放大器的通频带内时，它将通过放大器并在鉴相器中与标准频率进行比较。鉴相器的输出电压去控制压控振荡器，使它停止扫频，并由锁相环路保证与 f_x 锁定。当环路锁定时，则得到式（3-5-1）所示的频率关系式。f_L 可由计数器直接计数，故只要确定谐波次数 N，就可知被测频率 f_x。

　　为了确定谐波次数 N，附加了 B 路（辅助通道）。在混频器 A 中，标准频率发生器产生的标频信号（1 kHz）F_0 与 f_L 进行混频，取出差频分量 f_L-F_0；被测频率与差频（f_L-F_0）进入取样器 B，得到输出频率为

$$f_x-N(f_L-F_0)=f_x-N\left[(f_x-f_s)/N-F_0\right]=f_s+NF_0 \tag{3-5-2}$$

　　在混频器 B 中，差频放大器输出的 f_s+NF_0 与标准频率（1 MHz）混频，其差频输出为 NF_0。将 NF_0 与 F_0 加至与门比较，则可确定出谐波次数 N。为了做到直接读数，把电子计数器输出的时基信号相应扩展 N 倍，因而闸门时间扩大 N 倍，并在计数器中预置进 f_s（1 MHz）的初始值，则计数器显示的读数为 Nf_L+f_s。

由于置换法应用了锁相电路，其环路增益高，因此整机灵敏度高，一般要比外差变频式高 20 dB 左右，测量频率范围可达 20~25 GHz。缺点是读数精确度降低至原来的 $1/N$，或者说测量时间拉长了 N 倍。此外，由于受锁相环路的限制，被测信号的调频系数不能过大。

4. 谐波外差变频法

谐波外差变频法是将外差变频法和置换法结合在一起的一种混合方法。这种方法以置换法的方式来捕获输入微波频率，再利用外差变频法的方式实现频率测量。如图 3-5-6 所示，输入信号 f_x 与频率合成器产生的频率为 f_s 的信号一起输入取样器，得到下变频后的中频（视频）信号 $f_1 = Kf_s - f_x$，然后信号被送到电子计数器。频率 f_s 是由微处理器控制的频率合成器生成的。在捕获被测微波频率的过程中，微处理器调整 f_s 的值直到所产生的中频信号落在信号检测器的频带内（由带通滤波器的通带确定）。下一步就是确定谐波的次数 K 值。一种方法是采用置换法中使用的第二个取样器环路；另一种方法是通过在两个非常靠近的频率之间来回调整频率合成器的输出频率，观测计数器读数的变化，从而由微处理器来计算出 K 值。

最终的被测频率值由微处理器根据公式 $f_x = f_1 + Kf_s$ 计算出来。在这个过程中，谐波外差变频器的行为类似于外差变频器。因为此时的取样器已经通过将高稳定时钟的 N 次谐波与被测频率进行混频，有效地产生了视频信号。

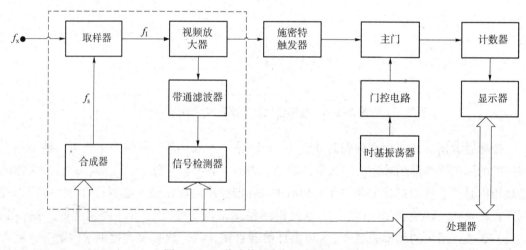

图 3-5-6　谐波外差变频法的原理框图

谐波外差变频器可以只使用一个微波器件（取样器），其他控制、处理和计算都由微处理器来实现，因此它要比前两种方法的成本低。

3.6　调制域分析

1. 调制域

我们在进行传统的信号分析时，多是在时域和频域进行的。时域反映的是信号幅度 V

随时间 T 变化的关系，示波器是时域分析的典型仪器；频域反映的是幅度 V（或相位）和频率 F 之间的关系，频谱分析仪是频域分析的典型仪器。但需要指出的是频谱分析仪提供的是动态变化频率的平均化视图。调制域是信号分析的另一个域，它反映的是频率 F 和时间 T 之间的关系。时域、频域和调制域三者之间的关系如图 1-1-4 所示。

调制域测量能够反映出信号频率、时间间隔或相位随时间的变化情况，为人们提供了一个新的信号分析手段，在时域或频域不易观察到甚至根本无法观察到的现象，在调制域中却很容易看到。

2. 调制域分析仪

调制域分析仪是实现调制域测量的仪器。调制域分析仪可以在倒数计数器的基础上加以改进来实现，它与计数器的重要区别是能够在连续时间轴上显示频率的变化。

图 3-6-1（a）为调制域分析仪原理框图。与倒数计数器测频类似，调制域分析仪内部也设有时间计数器和事件计数器。与倒数计数器不同的是，这两个计数器都是零死区时间的计数器，这种计数器的工作是连续进行的，即使在数据处理和传输时也不会中断计数操作，相邻两次测量之间不存在时间盲区。这样，从测量开始，零死区事件计数器就连续记下从第一次取样开始已经产生的事件次数；与此同时，零死区时间计数器像秒表一样不停地记录从第一次取样开始所经历的时间。根据采样时间间隔预置的值，采样控制电路每隔一定时间间隔对两计数器中的数据进行采样存储，直到达到预定数目，最后对采集到的数据进行运算处理，给出测量结果。

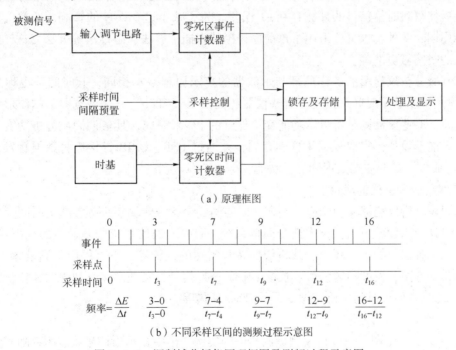

（a）原理框图

（b）不同采样区间的测频过程示意图

图 3-6-1　调制域分析仪原理框图及测频过程示意图

调制域分析仪可以通过输入调节电路的触发电平、触发极性选择电路来确定事件，例如用"信号上升沿穿过零电平"定义的事件，实际上就是过零信号每出现一次就是一个事件。由于调制域分析仪常测量复杂信号，操作者也可以通过预触发电路的设定，设置满足复杂条件的事件。

时间计数器直接输出的是对时标信号的计数值，将这些计数值乘以时标周期，就得到了时间刻度或时间戳。调制域分析仪对测量数据的采样存储过程实际上相当于给每个时间打上时间戳。

实际上，采样控制电路的作用是把时间轴划分为很多连续的小区间，在区间各端点记录下当时的事件值和时间值。采样的大体时间间隔可由操作者预置或由仪器的自动定标功能选择。但预置的区间端点不一定恰好有事件发生。为避免因此造成区间内事件发生次数不恰为整数的计数误差，实际采样点是选择在预置值附近有事件发生时的瞬间完成采样，分别把该瞬间的事件计数值 E 和时间计数值 t 锁存并存储。各小区间端点两次采样所得事件增量 ΔE 与时间增量 Δt 之比，即为这个小区间事件发生的平均频率，如图 3-6-1 （b）所示。由于这个小区间与测量过程总时间相比很小，可以把它当成时间轴上的一点。经过处理及显示电路，可以得到频率随时间连续变化的图形，这就是调制域分析仪最基本的显示图形。

上述电路也可以实现周期、时间间隔误差 TIE（time interval error）对时间连续变化的波形。此外，由于相位与频率间的依存关系，在图 3-6-1 （a）电路的基础上，还可得到相位随时间的变化曲线。

由上述讨论还可看出，由于调制域分析仪是在事件发生时采样，因而避免了事件计数中的计数误差。但是，由于时标信号的周期不可能无限小，采样点不一定与时标同时出现，这就使得对时标信号的计数存在 ±1 误差。为了减小这个误差的影响，通常采用较小的时标周期。此外，也可以采用本章前面讨论的内插扩展法、游标法等方法，这样能够使采样点的时间戳更准确。

调制域分析仪显示的工作原理与示波器的显示原理基本相同，其时间轴也称为"时基"，常用每格若干时间来刻度。有些仪器还提供用"窗口"方式展宽图形的波形细化细观察功能。有些仪器则是将显示功能交给外置的 PC 来完成，具备调制域分析功能的计数器仅作为前端设备，完成数据采样、存储，并通过 USB、GPIB 等接口将数据转发给 PC，由 PC 完成进一步的数据处理和显示功能。

3. 调制域分析仪的应用

调制域分析仪能够实现频率、周期、时间间隔误差、触发事件等参数随时间变化的分析功能，其应用领域包括：频率捷变通信系统、TDMA 通信系统中各通道的频率稳定性、跳频系统中各通道的频率衰落、分析线性调频雷达的性能等，也可以用于测量脉冲抖动、查看分布直方图、校准扫频信号、校准 FM 或 FSK 信号、发现同步时钟中的相位跳跃、测量 VCO 的频率稳定时间、检定振荡器的启动/预热等。

（1）调频信号的测量

图 3-6-2 为用调制域分析仪测量调频信号实例，图中显示出信号载波频率随时间变化情况，所显示的正弦波频率是调频速率，该正弦波幅度则是调频频偏。与数字示波器类似，调制域分析仪的显示中设有光标供用户灵活地测量。图例中选光标处于三个调制周期两端，时间测量结果为 1 ms。

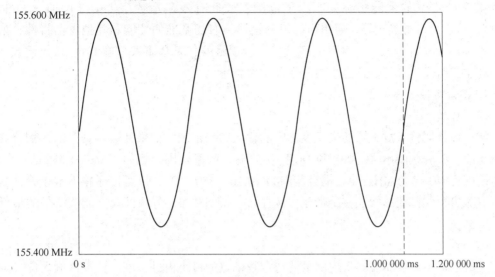

峰–峰值：165 kHz
中心频率：155.520 MHz
调制速率：3.00 kHz

图 3-6-2　调制域分析仪测量调频信号

（2）抖动分析

电子装置特别是数字系统中任何定时错误或不规则现象都可能使整个系统受影响，甚至是误动作。因此，对这些错误的来源进行跟踪分析，无论对于系统设计人员还是使用人员都十分重要。定时错误主要包括：信号抖动、漂移、不需要的调制及毛刺信号等。要确定定时错误的来源，必须了解信号频率随时间变化的关系。

一些调制域分析仪能以 100 ns 的取样速率收集高达 $2×10^{15}$ 次的测量数据，通过对测量得到的大量数据进行统计，给出统计直方图，由此可以分析数据变化的态势或分布，找出抖动产生的根源。

（3）频率稳定度的测量

在进行表征晶振短期频率稳定度的阿仑偏差测量时，要求两次相邻测量之间无间隙时间，调制域分析仪是最合适的测量仪器。通过选择"频率测量"，选择"间隔采样"触发方式，使采样时间间隔 τ，测量次数 $n=2m$，在被测频率源与调制域分析仪连接好后，仪器便能迅速显示出 m 组测试数据，并计算出阿仑偏差。

3.7　电子计数器的应用

3.7.1　电子计数器的技术指标

电子计数器的指标通常分为三个部分：输入特性指标、操作模式特性指标和通用指标。输入特性指标描述了计数器输入信号的情况，包括输入放大器、输入调节电路（如耦合方式的选择、触发电平的控制和阻抗选择）的特性。操作模式特性指标描述了计数器在各种操作模式下的性能指标，如测量范围、最低有效显示数字 LSD（Least Significant Digit）、分辨力、准确度等。通用指标部分描述了时间基准的性能和其他仪器特性，如辅助输入和输出（标记输出、触发电平指示灯、预触发、时基输入和输出）、自检模式、采样率和主门时间选择等。这里主要介绍前两类指标。

1. 输入特性

（1）带宽

指由计数器输入放大器的灵敏度确定的输入频率范围。如果计数器具有输入耦合方式选择功能，应分别给出 AC 耦合和 DC 耦合的输入频率范围。例如，Agilent 53230A 的 DC 耦合范围为 DC~350 MHz；AC 耦合范围为 10 Hz~350 MHz。带宽指标并不意味着计数器的所有测量模式都能够覆盖整个带宽，例如 Agilent 53230A 测频模式下能够测量的最低频率是 1 MHz。

（2）灵敏度

灵敏度是指计数器能够实现测量的特定频率点的最小信号幅度。计数器输入信号的最小峰-峰值必须分别达到施密特触发器的高、低迟滞电平，这样才能实现正确计数。因此，灵敏度实际反映了计数器输入通道施密特触发器迟滞带的大小，它会随着频率变化。例如，对于 HP 53230A，直流到 100 MHz 范围的灵敏度为 20 mV_p（峰值）；100 MHz 以上的灵敏度为 40 mV_p。

（3）信号输入范围

如果信号峰值超过了仪器的信号输入范围，可能导致错误的测量结果。例如，HP 53230A 信号输入范围的标称值为-5~5 V。

（4）触发电平

对于具备触发电平控制的计数器来说，触发电平的范围是可以调节的。触发电平通常是指迟滞带的中心电压。触发电平的调节通常是通过改变输入放大器的一个输入端的直流偏置电压来实现。例如，对于 HP 53230A，触发电平能够在±5 V 的范围内以 2.5 mV 的步长步进选择。

（5）损坏电平

在计数器不损坏的前提下，它能够承受的最大输入电平就是损坏电平。该值可能与计数器的衰减器、耦合方式或者阻抗选择有关。例如，对于 HP 53230A，输入阻抗为 50 Ω 时的损坏电平为 1 W；输入阻抗为 1 MΩ 时，直流到 5 kHz 范围内的损坏电平为 350 V_p，5~100 kHz 范围内的损坏电平从 350 V_p 线性下降到 10 V_p，100 kHz 以上时的损坏电平为 10 V_p。

2. 操作模式特性

（1）测量范围

测量范围是计数器能够测量和显示的输入最小值和最大值。根据测量模式的不同，又分为频率测量范围、周期测量范围、时间间隔测量范围等。例如，HP 53230A 的频率范围为 1~350 MHz；周期测量范围为 2.8 ns~1 000 s；时间间隔范围为 2 ns~100 000 s；占空比测量范围为 0. 000 1% ~ 99. 999 9%；相位测量范围为 -180. 000° ~ 360. 000°；累加计数范围为 0 ~ 10^{15} 个事件。

（2）LSD 示值

LSD 示值是指计数器显示出来的最右侧或者最低数字位表示的值。LSD 示值可能会随着主门时间和输入信号的特性发生变化。即使被测输入信号是十分稳定的，计数器的读数也可能由于量化误差发生 ±1 个读数的波动。LSD 示值通常与以绝对误差形式表示的量化误差值相同，因此通常以"±LSD 示值"来表示量化误差。

对于常规计数器，LSD 示值为主门时间的倒数，例如 1 s 的主门时间表示 LSD 示值为 1 Hz，与被测频率无关。对于倒数计数器，往往给出"digit/s"的技术指标。例如，HP 5315A/B 在被测频率小于 10 MHz 时采用了倒数计数方式，在所有主门时间范围内能够给出至少 7 digit/s 的显示，其含义是对于 1 s 的主门时间、10 kHz 的被测频率信号，计数器能够给出的 7digit 显示"10 000. 00 Hz"，LSD 示值最小为 0. 01 Hz。对于 1 kHz 的信号，计数器给出的显示为"1 000. 000"，LSD 示值最小变为 0. 001 Hz。

（3）分辨力

分辨力是指测量结果中可以观测到输入量的最小变化值。计数器的量化误差和触发误差、时基的短期稳定度都会对测量的分辨力产生影响，在一致的环境条件、输入条件及测量时间足够短（时基老化不显著的时间范围）的条件下，测量结果的最大随机误差决定了测试的分辨力。因此，计算计数器的分辨力时，可以根据式（3-3-8）、式（3-3-17）、式（3-3-18）分别计算出常规计数器测频、测周和时间间隔测量误差，只不过应将公式中的时基误差按照晶振的短期稳定度（阿伦偏差）来计算。

根据前面对于 LSD 示值的定义，通常情况下分辨力不能优于 LSD 示值，因为分辨力不仅受限于量化误差，还受到触发误差、时基短期稳定度的影响。

（4）准确度

准确度定义为在普遍认可的标准下测量值与真实值的接近程度。准确度通常由测量值与真值的偏差或者误差范围来表示。准确度越高偏差越小，准确度越低偏差越大。计数器的准确度由恒定偏差（系统误差）和分辨力（随机误差）两种因素决定，如图 3-7-1 所示。系统误差可以通过校准来减小或者消除。在多数测量模式下，时基的老化和温漂是系统误差的主要来源，可以通过定期校准来减小这部分误差，但不能完全消除；对于时间间隔测量，通道延迟误差和触发电平定时误差占系统误差的主要成分，可以通过校准来消除这部分误差。仪器分辨力带来的随机误差在前面已经介绍了。计数器的测量准确度应考虑系统误差和随机误差这两部分的合成。计数器的技术手册中通常不会直接给出准确度指标，而是给出与随机不确定度、系统不确定度及时基不确定度的相关技术指标，并给出基于这些不确定度的测量准确度计算公式，可以根据这些完成准确度计算。

（5）时间间隔测量的平均最小死区时间

时间间隔测量的平均最小死区时间是指上一个时间间隔测量的停止时间和目前时间间隔测量的开始时间之间的最小时间。有些计数器采用了零死区时间的计数器，该项指标为 0，如 HP 53230A。

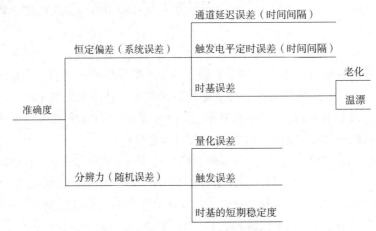

图 3-7-1 准确度的影响因素

除了上述指标，电子计数器还有其他一些通用指标。例如，HP 53230A 内部时基采用 TCXO，以 1 s 为间隔平均的阿仑偏差为 10^{-9}，1 年内的时基老化误差为 ±1 ppm；主门时间可以以 1 μs 的间隔在 1 μs~1 000 s 的范围内选择；在频率、周期、累积计数测量模式下可以达到 7 500 读数/s 的测量速度；建议预热时间为 45 min 等。

3.7.2 现代电子计数器的使用注意事项

在使用现代电子计数器进行各种测量时，首先应根据测量信号的频率、幅度、信噪比等特点选择符合测量要求的计数器，同时在具体的使用过程中，也应注意以下事项。

1. 理解计数器的测量方法

电子计数器分成两类：常规计数式和倒数计数式。常规计数式也称为直接计数式。理解这两种不同方法的影响将有助于选择最佳的计数器并正确地使用计数器。

常规计数器简单记录已知周期（选通时间）的信号循环次数。所得到的计数直接送至计数器的读出显示。这种方法既简单又便宜，但也意味着常规计数器测频的分辨力固定为 Hz。例如，对于 1 s 的选通时间，计数器能检测到的最低频率为 1 Hz。因此如果测量 10 Hz 信号，对 1 s 选通时间的预期最好分辨力为 1 Hz，或 2 digit 显示。对 1 kHz 信号和 1 s 选通，能得到 4 digit，依次类推。还应注意常规计数器的选通时间只能选为 1 s 的十倍数或十分数，这也限制了测量的灵活性。与之相反，倒数计数器测量输入信号的周期，然后将周期取倒数得到频率。对于给定的选通时间，所得到的分辨力为显示位数（而非 Hz）。也就是说倒数计数器永远显示同样的分辨力位数，而与输入频率无关。注意对于特定的选通时间，能够得到按位数规定的倒数计数器分辨力，如 10 digit/s。

在较低频率时，倒数计数器有明显的优势。例如对于 1 kHz，常规计数器给出 1 Hz 的分辨力（4 digit）。而 10 digit/s 的倒数计数器给出 1 μHz（10 digit）的分辨力。倒数计数器也提供连续可调的选通时间（不只是十进制步进），因此能以最少的时间得到所需要的分辨力。对于快速和高分辨力测量，倒数计数器是最佳选择。

通过查看频率分辨力指标，就能知道是常规计数器还是倒数计数器。如果分辨力以 Hz 表示，就是常规计数器。如果用 digit/s 表示，就是倒数计数器。例如，对于 HP 53230A，测量分辨力为 12 digit/s；最大显示位数为 15 digit，显然该计数器采用了倒数计数方式。

2. 认识分辨力和准确度的差别

分辨力与准确度之间有关系，但却是完全不同的概念。把分辨力等同于准确度是常见的错误。分辨力是指计数器区别相近频率的能力。在所有其他情况均相同时（如测量时间和产品售价），计数器的位数越多越好。但达到这些显示位数代表的分辨力性能必须得到准确度的支持。当其他误差使计数器的测量能力偏离真实频率时，其位数并无实际意义。也就是说计数器提供的可能是对错误频率的精确读数。真实测量准确度是由测量过程中的随机误差和系统误差决定的。要实现高准确度测量，应根据本章前面讲述的误差分析方法，做细致的误差分析。

3. 选择合适的时基

电子计数器的测量准确度与时基稳定性密切相关。时基建立了测量输入信号的参考标准，更好的时基有可能得到更好的测量结果。环境温度对晶体的频率稳定度有很大影响，应了解常用的室温晶振、温度补偿晶振和恒温槽控制晶振的特性，根据测量的准确度要求、测量环境及经济条件判断所用计数器的时基振荡器是否满足要求。如果满足要求，应注意其应用的环境条件；如果不满足要求，应考虑采用更高性能的晶体振荡。

4. 调节灵敏度，避免噪声引起的误触发或触发误差

电子计数器是一种具有灵敏输入电路的宽带仪器。对计数器来说，所有信号在过零触发时的频率就是被测信号频率。如果信号纯净，这一过程就不存在问题；但带有噪声的信号会造成计数器在假的过零点上触发。解决这一问题的方法是进行灵敏度调节，高级的计数器通常允许用户调节触发电平和迟滞带的宽度，通过合理的调节，让计数器变得不太灵敏，就能避免这些寄生触发。此外，如果认为信号可能存在噪声问题，可尝试把计数器转为低灵敏度模式。如果显示频率有变化，表明有时是在噪声上触发。

5. 为满足性能要求进行定期校准

尽管计数器是一种电子仪器，但作为每台计数器时基心脏的石英晶体却是一种机械元件。石英晶体在受到各种物理扰动时会改变它的振动频率，进而影响计数器准确度。这些不同扰动的累积效应造成了晶体的老化。使用校准计数器可以实现对老化的补偿。此外，对于影响时间间隔测量的系统误差也应进行校准，包括触发电平的定时误差、通道传输延迟误差等。

3.7.3　现代电子计数器的发展趋势

与其他电子测量仪器的发展相似，现代电子计数器正向高性能、智能化、多功能化方向发展。在测量频率范围、准确度、分辨力、测量速度等方面，现代电子计数器都比传统的计数器有很大的提高。除此之外，微处理器的应用使得计数器具备一定的"智能"。例如，通过在计数器中集成统计处理功能，可以计算测量结果的平均值、标准偏差和阿伦方差，追踪测量结果的最小值和最大值；通过趋势图分析模式，可以以图形方式绘制被测值随时间变化的趋势图；通过直方图功能，可以查看测量结果的分布情况；通过选配一些分析软件，能够实现调制域分析仪的功能。现代的电子计数器大多是彩色图形显示屏，便于将测试、运算和分析结果清晰地显示出来，面向菜单的人机界面方便了参数设置、提高了易用性。

现代电子计数器的另一个发展方向表现为与其他仪器的融合。例如，把通用计数器与示波器、微波计数器与数字万用表及功率计装于同一机箱或表壳内，形成多功能仪器。一方面，这得益于大规模集成电路的使用，节省了各种仪器的体积，使多种仪器装在一起有了可能。另一方面，也因自动测试系统和现场使用，迫切需要有体积小、多功能的综合测试仪器。综合性仪器可以使用一套程控接口及显示器等共用资源，在价格、数据交换和信息处理方面也有优势。

3.8　时间频率远程测量技术

目前主要的远程测量技术包括全球导航卫星系统时间频率传递、卫星双向时间频率传递和光纤时间频率传递等超远距离高精度测量技术，也包括应用比较广泛的网络时间传递技术。光纤时间频率传递利用光纤传递微波信号或光信号来进行时间频率传递，由于光纤作为传输介质具有优良的传输性能，其不确定度水平可达百皮秒量级；它的劣势在于地面光纤传输信号距离受限，通常仅在百千米量级可达到上述性能。卫星双向时间频率传递中，比对双方利用地球同步轨道卫星（geosynchronous orbit satellite，GEO）双向收发时间信号，抵消路径上的大多数延迟来进行时间频率传递，是一种不依赖于任何其他系统的特有的超远程时间频率传递手段，其实现的不确定度水平可达 1~2 ns；它的劣势除了 GEO 卫星的覆盖范围有限之外，卫星频道的租用和卫星观测地球站都需要不菲的资金支持，因此实现成本较高。GNSS时间频率传递基于现存的 GNSS 系统，通过观测并解析 GNSS 系统时间进行比对双方间接的时间频率传递，覆盖范围可及全球，时间传递终端成本不高，可同时进行多站的相关时间频率传递。基于伪随机码和载波相位观测量既保证了实时性，又可实现高精密度的时间频率传递；其劣势在于依托 GNSS 系统，会间接受到 GNSS 系统服务性能的影响。远程时间溯源中的时间传递系统，既要保证传递的大范围、高性能，同时成本需要限制在一定范围之内，因此 GNSS 时间传递作为远程时间溯源中的传递方法是最佳选择。

3.8.1　全球导航卫星系统时间频率传递

全球导航卫星系统（global navigation satellite system，GNSS）时间频率传递即利用全球导航卫星系统作为传输媒介进行的时间频率量值传递。GNSS 是全球导航卫星系统的统称，目前包括美国的全球定位系统（global positioning system，GPS）、俄罗斯的格洛纳斯（global navigation satellite system，GLONASS）、欧盟的伽利略（galileo satellite navigation system，Galileo）及中国的北斗，GPS、GLONASS 和 BDS 星座完善，Galileo 系统仍处于待完成全球星座布局阶段。

1980 年，利用 GPS 时间频率传递装置基于 GPS 共视法进行时间频率传递的原理首次被提出。1985 年，国际计量局时间部开始将基于 GPS 共视法的远距离时间比对数据纳入 TAI 计算。之后，GPS 共视法开始得到广泛应用。1994 年，GPS 时间传递标准组

（GGTTS）发表了"GPS 时间频率传递接收机软件标准化技术指南"，统一了 GPS 时间频率传递装置软件的处理过程和单站观测文件的格式，以进一步提高共视比对水平。之后，GPS P3 码多通道测量和 GPS 载波相位时间频率传递、GLONASS P 码共视相继出现，比对稳定度和可靠性不断提高，GPS P3 码方法和基于 GPS 载波相位时间频率传递的 TAIPPP 方法成为 BIPM 用于计算 TAI 和 UTC 时间传递链路数据的最主要方式。这些方法性能比较见表 3-8-1，其中以 GNSS 载波相位时频传递比对技术不确定度水平最高，可获得亚纳秒级的不确定度 A 类评估结果。2012 年，BIPM 用于发布 TAI 和 UTC 的月际公报 Circular T 中开始发表基于 GLONASS 时间频率传递的时间比对结果和 TAI 计算结果。随着我国北斗的快速发展，BDS 系统也开始越来越多地用于时间频率传递。由于多模导航系统研究的不断深入，多种全球导航卫星系统的结合也成为热点。

表 3-8-1 GNSS 时频传递方法性能比较

比对技术	时频传递不确定度 A 类评估
GNSS 码基时频传递	ns 级
GNSS 载波相位时频传递	亚 ns 级

基于 GNSS 系统的时间频率传递原理是：时间频率传递双方将各方 GNSS 时频传递装置时基参考到本地参考时间频率标准，分别记录同时段的 GNSS 观测数据，通过解算得到两站参考时间频率标准与 GNSS 系统时间的偏差 ΔT_1 和 ΔT_2，将它们的单差即两站参考时间频率标准的比对结果作为两站时间频率传递结果，原理如图 3-8-1 所示。测量信号可以是伪随机码和 GNSS 载波相位。基于伪随机码的 GNSS 时间频率传递相较于 GNSS 载波相位时间频率传递而言，传递精密度更低，但具备更高的实时性，其不确定度水平在 1.5~3 ns 之间。各参数之间的关系式为

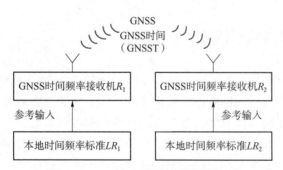

图 3-8-1 GNSS 时间频率传递原理图

$$\Delta T_1 = LR_1 - \text{GNSST} \tag{3-8-1}$$

$$\Delta T_2 = LR_2 - \text{GNSST} \tag{3-8-2}$$

$$LR_1 - LR_2 = \Delta T_1 - \Delta T_2 \tag{3-8-3}$$

通常，GNSS 时间频率传递装置支持测距码和载波相位测量，能够生成符合国际时间频率咨询委员会 GNSS 工作组（CCTF WG on GNSS）时间频率传递国际标准 CGGTTS（common generic GNSS time transfer standards）格式的数据。2015 年，兼容 GPS、GLONASS、BDS 和

Galileo 的 CGGTTS V2E 格式出版，相关格式内容和解析发表在 Metrologia 期刊上。

按测量方式，时间频率传递可分为 GNSS 码基时间频率传递和 GNSS 载波相位时间频率传递。GNSS 码基时间频率传递利用 GNSS 伪随机码测量进行时间频率传递，根据 GNSS 系统伪随机码的类型，又可进一步细分。GPS 系统卫星发射载波中心频率为 1 575.42 MHz（L1 频率）和 1 227.6 MHz（L2 频率）两个，由伪随机码（粗捕获码 C/A 码和精确码 P 码）和导航电文所调制。在进行时间频率传递测量时，需要对卫星与接收机的距离、电离层、对流层、卫星钟、相对论等各项误差进行补偿。GNSS 各系统测量基本原理类似。GNSS 载波相位时间频率传递利用 GNSS 载波相位测量进行时间频率传递。关键技术包括：载波相位整周跳探测与修复及固体潮、潮汐力、地球自转参数、用户钟差等参数的估计。2006 年 9 月，第 17 届 CCTF 会议提出了一项推荐建议"考虑在 TAI 时间频率传递中采用 GNSS 载波相位技术"，即 CCTF 4（2006），其具体实施主要使用基于非差模式的 GPS 精密单点定位（precise point position，PPP）方法，具有中短期稳定度较高等特点，其比对不确定度 A 类评估结果可达 0.3 ns，频率比对不确定度可达（1~2）×10^{-15}。截至 2016 年底，BIPM 时间比对链路约 60% 单独或联合使用了 GPS PPP 技术。由于所需的精密卫星轨道和钟差产品随其参数性能差异会有不同程度的滞后，GPS PPP 时间频率传递通常基于事后处理，有少数研究人员尝试进行实时解算，但都以降低测量性能作为妥协。此外，日界不连续性及系统性不确定度来源等因素可能影响最终比对不确定度评估结果的提升。为获得更优的频率比对能力，基于整周模糊度解算的 PPP 时间频率传递方法正在被研究，可达到比通常 PPP 方法（频率比对不确定度大约 8×10^{-16}~3×10^{-15}）更优良的性能（频率比对不确定度为 1×10^{-16} 甚至 1×10^{-17}）。2018 年初，基于北斗导航卫星系统的 PPP 时间频率传递处于研究试验阶段。

3.8.2　卫星双向时间频率传递

卫星双向时间频率传递（two way satellite time and frequency transfer，TWSTFT）是一种通过地球同步通信卫星进行时间频率量值传递的方法。传递双方各自向卫星发射调制有时间信息的信号，由卫星转发后互相接收对方信号并解调时间信息，分别与本地时间信号进行时差测量，经数据交换后计算得到时间频率传递结果。因两信号经过路径对称或者准对称，传播时延可抵消。卫星双向时间频率传递使用专用的调制解调器将调制有时间信息的伪随机噪声（PRN）码通过相移键控技术（BPSK）调制为射频信号进行发射和接收（通常使用 X 或 Ku 波段）。

历史上首次卫星双向时间频率传递试验实现于 1962 年，由美国海军天文台（USNO）和英国国家物理实验室（NPL）通过 TELSTAR 卫星完成，不确定度达到（0.1~20）μs。随着扩频技术和伪随机码技术的应用，卫星双向时间比对不确定度水平大大提高。卫星双向时间频率传递技术已经成为时间实验室之间进行时间频率比对广泛采用的技术之一。TWSTFT 技术不但应用于通过比较本地时标进行时间传递，也应用于原子喷泉钟和氢钟之间的精密频率比对。TWSTFT 比对工作由国际计量局时间频率咨询委员会的 TWSTFT 工作组负责组织实施。

截至 2017 年底，在国际计量局组织的国际原子时合作中，已有 20 多家时间频率实验室建有 TWSTFT 系统，包括美、德、法、意、韩等国的计量院和日本通信技术研究院，中国科学院国家授时中心、中国计量科学研究院和俄罗斯计量院也先后加入欧亚链路比对，卫星双向比对的不确定度 A 类评估结果约为 0.5 ns，B 类评估结果为（1~2）ns。国际上 TWSTFT 比对网络共建有 3 条比对链路：①欧洲–欧洲–美洲比对链；②欧洲–亚洲比对链；③亚洲–亚洲比对链。从 2016 年开始，中国部分时间频率实验室也开展了卫星双向时间频率传递实验。

自 2015 年开始，基于软件接收机（software defined receiver，SDR）卫星双向比对技术开始受到关注，并在亚太地区的一些实验室之间开展实验，比对结果表明该技术对于卫星双向比对中的周日现象有一定的抑制效果，并且相对于传统的硬件接收机而言，基于 SDR 的方法短期稳定性更优。BIPM TWSTFT 工作组建议在 TAI 合作实验室中推广使用，并将其比对结果纳入协调世界时的计算。

3.8.3　光纤时间频率传递

光纤时间频率传递是基于光纤链路实现时间频率传递的方法。

随着激光冷却技术的发展，1995 年之后冷原子喷泉钟、光钟等高稳定度原子钟相继出现，频率标准及时间标准的不确定度水平不断提高。为了实现这些时间频率标准之间的相互比对，需要一种具有更高传递稳定度的时间频率传递方法实现标准时间频率信号的远程传递。相较于自由空间和同轴电缆的传递方法，光纤链路在传递时间频率信号方面具有一些先天的优点：光纤链路相对封闭，受外界温湿度应力等环境影响小；光纤链路传递高频的光信号，不受低频的电磁信号影响；光纤链路噪声可测可控。

根据被传递信号的种类不同，可以将光纤时间频率传递分为光纤时间信号传递、光纤微波频率信号传递和光纤光学频率信号传递。光纤时间和微波频率信号传递通常利用电光转换将时间频率信号调制到光载波上，通过光纤链路传递到远端，再通过光电探测解调得到时间频率信号。光纤光学频率信号传递则直接将光学频率信号作为光载波传递到远端，直接在远端得到光学频率信号。由于光纤传递的方向性，可以实现单路、多路光载波信号在同一光纤链路中的同向或双向传递，通过比较这些往返或双向传递信号，可以探测出传递过程中光纤链路引入的相位噪声。通过主动的噪声补偿或抵消，可以实现较高的传递稳定度。

基于光纤链路传递标准时间频率信号，通常可以实现时间传递不确定度百皮秒量级、频率传递天稳定度优于 10^{-18}，是现阶段远程时间传递中不确定度水平最优的方法。但是受限于光纤链路的衰减，在加光放大器的情况下，光纤时间频率传递的距离一般在 1 000 km 范围以内，通过级联的方式可以实现更长距离的传递，但传递稳定度将随级联级数的增加而变差。

3.8.4 网络时间传递

由计算机网络系统组成的分布式系统，如 IT 行业的"整点开拍""秒杀""Leader 选举"、通信行业的"同步组网"之类的业务处理，若想协调一致进行，毫秒级甚至微秒级的时间同步是重要基础之一。

NTP 协议全称网络时间协议（network time protocol，NTP）。它的目的是在国际互联网上传递统一、标准的时间。具体的实现方案是，在 NTP 授时服务器和客户端之间通过二次报文交换，确定主从时间误差，客户端校准本地计算机时间，完成时间同步；在网络上指定若干时钟源网站，为用户提供授时服务，并且这些网站间应该能够相互比对，提高准确度。

为克服 NTP 的各种缺点，精确时间同步协议（precision time protocol，PTP）应运而生，最新协议是 IEEE1588v2，可实现亚微秒量级的时间同步精度。具体实现为：主从节点在网络链路层标记时间戳，利用支持 IEEE1588 协议的 PHY 片精准记录时间同步网络报文接收或发送的时刻；交换机、路由器等网络中间节点准确记录时间同步报文在其中停留的时间，实现对链路时延的准确计算。

习题与思考题 ▶▶ ▶

3-1 按测量原理进行分类，测量频率的方法有哪几类？

3-2 通用电子计数器有哪些技术指标？其含义如何？

3-3 使用常规通用计数器测量频率时，整形电路、分频电路和主闸门的开关速度将如何影响测量精度？如何使它们的影响减小到可以忽略的程度？

3-4 试用常规通用计数器拟定测量相位差的原理框图。

3-5 判断下述两个论点是否正确：

①利用常规通用计数器计数，其量化误差等于±1 字；

②利用常规通用计数器计数，其量化误差等于、小于±1 字。

3-6 分析常规通用计数器测量频率的误差，如何减小测频量化误差？

3-7 分析常规通用计数器测量周期的误差，如何减小测周期的量化误差和噪声引起的触发误差？

3-8 常规通用计数器工作在自校状态，晶振频率 $f_c = 10^6$ Hz，在闸门开启时间 $t = 0.1$ s、1 s、5 s、10 s 时，其显示值分别为 100 001、99 999、1 000 000、10 000 000。试讨论哪种情况下本机工作正常，哪种情况下为有故障，可能是什么故障？

3-9 用常规通用计数器测量一个 $f_x = 10$ MHz 的信号频率，试分别计算当"闸门时间"置于 1 s、0.1 s、10 ms 时，该计数器的测频误差，并分析讨论计算结果。

3-10 使用常规通用计数器测量一个 $f_x = 10$ Hz 的信号频率，$f_c = 1$ MHz，当信号的信

噪比 $S/N = 40$ dB 时，分别计算当"周期倍乘"置于 10^0 和 10^3 时，该计数器的测周误差，并分析讨论计算结果。

3-11 某常规通用计数器内部晶振频率 $f_c = 1$ MHz，由于需要，使其工作于高稳定度的外部频率标准，该标准频率 $f_c = 4$ MHz。若计数器工作正常，为了得到正确的测量结果，其测频读数应如何换算？如果测周，则读数应如何换算？

3-12 利用常规通用计数器测频，已知内部晶振频率 $f_o = 1$ MHz，$\Delta f_c/f_c = \pm 1 \times 10^{-7}$，被测频率 $f_o = 100$ kHz，若要求"±1 误差"对测频的影响比标准频率误差低一个量级（即为 1×10^{-6}），则闸门时间应取多大？若被测频率 $f_x = 1$ kHz，且闸门时间保持不变，上述要求能否满足？若不能满足，请另行设计一种测量方案。

3-13 某常规通用计数器的内部标准频率误差为 $\Delta f_c/f_c = 1 \times 10^{-9}$，利用该计数器将一个 10 MHz 的晶振标准到 10^{-7}，则计数器闸门时间应为多少？能否利用该计数器将晶体校准到 10^{-9}？为什么？

3-14 说明内插法、游标法提高测时精度的基本原理。

3-15 试利用误差合成公式分析倒数计数器的测频误差。

3-16 在 Multisim 环境下，设计一种基于游标法的时间间隔测量仪，并给出原理图和仿真试验结果。

3-17 在 Multisim 环境下，设计一种用于频率测量的倒数计数器，并给出原理图和仿真试验结果。

第4章 电压测量

4.1 引言

4.1.1 电压测量的意义

电压是一个基本物理量。在电子电路中，信号的电流、功率、非线形失真及元件的阻抗、Q值、网络的频率特性和通频带、设备的灵敏度等，都可以视作电压的派生量。电路的工作状态如谐振、平衡、截止、饱和及工作点的动态范围，通常都以电压的形式表现出来。电子设备的控制信号、反馈信号及其他信息，也主要表现为电压量。在非电量测量中，也多利用各类传感器件装置，将非电参数转换成电压参数加以测量。因此，无论在狭义的电子测量领域还是在广义的电子测量领域，电压测量都非常重要。此外，电压测量直接方便，只要电压表的输入阻抗足够大，对原电路工作状态的影响就可以忽略不计，从而获得较为理想的测量结果。总体来说，作为电子测量的基本内容，在科学研究、生产实践甚至是在日常生活中，电压测量都具有十分重要的意义。

4.1.2 用于电压测量的仪器

通常，用于电压测量的仪器叫作电压表，在实际应用中还大量使用万用表。万用表除了能够测量电压外，还能够测量电阻、电流等。电压表的类型比较多。按照实现原理来区分，有模拟式电压表和数字式电压表。前者以模拟信号处理的方式实现测量和显示，通常采用指针式表头指示测量结果，后者则需要将模拟量转化为数字量，并以数字方式显示测量结果。按照测量对象来分，有直流电压表、交流电压表、脉冲电压表、高频电压表等。按照检波方式来划分，有峰值电压表、均值电压表、有效值电压表。按照使用方式来分，有手持式电压表、台式电压表、机架安装式电压表等。图4-1-1是一些常见的万用表类型。

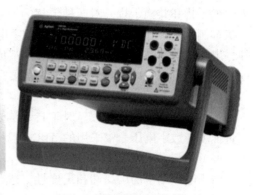

（a）便携式模拟万用表　　　　（b）手持式数字万用表　　　　（c）台式数字万用表

图 4-1-1　万用表

4.1.3　电压测量的技术要求

为获得准确的测量值，满足不同的测量需求，电压测量应满足相关的测量技术要求。电压测量有悠久的历史，传统上的技术要求主要有：幅度和频率要求、输入阻抗、测量速度、抗干扰能力等。随着电子技术及计算机技术的发展，电子测量的内涵有了极大的扩展，电压测量也面临更多的要求。主要包括以下几个方面。

（1）频率测量范围

除直流电压外，电压表能够测量的交流电压频率范围能够从零点几 Hz、几十 Hz 到几十 GHz。不同类型的仪表所能覆盖的频率范围是不同的。

（2）电压测量范围

通常指的是所能测量电压的有效值范围，主要表征电压表的测量范围和灵敏度。目前电压测量上限一般在 kV 量级，也有能测高达 10 kV 电压的电压表，下限则可达到 nV 量级。

（3）测量准确度

电压测量的准确度会受到电压表的固有误差、被测信号特征及干扰等因素的影响。考虑到直流电压的本质属性，测量时分布参数对直流电压测量结果的影响也可以忽略，因此，直流电压测量的准确度较高，电压值的基准是直流标准电压。

（4）分辨力

指电压表能分辨的电压最小变化值，也称为电压表的灵敏度。在数字电压表中，常用最小量程末位单位显示数字代表的电压值来表示。目前数字电压表的分辨力可达 1 nV。通过增加低噪声前置放大器，甚至可以达到 1 pV 的水平。

（5）输入阻抗

指电压表输入端的等效阻抗。一般要求电压表具有高的输入阻抗，以减少电压表对被测电路的影响。目前电压的输入阻抗可高至几至十几 GΩ。在测量大电压时，由于输入分压器的影响，输入阻抗可以降低到 MΩ 级别。交流电压测量时的输入电容通常为几至十几 pF。

（6）抗干扰

电压测量易受到外界干扰的影响，要求电压表必须具有高的抗干扰能力。干扰一般分为串模干扰和共模干扰，对两种干扰的抑制能力分别用串模干扰抑制比（SMRR）和共模干扰抑制比（CMRR）来表征，高级数字电压表的共模干扰抑制比可达到 90 dB 以上。此外，电压表内部漂移、抖动和其他噪声造成的干扰也会影响电压测量的分辨力和测量准确度，在进行电压表内部电路设计时，需要采取多种措施来抑制内部噪声。

（7）测量速度

指每秒测量电压的次数。对于自动测试系统来说，一般需要有较快的数据读取能力。测量速度与数字电压表中采用的 ADC 类型及显示的位数有关。

（8）自动化和多功能

由于电压测量的广泛性和重要性，通常要求一台电压表具有高度的自动化和智能化，例如能够实现自动量程转换、自动校准、自动调零等功能，以便提高测量准确度、减小使用者的操作。随着测量技术的发展，以电压测量为基础的数字万用表不仅能测电压，而且能测电流、电阻、频率、周期、电感、电容、电路通断、二极管参数、温度等。

4.2 采用模拟技术的电压测量

早期的电压测量仪器都是基于模拟技术实现的，即模拟电压表。尽管基于数字技术的数字电压表已成为目前电压测量领域的主流，模拟电压表已经很少使用；然而，人们在模拟电压表中积累的一些经验仍然是我们的宝贵财富，十分值得我们去深入分析和总结。例如，电压测量前端输入电路中的阻抗变换电路、量程选择电路、噪声抑制及抗干扰措施等，对于模拟电压表和数字电压表几乎是同样适用的；将电流、电阻等其他电量转换为电压测量的转换电路，在数字电压表中也是相似的；各种形式的交流电压检波技术在射频电压、阻抗的数字化测量中还有用武之地。

模拟电压表相比于数字电压表也有一定的优势，例如：对某些变化量，数字显示时读取困难，而指针式模拟电压表则可以通过指针的摆动确定是否存在变化；在某些维修检查、修理场合下，对测量误差的要求不高，模拟电压表操作更为方便。因此，模拟电压表依然会继续使用。

4.2.1 模拟直流电压表

最早的直流电压表是在动圈式检流计的基础上，增加一个与检流计串联的电阻来实现电压测量的。如图 4-2-1 所示，动圈式检流计将一个小线圈悬置于强磁场中。当电流通过线圈时，产生的力矩使得检流计指针偏转，并压缩与指针相连的金属弹簧。指针偏转的角度与电流大小成正比。因此，当检流计用于电压测量时，被测电压加在串联了一个标准电阻的检流计上，使得检流计指针偏转角度与被测电压成正比。

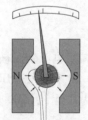

图 4-2-1　动圈式检流计的原理图

为了扩展上述基于动圈式检流计的磁电式电压表的量程，通常需要在内接标准电阻的基础上再串接若干倍压电阻，且电阻数值应比较大，一般为几百 kΩ，以减小对被测电路的影响。多量程模拟电压表的基本原理如图 4-2-2 所示。基于动圈式检流计的磁电式电压表的输入阻抗和灵敏度不高，且内阻与电压量程是相关的，测量误差主要与表头本身和倍压内阻的准确度有关，一般在±1%左右。

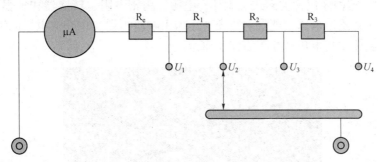

图 4-2-2　多量程模拟电压表的基本原理

如果不使用被测电压来直接驱动检流计，而是在检流计与被测电压之间增加 FET（场效应管）源级跟随器，并使用有源放大器来驱动检流计，这样可以提高电压表的输入阻抗和灵敏度。如图 4-2-3 所示，FET 源级跟随器为电压表提供高输入阻抗，通常能够达到几百 MΩ，鉴于 FET 源级跟随器噪声很小，可后接直流放大器来提高电压表的灵敏度。当需要测量大电压时，通过前置的分压电路来扩展量程。分压电阻会降低电压表的输入阻抗，但由于输入阻抗由所有电阻的串联来决定，只要使它们的总电阻大于 10 MΩ，就基本上能够满足高输入阻抗的要求。现代数字电压表与传统模拟电压表在实现高输入阻抗方面采用的方法基本相同。

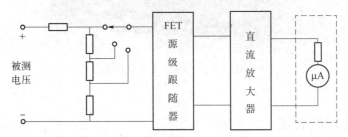

图 4-2-3　模拟直流电压表的原理框图

在图 4-2-3 中，直流放大器的零点漂移限制了电压表灵敏度的提高。为此，一些电压表还采用基于斩波器的调制式放大器来代替直流放大器，以抑制直流漂移，实现微伏量级的直流电压测量。如图 4-2-4 所示，斩波放大的模拟电压表先将直流信号经斩波器变换成方波，再经交流放大器放大，最后经检波器由表头指示读数。

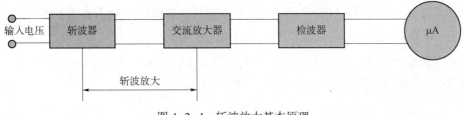

图 4-2-4　斩波放大基本原理

基于模拟技术的万用表是在 1923 年出现的。万用表的发明归功于一名英国邮政工程师 Donald Macadie。出于对维修通信电路需要携带许多独立仪器的不满，Macadie 发明了一种能同时测量电流、电压和电阻的仪器，因此当时的万用表被称为"安伏欧表"，如图 4-2-5 所示。这种表包含动圈式检流计、电源、精密电阻、转换器和量程选择旋钮等。由于检流计和表盘指示电路仅能够对直流电压做出响应，在实现交流电压的测量时，需要先通过检波电路将交流电压转换为直流电压。

图 4-2-5   Model 8 安伏欧表

4.2.2   交流电压的表征

交流电压测量的关键是通过交流/直流转换器（AC/DC 变换器）或检波器将交流电压变为直流电压。根据检波原理的不同，可分为峰值检波器、均值检波器及有效值检波器三种类型。与这三种检波器相对应，是交流电压幅度的三种表征方式，即峰值、平均值和有效值。

1. 峰值、平均值和有效值

如图 4-2-6 所示，正弦波的峰值 U_p、平均值 $\overline{U}$ 和有效值 U 分别如图中所描述。此外，还常用峰–峰值 U_{p-p} 来描述正弦信号在一个周期内最大值与最小值之差。

在电子测量中，平均值 $\overline{U}$ 是一个波形完整周期中所有瞬时值取绝对值后的平均值，也可以认为是全波整流之后波形的平均值，其数学定义为

$$\overline{U} = \frac{1}{T} \int_0^T |u(t)| \, \mathrm{d}t \qquad (4-2-1)$$

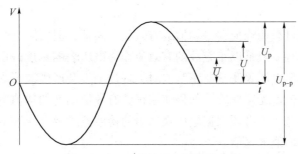

图 4-2-6 正弦波的电压参数表征

交流电压的有效值等同于由等效直流电压驱动电阻性负载所消耗的功率,定义为交流电压在周期 T 内的均方根值,即

$$U = \sqrt{\frac{1}{T} \int_0^T u^2(t)\,\mathrm{d}t} \tag{4-2-2}$$

2. 波峰因数和波形因数

交流电压的峰值、平均值和有效值之间有一定的转换关系,可分别用波峰因数或波形因数来表示。波峰因数(crest factor)定义为交流电压的峰值与有效值之比,即

$$K_P = \frac{U_P}{U} \tag{4-2-3}$$

波峰因数是波形峰值相对于有效值有多高的度量。波峰因数越高,意味着要求电压表能够同时测量高的峰值和非常低的有效值,这容易导致在峰值高端出现过载、在低端出现分辨力低的问题,给交流电压测量带来困难。较高的波峰值也意味着有更多的谐波,这对电压表的带宽也是个挑战。例如,从表 4-2-1 可以看出,脉冲信号的脉宽越窄,波峰因数越大,高次谐波越丰富。

波形因数(form factor)定义为交流电压的有效值与平均值之比,即

$$K_F = \frac{U}{\overline{U}} \tag{4-2-4}$$

对于不同的交流电压波形,波峰因数或波形因数的值互不相同,可通过式(4-2-1)~式(4-2-4)求出。表 4-2-1 给出了几种典型信号波形的波峰因数和波形因数值。

表 4-2-1 几种典型信号波形的波形因数和波峰因数值

序号	名称	波形因数 K_F	波峰因数 K_P
1	正弦波	1.11	$\sqrt{2} \approx 1.414$
2	半波整流正弦波	1.57	2
3	全波整流正弦波	1.11	$\sqrt{2} \approx 1.414$
4	三角波	1.15	$\sqrt{3} \approx 1.73$
5	方波	1	1
6	脉冲	$\sqrt{\dfrac{T}{\tau}}$	$\sqrt{\dfrac{T}{\tau}}$

注:表中脉冲信号的周期为 T,脉宽为 τ。

3. 波形换算

虽然电压的量值可以用峰值、平均值或有效值来表征，但国际上一直以有效值来作为交流电压的表征，而且一般是以正弦波的有效值作为电压表的刻度。因此，使用正弦波电压有效值刻度的有效值电压表测量非正弦波时，理论上不会产生波形误差，可以直接从表头读出被测电压有效值而无须换算；如果使用正弦有效值刻度的均值电压表或者峰值电压表来测量非正弦波的电压，必须根据电压表采用的检波方式及电压表的读数，进行必要的计算才能得到真实的均值或峰值。

4.2.3 模拟交流电压表

模拟交流电压表根据其检波器的不同，分为峰值检波式、均值检波式及有效值检波式等。根据其结构的不同，分为放大-检波式、检波-放大式、检波-放大-检波式、外差式及热偶变换式等。根据工作频段不同，分为超低频电压表、低频电压表、视频电压表、高频电压表和超高频电压表等。除此之外，交流电压表还有其他一些方式，如锁相同步检波式、取样式、测热电桥式等。下面将以均值电压表、峰值电压表和有效值电压表为主线来介绍交流电压的测量技术。

1. 均值电压表

均值电压表采用均值检波器实现交流/直流变换功能。均值检波器一般采用全桥式整流电路或者半桥式整流电路。由于均值检波器的输入阻抗较低，且检波灵敏度呈现非线性特性，因此均值电压表一般都设计成如图 4-2-7 所示的放大-检波式，在检波器之前设置宽带交流放大器来放大被测电压，提高电压表的测量灵敏度，并使检波器工作在线性区域，同时放大器的高输入阻抗也可以减小负载效应。经过放大、检波之后，再驱动直流电压表，给出测量结果显示。

图 4-2-7 放大-检波式交流电压测量原理框图

放大-检波式结构的放大器在提升电压表灵敏度的同时会损害电压表的带宽。由于要求放大器对各种频率的信号都有足够增益的均匀放大，对电路内部的噪声有较高的要求，为避免小信号被"淹没"在噪声中，这样的放大器带宽相对较小。一般来说，放大-检波式结构的均值电压表，上限频率从 1 kHz 到十几 MHz。

均值检波器的输出是与被测电压的平均值成正比的，但均值电压表的表盘通常是以正弦波有效值来刻度的。因此，根据波形因数的定义，均值电压表的刻度是以被测电压的均值与正弦波波形因数的乘积来表示的。如表 4-2-1 所示，正弦波的波形因数是 1.11，因此均值电压表的读数为

$$U_a = K_{F正弦} \cdot \overline{U} = 1.11\overline{U} \tag{4-2-5}$$

其中，$\overline{U}$ 为被测信号的均值。因此，如果被测电压是正弦波形，均值电压表的示值就是被

测电压的有效值。如果不是正弦波形，则需要进行波形换算。

例4-2-1 使用均值电压表分别测量正弦波、三角波和方波，电压表的示值均为10 V，问被测电压的有效值各是多少？

解： 对于正弦波，均值电压表是按照正弦有效值刻度的，因此不需要进行波形换算，被测正弦信号的有效值为 10 V。

对于三角波，需要进行波形换算。根据式（4-2-5），被测三角波的均值为

$$\overline{U}=\frac{U_a}{1.11}=\frac{10}{1.11}=9.01（V）$$

查表 4-2-1，得三角波的波形因数为 1.15，因此被测三角波的有效值为

$$U=K_{F角}\cdot\overline{U}=1.15\times9.01=10.36（V）$$

同理，对于方波，也需要进行波形换算。查表 4-2-1，得方波的波形因数为 1。因此，被测方波的有效值为

$$U=K_{F波}\cdot\overline{U}=K_{F波}\cdot\frac{U_a}{1.11}=1\times\frac{10}{1.11}=9.01（V）$$

显然，如果不知道被测波形的波形因数，就无法进行波形换算。如果只能以均值电压表的示值作为测量结果，此时的波形误差可能很大。

2. 峰值电压表

峰值电压表采用峰值检波器实现交流/直流变换功能。峰值检波器有串联式、并联式和倍压检波式等几种形式，其工作原理都是建立在检波二极管单向导电性和 RC 充放电的基础上。由于峰值检波器的高频特性很好，峰值电压表常用于测量高频交流电压。

峰值电压表多采用检波-放大式结构，放大器放大的是直流信号，放大器的频率特性不会影响整个电压表的频率响应，如图 4-2-8 所示。峰值检波器的频率响应是电压表频响特性的制约因素。通常，峰值电压表存在频率响应误差。在测量低频信号时，由于放电时间常数加大，使测量值偏小；在高频测量中，由于分布参数的影响也会带来高频误差。现在的高频电压表都把用特殊性能的超高频检波二极管构成的检波器放置在屏蔽良好的探头内，用探头的探针直接接触被测点，这样可以大大地减少高频信号在传输过程中的损失并减小各种分布参数的影响。

图 4-2-8　检波-放大式交流电压测量原理框图

对于检波-放大式结构的峰值电压表，由于受到直流放大器的噪声及零点漂移的影响，电压表的灵敏度不能很高。此外，信号未经放大直接检波，使得电压表能检测的最小信号受到限制。采用检波-放大-检波式结构可以有效地解决上述问题，如图 4-2-9 所示，斩波器将检波后的直流电压再变为固定频率的方波（交流）电压，经交流放大器放大后再经检波器检波后驱动表头显示。检波-放大-检波式结构峰值电压表的频率测量上限可达几十 GHz，一般将这种电压表称为"高频毫伏表"或"超高频毫伏表"。

图 4-2-9 检波-放大-检波式交流电压测量原理框图

与均值电压表一样，峰值电压表也是按正弦有效值来刻度的。对于正弦波，电压表的示值即为其有效值；对于其他非正弦波，如不通过波峰系数进行换算，将带来波形误差。如已知被测信号的波峰因数为 K_p，峰值电压表的读数为 U_a，则被测信号的有效值为

$$U_{px} = \sqrt{2}\, U_a, \quad U_x = \frac{\sqrt{2}}{K_{px}} \cdot U_a \qquad (4\text{-}2\text{-}6)$$

式中，U_{px} 为被测信号的峰值，U_x 为被测信号的有效值，K_{px} 为被测信号的波峰因数。

3. 有效值电压表

有效值电压表采用有效值检波器实现交流/直流变换功能。实现有效值检波的方法有二极管平方率检波式、分段逼近式、热电耦变换式和模拟计算式等。其中，热电耦变换式电压表采用热电转换的原理，利用交流电与其有效值相同的直流电压做功相同的原理实现变换，该类型电压表频率范围很宽，频率高端可达几十 MHz，输入阻抗可达 10 MΩ，且能够处理高波峰因数的信号。但热偶式电压表的缺点是具有热惯性，测量速度慢，难以兼顾测量速度与低频测量精度，且价格较高。随着电子技术的发展，利用集成乘法器、积分器、开方器等实现电压有效值的模拟计算，成为有效值测量的新方法。

模拟计算式有效值检波器有直接运算式和隐含运算式两种。直接运算式是按有效值表达式逐一按步骤运算的。如图 4-2-10 所示，首先用一个平方电路对交流输入电压进行平方运算，接着通过积分器得平均值，再送入开方器得均方根值，得到输入交流电压有效值。

$$u(t) \longrightarrow \boxed{u^2(t)} \longrightarrow \boxed{\int_0^T} \longrightarrow \boxed{\sqrt{}} \longrightarrow \triangleright A \xrightarrow{V_{rms}}$$

图 4-2-10 直接运算式有效值变换器

隐含运算式是根据直接运算式推演而来的。根据式（4-2-2），有

$$U = \frac{\text{Avg}[u(t)^2]}{U} = \text{Avg}\left|\frac{u(t)^2}{U}\right| \qquad (4\text{-}2\text{-}7)$$

式中，Avg 表示取平均值。

由式（4-2-7）可见，隐含运算式只需要一个平方器/除法器和一个积分滤波器连接成闭环系统，就能完成有效值转换。美国 AD 公司研制的集成有效值转换器 AD637 就是按隐含运算而设计的，其精度优于 0.1%。此外，还有 AD737、BB4341 等。

有效值电压表的最大优点是：电压表的示值就是被测电压的有效值。当测量非正弦波时，理论上不会产生波形误差，无须波形换算。然而，由于受电压表线性工作范围的限制及带宽的限制，在测量波峰因数较大的非正弦波时，可能造成削波、高次谐波被滤除等后果，这也将导致波形误差，主要是使读数偏小。

有效值电压表常采用如图 4-2-7 所示的放大-检波式结构，以获得对于微弱信号的测量能力，但这种表的频率测量范围受限于宽带交流放大器的带宽。采用模拟计算式的有效值电压表通常仅能够在几百 kHz 的频率范围内实现高精度的交流电压测量。

为了兼顾测量灵敏度和带宽，有的高频有效值电压表采用了外差变频的方法，即外差式电压表。如图 4-2-11 所示，外差式电压表依然采用放大-检波式结构，但是其放大功能不是由宽带放大器而是由窄带的中频放大器完成。被测信号在混频器中与本机振荡器频率混频，输出中频信号，用中频放大器选择并放大，然后进行有效值检波，驱动表头显示。外差测量法的特点是中频固定不变。由于中频放大器具有良好的频率选择性，而且中频是固定不变的，因此不受采用宽带放大器式的增益带宽的限制，大大削弱了前级噪声等影响，可以把增益做得很高。某些外差式电压表还可以采用两次变频。这种电压表的灵敏度一般都达微伏量级，频率范围从 100 kHz 左右到几百 MHz，甚至到几 GHz，所以有时又称为高频毫伏表。

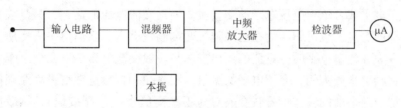

图 4-2-11　外差变频式交流电压测量原理框图

4.2.4　电平表

在通信系统中，常常需要测量和比较电路上电功率的高低。因为人耳对声音强度的感觉是成对数关系的，所以在比较通信线路上电功率的高低时，必须考虑到这个特点，故在通信系统测量中采用一个特殊的单位——分贝。测量实践中，常常用分贝值来表示放大器的增益、噪声电平、音响设备等有关参数。

1. 电平的表示形式

相对电平用来表示两个信号功率之间的比例关系。相对电平的基本单位为贝尔（B）。在实际应用中，贝尔太大，常用分贝，写作 dB。1 B = 10 dB。以分贝表示的相对功率电平为

$$相对功率电平(dB) = 10\lg\frac{P_x}{P_0} \tag{4-2-8}$$

如果两个信号的功率是在相同的电阻上产生的，可以得到以分贝表示的相对电压电平，即

$$相对电压电平(dB) = 20\lg\frac{U_x}{U_0} \tag{4-2-9}$$

上述相对电平中，如果比较的参考点是已知的（如 U_0、P_0 确定），就可以得到绝对电平。在电子学科最常采用的绝对电平是功率绝对电平和电压绝对电平。功率绝对电平最常

使用的参考量是 1 W 及 1 mW，即功率为 1 W 或 1 mW 时绝对电平为 0 dB，这两种绝对电平的单位分别用 dBW 和 dBm 来表示。例如，绝对功率电平（dBm）可表示为

$$绝对功率电平 = 10\lg P_x \tag{4-2-10}$$

式中，P_x 单位为 mW。

电压绝对电平最常用的参考量是 0.775 V、1 V、1 μV，相应的单位分别为 dBu、dBV 和 dBμV，例如，绝对电压电平（dBu）可表示为

$$绝对电压电平 = 20\lg \frac{U_x}{0.775} \tag{4-2-11}$$

选用 0.775 作为参考点的原因是：0.775 V 在 600 Ω 电阻上产生的功率恰好是 1 mW，而以 1 mW 为参考点的 dBm 在射频领域很常用。同理，如果以 1 W、1 V 或者 1 μV 作为零分贝的参考点，可以得到 dBW、dBV、dBμV 等绝对电平的表达式。

2. 宽频电平表

相对电压电平或者绝对电压电平的测量实质上是交流电压的测量，只是表头以分贝刻度。功率电平的测量，也可归结为在已知阻抗两端测量电压。虽然电平表实质上是交流电压表，但电平表在测量电平时分贝值的读出方法与一般交流电压表不完全一样。

下面以宽频电平表为例，介绍电平的测量。图 4-2-12 为宽频电平表原理框图，平衡变量器用来把对地平衡的输入信号转变成对地不平衡信号（一端接地），然后加入输入衰减器，输入衰减器是一个步进分压器，每步衰减 10 dB。输入衰减器用来改变电平表的测量灵敏度，又称为输入电平步进选择开关，被测电平的分贝值可从它的开关步位和表头指示联合读出。与电平表输入端并联的电阻，用来作为电平表的输入阻抗，一般可选择四个步位：75/150/600/高阻，供不同测量目的之用。从输入衰减器输出的信号经宽频放大器、检波器，最后给出示数。对测量电压电平的电平表来说，在电平表的表头中有一个零电平刻度（0 dB），它对应于 0.775 V，而其他的 dB 值的刻度都是相对于这个零电平刻度的。因此，从表头上可以直接读出绝对电压电平 dBu 的值。

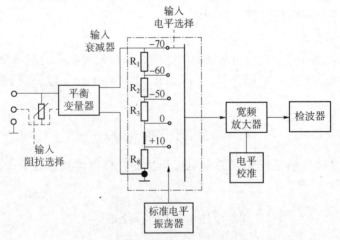

图 4-2-12　宽频电平表原理框图

3. 选频测量

宽频电平表的最高灵敏度受到放大器内部噪声的限制，一般可做到-70 dB。但是，在电平测量技术中，往往要求测量更低的电平，而且有时还需要在干扰中选出所需信号，所以选频测量在测试中比较常用。

选频电平表采用外差式选频放大电路结合宽频电平表来实现。如图4-2-13所示，被测信号经输入电路在混频器1中与第一本机振荡器的输出信号混频，得第一中频，由带通滤波器选出，在混频器2中进行二次混频，得第二中频，经中频衰减、由窄带通滤波器选出，由于第二中频较低，故选频电平表的选择性易于通过窄带通滤波器实现。通过二次变频和放大，整机可获得120 dB的增益。

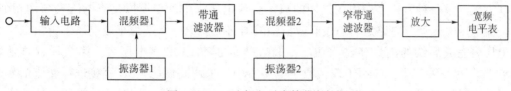

图4-2-13 选频电平表简化方框图

4.3 采用数字技术的电压测量

模拟电压表能够反映被测电压的连续变化，可直接从指针式显示表盘上读取测量结果。模拟电压表还具有频率范围宽的优点。但是由于表头误差和读数误差的限制，模拟式电压表的灵敏度和准确度很难提高。从20世纪50年代起，数字化电压测量方法发展起来，利用模数转换器将连续的模拟量转换为数字量进行测量，然后用十进制数字的形式给出测试结果并显示。随着电子技术、微处理器技术的发展，数字电压表的大部分电路都已采用集成电路实现。现代的数字电压表具有灵敏度高、准确度高、测量速度快、显示清晰、自动化程度高、便于携带、使用简单等一系列优点，已经在绝大多数领域取代了模拟电压表。

4.3.1 数字电压表的基本原理

数字电压表（digital voltage meter, DVM）以高性能的模数转换器（analog digital converter, ADC）为核心组成，测量、显示、数据处理及其他自动化功能都是在逻辑控制电路的统一协调下进行的。图4-3-1为数字直流电压表的原理框图。直流电压输入调节电路实现阻抗变换、信号放大、量程选择等功能，ADC将模拟直流电压转换为数字量，存储器/输出缓存实现数字量的暂存，显示器则以十进制形式显示测量结果。在一些高级的台式电压表中，逻辑控制电路通常由微处理器来实现，存储器的容量也比较大，以配合快速测量及对外输出数据的需要；而在一些手持式电压表中，逻辑控制电路、ADC、存储器/输出缓存及显示的驱动电路则集成在一片集成芯片中，结构紧凑、精巧、轻便。

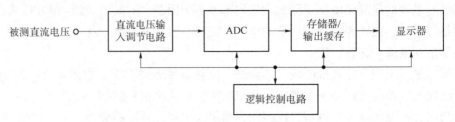

图 4-3-1　数字直流电压表的原理框图

　　图 4-3-2 所示为数字交流电压表的原理框图。实际上，图中给出了两种交流电压表的实现方案。第一种方式多应用在早期的数字交流电压表中，与模拟交流电压表结构相似，在交流电压输入调节电路之后通过有效值检波器将交流电压转换为直流电压，再由数字直流电压表完成后续的测量和显示功能，如 Agilent 34401A 数字电压表。第二种方式随着 ADC 技术的发展产生，应用于现代数字电压表中，采用高性能 ADC 直接进行交流信号的采样，由微处理器对信号周期内采集足够多样值进行数值计算，实时给出被测电压的真有效值，如 Agilent 34410A 和 34411A 数字万用表。

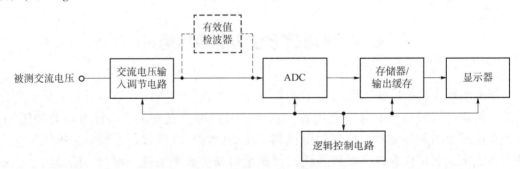

图 4-3-2　数字交流电压表的原理框图

　　第二种方式的"直接采样-数值计算"结构与数字示波器的采样方式相似，需要考虑采样系统中涉及的采样率、混叠等问题。因此，两种方式的"交流电压输入调节电路"是不同的，第二种方式需要增加抗混叠滤波器、跟踪-保持电路等。

　　同时，根据采样定理，对一个具有有限频谱的连续函数进行采样时，当采样频率 $f_s \geq 2f_c$ 时，采样函数才能不失真地恢复原来的连续信号。若被测交流信号电压为 $u(t)$，离散采样值为 u_i，则被测电压的有效值可以通过下面的公式，以数值计算的方式给出。

$$U = \sqrt{\frac{1}{N}\sum_{i=1}^{N} u_i^2} \tag{4-3-1}$$

　　只要采样的时间间隔 $T_s = 1/f_s$ 准确，且满足信号周期 $T_x = NT_s$ 的条件，则计算精度取决于 N 的大小。因此，这种测量方法以微处理器控制、判别、信息存储、数值运算等功能为基础，精度取决于 ADC 的位数。另外，在一个被测信号周期内要有足够的采样点，则需要 ADC 有较高的转换速度。实际上，高速 ADC 的位数和精度受到限制，所以以"直接采样-数值计算"法测量交流电压有效值时，通常被测信号的频率比较低。

目前，部分先进的数字电压表提供了多种交流电压测量方式，以满足不同的测量需求。以 Agilent 3458A 为例，可以支持三种真有效值交流电压测量模式。第一种是模拟计算式有效值转换技术，适用于任何带宽在 10 Hz~2 MHz 内的信号，测量准确度可达 0.03%，测量速度为每秒 0.8~50 个读数；第二种是基于随机采样的数值计算式真有效值技术，适用于任何带宽为 20 Hz~10 MHz 内的信号，并适合宽带的噪声测量，测量速度为每秒 0.025~45 个读数，但精度较低，仅为 0.1%；第三种是基于顺序采样（同步子采样）的数值计算式真有效值技术，适用于任何带宽为 1 Hz~10 MHz 内的信号，测量准确度高达 0.010%，测量速度为每秒 0.8~50 个读数，但要求输入是重复信号（如不是随机噪声）。

由于在 4.2 节模拟电压测量中已介绍了输入调节电路、有效值检波器等内容，与交流信号直接采样的相关问题将在第 6 章数字示波器的采样原理中做详细介绍，本节后续将重点介绍数字电压表中的模数转换器。

4.3.2 数字电压表中的模数转换器

数字电压表的核心部件是 ADC。数字电压表在发展历程中，曾经使用过很多种类型的 ADC，以满足电压测量的准确度、分辨力、测量速率、抗干扰性能等不断提高的要求。下面将根据 ADC 的分类，介绍典型 ADC 的基本工作原理及其在 DVM 中的应用。

1. ADC 的分类和特点

ADC 的历史可以追溯到 20 世纪 30 年代甚至更早。1939 年 11 月 22 日，Alec Harley Reeves 发明了 5 bit 的计数式 ADC。从那之后，为了满足在精确测量、传感器信号调理、数据采集、数字信号处理、软件无线电、直接数字频率合成、微转换器等业务领域不断增长的需求，各种结构和性能的 ADC 应运而生。随着电子计数的飞速发展，ADC 的新设计思想和制造技术也层出不穷。

目前种类繁多的 ADC 没有统一的分类标准。一般地，对于应用于数字电压表的 ADC，可以根据其实现原理分为三大类：直接型、间接型和复合型。

直接型 ADC 不经过任何中间变量而直接将输入的模拟电压信号转换为数字量，通常采用将输入模拟电压与离散标准电压相比较的方法来实现，典型的有逐次逼近式 ADC。

间接型 ADC 首先将输入的模拟电压转换为某种中间变量，如时间间隔、频率或者脉冲宽度等，然后再通过电子计数器等将中间变量转换为数字量。由于电子计数器在实现中间变量转换为数字量时的准确度很高，间接型 ADC 基本上可以忽略这部分转换误差。典型的有双斜积分式 ADC、多斜积分式 ADC、脉冲调宽式 ADC。

复合型 ADC 是将直接型和间接型结合，实现优势互补。一般地，直接型 ADC 的测量速度较快，间接型 ADC 的抗干扰性能好、测量准确度高。复合型 ADC 首先使用直接型 ADC 对大部分被测电压进行转换，输出转换结果的高位；然后将剩余的小部分电压用间接型 ADC 转换，其输出作为结果的低位。由于高位部分对应大电压，受干扰影响小，避开了直接型 ADC 抗干扰能力差的缺点，又能较好地发挥它速度快的优点。测量结果的低位部分对应小电压，间接型 ADC 能够发挥其抗干扰能力强的优点。由于低位部分在总的测量时间中占的比例较小，转换速度慢也不会对整体时间造成大的影响。

在电压测量领域，ADC 通常需要兼顾电压测量的准确度、测量速率、抗干扰性能等，目前常用的 ADC 有双斜积分式 ADC、多斜积分式 ADC、脉冲调宽式 ADC 和余数再循环式 ADC。早期的数字电压表还采用过斜坡电压式 ADC、阶梯电压式 ADC 和逐次逼近式 ADC。下面将依次对这些 ADC 的基本原理做详细的介绍。

2. 数字电压表采用的典型 ADC

（1）斜坡电压式 ADC

斜坡电压式 ADC 的组成原理如图 4-3-3 所示。斜坡电压式 ADC 实质上实现了 $V\text{-}T$ 变换的功能。斜坡电压发生器产生线性度很好的斜坡电压，设置输入比较器和接地比较器分别将此斜坡电压与被测电压及地电压相比较，在比较一致的时候分别输出脉冲信号。图 4-3-4 中，被测电压与斜坡电压首次比较一致，此时比较器输出的脉冲导致触发器产生正跳变；当斜坡电压降为 0 时，接地比较器输出另外一个脉冲，使触发器产生负跳变。触发器输出的脉冲信号被作为门控信号来控制主门对时钟信号的计数。显然，由于斜波电压是随时间线性变化的，门控时间与被测电压的大小成正比，对计数器的计数值 N 做适当的比例换算就可得到被测电压值。

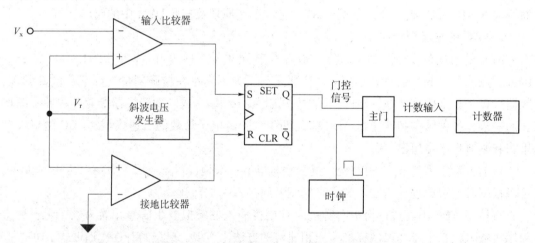

图 4-3-3　斜坡电压式 ADC 组成原理图

斜波电压通常是由 RC 积分器对一个标准电压 V_r 积分来产生，因此斜坡电压式 ADC 也称为单斜积分式 ADC。斜坡电压式 ADC 结构简单、实现成本低。它的缺点是积分器的电阻、电容值、斜波电压的线性和稳定性、比较器的漂移和死区电压等都会影响转换器的准确度，转换准确度较低。此外，斜坡电压式 ADC 电路的转换速度与被测电压值有关。在满量程时，转换时间最长。

如果采用 DAC 产生的线性阶梯信号来代替斜坡电压式 ADC 中的斜坡电压信号，可以构成一种阶梯电压式 ADC。采用 DAC 来代替模拟积分器，有助于解决斜波电压的线性和稳定性问题，但由于阶梯信号不是连续变化的，给测量结果中带来了额外的量化误差。

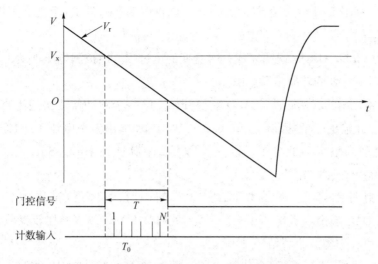

图 4-3-4　斜坡电压式 ADC 的工作波形图

（2）逐次逼近式 ADC

逐次逼近式 ADC 是逐次逼近比较式 ADC 的简称，隶属于直接型，基于比较原理，其特征是变换速度快，适用于高速自动测试或者测试结果实时性要求较高的场合。逐次逼近式 ADC 的基本原理与天平称重的原理相似，是用被测电压和一系列依次按二进制递减规律减小的已知电压进行比较，从数字码的最高位开始，逐次比较到低位，直至达到"平衡"，测出被测电压。逐次逼近式 DVM 原理框图如图 4-3-5 所示。

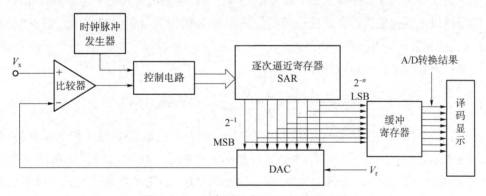

图 4-3-5　逐次逼近式 DVM 组成原理图

图 4-3-5 中，V_r 为基本量程信号电压，V_x 为被测信号电压，根据天平称重的基本原理，在寻找被测信号的测量值时，先搜索基本量程信号的 1/2，并按照 1/2 的比例逐渐缩小范围。借助于逐次逼近寄存器 SAR，若输出的最高位为 1，意味着反馈给比较器输入端的电压是基本量程的 1/2，后面的各位若均为 1，分别使得反馈给比较器输入端的电压增加基本量程的 $1/2^2$，$1/2^3$，…，$1/2^n$。若某位为零，则对反馈给比较器输入端的电压没有影响。

因此，每个时钟周期内，SAR 首先处理上一周期内所增加的基准码，基本原则是上一个循环结束时，如比较器输入端反馈信号$>V_r$，则将该基准码置0；反之，则将基准码保留为1。这也就遵循了天平称重原理中的"大者弃，小者留"原则。

下面以一个6 bit ADC来说明完成一次变换的全过程。设被测电压V_x为3.3 V，参考电压V_r为10 V，则ADC的转换步骤如下。

①控制电路发出的起始脉冲使A/D变换开始。第一个脉冲使逐次逼近寄存器SAR的最高位为1，SAR输出一个基准码（100000），经DAC输出参考电压V_r = 10/2 = 5.000 V，5 V$>$3.3 V，比较器输出为低电平。因此，当第二个脉冲到来时，SAR的最高位将回到"0"，此过程称为"大者弃"。

②第二个脉冲到来时，最高位回到"0"的同时，次高位被置"1"，基准码为（010000），经DAC输出参考电压V_r = 2.5 V。此时2.5 V$<$3.3 V，比较器输出为高电平，此位保留为"1"，称为"小者留"。

③第三个脉冲到来时，第三位被置"1"，此时SAR输出为（011000），经DAC输出参考电压为3.750 V。此时3.750 V$>$3.3 V，比较器输出为低电平，此位置为"0"。

④第四个脉冲到来时，第四位被置"1"，此时SAR输出为（010100），经DAC输出参考电压为3.125 V。此时3.125 V$<$3.3 V，比较器输出为高电平，此位保留"1"。

⑤第五个脉冲到来时，第五位被置"1"，此时SAR输出为（010110），经DAC输出参考电压为3.4375 V。此时3.437 5 V $>$3.3 V，比较器输出为低电平，此位置为"0"。

⑥第六个脉冲到来时，第六位被置"1"，此时SAR输出为（010101），经DAC输出参考电压为3.281 25 V。此时3.281 25 V$<$3.3 V，比较器输出为高电平，此位置保留"1"。

⑦经过以上逐位地进行了6次比较后，最后SAR输出为（010101），经过译码显示位3.281 V，这就是最终得到的ADC输出。

综上，该数字电压表显示的电压为

$$V_x = \left(\frac{0}{2} + \frac{1}{2^2} + \frac{0}{2^3} + \frac{1}{2^4} + \frac{0}{2^5} + \frac{1}{2^6} \right) \times 10 = 3.281 (V)$$

显然，最终得到转换结果与真值之间存在量化误差。这是SAR输出位数不够导致的。因此，随着位数的增加，显示电压就会更容易逼近被测值。由此可得，如果设n为ADC中SAR的位数，则ADC的分辨力为$V_r/2^n$，表示了ADC量化误差的最大值。该值也称为ADC的刻度系数，单位为"V/字"。

逐次逼近式ADC的准确度由参考电压、DAC、比较器的漂移等决定，其变换时间与输入电压大小无关，仅由它的数码的位数和钟频决定。在兼顾速度、准确度和成本三个主要性能要求方面有优势。

（3）余数再循环式ADC

通常，余数再循环式ADC又称为余数循环比较式ADC，是Fluke公司的专利。这种ADC是在逐次逼近式ADC的基础上，增加了余数存储电容、模拟减法器、放大器等电路而构成。这种ADC通过分级比较，先确定被测电压的最高位。然后把余下的部分放大，即余数部分向左移位后再进行测量,确定次高位。逐次类推,直至电压表的最低位,基本原理如图 4-3-6 所示。

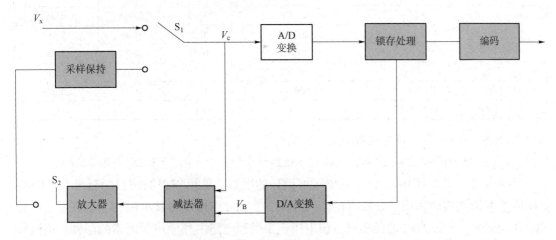

图 4-3-6 余数再循环式 DVM 组成原理图

图 4-3-6 中,减法器的输入分别是 V_c 和 V_B,V_c 通过 S_1 接被测电压 V_x 或经采样保持电路所保持的电压,后者即为放大后的余数电压。V_B 是 D/A 变换的数字量经数模变换反馈的模拟电压。

余数再循环式 ADC 的变换过程的各个工作周期中,存在三种工作模式:自动调零模式、比较模式、余数存储模式。自动调零模式既是一个工作周期的终止,又是下一个工作周期的开始。具体来说,以 6 位余数再循环式 ADC 为例,工作流程如下所述。

①在第一个周期中,ADC 首先执行自动调零操作;然后进入比较模式,通过逐次逼近比较,得到 6 bit 数据串 $b_{11}b_{12}b_{13}\,b_{14}b_{15}b_{16}$;最后进入余数存储模式,将被测电压与逐次逼近 DAC 输出电压的差值(即余数电压)放大 16 倍后,存储到存储电容器(采样保持中)。

②在第二个工作周期,存储电容器上的电压(即放大 16 倍的上一周期余数电压)被送入逐次逼近式 ADC,经过逐次逼近比较,又得到 6 bit 的数据串 $b_{21}b_{22}b_{23}b_{24}b_{25}b_{26}$。

③如此反复,直至 n 次循环结束。每个周期均获得 6 bit 的数据串 $b_{i1}b_{i2}b_{i3}b_{i4}b_{i5}b_{i6}$($i=1\sim n$,$n$ 为周期数),存储到数据寄存器中。

最终的测量结果为

$$V_o = V_r \cdot \sum_{j=1}^{n}\left[\frac{V_r}{16^{j-1}}\sum_{i=1}^{6}\left(\frac{b_{ji}}{2^i}\right)\right] \tag{4-3-2}$$

假设比较器的参考电压 V_r 为 8 V,为方便计算,放大器放大 16 倍,余数再循环式 ADC 的位数为 6,若 V_x 为 3.285 V,则测量的基本过程见表 4-3-1。

表 4-3-1　测量的基本过程

时钟周期	输入电压或余数放大电压 V_c/V	数字量 8 4 2 1 0.5 0.25	模拟输出量/V	余数电压/V	余数放大电压/V
1	3.285	001101	3.25	0.035	0.56
2	0.56	000010	0.5	0.06	0.96
3	0.96	000011	0.75	0.21	3.36
4	3.36	001101	3.25	0.11	1.76
5	1.76	000111	1.75	0.01	0.16
6	0.16	000000	0	—	—

根据式（4-3-2），测量周期 n 为 5，则有

$$V_x = 3.25 \times 16^0 + 0.5 \times 16^{-1} + 0.75 \times 16^{-2} + 3.25 \times 16^{-3} + 1.75 \times 16^{-4} = 3.284\ 999\ 84\ (\text{V})$$

在理论上，余数循环式 ADC 只要增加循环的次数，就可以提高测量的分辨力。Fluke 8840A 数字万用表就采用了余数再循环式 ADC，实现了 5½ 位的显示位数，直流电压准确度达 0.005%。尽管 ADC 的最小可分辨电压还要受到电路内外噪声等因素的限制，但这种 ADC 在硬件结构较简单的情况下，可以实现高的分辨力和较快的转换速度。Fluke 公司采用这种技术的直流电压表可以在 7½ 位的显示位数下达到每秒 500 次的测量速度。

（4）双斜积分式 ADC

双斜积分式 ADC 又称为双积分式，其工作原理是首先对被测电压进行定时积分，然后对参考电压进行定值积分。通过两次积分过程，将被测电压变换成与之成正比的时间间隔，再由计数器完成时间间隔测量，然后给出测量结果。图 4-3-7 是双斜积分式 DVM 的组成原理框图，图 4-3-8 是相关的工作波形图。双斜积分式 ADC 的工作流程如下所述。

①在测量开始前，开关 S_2 接通一段时间，使积分器输出电压回到零，保障积分电容上没有初始电荷，防止有误差。

②双斜积分式 ADC 进入第一阶段，即定时积分阶段。逻辑控制电路发出取样指令，将开关 S_1 连接在被测电压 $-V_x$，同时 S_2 断开，RC 积分器开始对被测电压进行积分。当积分器输出电压大于 0 时，比较器输出从低电平跳到高电平，打开闸门，启动定时计数器，时钟通过计数器计数。这时积分器输出是一个线性上升的电压，如图 4-3-8 所示。第一阶段又称为采样阶段，之所以称为定时积分，是因为积分时间固定为 T_1。通常选择计数器计满溢出的时间为 T_1。定时积分结束时，计数器的计数值为 N_1，同时计数器复零，逻辑控制电路把开关 S_1 连接到参考电压 V_{ref} 上，转入第二个积分阶段。

③第二个阶段是比较阶段，是对固定的参考电压进行积分，这个阶段也称为定值积分或反向积分阶段。开关 S_1 接到参考电压，参考电压与被测电压极性相反，电容开始放电。积分器输出开始线性下降，同时计数器从零开始计数。当积分器输出下降到零时，比较器从高电平变为低电平，使闸门关闭，计数停止，积分时间为 T_2。由图 4-3-8 可以看出，这个阶段所计的计数值 N_2 与被测电压成正比，反映了被测电压的数值。因此，只要将所计的脉冲数输出到显示器，就可以得到被测的电压数值。为保障第二阶段的计数不会溢

出，应保证 $T_2 < T_1$，也就意味着被测电压的绝对值应小于参考电压。

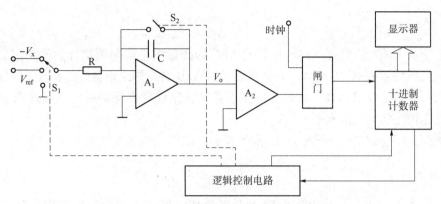

图 4-3-7 双斜积分式 DVM 的简化组成方框图

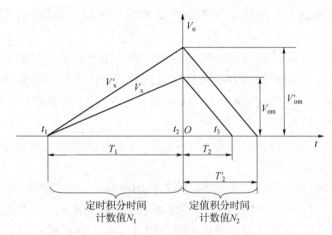

图 4-3-8 双斜积分式 ADC 的工作波形

根据上述工作过程的描述，在定时积分时间 T_1 内，有以下关系式

$$V_{om} = -\frac{1}{RC}\int_{t_1}^{t_2}(-V_x)\,\mathrm{d}t = \frac{T_1}{RC}V_x \qquad (4\text{-}3\text{-}3)$$

在定值积分时间 T_2 内，反向积分使输出具有以下关系

$$V_o = V_{om} - \frac{1}{RC}\int_{t_2}^{t_3}V_{ref}\,\mathrm{d}t = V_{om} - \frac{T_2}{RC}V_{ref} = 0 \qquad (4\text{-}3\text{-}4)$$

因此，

$$V_{om} = \frac{T_2}{RC}V_{ref} \qquad (4\text{-}3\text{-}5)$$

由式 (4-3-2) 和式 (4-3-4)，有

$$V_x = \frac{T_2}{T_1}V_{ref} \qquad (4\text{-}3\text{-}6)$$

由于 T_1、T_2 是通过对同一时钟信号（设周期 T_0）计数得到，即 $T_1 = N_1 T_0$，$T_2 = N_2 T_0$，

于是

$$V_x = \frac{N_2}{N_1} V_{ref} \tag{4-3-7}$$

从上面的公式可以看出，双斜积分式 ADC 的测量结果仅与两次计数值的比值及参考电压有关，积分器的 R、C 元件、计数器时钟对 A/D 转换结果不会产生影响，因而对这些元件参数的准确度要求不高，对时钟的要求是在转换周期内保持稳定。双斜积分式 ADC 容易达到比较高的测量准确度。

在被测电压受到串模干扰电压 V_{sm} 的干扰时，ADC 的输入电压为 $v_x = -(V_x + V_{sm})$，则

$$V_{om} = -\frac{1}{RC} \int_{t_1}^{t_2} v_x \mathrm{d}t = \frac{T_1}{RC} \overline{V}_x \tag{4-3-8}$$

从上式看出，积分输出电压与输入电压的平均值成正比。串模干扰电压在取平均后，对测量结果的影响将减小；如果串模干扰电压是正负对称的周期信号，且积分时间是干扰信号周期的整数倍，串模干扰将完全被抑制。因此，双斜积分式 ADC 具有较高的抗干扰能力。

综上所述，双斜积分式 ADC 具有转换准确度高、灵敏度高、抑制干扰能力强、造价低等优点。双斜积分式 ADC 的缺点是转换速度比较低，由于积分时间的限制，一般转换时间在几十 ms 至几百 ms（转换速度为几次/s 至几十次/s），因此双斜积分式 ADC 常用于高准确度、慢速测量的场合。

双斜积分式 ADC 在定值积分阶段，计数值 N_2 存在计数误差，从而导致量化误差，这与计数器的量化误差是一致的。

双斜积分式 ADC 要求积分器在较宽的动态范围内保持较好的线性度；如果不能做到，则会带来测量误差。积分器和比较器的失调偏移也不能在两次积分中抵消，为此常采用自动调零技术，即在 ADC 转换过程中增加了两个积分周期，分别测出 ADC 中运算放大器和比较器中的失调电压，并分别存储在电容器中或寄存器中，当对模拟信号进行转换时，就可以扣除上述已存储的失调电压，实现精确的模数转换。自动调零技术可将起始失调电压的影响降低 1~2 个数量级。

（5）三斜积分式 ADC

三斜积分式 ADC 是在双斜积分式 ADC 的基础上发展起来的。双斜积分式转换器具有抗干扰性能强的特点，在采用零点校准和增益校准前提下其转换准确度也可以做得很高，但显著的不足之处是转换速度慢，并且分辨力要求越高，其转换速度也就越慢。三斜积分式 ADC 可以较好地减小积分式 ADC 的计数误差、提高测量速度。

三斜积分式 ADC 的原理框图与双斜积分式 ADC 十分相似。区别在于在反向积分阶段，在接入参考电压 V_{ref} 一段时间后，还要接入另一个参考电压 V_{ref}/k $(k>1)$，并分别用计数器对这两段反向积分时间进行计数。

如图 4-3-9 所示，三斜积分式 ADC 的第一个积分阶段的工作波形与双斜积分式相同，也是对被测电压进行定时积分，所用时间为 $T_1 = N_1 T_0$。反向积分分为两个子阶段。第一个子阶段对参考电压 V_{ref} 进行积分，当积分器输出电压下降到某个设定电压 V_T 后，积分器并

不立即停止积分，而是等到计数器的下一个时钟到来时，计满整数个 T_0 周期后，再停止第一个子阶段积分。这一段积分时间为 $T_{21} = N_{21}T_0$，且不存在计数误差。在第二个子阶段，积分器对参考电压 V_{ref}/k 进行反向积分，直到输出电压为零。这一段积分时间为 $T_{22} = N_{22}T_0$，存在计数误差。

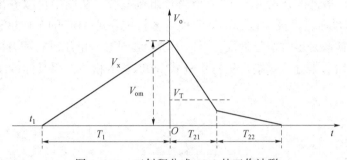

图 4-3-9　三斜积分式 ADC 的工作波形

在上述积分过程中，积分电容上的累积电荷为零，因此可以得到下面的等式

$$\frac{1}{RC}\int_{T_1}V_x\mathrm{d}t - \frac{1}{RC}\int_{T_{21}}V_{ref}\mathrm{d}t - \frac{1}{RC}\int_{T_{22}}\frac{V_{ref}}{k}\mathrm{d}t = 0 \qquad (4\text{-}3\text{-}9)$$

用与式（4-3-3）到式（4-3-7）推导过程相同的方法，可得

$$V_x = \frac{kN_{21}+N_{22}}{kN_1}V_{ref} \qquad (4\text{-}3\text{-}10)$$

在上式中，在 N_1，N_{21}，N_{22} 存在相同误差的情况下，N_1 和 N_{21} 对被测结果的影响比 N_{22} 大 k 倍。由于计数值 N_1 和 N_{21} 不存在计数误差，仅有 N_{22} 存在计数误差，因此，测量的主要部分没有误差，次要部分的误差削减为原来的 $\dfrac{1}{k}$，所以三斜积分式 ADC 的计数误差明显减小了。

采用误差合成公式，三斜积分式 ADC 计数误差对于整体电压测量的影响为

$$\frac{\Delta V_x}{V_x} = \frac{\pm 1}{kN_{21}+N_{22}}\Delta N_{22} \qquad (4\text{-}3\text{-}11)$$

对于双斜积分式 ADC，上面公式右边分母应为 N_2。假设双斜积分的反向积分时间也包含两部分，应为 $N_2 = N_{21} + N_{22}$。对比式（4-3-11），$N_2 = N_{21} + N_{22} < kN_{21}+N_{22}$，因此，三斜积分式 ADC 的计数误差明显减小了。这里面的原理与计数器中采用内插扩展法减小量化误差的原理十分相似。

在测量速度方面，三斜积分式 ADC 表面上看比双斜积分式 ADC 所用的时间要长。但在考虑达到同样的显示位数和计数误差条件下，双斜积分式 ADC 需要的时间为 $N_1T_0 + kN_{21}T_0 + N_{22}T_0$，而三斜积分式 ADC 需要的时间仅为 $N_1T_0 + N_{21}T_0 + N_{22}T_0$，显然，$N_1T_0 + kN_{21}T_0 + N_{22}T_0 > N_1T_0 + N_{21}T_0 + N_{22}T_0$，三斜积分式 ADC 耗时更短。可见，三斜积分式测量速度提高了很多。

（6）多斜积分式 ADC

多斜积分式 ADC 是在三斜积分式 ADC 的基础上发展起来的。多斜积分式 ADC 不仅能减小积分式 ADC 的计数误差、提高测量速度，而且还可以减小对积分器动态范围的要求，全面克服积分式 ADC 的不足。

图 4-3-10 是多斜积分式 ADC 的一个简化组成框图。从图中可以看出，多斜积分式 ADC 有多个参考电压，且极性也有正负两种。多斜积分式 ADC 的工作过程也分为两个大的阶段。第一个阶段是定时积分阶段；第二个阶段是对参考电压进行积分的阶段，可称为比较阶段。尽管阶段划分与双斜、三斜积分式 ADC 基本相似，但具体的工作过程却有较大的差别。

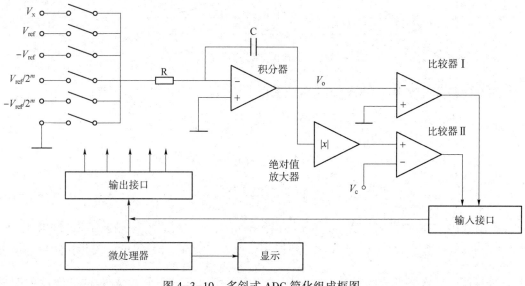

图 4-3-10 多斜式 ADC 简化组成框图

在定时积分阶段，又分为若干子阶段。

①首先对被测电压积分，持续一段时间。

②在保持被测电压输入的同时，接入与被测电压极性相反的参考电压 V_{ref} 或 $-V_{ref}$。由于 V_{ref} 要比被测电压的绝对值大，从接入参考电压之后，积分器的输出就向相反方向变化。

③在输出电压穿过零电压后，在下一个计数时钟到来时，接入另一个极性的 V_{ref} 参考电压，使积分输出电压在此向相反方向变化，直到定时积分时间结束。

在定时积分阶段，各子阶段积分时间都是时钟周期的整数倍，因而各子阶段的计数值没有计数误差。由于对被测电压积分时间不长就加入了极性相反的参考电压参与积分，因此，积分器的输出变化幅度不大。通常情况下，积分器输出在零电压附近摆动。因此，在这一阶段，积分器的输出在一个不大的范围内变化，对积分器动态范围的要求大大降低。

在比较阶段，断开被测电压，仅对参考电压进行积分，但参考电压的极性和大小有多种选择。

①在开始时，先对大的参考电压进行反向积分。

②积分输出电压穿过零电压后，在下一个时钟到来时，就用极性相反、数值小一个等级的参考电压进行积分。

③再次穿过零电压后，在下一个始终到来时，采用极性相反，数值上对于第②步再小一个等级的参考电压进行积分。

④以此类推，直至接入最小参考电压的积分输出为零时结束积分。

⑤最后，记录各段积分过程中的参考电压极性、大小和时钟周期数，最终可以推算出被测电压值。

与定时积分阶段类似，比较阶段的输出围绕零电压摆动，除了最后一个阶段，前面各个阶段均不存在计数误差，与三斜积分式 ADC 类似，最后一个阶段的量化误差对总误差的影响明显减少。

因此，多斜积分式 ADC 在减小计数误差、提高测量速度方面，具有与三斜积分式 ADC 相似的优越性能。多斜积分式 ADC 可以克服积分式 ADC 的三个重要缺点，但电路实现比较复杂，一般需要在微处理器的控制下工作。

（7）脉冲调宽式 ADC

脉冲调宽式 ADC 也是积分式 ADC 的一种形式，是 Solartron 公司的专利。尽管在结构上与双斜积分式 ADC 类似，但是两者原理上差别较大，主要在于前者积分器的输入电压不仅有被测电压、参考电压，还有周期固定、幅度为 $\pm V_s$ 的方波电压。脉冲调宽式 ADC 主要克服了双斜积分式 ADC 中积分器的动态范围对测量准确度的限制问题。脉冲调宽式 ADC 另一个优点是可以实现对被测电压的连续测量，为被测信号源提供稳定的负载；而其他积分式 ADC 的采样是间断的，不能实现连续测量。

脉冲调宽式 ADC 的原理如图 4-3-11（a）所示，其中的积分器输入端有三个输入信号：被测电压、方波电压、正或负的参考电压。被测电压和方波电压与积分器的输入端一直相连，参考电压则是在控制电路的作用下，根据需要适时地加到输入端。如果被测电压 V_i 为零，即没有被测电压时，积分器的输出处于动态零平衡状态，输出脉冲正向和负向的时间相等，计数器的计数值为累积零。脉冲调宽式 ADC 的基本流程如下所述。

设从 $t=0$ 时刻开始 A/D 已进入稳定的工作状态，当被测电压 $V_i>0$ 时，节拍方波进入负半周状态，积分器输出为负；开关 S_1 接通参考电压 $-V_r$。积分器输入端负电压之和大于正电压，使积分器中的电容放电，积分器输出正向斜波。到 t_1 时刻积分器的输出电位越过零点，使比较器的输出由低电平跃变为高电平。这时控制电路使 S_2 接通、S_1 断开，积分器的输入电压为 V_i、$+V_r$ 和 $-V_s$ 叠加而成，由于 V_s 仍然在负半周，负电压仍大于正电压，使积分器继续放电。在 t_2 时刻节拍方波进入正半周，积分器输入为正电压，使积分器充电，积分器输出负向斜波。直至 t_3 时刻积分器的输出再次越过零点，比较器的输出由高电平变为低电平，控制电路使开关 S_1 接通、S_2 断开，$-V_r$ 接到积分器的输入端，使积分器输入端正电压减小，电容器继续充电，但速度已经减慢。直至节拍方波改变为 $-V_s$，重复以 t_0 开始的过程。

在一次 A/D 转换过程中，由于节拍方波是对称的，一个周期内积分的平均电压为零，

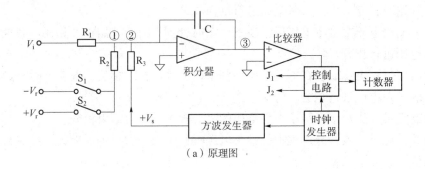

（a）原理图

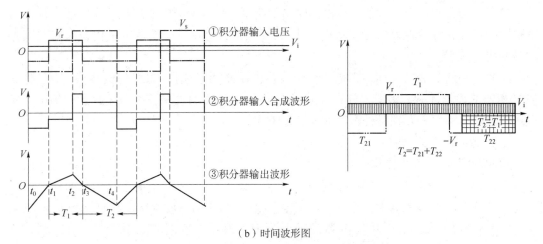

（b）时间波形图

图4-3-11　脉冲调宽式原理图及时间波形图

所以它对 A/D 转化的结果没有贡献，仅仅用于控制 A/D 转换周期；而+V_r和-V_r的作用时间则取决于被测电压的大小。图 4-3-11（b）中，波形②表示作用于积分器输入端的参考电压变化情况，③中 T_1、T_2分别表示+V_r和-V_r的作用时间；在一次 A/D 转换过程中，正、负参考电压的总作用时间 T_1+T_2 为方波的周期 T_s。

按照电荷平衡原理，在方波的一个周期内，积分电容器净得电荷量为零，有以下方程式

$$\frac{1}{R_1 C}\int_0^{T_1+T_2} V_i \mathrm{d}t + \frac{1}{R_2 C}\int_0^{T_1} V_r \mathrm{d}t + \frac{1}{R_2 C}\int_0^{T_2} -V_r \mathrm{d}t = 0 \qquad (4\text{-}3\text{-}12)$$

$$\frac{V_i}{R_1 C}\times(T_1+T_2)+\frac{V_r T_1}{R_2 C}+\frac{-V_r T_2}{R_2 C}=0 \qquad (4\text{-}3\text{-}13)$$

如果 $R_1 = R_2$，则得到

$$V_i = \frac{T_2 - T_1}{T_s}\times V_r \qquad (4\text{-}3\text{-}14)$$

为了对 $T_2 - T_1$ 进行测量，对上式进行一些变化。由于

$$T_2 - T_1 = 2T_2 - (T_1 + T_2) = 2T_2 - T_s \qquad (4\text{-}3\text{-}15)$$

所以有

$$V_i = \frac{2V_r}{T_s} \times \left(T_2 - \frac{T_s}{2} \right) \qquad (4\text{-}3\text{-}16)$$

由式（4-3-16）可见，若在（$T_2-T_s/2$）时间内对时钟信号进行计数，就得到被测电压的转换结果。从上述的讨论中可以看到脉冲调宽式仍属于积分型 A/D，所以积分元件不会影响模数转换准确度。如果节拍方波的周期为干扰信号周期的整数倍，干扰信号的影响将削弱或接近消除，故脉冲调宽式 ADC 具有良好的抗串模干扰能力。此外，节拍电压的接入使积分器的输出在 0 V 上下摆动，减小了对积分器动态范围的需求，容易降低非线性失真的影响。因此，脉冲调宽式 ADC 是一种高准确度的 ADC。

4.3.3 数字电压表的技术参数

衡量数字电压表性能的指标多达 30 项，这里主要介绍一些重要的指标，以便指导正确选择和使用数字电压表。

1. 测量范围

模拟电压表利用量程就可表征其电压测量范围，而数字电压表则用量程、显示位数及超量程能力反映其测量范围。

（1）量程

数字电压表的量程是以基本量程为基础，借助于步进分压器和前置放大器向两端扩展，其下限可达 nV 级，上限达 kV 级，基本量程多数为 1 V 或 10 V，也有 2 V 或 5 V。

（2）显示位数

显示位数常以分数的形式给出，指的是能显示 0~9 十个数码的位数。在数字电压表中，能显示 0~9 十个数码的位称为完整显示位，其他情况为分数显示位。分数位的数值是以最大显示值中最高位数字作为分子，用满量程时最高位数字作分母。例如，3½位指其最大显示位为 1 999（量程约等于 2 000，故满量程的最高位数字为 2）；对于 3¾位，最大能显示 3 999 等。

（3）超量程能力

对于数字电压表中的分数显示位应该分两种情况来看。例如 3½位 DVM，当基本量程为 1 V 或 10 V 时，最大显示位为 1.999 V 或者 19.99 V，因此带有分数显示位的 DVM 表示具有超量程能力。当基本量程为 2 V 时，其最大显示为 1.999 V，此时无超量程能力。

2. 分辨力或灵敏度

分辨力指的是最小电压量程上末位 1 个字所对应的电压值，表征仪表灵敏度的高低。例如，一块 4½位的电压表，最小量程为 100 mV，最末一位改变一个字时相当于 10 μV，所以它的分辨力就是 10 μV。数字电压表的分辨力随显示位数的增加而提高。

分辨力指标亦可用分辨率来表征。分辨率是指电压表能显示的最小数字（零除外）与最大数字的百分比。例如，一般 3½位数字电压表可显示的最小数字为 1，最大数字可为 1 999，故分辨率等于 1/1 999≈0.05%。

需要指出，分辨率与准确度属于两个不同的概念。前者表征仪表的"灵敏性"，即对微小电压的"识别"能力；后者反映测量的"准确性"，即测量结果与真值的一致程度。二者无必然的联系，因此不能混为一谈，更不得将分辨力（或分辨率）误以为是准确度。从测量角度看，分辨力是"虚"指标，与测量误差无关；准确度才是"实"指标，它决定测量误差的大小。任意增加显示位数来提高仪表分辨力的方案是不可取的。

3. 测量误差和准确度

（1）固有误差

数字电压表的基本误差用绝对误差表示为

$$\Delta V = \pm(\alpha\% V_x + \beta\% V_m) \tag{4-3-17}$$

式中，第一项与读数成正比，称为"读数误差"；第二项不随读数而变，仅与量程有关，称为"满度误差"。读数误差是由测量电路里的衰减器、放大器、参考电压、ADC 的线性度、稳定度和变换误差等因素造成的。满度误差包括量化、偏移（指放大器、比较器、积分器等的零点漂移）、内部噪声等产生的误差。该误差对测量结果带来的误差与被测电压大小无关，而只决定于不同量程的满度值，有时也用 $\pm n$ 个字来表示。

$$\Delta V = \pm\alpha\% V_x \pm n \tag{4-3-18}$$

例 4-3-1 用 4½ 位 DVM 测量 1.5 V 电压，分别用 2 V 挡和 200 V 挡测量，已知 2 V 挡和 200 V 挡固有误差分别为 $\pm 0.025\% V_x \pm 1$ 字和 $\pm 0.03\% V_x \pm 1$ 字。问两种情况下由固有误差引起的测量误差各为多少？

解：该 DVM 为 4½ 显示，最大显示为 19 999，所以 2 V 挡和 200 V 挡 ± 1 字分别代表

$$V_{e2} = \pm\frac{2}{19\ 999} = \pm 0.000\ 1\ （V），\quad V_{e200} = \pm\frac{200}{19\ 999} = \pm 0.01\ （V）$$

用 2 V 挡测量时的示值相对误差为

$$\gamma_2 = \frac{\Delta V_2}{V_x} = \frac{\pm 0.025\% V_x \pm 0.000\ 1}{1.5} = \pm 0.032\%$$

用 200 V 挡测量时的示值相对误差为

$$\gamma_{200} = \frac{\Delta V_{200}}{V_x} = \frac{\pm 0.03\% V_x \pm 0.01}{1.5} = \pm 0.03\% \pm 0.67\% = \pm 0.07\%$$

由此可以看出，不同量程 ± 1 字误差对测量结果的影响也不一样，测量时应尽量选择合适的量程。

（2）输入阻抗和输入零电流的附加误差

通常输入阻抗是指数字电压表在工作状态下，从输入端看进去的输入电路的等效电阻。数字电压表的输入电路中大多采用阻抗极高的场效应管。测量交流电压时，输入阻抗不仅有电阻成分，而且包含有关联的电容成分。低电平输入时，被测电压是直接加到前置放大器的输入端的，所以输入电阻可到几千 MΩ。在高电平（10 V 以上）输入时，被测电压是经过分压加到前置放大器输入端的，为保证分压比的稳定，分压器的阻值不能取得很大，故高电平测量时的输入电阻通常是 10 MΩ 上下，其输入电容在几 pF 到几十 pF。

输入零电流又称输入偏置电流，是由电压表内部电路所引起的、在输入电路中流入或流出的一种等效电流，其电流值与输入信号电压大小无关，即使在输入电压为零时，此电

流也仍然存在，典型值为 $I_0 = 0.5$ nA。输入零电流所引起的测量误差对小信号测量的影响尤为明显。

图 4-3-12 表示了输入阻抗及零电流所产生的影响。

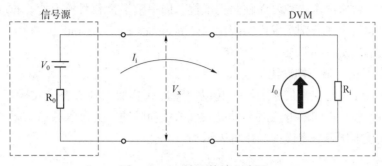

图 4-3-12　输入等效电路图

设被测信号源为 V_0，内阻为 R_0，DVM 的输入阻抗为 R_i，零电流为 I_0，则由于输入阻抗和输入零电流产生的附加误差分别为

$$\gamma_{R_i} = \frac{\Delta V_x}{V_x} = \frac{R_0}{R_i + R_0} \approx \frac{R_0}{R_i}$$

$$\gamma_{I_0} = \frac{\Delta V_x}{V_x} = \frac{I_0 R_0}{V_x}$$

除了以上附加误差外，还有环境温度变化引起的误差，可用温度系数表示，如

$$(0.0001\% V_x + 0.0001\% V_m)/℃$$

4. 测量速度

测量速度是指每秒钟测量电压的次数，其单位是"次/s"或者"读数/s"，主要取决于 A/D 变换器的变换速度。积分式数字电压表很难达到百次/s 的测量速度，逐次逼近比较式的测量速度可达 10^5/s 次以上。

测量速率与准确度指标存在着矛盾，通常是准确度越高，测量速率越低，二者难以兼顾。为解决这一矛盾，可在数字电压表上设置不同的显示位数或设置测量速度转换开关，以满足不同用户对测量速率的需求。例如，增设快速测量挡，该挡采用变换速度较高的 A/D 转换器；还可通过降低显示位数来大幅度提高测量速率。

5. 抗干扰能力

数字电压表有许多突出的技术性能，如高输入阻抗、高准确度、高灵敏度，但正是由于这些特点，对抗干扰能力的要求就很高。为了抑制干扰，通常在数字电压表中采取多种防护措施，导致其结构复杂，且对工艺的要求也很高。

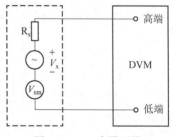

为了防止干扰，数字电压表的测试线都应该屏蔽，同时需要考虑接地问题。如图 4-3-13 是一个两输入端的测量仪器（大多数模拟电压表属于这一类），测试线的屏蔽一端接地（机壳）。当被测源地和电压表地之间存在干扰

图 4-3-13　串模干扰

时，将产生环路地电流，并在测试线上产生电压降，并与被测电压串联在一起加到电压表输入端，从而产生测量误差。对模拟电压表，由于灵敏度不高，干扰与被测电压相比较，影响可以忽略。因此，数字电压表常采用浮置输入和双屏蔽等方式以增加抗干扰能力。

一般来说，数字电压表主要面临两类干扰，即串模干扰和共模干扰。相应地，抗干扰能力的指标也有两个，分别是串模抑制比（series mode rejection ratio，SMRR）和共模抑制比（common mode rejection ratio，CMRR）。

（1）串模干扰与串模抑制比

串模干扰电压指与被测信号电压一起以串联形式叠加在电压表输入端上的干扰电压。它的来源很多，包括空间的电磁波、供电系统的扰动脉冲、交流电源的工频干扰、直流稳压电源中的纹波电压等。串模抑制比可表示为

$$SMRR = 20\lg \frac{V_{sm}}{\delta} \qquad (4-3-19)$$

式中，V_{sm} 为串模干扰电压峰值，δ 为由 V_{sm} 所造成的最大显示误差。

例如，某一个数字电压表的 SMRR 为 40 dB，说明串模干扰电压造成的误差是 ±1%。显然，SMRR 越大，数字电压表对串模干扰的抑制能力也越强，一般数字电压表的串模干扰抑制比在 30~60 dB 之间。

（2）共模干扰与共模抑制比

共模干扰是由被测源的地线和数字电压表地线之间存在电位差造成的，因此共模干扰同时作用于电压表的两输入端。如图 4-3-14 所示，共模干扰对数字电压表的高端和低端都会产生影响。

一般数字电压表的输入都是浮置的单端输入，即两个输入端都是对地浮置的，但并不对称，分别称为高端和低端。如图 4-3-14 所示，Z_1 和 Z_2 分别表示高端和低端对 DVM 机壳之间的绝缘阻抗，一般 $Z_1 \gg Z_2$。

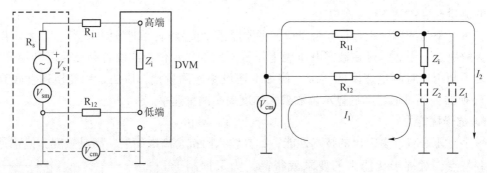

图 4-3-14　共模干扰及其等效电路

共模干扰电压作用下产生的电流（I_1 和 I_2）串入数字电压表的两根信号输入线。实际上，共模干扰电压只有转化为串接于电压表两输入端的电压，才会对测量产生影响。由图 4-3-14 可见，电流分别流过输入线电阻 R_{11}、R_{12} 产生压降，形成串模干扰电压。CMRR 定义为

$$CMRR = 20\lg \frac{V_{cm}}{V_{sm}} \tag{4-3-20}$$

式中，V_{cm} 为共模干扰电压峰值，V_{sm} 为由共模干扰电压转化成的串模干扰电压峰值。

一般 $Z_1 \gg Z_2$，故 $I_2 \gg I_1$，若不计 I_1 对 DVM 高端的影响，则 $V_{sm} = I_2 R_{12}$，而

$$I_2 = V_{cm} / |R_{12} + Z_2| \approx V_{cm} / |Z_2|$$

则

$$CMRR \approx 20\lg \frac{|Z_2|}{R_{12}} \tag{4-3-21}$$

可见，当 R_{12} 一定（在测量 CMRR 时，R_{12} 取标称值 1 kΩ）时，为提高共模干扰抑制比，必须减少共模干扰向串模干扰转化的途径，这时可增大 Z_2，并对数字电压表测量系统的 A/D 变换部分进行浮置或多层屏蔽。一般数字电压表的 CMRR 可达 86～120 dB。

非积分式 DVM 对被测电压的瞬时值产生响应，因此对串模干扰没有抑制能力，即当被测电压上叠加有串模干扰电压时，这一干扰电压将在测量结果中反映出来，从而造成示值误差。而积分式 DVM 的平均作用可能减弱或消除叠加在被测电压上的串模干扰，因而具有很高的 SMRR。

对串模干扰而言，在一定的积分时间条件下，干扰频率越高，SMRR 越大。当干扰频率每增加 10 倍频程，SMRR 约增加 20 dB。因此，串模干扰的影响主要在低频阶段。对一定频率信号而言，积分时间越长，SMRR 越大，所以增大积分时间可在一定程度上减少干扰对测量结果的影响，但将导致测量速率下降。当选择积分时间为干扰信号周期的整数倍时，SMRR 趋向于无穷大，此时干扰信号可完全被平均消除。由于最常见的干扰信号频率为工频（50 Hz），所以一般积分时间都选择 20 ms、40 ms、80 ms 等。

4.4 基于电压测量的其他仪器

基于电压测量阻抗的典型仪器有数字万用表和 LCR 测量仪，下面对这两种仪器结构和原理进行介绍。

4.4.1 数字万用表

1. 概述

数字万用表也称为数字多用表（digital multi-meter, DMM），是电子工作者最常用的仪表。数字万用表不仅可以测量直流电压（DCV）、交流电压（ACV）、直流电流（DCA）、交流电流（ACA）、电阻（Ω）、二极管正向压降和电路的导通/断开等，有些万用表还能测电容、频率、周期、温度、三极管电流增益，甚至能观测被测电压的波形。如果接入特殊的传感器，还可以实现非电量的测量，如光感度、酸碱度（PH）、风速、相对湿度等。

2. 数字万用表的基本结构和原理

数字万用表通常是在数字电压表的基础上，通过增加相应的转换电路，来实现各种电量的测量。图 4-4-1 是一种数字万用表的结构简图。电流变换器的作用是实现电流-电压转换，将直流电流转换成直流电压，或者将交流电流转换为交流电压。欧姆变换器的作用是实现电阻-电压变换，将电阻的测量转换为直流电压的测量。4.3.1 节已经介绍了交流电压的测量方法。本节主要讨论电流变换器和欧姆变换器。

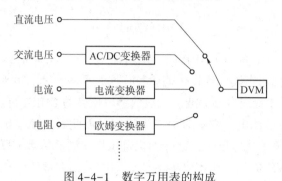

图 4-4-1　数字万用表的构成

（1）电流-电压转换器

将电流转换成电压的方法是让被测电流流过一个阻值已知的标准电阻，测出标准电阻两端的电压，便能确定被测电流的大小。改换电阻即能改换量程，一种典型的电流-电压转换电路如图 4-4-2 所示。

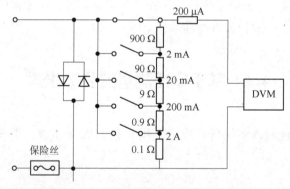

图 4-4-2　电流-电压转换电路

在图 4-4-2 中，各挡电流量程的满量程电压均为 200 mV，对应于数字万用表电压量程的最低挡，目的是尽可能减小电流测量内阻，降低对被测电路的影响。为了提供小量程上过载保护，两个反向并联的二极管跨接在输入端，在取样电阻两端电压达到破坏值之前，其中一个二极管导通，并使保险丝融化。

目前数字万用表的电流测量可小至 μA 级，若仍然使用图 4-4-2 中的电路，万用表的内阻将影响被测电路的工作。在测量小电流的时候，可以将标准电阻连接在运算放大器输出端与负输入端的反馈回路中。虽然运算放大器的输入阻抗很高，但由它构成的并联电压负反馈电路的输入阻抗很低，满足电流测量对低内阻的要求。

（2）电阻测量

①基于二端测量的恒流源法。

如图4-4-3所示，当被测未知电阻 R_x 中流过已知电流 I_s 时，在未知电阻 R_x 上产生了电压降 $V_x = R_x I_s$。因此只要测出电压降，就可得到被测电阻值。改变恒定电流值，并选择一个恰当满刻度电压的DVM，便可扩大被测电阻值的范围，实现多量程测量。恒流源法的测量准确度主要取决于恒流源的准确度和稳定性及DVM的内阻。

②基于四端测量的恒流源法。

当采用二端测量模式的恒流源法时，被测量电阻的测量值还包括了测量线电阻。当被测电阻的阻值较大时，测试线电阻可以忽略；当被测电阻阻值较小时，测量线电阻将带来很大的误差。在测量小电阻时，可以采用如图4-4-4所示的四端测量模式。

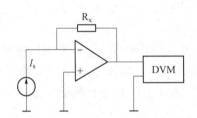

图4-4-3　基于二端测量的恒流源法

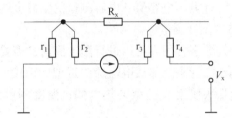

图4-4-4　基于四端测量的恒流源法

四端测量是将两对导线分别接在被测电阻两端，测试电流的馈送和电压测量是分开的，其中外侧的两根导线是测量线。由于电压表输入阻抗非常高，电流都流到内侧的两根导线，所以以测量线上基本没有电流流过，这样电压表测得的将是电阻两端的实际压降。台式万用表通常提供二端测量和四端测量两种电阻测量模式供用户选择。

③恒压源法。

恒流源法适于中低阻值测量。对于高阻测量，若仍采用恒流源法，须采用微安级的电流源，这样欧姆放大器的零电流的影响将不可忽略。因此，测量高阻时，宜采用恒压源法。恒压源法可用图4-4-5所示的电路来说明。由图可知，V_x 和 R_x 之间的关系为 $R_x = R_r \dfrac{V_x}{V_r - V_x}$。所以只要测出电压值 V_x，则可得出电阻值 R_x。

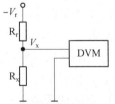

图4-4-5　恒压源法电阻测量

3. 数字万用表的其他测量功能

除了上述的基本测量功能之外，现代数字万用表还有很多其他测量功能。这些功能使万用表应用更加广泛、方便和实用。

（1）通断指示

万用表中通常内置蜂鸣器，当被测线路的阻值低于某个值（如10 Ω）时，蜂鸣器就会发出声响。使用者不必再看表盘，就能得到线路通断的信息。

（2）频率和周期测量

采用积分式 ADC 的数字万用表内部通常有一个计数器，因此数字万用表一般具有频率和周期测量的功能。但由于交流带宽的限制，仅适用于检测电源线、音频和其他低频信号的频率。

（3）最小、最大和平均读数

在这种测量模式下，万用表实时监测测量值的变化，跟踪读数的最小、最大或平均值。平均读数功能可以用来去除读数的微小差异（可能是由噪声引起的），提高测量分辨率，得到更准确的读数值。最小或最大读数功能可用来捕捉罕见的强电振荡或电压丢失。例如，可将万用表连接电源线，在几个小时的时间内捕获最大或最小线电压。

（4）电容测量

数字万用表一般都能测量电容。通过给被测电容提供恒流源，测量电容充电之后的放电特性，计算出电容值。电容测量的精确度约为 1%~2%。

（5）温度测量

一些数字万用表可以进行温度测量，需要外接温度传感器的探头。一般使用两种基本类型的温度探头。热敏电阻探头近似的温度测量范围为 -80~150 ℃，测量误差小于 1 ℃；热电偶探头使用 K 类型的热电偶，温度测量范围为 -260~260 ℃，其测量准确度为几摄氏度。

4. 数字万用表的自动功能

先进的数字万用表通常具备一些自动功能，包括自动量程转换、自动调零、自动校准、自动关机等。具有量程自动切换的万用表可自动选择最佳的量程。自动量程万用表实际上复制了有仪表使用经验的用户行为。如果万用表过载了，可选择大一点的量程；如果测量值足够小，则使用一个很小的量程，以达到更高的测量准确度。由于需要时间来完成自动切换，自动量程转换会使测量速度降低。

*4.4.2   LCR 测量仪

LCR 测量仪是一种以数字测量方式实现各种无源阻抗参量测量的仪器。LCR 测量不仅能测量电感（L）、电容（C）、电阻（R），还能获得描述元件的各种参数，包括：阻抗 Z、电抗 X、导纳 Y、电导 G、电纳 B、损耗 D、品质因素 Q、相位角 θ 等。仪器测量时并不直接测量某单个参数，而是测量复阻抗，然后按照其相互关系转换成所需测量参数。

1. 阻抗测量的基本方法

测量阻抗时有电桥法、谐振法、射频 I-V 法、网络分析仪法、自动平衡电桥法等多种方法可供选择，它们有各自的优缺点。由于没有某种测试方法能够满足所有的测试需求，所以测试者需要综合考虑测量条件、准确度、频率范围、操作复杂性和量程等测量需求后，选择最适当的方法进行测量。一般地，电桥法和谐振法测试过程烦琐、费时，容易产生测量误差，目前已应用不多；如果考虑测量的准确度和操作复杂性，自动平衡电桥方法对于 20 Hz~110 MHz 范围内的频率测量是最好的选择；对于 100 MHz~3G Hz 的频率，使用射频 I-V 法有着最佳的测量能力；如果频率超过 3 GHz，则宜采用网络分析仪来进行测试。例如，Agilent E4980A 是一种用于元器件接收检验、质量控制和实验室使用的通用 LCR 表，采用自动平衡电桥法实现，对 20 Hz~2 MHz 范围内任意频点都能提供 4 bit 分辨率显示，测量基本准确度为 0.05%，可以实现 MΩ 级等效串联电阻的低阻抗测量，也能实现高达 fF 级等效电容的高阻抗测量。

下面对几种常用的阻抗测量方法做简要介绍。

（1）射频 I-V 法

如图 4-4-6 所示，射频 I-V 法使用阻抗匹配电路和高精度同轴测试端口来实现高频阻抗测量，图中的两种电路分别适用于低阻抗和高阻抗的测量。根据图中两个电压表测得的电压值可以计算出被测元件的阻抗，低阻抗和高阻抗的计算公式分别为

$$Z_x = \frac{V}{I} = \frac{2R}{\frac{V_2}{V_1} - 1} \tag{4-4-1}$$

$$Z_x = \frac{V}{I} = \frac{R}{2}\left(\frac{V_1}{V_2} - 1\right) \tag{4-4-2}$$

实际上，常采用低损耗变压器来代替用于电流测量的电阻 R，但变压器限制了可以测量频率的最低值。

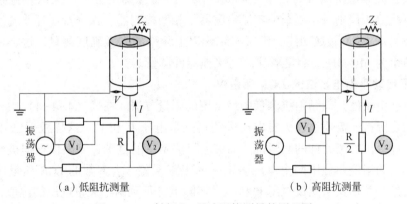

（a）低阻抗测量　　　　　　　　（b）高阻抗测量

图 4-4-6　射频 I-V 法阻抗测量的原理图

（2）网络分析仪法

图 4-4-7 为网络分析仪法测量阻抗的原理图。定向耦合器用来检测反射信号，网络分析仪提供入射信号，并通过计算反射信号和入射信号电压的比值来计算反射参数，最终得到被测阻抗值。这种方法适用于更高频段的阻抗测试。

（3）自动平衡电桥法

图 4-4-8 为自动平衡电桥法测量阻抗的原理图。由于运算放大器具有高输入阻抗、高增益的特性，图中的"低"端为"虚地"，电位为零。电流 I_x 将平衡流经电阻器 R_r 的电流 I_r，最终达到相同的值，如式（4-4-3）所示。运算放大器起到了电流-电压变换的作用。被测阻抗的值可由式（4-4-4）计算出来。

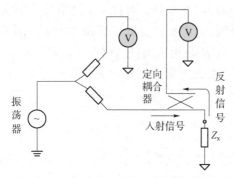

图 4-4-7 网络分析仪法阻抗测量的原理图

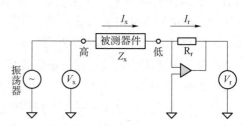

图 4-4-8 自动平衡电桥阻抗测量的原理图

$$\frac{V_x}{Z_x} = I_x = I_r = \frac{V_r}{I_r} \tag{4-4-3}$$

$$Z_x = \frac{V_x}{I_x} = R_r \frac{V_x}{V_r} \tag{4-4-4}$$

实际上，各种测试设备中的自动平衡电桥结构是不同的。对于频率测量范围低于 100 kHz 的 LCR 测量仪来说，通常采用简单的运算放大器来进行 I-V 转换。这种结构的 LCR 测量仪在高频阻抗测量时，由于运放的限制测量准确度会有所欠缺。宽频带的 LCR 测量仪或阻抗分析仪则采用复杂的零流检测器、相敏检测器、积分器（环路滤波器）和矢量调制器来实现 I-V 转换功能，确保 1 MHz 以上频率的高准确度测量。这类仪器能够测量的最高频率为 110 MHz，且能够实现对接地器件测量。

2. 基于自动平衡电桥法的 LCR 测量仪

自动平衡电桥法是低频阻抗测量中最常用的测量方法。在式（4-4-4）中，为了测量被测器件的复阻抗，需要通过矢量电压表测得矢量电压 V_x 和 V_r。这样根据已知电阻 R_r 的值，就可以计算出被测元件的复阻抗。R_r 决定阻抗测量的范围，其阻值根据被测元件的不同进行选择。为了避免使用两个电压表带来的跟踪误差，大多数的 LCR 测量仪使用同一个电压表通过开关切换来测量电压 V_x 和 V_r。实际上，得到两个矢量电压的比值，即可计算出被测阻抗值。因此，可以将 LCR 测量仪的电路分成信号源、自动平衡电桥、矢量电压比例测量电路三部分。下面分别对这三部分电路的实现方式做简要介绍。

（1）信号源电路

图 4-4-8 中的振荡器用于产生适合被测元件的测量信号。在 LCR 测量仪中，通常使用第 5 章中将要介绍的频率合成技术来产生高分辨率测量信号，LCR 仪内部使用的参考信号也由此振荡器产生。

（2）自动平衡电桥的电路

对于频率测量范围高于 100 kHz 的 LCR 测量仪来说，常采用如图 4-4-9 所示的电路来实现自动平衡电桥。当失衡电流由零流检测器检测出来时，下一环节的鉴相器将电流分解为 0° 和 90° 分量。鉴相器输出信号通过积分器驱动矢量调制器来形成 0°/90° 的分量信号。然后，0° 和 90° 信号被合成在一起，反馈给 R_r 抵消流经被测元件的一部分电流。当平衡控制环路有相位误差时，经过检测和反馈电路后，误差也会被抵消掉。在平衡状态下，失衡电流趋近于0，确保了在110 MHz频率范围内电流 $I_x = I_r$。

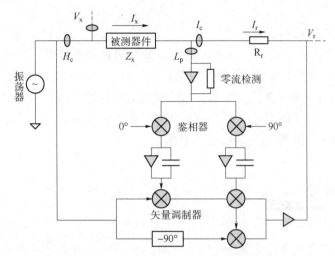

图4-4-9　用于100 kHz以上测量的自动平衡电桥

如果流进零流检测器超过了某个阈值，检测器将会通知仪器的逻辑控制部分，显示出"过载"或者"电桥不平衡"等错误信息。

（3）矢量电压比例检测电路

矢量电压比例检测电路测量被测元件两端电压 V_x 和串联电阻两端电压 V_r 的比例。如图4-4-10所示，检测电路包括输入选择开关S、相敏检测器和数字电压表等。

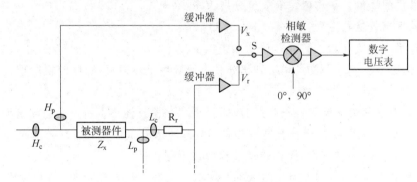

图4-4-10　矢量电压比例检测电路

被测得的矢量电压 V_x 和 V_r 可分解为实部和虚部两部分，如图4-4-11所示。根据式（4-4-5）计算出 Z_x 的复阻抗。

$$Z_x = R_r \frac{V_x}{V_r} = R_r \frac{a+jb}{c+jd} = R_r \frac{ac+bd}{c^2+d^2} + jR_r \frac{bc-ad}{c^2+d^2} \quad (4-4-5)$$

矢量电压 V_x 和 V_r 分解为实部和虚部是通过数字电压表来测量的。首先将选择开关S被设置在 V_x 位置，相敏检测器由0°和90°参考相位信号分别驱动，分解出 V_x 信号的实部

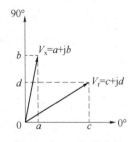

图4-4-11　矢量分解

147

和虚部，由数字电压表分别测量出它们的值，即 a 和 b。接下来 S 被置于 V_r 处，以同样的过程测量出 c 和 d。其他各种阻抗参数，如品质因数、电感、电容等，也可以根据相应公式计算出来。

3. LCR 测量仪的使用注意事项

使用 LCR 测量仪测量元器件的参数时，其关键问题是测量误差。它的误差来源主要有两个部分，首先是 LCR 测量仪本身的内部误差，其次是不正确的校准及测试连接误差。因此，在仪器使用前要对其进行校准。首先采用开路校准，消除测试夹具与被测器件相并联的杂散导纳。其次是短路校准，通过一条导线将高低电极相连。短路校准主要是消除测试夹具与被测器件相串联的残余阻抗的影响。

习题与思考题 ▶▶▶ ▶

4-1 在示波器的垂直系统增益保持不变时，由其荧光屏上观察到峰值均为 1 V 的正弦波、方波和三角波。分别采用峰值、有效值及平均值检波方式的、按正弦波有效值刻度的电压表测量，测量结果的示值分别为多少？

4-2 已知某电压表采用正弦波有效值刻度，如何用实验的方法确定其检波方式？

4-3 利用峰值电压表测量正弦波、三角波和方波三种波形的交流电压。设电压表读数均为 10 V，问：

(1) 对每个波形来说，读数代表什么意义？

(2) 它们的峰值、平均值、有效值分别为多少？

(3) 若用有效值电压表，重复 (1)、(2)。

(4) 若用平均值（检波）电压表，重复 (1)、(2)。

4-4 说明逐次逼近比较式和双斜积分式直流数字电压表的 A/D 转换原理、优缺点和应用范围。

4-5 试用波形图分析双斜积分式 DVM 由于积分器线性不良所产生的测量误差。

4-6 双斜积分式 ADC 为什么要增加自动校零技术？试简述其自动校零过程。

4-7 试画出多斜积分式 DVM 转换过程的波形图。

4-8 设最大显示为"1 999"的 $3\frac{1}{2}$ 位数字电压表和最大显示为"19 999"的 $4\frac{1}{2}$ 位数字电压表的量程，均有 200 mV、2 V、20 V、200 V 的挡极，若用它们去测量同一电压 1.5 V 时，试比较其分辨力。

4-9 为什么双斜积分式数字电压表第一次积分时间（T_1）都选用为市电频率的整数（N）倍？N 的大小是否有一定限制？如果当地市电频率降低了，给测量结果将带来什么影响？

4-10 为什么在用数字万用表的电阻挡去测晶体二、三极管的 PN 结正向电阻时，其结果同模拟式万用表电阻挡测量的数值相差很大？试述其原因。

4-11 双斜积分式 DVM 的基准电压 $V_r = 10$ V，设积分时间 $T_1 = 1$ ms，时钟频率 $f_c =$

10 MHz，DVM 显示 T_2 时间计数值 $N=5\ 600$，求被测电压 V_x。

4-12 设计与使用数字式电压表（DVM），必须注意哪两类干扰？各应采取什么措施加以克服？

4-13 为什么不能用普通峰值检波式、均值检波式和有效值电压表测量占空比 t/T 很小的脉冲电压？测量这种脉冲电压常用什么方法？

4-14 利用电压测量方法自拟一个测量电路，测量一个被正弦信号调制的调幅波的调幅系数 $M\%$。

4-15 非线性失真系数 D 的测量实质上是交流电压的测量，自拟一个测量 D 的方框图，简述其工作原理。

4-16 欲测量失真的正弦波，若手头无有效值表，则应选用峰值表还是均值表更适当一些？为什么？

4-17 利用电压电平表测量某信号源的输出功率。该信号源输出阻抗为 50 Ω，在阻抗匹配的情况下，电压电平表读数为 10 dBu，此时信号源输出功率为多少？

4-18 在 Multisim 环境下，设计一种多斜积分式 DVM，给出原理图和仿真试验结果。

4-19 在 Multisim 环境下，设计一种脉冲调宽式 DVM，给出原理图和仿真试验结果。

第 5 章 信号发生器

5.1 引言

一提到电子测量，可能进入人们脑海的首先是示波器或逻辑分析仪之类的采集或分析仪器。然而，这些仪器只有在能够采集某类信号时，才能开始测量工作。在许多情况下，这些信号是没有的，除非外部提供信号。例如，要测量滤波器的幅频特性，必须为滤波器提供幅度稳定、频率按照一定规律变化的正弦波作为激励信号；又如 ADC 和 DAC 的性能测试也需要有相应的激励信号。在检定新设计的电路或器件时，需要保证其在全部标称条件下满足设计规范，完成这种余量测试或极限测试必须同时有激励源和采集仪器。

信号发生器是与采集仪器配套使用的激励源，是构成完整测量解决方案的重要部件之一。信号发生器能够以模拟波形、数字数据码型、调制、故意失真、噪声等形式提供激励信号，为进行电子电路的有效设计、仪器仪表的检定或电路调试测量提供必要条件。

5.1.1 信号发生器的用途

信号发生器是指能够产生电子测量激励信号的仪器。它能够根据用户所要求的信号波形、频率、幅度等参数生成信号，并经放大、衰减、阻抗变换等信号调理环节，向外部输出信号。尽管信号发生器并不提供针对具体电参数的测量功能，但它与万用表、示波器一样，也是电子测量中最常用的基础仪器。

在电子技术领域，信号发生器主要有以下三个方面的用途。

1. 激励源

许多电子设备和系统都需要在一定的信号作用下其性能才能显现。信号发生器能够提供针对这些电子设备测量用的激励信号。例如，产生线性或者对数扫频信号来测量网络频响特性；生成多路同相的模拟信号和数字信号来对新开发的数模转换器（DAC）和模数转换器（ADC）进行穷尽测试，以确定其线性度、单调性和失真参数；生成模拟基带 I&Q 信号来实现通信收发器的测试，检验其是否满足专业标准等。

2. 信号仿真

在研究一个电子设备在某些实际环境中所受的影响时，需要施加具有"实际环境"相同特性的信号，这就要求模拟输出自然界的一些不规则信号，包括在被测设备离开实验室或车间时可能遇到的所有毛刺、漂移、噪声和其他异常事件。在进行电子设备的极限性能或者进行余量测试时，需要产生一些非标准的数字或者模拟信号，例如，在对数字通信总线接口兼容性和磁盘驱动器放大器的测试中，需要产生有幅度变化（预加重/去加重）和频率变化（抖动注入）的高速数字信号；在进行电子设备的电磁抗扰度测试时，需要按照标准要求，产生静电放电、电快速瞬变脉冲群、浪涌等测试信号，施加到被测电子设备的机箱（静电放电）和电源及各种输入输出端口上。

3. 校准源

作为计量基准源或者标准源，用于对一般信号发生器进行校准。

5.1.2 信号发生器产生的信号类型

信号发生器能够产生的信号种类很多。一些类型的信号发生器能够产生电子设备和系统中常见的基本波形，如正弦波、三角波、方波、锯齿波、脉冲等。为满足现代通信系统测试与仿真的需求，一些信号发生器能够产生灵活的模拟调制和数字调制信号，包括调幅（AM）、调频（FM）、调相（PM）、频移键控（FSK）、脉宽调制（PWM）等。高级的矢量信号发生器能够产生复杂的正交调制信号，如正交幅度调制（QAM）、正交相移键控调制（QPSK），甚至能够产生 WLAN、WiMAX、W-CDMA、CDMA2000、GSM、TD-SCDMA等系统中的参考信号。为满足数字电路测试的需求，一些类型的信号发生器能够产生多路同步的数据流、伪随机码流等。为满足仿真现实世界实际信号的需求，一些类型的信号发生器能够产生噪声信号及任意波形等，或者在其提供的信号中增加已知的、数量和类型可重复的失真（或误差）。

尽管信号发生器能够产生的信号类型很多、特点也各不相同，但它们的属性均与一些基本技术参数有关。此外，这些信号都可以用严格的数学表达式来描述。限于篇幅关系，下面仅对信号的基本参数和几种典型信号的波形参数及特点做进一步的介绍。

1. 信号的基本参数

信号的主要属性与幅度、频率和相位这三个基本参数有关，它们是信号发生器用来设定几乎任何类型波形的基础。信号发生器均提供人机界面来实现这些基本参数的设置。

此外，还有其他参数进一步定义了信号的特征。在许多信号发生器中，这些参数也作为受控变量实现，包括偏置、差分信号与单端信号及关于脉冲信号的相关参数等。

（1）偏置

并不是所有信号的幅度变化都以接地（0 V）参考为中心。"偏置"电压是电路接地和信号幅度中心之间的电压，偏置电压描述了同时包含 AC 成分和 DC 成分的信号中的 DC成分。

（2）差分信号与单端信号

差分信号使用两条路径产生幅度相同、极性相反（相对于接地）的两路波形。差分信号特别适合抑制串扰和噪声，有利于有效信号的传输。单端信号是一种更加常用的形式，其中只有一条路径接地。图 5-1-1 说明了单端信号和差分信号。

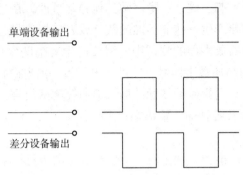

单端设备输出

差分设备输出

图 5-1-1　单端信号和差分信号

（3）上升时间和下降时间

脉冲或方波的边沿转换时间称为上升时间和下降时间，它们用来衡量信号边沿从一种状态转换成另一种状态所需的时间。在现代数字电路中，这些值通常只有几纳秒、甚至更低。上升时间通常定义为从波形的 10% 处上升到波形的 90% 处所需要的时间间隔，下降时间的定义与之相同，即从波形的 90% 处下降到 10% 处所需要的时间，有时也使用 20% 和 80% 这两个时间点，如图 5-1-2 所示。在某些情况下，生成的脉冲的上升时间和下降时间需独立调整，以适应特殊测试的需求。

（4）脉宽和占空比

脉宽是指脉冲前沿和后沿的 50% 幅度点之间的时间间隔。这里的"前沿"适用于上升沿或下降沿，"后沿"亦然。另一个术语是"占空比"，其定义为：在一段连续工作时间内脉冲占用的时间与总时间的比值。在周期信号中，就是信号的持续时间与周期的比值。

图 5-1-2 中的示例表示 50% 的占空比。

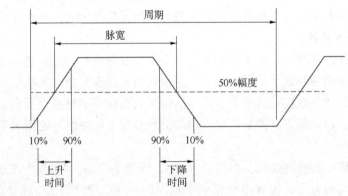

周期

脉宽

50%幅度

10%　90%　90%　10%

上升时间　下降时间

图 5-1-2　基本脉冲波形的参数

2. 正弦信号

正弦信号是电子电路中最常见的波形，也是一种容易产生、容易描述、应用最广的信号。根据傅里叶变换原理，任意形状的信号均可以分解为包含基频及其高次谐波的若干个正弦信号的叠加。对于线性系统来说，对正弦信号的响应为同频的正弦信号，只是幅度和相位发生了变化，线性系统对不同频率正弦输入信号的稳态响应就是它的频率响应。因此，正弦信号是一种十分重要的信号。

理想的正弦信号是严格按照正弦或余弦规律随时间变化的电压、电流信号，使用振幅、频率（或者角频率）、初始相位三个参数就能唯一确定。在频域，理想正弦信号的频谱仅在其频点处有一根谱线。然而，实际由信号发生器产生的正弦信号或多或少都会有些波形失真，在时域波形中反映出来的是波形的抖动、叠加有噪声或者波形的畸变，在频域的表现更加直观，一个失真的正弦信号频谱图如图 5-1-3 所示。这里包含由时域抖动引起的相位噪声、由信号发生器内部电路的非线性引起的次谐波和各种寄生成分，采用数字合成技术实现的正弦信号发生器还包括采样引起的镜像频率失真，这将在 5.3 节中详细介绍。

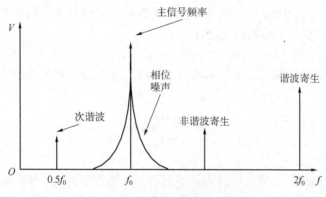

图 5-1-3　失真的正弦信号频谱图

3. 扫频信号

测量电子设备的动态频率响应特性时，需要信号频率随时间在一定范围内反复变化的正弦信号，这种信号称为扫频信号。根据扫频信号频率的产生规律，可以将扫频信号分为线性扫频和对数扫频两种扫频模式。线性扫频指扫频信号频率随时间按线性规律增长，如图 5-1-4 所示；对数扫频指扫频信号频率随时间按对数规律增长。

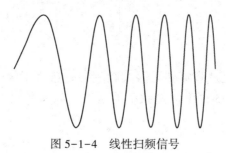

图 5-1-4　线性扫频信号

扫频信号的主要参数包括以下内容。

（1）有效扫频宽度

指在扫频线性和振幅平稳性符合要求的条件下，最大的频率覆盖范围。

（2）扫频起始/终止频率

扫频起始频率是指开始扫频的频率；扫频终止频率是指停止扫频的频率。它们之差就是扫频宽度。

（3）扫频时间

指扫频信号从起始频率变化到终止频率需要的时间。

（4）扫频线性

用线性系数来表征，它表示扫频振荡器的压控特性曲线的非线性程度，定义为

$$\text{线性系数} = \frac{(K_0)_{\max}}{(K_0)_{\min}} \qquad (5-1-1)$$

式中，$(K_0)_{\max}$ 为压控振荡器（VCO）的最大控制灵敏度，即 f—V 曲线的最大斜率（$\mathrm{d}f/\mathrm{d}V$）；$(K_0)_{\min}$ 为 VCO 的最小控制灵敏度。

线性系数越接近 1，则压控特性曲线的线性越好，即扫频信号的频率变化规律与控制（调制）电压的变化规律吻合的程度越好。

（5）振幅平稳性

用扫频信号的寄生调幅来表示，如式（5-1-2）所示，A_1 和 A_2 分别表示波形幅度的最大和最小长度。

$$M = \frac{A_1 - A_2}{A_1 + A_2} \times 100\% \qquad (5-1-2)$$

4. 噪声信号

噪声信号在很多测量与测试领域得到了应用，包括数字接收机的信噪比测试、抖动容限测试及模拟器件的噪声指标测量等。在这些应用中，需要模拟实际环境噪声条件下的系统功能，以便验证系统功能、优化系统设计或者证明所设计的系统满足相关标准。

噪声指一些不期望的、不可预测的随机信号，它使有用信号受到干扰而造成失真，降低了信号可观察性和可测量性，降低了信噪比。在不同的测量应用中需要产生不同种类的噪声。一方面，我们希望噪声的性能是已知的、确定的，以便能够复现测量结果；另一方面，我们又希望噪声是随机的。这两个要求看起来有些矛盾。实际上，多数环境噪声是服从高斯分布的，高斯分布的密度函数公式为

$$\frac{1}{\sigma\sqrt{2\pi}}\exp\left[-\frac{(x-\mu)^2}{2\sigma^2}\right] \qquad (5-1-3)$$

其中，x 是自变量。

理想高斯噪声的频谱是从直流到无限大频率的一条水平线，有无限带宽，这也称为"白噪声"。还有一些噪声的幅度谱是频率的函数，如粉色噪声、棕色噪声或其他有色噪声。

5. 任意波形

现实世界的信号是复杂的，有时不能用简单的规律信号如正弦信号、方波信号、脉冲信号、三角波信号等来描述，还需要一些不规则的信号，如模拟系统中各种瞬变信号、叠

加了干扰的信号、不规则的波形序列等，这些不规则的信号可以统称为任意波形。任意波形发生器可以根据测试需求，以特定的信号特征（如电平特性、调制特性、噪声特性、失真特性、互调、串音等）形成的任意波形信号，来实现对被测系统的"模拟真实环境"测试或"极限测试"。

6. 伪随机码流 PRBS

伪随机二进制序列（pseudo random binary sequences）信号简称 PRBS 信号，属于数字基带信号范畴，是一种重要的测试信号。PRBS 的特点是：序列的结构是可以预先确定的，并且是可以重复产生和复制的；序列具有随机特性，即在一定长度范围内序列的预先不可确定性和不可重复实现性，序列的码位越长，这种随机特性越明显。PRBS 的周期长度与其阶数有关，常用的阶数有 7、9、15、16 等，也就是常说的 PRBS7、PRBS9、PRBS15、PRBS16 等。对于 n 阶 PRBS 码，每个周期的序列长度为 2^n-1。在每个周期内，0 和 1 是随机分布的，并且 0 和 1 的个数相等，连"1"的最大数目为 n，连"0"的最大数目为 $n-1$（反转后就是 $n-1$ 个连"1"和 n 个连"0"）。PRBS 通常可以使用带反馈的移位寄存器来产生。

在对高速信号链路进行误码率测试时，基本上都是利用 PRBS 码流来模拟真实的基带码流的"随机数据"特性，二进制 0 和 1 随机出现，其频谱特征与白噪声非常接近。PBRS 码流的阶数越高，其包含的码型就越丰富，就越接近真实的线网环境，测试的结果也就越准确。

5.1.3 信号发生器的分类

信号发生器的应用领域广泛，种类型号繁多，性能指标各异，分类方法亦有多种。可以按照输出波形种类分类，也可以按照基波频率范围或者所采用的信号生成方法来分类。下面分别介绍这几种分类方法。

1. 按照输出波形种类分类

①正弦信号发生器。专门产生正弦信号的信号发生器称为正弦信号发生器，产生的正弦信号频率通常能够从几 μHz 至几十 GHz。

②函数信号发生器。又称为波形发生器，用于产生某些特定的周期性函数波形，包括正弦波、方波、三角波、锯齿波和脉冲波等，频率范围可从几 Hz 甚至几 μHz 的超低频直到几十 MHz。

③扫频信号发生器。是能够产生线性扫频或对数扫频信号的信号发生器。在高频和甚高频段用低频扫描电压或电流控制振荡回路元件（如变容管或磁芯线圈）来实现扫频振荡。在微波段，早期采用电压调谐扫频，后来广泛采用磁调谐扫频。多数扫频源产生正弦波扫频信号，也有些能够产生方波、三角波扫频信号。

④脉冲信号发生器。能够产生脉冲宽度、幅度、占空比、上升及下降时间和频率等参数且可调的矩形脉冲的信号发生器，用于测试线性系统的瞬态响应，或用于测试雷达、多路通信和其他脉冲数字系统的性能。

⑤数字信号发生器。又称为逻辑信号发生器，可按编码要求产生 0/1 逻辑电平（多为

TTL 或 ECL 电平），通常具备多路数字输出，以满足数字电路测试的需求。大多数数字信号发生器具备产生 PBRS 信号的能力。

⑥矢量信号发生器。又称为射频信号发生器，具备产生现代数字无线通信网络中的正交（IQ）调制信号，如 GSM、EDGE、CDMA2000、W-CDMA、WLAN、WiMAX 等制式的信号。这类信号发生器通常也具备产生通信系统中常见的各种模拟调制和数字调制信号，如 AM、FM、PM、ASK、FSK、PSK、PWM 等。

⑦噪声信号发生器。能够产生白噪声或者有色噪声的信号发生器。

⑧任意波形发生器。能产生任意波形的信号发生器，简写为 AWG（arbitrary waveform generator）。许多 AWG 都具有仿函数发生器功能。此时，当要求输出一个标准函数波形时，可以先用软件来产生，并下载到 AWG 上，然后再由 AWG 输出。

2. 按照基波频率分类

考虑到有些信号的谐波非常丰富，所以按频率对信号发生器分类时，是按信号的基波频率进行分类。这种分类方法规定不十分严格，大体可以分为以下几种。

①超低频信号发生器，频率范围为 0.000 1~1 000 Hz。

②低频信号发生器，频率范围为 1 Hz~200 kHz。其中使用较多的为 20 Hz~20 kHz，这时又称为音频信号发生器。

③视频信号发生器，频率范围为 10 Hz~10 MHz。

④高频信号发生器，频率范围为 200 kHz~30 MHz。

⑤甚高频信号发生器，又称特高频，频率范围为 30~300 MHz。

⑥超高频信号发生器，频率范围为 300 MHz 以上。

随着电子技术的发展，目前的信号发生器通常可以覆盖多个频段，例如，Agilent 33250A 能够输出频率为 1 μHz~80 MHz 的正弦或方波信号，最低频率是在超低频段，最高频率达到了甚高频段。

3. 按照信号生成方法分类

以是否采用频率合成技术来区分，可以将信号发生器分为频率合成和非频率合成两大类。非频率合成信号发生器通常采用波形变换技术实现，是传统信号发生器通常采用的波形生成方法。频率合成技术是利用一个或多个基准频率信号，通过对这些基准信号的频率进行加、减、乘、除的变换，来产生一系列新的频率信号，所产生的频率稳定度和频率准确度均与基准信号相同或相近。频率合成信号发生器是目前测量用信号发生器的主流。

与其他仪器相似，信号发生器也可按是否接受编程控制分为程控和非程控信号发生器；也可以按系统使用方式分为便携式、台式、机架安装式等。

5.2 信号发生器的基本原理

5.2.1 信号产生的基本方法

20 世纪 80 年代之前，信号发生器多属于模拟信号发生器，借助电阻电容、电感电容、谐振腔、同轴线作为振荡回路产生正弦或其他函数波形；信号频率、幅度等参数的改变也是由机械驱动可变元件，如电容器或谐振腔来完成，往往调节范围受到限制。随着无线电应用领域的扩展，针对广播、电视、雷达、通信的专用信号发生器亦获得发展，表现为载波调制方式的多样化。20 世纪 80 年代之后，数字频率合成技术得以广泛应用，从一个频率基准产生一系列可变频率信号十分方便，调制方式更加复杂；信号参数的调节也不再使用机械驱动，而是采用微机化人机界面。先进技术的采用使得信号发生器具备了轻便、覆盖频率范围宽、输出动态范围大、易于编程、适用性强等特点。近年来随着移动通信、下一代互联网、国防、航空航天等领域的科技进步，各类电子系统对信号发生器的要求越来越高，需要同时满足低相噪、快捷变频、高频率分辨率、宽频带、小体积、低功耗等指标，以数字频率合成为代表的信号发生器技术还在不断发展过程中。

下面分别介绍 20 世纪 80 年代之前的传统非频率合成式信号发生器及之后频率合成式信号发生器的基本原理。

1. 传统的非频率合成式信号发生器

在频率合成技术推广应用之前，信号发生器大多采用模拟技术实现。虽然各类信号发生器产生信号的方法及功能各不相同，但其基本构成一般都可用如图 5-2-1 所示的框图来描述。源、变换电路和输出电路构成了信号发生器的三个主要功能模块。

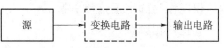

图 5-2-1　传统信号发生器的基本结构

（1）源

源电路是传统信号发生器的核心部分。除了噪声源之外，源电路通常能够产生幅度恒定、频率可调、频率稳定度较高的正弦或者其他波形信号。

①可调正弦频率源。

各种类型的振荡电路是产生正弦信号的源。RC 正弦波振荡电路可以用于低频正弦信号的产生，典型电路是文氏桥振荡电路，其输出信号频率是由组成电路的电阻和电容来决定的。由于受到器件参数的影响，RC 振荡电路产生的信号频率不是很高。LC 正弦波振荡电路主要用来产生高频正弦信号，典型的电路形式有：变压器反馈式、电感三点式（Hartley 电路）和电容三点式（Colpitts 电路）等。它们的选频网络采用 LC 并联或者串联谐振回路。通常用改变 L 来改变频段，改变 C 进行频段内频率细调，谐振回路频率也决定了输出主信号的频率，表达式为 $f_0 = \dfrac{1}{2\pi\sqrt{LC}}$。对于图 5-2-2 中的电路来说，$C$ 是 C_1 与 C_2 两个电容的并联值。

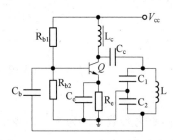

图 5-2-2　Colpitts 电容三点式电路

电感三点式和电容三点式振荡电路能够产生的信号频率约在几 MHz 到几百 MHz 的范围，频率稳定度约为 $10^{-3} \sim 10^{-4}$ 量级。频率稳定度与电路结构和器件参数有关，要改善振荡频率稳定度，必须减小振荡频率随温度、负载、电源等外界因素影响的程度。通常需要对电路中的 L、C 器件采取屏蔽、密封等措施来保持其参数的稳定，或者

选用高 Q 值的回路电容和电感；通过恒温或者采用与正温度系数电感做相反变化的具有负温度系数的电容，以实现温度补偿作用；通过采用射级跟随器等缓冲级来减小负载波动对电路的影响；对于供电电源也需要采取稳压措施。此外，振荡器的工作需要满足启振条件，在一定程度上限制了输出频率的范围。

为了进一步提高基本三点式振荡电路的性能，可以采用部分接入法以减小不稳定的晶体管极间电容和分布电容对振荡频率稳定度的影响，这就是串联型改进电容三点式（又称Clapp 振荡器）和并联型改进电容三点式（又称 Selier 振荡器）。Selier 振荡器的输出信号幅度比较稳定，振荡频率可达千兆赫，频率覆盖率比较大，可达 1.6~1.8，频率稳定度可优于 10^{-5} 量级，所以在一些短波、超短波通信机、电视接收机中用的比较多。

②固定正弦频率源。

石英晶体具有十分稳定的物理化学特性，在谐振频率附近，晶体的等效电感 L 很大，而等效电容 C 很小，电阻 R 也小，因此晶体 Q 值可达百万数量级，此外，晶片本身的固有频率只与晶片的几何尺寸有关，所以很稳定，而且可做得很精确。因此，利用石英谐振器组成振荡电路，可获得比 LC 振荡器高很多的频率稳定性。但晶振的缺点是其频率不可调，仅能作为固定正弦频率源。

③正弦扫频源。

根据 L、C 谐振回路的谐振频率 $f_0 = \dfrac{1}{2\pi\sqrt{LC}}$ 可知，如果能用扫描信号改变谐振电路中电容量 C 的大小，也能使谐振频率随之改变。变容二极管扫频振荡器就是基于这一原理。图 5-2-3 是变容二极管特性曲线，这种二极管的特性可表示为

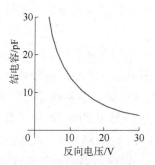

图 5-2-3　变容二极管特性曲线

$$C = \frac{C_{j0}}{\left(1 + \dfrac{V}{V_p}\right)^r} \tag{5-2-1}$$

式中，C_{j0} 为变容二极管反向电压为 0 时的结电容，r 为电容变化系数，V_p 为 PN 结势垒电压，V 为加到变容二极管两端的反向电压。

如果能用扫描信号改变谐振电路中电感量 L 的大小，也能使谐振频率随之改变。这种方法称为磁调制扫频。如图 5-2-4（a）所示，将高频磁芯的电感 L_2 作为谐振回路的

电感。谐振回路的谐振频率 $f_0 = \dfrac{1}{2\pi\sqrt{L_2 C}}$。式中，$L_2$ 为绕在高频磁芯 M_H 上线圈的电感量，若能用时基系统产生的扫描信号改变 L_2，也就改变了谐振频率。由电磁学理论可知，带磁芯线圈的电感量与磁芯的磁导率 μ_0 成正比：$L_2 = \mu_0 L$。式中，L 为空芯线圈的电感量。由于高频磁芯 M_H 接在低频磁芯 M_L 的磁路中，而绕在 M_L 上的线圈中的电流是交流和直流两部分的扫描电流，如图 5-2-4（b）所示。当扫描电流随时间变化时，使得磁芯的有效磁导率 μ_0 也随着改变。扫描电流的变化就导致了 L_2 及 f_0 的变化，从而实现了扫频信号产生的功能。相对于变容二极管法扫频，它的扫频宽度更宽，因为磁调制扫频中，电抗元件的变化范围更宽。

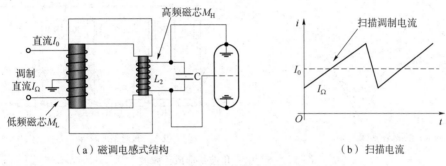

（a）磁调电感式结构　　　　（b）扫描电流

图 5-2-4　磁调制扫频法原理

④可调非正弦频率源。

利用集成运算放大器的优良特性，采用正反馈和储能元件（电容），可以很方便地产生方波、三角波、锯齿波等。由于运算放大器本身高频特性及电路分布参数的限制，产生的信号频率较低。

⑤噪声源。

噪声源提供在一定频率范围内有足够高电平和噪声统计特性的噪声信号。应用最多的是可产生白噪声的噪声源，通常有以下几种。

对于电阻器噪声源，任何电阻在一定温度下都会产生热噪声，这是由导体中电子无规则的热运动而引起的噪声，其大小取决于电阻的热力学状态，噪声电压均方值 $u = \sqrt{4kTR \cdot \Delta f}$。式中，$R$ 为电阻值，k 为玻尔兹曼常量（1.38×10^{-23} J/K），T 为热力学温度，Δf 为系统工作带宽。改变电阻的温度，即可调节输出的噪声均方电压。

对于饱和二极管（噪声二极管）噪声源，在真空二极管饱和区，如阴极温度一定，则电流也维持恒定，在单位时间内，阴极发射的电子数围绕着平均值起伏变化，这种现象称为"散弹效应"。电子发射的时间、速度和运动过程是随机的，因而阳极直流电流上就叠加有随机起伏的噪声电流，其均方值 $\overline{i^2} = 2eI \cdot \Delta f$。式中，$e$ 为电子电荷量（1.6×10^{-19} C），I 为二极管阳极平均电流，Δf 为系统工作带宽。一般可用改变阳极电流的方法调整噪声输出电平。

除了上面两种噪声源外，常见的还有气体放电管噪声源、固态噪声源等。现代的噪声信号发生器采用了与模拟噪声源原理不同的数字合成技术实现，详见5.4.3节。

（2）变换电路

变换电路的基本功能是对源信号进行处理，生成各种需要的信号波形，如函数波形、调制波形、特殊波形等。也有些类型的信号发生器中并不设置变换电路，而是将可调源的输出直接连接到输出电路。

函数发生器一般以某种波形为第一波形，然后在该波形基础上转换导出其他波形。例如，源产生的是三角波，可以采用二极管整形网络将三角波整形成正弦波，如图5-2-5所示。

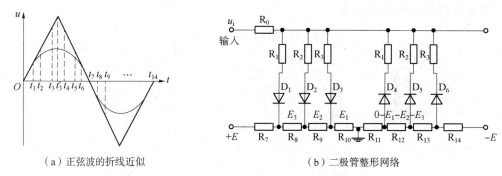

（a）正弦波的折线近似   （b）二极管整形网络

图5-2-5　由三角波整形成正弦波

调制信号发生器或矢量信号发生器需要对源产生的载波信号施加各种调制，如调幅、调频等，需要用到模拟乘法器、混频器等调制变换电路。噪声源输出的噪声功率有限，频谱密度等也由噪声源类型等决定。为了使输出的噪声满足一定的要求，包括输出功率、谱密度特性等，需要在噪声源后级联变换器，包括宽带放大器、非线性电路（改变噪声特性如概率密度函数）、滤波器、频谱变换器等。

（3）输出电路

输出电路的基本功能是调节输出信号的电平和输出阻抗，通常由前级放大器、衰减器、阻抗匹配电路、电平转换电路和射极跟随器等组成。输出电路中通常也包含一些滤波电路，以滤除前级电路产生信号的杂散分量。感兴趣的读者可以参考5.4.1节的电路实例。

2. 频率合成式信号发生器

采用频率合成技术的信号发生器称为频率合成式信号发生器，或称为频率合成器，也称为频率综合器。频率合成式信号发生器基本构成一般都可用图5-2-6所示的框图来描述。晶振、频率合成电路和输出电路构成了信号发生器的三个主要功能模块。频率合成电路是这种信号发生器的核心。频率合成是指把一个（或少数几个）高稳定度和高精度的参考频率源（晶振）经过加、减、乘、除及其组合运算，产生相同稳定度和精度的、按一定的频率间隔（或称频率跳步）的一系列离散频率。

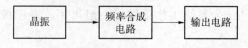

图5-2-6　频率合成式信号发生器的基本结构

（1）频率合成器

频率合成的理论形成于20世纪30年代，由于当时使用电子管，使得研制出来的频率合成器体积过于庞大，所以未能得到广泛使用。20世纪60年代后，随着晶体管和集成电路的出现，频率合成器成为现代电子系统的重要组成部分。在通信、雷达和导航等领域中，频率合成器的输出信号通常作为发射机的激励信号和接收机的本振信号；在电子对抗领域中，频率合成器可以作为干扰信号发生器；在相关的测试领域中，频率合成器又可作为标准信号发生器。因此，频率合成器在雷达、遥控、遥测、通信、广播电视和测量仪器等领域得到了广泛应用。

频率合成方法大致可分为直接合成法和间接合成法。直接合成法又分为模拟直接合成法和数字直接合成法两种；间接合成法又称为锁相环合成法。在过去的80年内，频率合成技术大概经历了三代发展过程。

①直接频率合成技术。

直接频率合成是以晶振作为参考频率源，通过脉冲形成电路来产生丰富谐波脉冲，随后通过混频、分频、倍频和带通滤波器完成频率的变换和组合，以产生需要的大量离散频率。鉴于采用了模拟电子技术，所以又称为直接模拟合成法（direct analog frequency synthesis，DAFS）。图5-2-7为直接模拟频率合成原理的示例图。

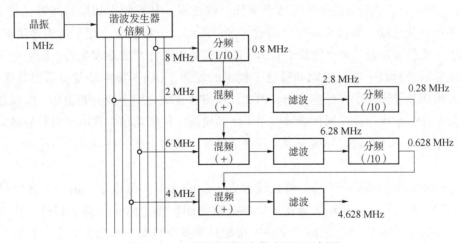

图 5-2-7　直接模拟频率合成原理示例图

这种频率合成器优点是原理简单、频率转换时间短、分辨率高。但它也存在一些不可克服的缺点，致使用这种方法合成的频率范围会受到限制。更重要的是由于使用了大量的倍频、混频射滤波等电路，使合成器的设备十分复杂，而且输出端的噪声及杂散频率难以抑制。

②间接频率合成技术。

间接频率合成法是基于锁相环（phase locked loop，PLL）的原理实现的。锁相环可以看作中心频率能自动跟踪输入基准频率的窄带滤波器。如果在锁相环中加入有关电路，就可以对基准频率进行算术运算，产生人们需要的各种频率。由于它不同于模拟直接合成法，不用电子线路直接对基准频率进行运算，故称为间接合成法。锁相环的原理详见 5.3.3 节。

锁相环是在 20 世纪 40 年代初根据控制理论的线性伺服环路发展起来的，最早用于电视机的扫描同步电路，以减少噪声对同步的影响，从而使电视的同步性得到重大改进。早期的间接频率合成器使用模拟锁相环，后来又出现了全数字锁相环和数模混合的锁相环。目前，由数字鉴相器、数字分频器加模拟环路滤波和压控振荡器的混合锁相环是最为普遍的 PLL 组成方式。与直接频率合成不同的是，锁相频率合成的系统分析重点放在 PLL 的跟踪噪声、捕捉性能和稳定性的研究上，不放在组合频率的抑制上。

锁相环的优点是结构简单、易于集成，具有良好的窄带跟踪滤波特性和抑制干扰能力，大大节省了滤波器的使用。由于压控振荡器具有很高的短期频率稳定性，标准频率源具有高的长期频率稳定度，锁相式频率合成器把这二者结合在一起，使其合成信号的长期频率稳定度和短期频率稳定度都很高。但其缺点是频率转换速度慢，频率分辨率低，频率范围的扩大将导致频率转换时间加长、频率间隔变大。

③直接数字频率合成技术。

1971 年 3 月，美国学者 J. Tiemey 和 C. M. Rader 等人首先提出了以全数字化技术从相位概念出发直接合成所需波形的一种新的直接数字频率合成方法（direct digital frequency synthesis，DDFS）。这种方法采用了数字采样存储技术，具有频率切换时间短、频率分辨率高、相位变化连续、易实现对输出信号的多种调制、全数字化、便于集成等诸多优点。由于 DDFS 是利用查表法来产生波形的，所以它也适用于任意波形发生器。随着电子工程领域的实际需要及数字集成电路和微电子技术的发展，DDFS 技术日益显示出其优越性，在军事和民用领域得到了广泛的应用。例如，在雷达领域应用于捷变频雷达、有源相控阵雷达、低截获概率雷达；在通信领域应用于跳频通信、扩频通信；在电子对抗领域应用于干扰和反干扰；在仪器仪表领域应用于各种信号发生器的合成、任意波形发生器、产品测试等。

DDFS 的全数字结构给频率合成领域注入了新的活力，但也正是由于全数字结构使 DDFS 有两点先天不足，即输出带宽较窄和杂散抑制较差。由于受数字器件工作速度的限制，特别是数模转换器的限制，使得工作的时钟频率较低，输出带宽窄，很难直接应用于微波频段。杂散大是 DDFS 本身所固有的缺点，且随着输出带宽的扩展，杂散将越来越明显地成为抑制该技术发展的重要因素。如何克服这些缺点也是未来 DDFS 技术研究的主要内容。

（2）频率合成式信号发生器中的晶振

频率综合器的设计中，通常使用高稳定度和准确度的晶振，如温度补偿晶振（TCXO）、恒温控制晶振（OCXO）等。在需要微调参考频率的情况下使用压控晶振（VCXO）。对于普通有源晶振，由于其温度稳定性差，在高精度的频率设计中不推荐使用。各种晶振的技术指标如表 5-2-1 所示。

表 5-2-1　各种晶振的技术指标

名称	频率范围/MHz	频率准确度/ppm	相位噪声/（dBc/Hz@ 10 kHz）	价格
普通晶振（SPXO）	1～100	+/−10～+/−100	—	低
压控晶振（VCXO）	1～60	+/−1～+/−50	—	—
温度补偿晶振（TCXO）	1～60	+/−0.1～+/−5	—	—
压控振荡器（VCO）	宽	—	−110	—
恒温控制晶振（OCXO）	10～20	0.000 5～0.01	−150，−120@ 10 Hz	非常高

　　晶振输出频率的精度受到两个参数的影响：稳定度和距离上一次校准的时间。例如，非常好的振荡器也有每年 0.152 ppm 的老化率。老化率表明参考振荡器的频率在一定时间内从其标称值漂移的特性。老化率为 0.152 ppm 的信号发生器在校准一年后，1 GHz 处的输出在要求输出的 152 Hz 内，符合下面的公式

$$频率精度 = \pm f \times 老化率 \times 校准周期$$

　　晶振输出频率还会因温度而变化。有两种针对温度影响的方法：一种是对温度影响量的补偿，另一种更精确的方法是控制参考振荡器的温度，这就是 TCXO 和 OCXO 分别采用的方法。它们之间的比较如表 5-2-2 所示。

表 5-2-2　TCXO 和 OCXO 的比较

	TCXO	OCXO
老化率/（ppm/年）	±2	±0.1
温度/ppm	±1	±0.01

　　晶振的频谱纯度表示输出与理想正弦波的接近程度，一方面是杂散，包括谐波（输出频率的倍数）、次谐波和随机的寄生成分（如电网频率的倍数）；另一方面是相位噪声，相位噪声造成谱线的扩散，通常使它的底部变宽。

5.2.2　信号发生器的主要技术指标

　　对于一个信号发生器的基本要求可概括为：能够快速而准确地输出具有所需形状、频率、幅度（电平）的信号。因此，评价一个信号发生器可以归结到频率、幅度（电平）、波形三个特性上。此外，还有输出阻抗等其他一些特性。

1. 频率特性

（1）频率范围

　　频率范围指信号发生器所产生的信号频率范围，即输出最低频率 f_{omin} 和输出最高频率 f_{omax} 之间的变化范围。该范围内频率既可连续又可由若干频段或一系列离散频率覆盖，在此范围内应满足全部误差要求。也可以用相对带宽 Δf 来衡量频率变化范围，即

$$\Delta f = \frac{2(f_{\text{omax}} - f_{\text{omin}})}{f_{\text{omax}} + f_{\text{omin}}} \times 100\% \qquad (5-2-2)$$

有时还用信号发生器输出覆盖几个十倍频程来描述信号发生器的频率范围。

（2）频率准确度

频率准确度是指信号发生器示值与实际输出信号频率间的偏差，通常用相对误差表示为

$$\gamma = \frac{f_0 - f_1}{f_1} \times 100\% \qquad (5-2-3)$$

式中，f_0 为刻度盘或数字显示数值，也称预调值；f_1 是输出信号频率的实际值。频率准确度实际上是输出信号频率的工作误差。

（3）频率稳定度

频率稳定度指标要求与频率准确度相关。频率稳定度是指其他外界条件恒定不变的情况下，在规定时间内，信号发生器输出频率相对于预调值变化的大小。频率稳定又分为短期、长期和瞬间三种稳定度。长期频率稳定度是指频率源在规定的外界条件下，在一定的时间（年、月、日）内工作频率的相对变化，它与所选择的参考源的长期频率稳定度相同。短期频率稳定度主要指各种随机噪声造成的瞬时频率或者相位起伏，即相位噪声，它可以用单边带相位噪声谱密度（频域）或者阿仑方差（时域）来表征。

（4）频率分辨力

频率合成器的输出是不连续的，两个相邻频率之间的最小间隔就是频率间隔。频率间隔又称为频率分辨力。不同用途的频率合成器，对频率间隔的要求是不相同的。对短波单边带通信来说，现在多取频率间隔为 100 Hz，有的甚至取 10 Hz、1 Hz 乃至 0.1 Hz。对超短波通信来说，频率间隔多取 50 kHz、25 kHz 等。在一些测量仪器中，其频率间隔可达 MHz 量级。

（5）频率转换时间/扫描速率

频率转换时间是指频率合成器从某一个频率转换到另一个频率，并达到稳定所需要的时间，它与采用的频率合成方法有密切的关系。

扫描速率用来反映扫频信号发生器单位时间内频率变化的大小。

（6）频率纯度

影响信号发生器输出信号频谱纯度的因素主要有两个：一是相位噪声，二是杂散分量。杂散分量又称寄生信号，分为谐波分量和非谐波分量两种，主要由频率合成过程中的非线性失真产生，也有频率源内外干扰的影响，并且与频率合成的方式有关，如图 5-1-3 所示。谐波抑制是指载波整数倍频率处的单根谱线的功率与载波功率之比，单位是 dBc；而杂散抑制是指与载波频率成非谐波关系的离散谱功率与载波功率之比，常用无杂散动态范围 SFDR 来表示，单位是 dBc。相位噪声是瞬间频率稳定度的频域表示，是衡量输出信号相位抖动大小的参数，在频谱上呈现为主谱两边的连续噪声。相位噪声是指单位 Hz 的噪声功率与信号总功率之比，表现为载波相位的随机漂移，是评价频率源频谱纯度的重要指标。相位噪声通常表示为在某一给定频偏处的 1Hz 的带宽上的功率与信号总功率之比，

单位为"dBc/Hz@ 偏移频率"。

2. 幅度（电平）

与频率一样，人们也对信号发生器的幅度（电平）范围、分辨力和精度等指标感兴趣。这一指标可以用电压单位或电平单位来描述。

（1）输出幅度范围

输出幅度范围是指信号发生器所能提供的最大、最小输出电平，如 1 mV ~ 1 Vrms（50 Ω 负载），−136 ~ +13 dBm。

（2）幅度稳定度

幅度稳定度是指信号发生器经规定时间预热后，在规定时间间隔内输出信号幅度对预调幅度值的相对变化量。

（3）幅度平坦度

幅度平坦度是指温度、电源、频率等引起的输出幅度变动量。

（4）输出幅度精度

输出幅度精度是指温度、幅度平坦度、指示器误差、检波器精度、衰减器精度和测量误差等诸多因素造成的幅度误差总和。在进行灵敏度测量时，信号发生器的幅度精度极为重要。例如，试图对灵敏度指标为−110 dBm 的寻呼机进行合格性检定。为确保所有寻呼机都达到−110 dBm 的灵敏度，信号发生器的输出电平幅度必须能够设置到低于接收机的指标、并考虑信号发生器的精度。如果幅度精度是±1 dB，那么必须把信号发生器输出置为低于−111 dBm。

（5）幅度分辨力

信号发生器的幅度分辨力是指信号发生器中可以设定的最小电压增量。在采用 DDFS 技术的信号发生器中，该指标由 DDFS 中的数模转换器的位数决定，它决定了波形的幅度精度。

（6）输出幅度的频响

输出幅度的频响是指在有效频率范围内调节频率时，输出幅度的变化及输出幅度的平坦度，如 10 Hz ~ 10 MHz：±0.5 dB；1 Hz ~ 50 MHz：±1 dB。

3. 输出阻抗

输出阻抗是在出口处测得的阻抗。阻抗越小，信号发生器驱动负载的能力就越高。对于射频信号发生器，输出阻抗一般有 50 Ω、75 Ω 等。在射频段，使用信号发生器时，要特别注意与负载阻抗的匹配，因为此时信号发生器输出电压的读数是在匹配负载的条件下标定的，若负载与信号发生器输出阻抗不匹配，则信号发生器输出电压的读数是不准确的。

此外，对于不同种类的输出信号，有不同的波形特性。例如，脉冲信号用脉冲的占空比、上升时间、下降时间、过冲等特性来描述；噪声信号用噪声的概率分布特性来描述；调制信号需要用调制特性来描述等。具体到不同类型的信号发生器在这方面都有一些特殊的参数。

5.3 信号发生器中的关键技术

5.3.1 直接数字频率合成

1971 年，美国学者 J. Tierncy，C. M. Rader 和 B. Gold 提出了采用全数字技术，该技术采用一种新的频率合成原理，从相位概念出发直接合成所需波形，被称为直接数字频率合成（DDFS）技术。3 年后，这种技术被用于电话线群时延的测量装置中。近 30 年间，随着技术和器件水平的提高，这种频率合成技术得到了飞速的发展，它以有别于其他频率合成方法的优越性能和特点成为现代频率合成技术中的佼佼者。如今 DDFS 集成芯片能够合成波形的频率已达数百 MHz，DDFS 技术已经广泛运用于军事和民用领域，例如在雷达领域应用于捷变频雷达、有源相控阵雷达、低截获概率雷达；在通信领域应用于跳频通信、扩频通信；在电子对抗领域应用于干扰和抗干扰；在仪器仪表领域应用于各种信号发生器的合成、任意波形发生器、产品检测、冲击和振动等。

1. DDFS 的原理

（1）DDFS 的基本结构

DDFS 由参考时钟、相位累加器、波形存储器、数模转换器、低通滤波器构成，原理框图如图 5-3-1 所示。

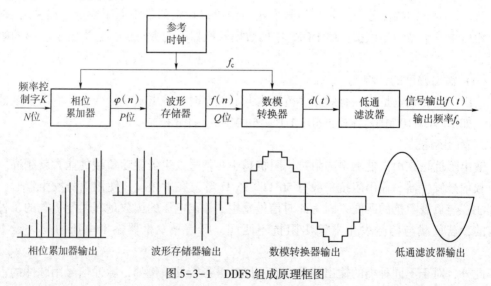

图 5-3-1 DDFS 组成原理框图

波形存储器中存储了正弦信号一个周期的波形数据。在时钟脉冲的控制下，相位累加器输出线性递增的相位码，相位码作为地址信息来寻址波形存储器，将波形储存器中预先存放的正弦波形样点数据输出，然后经过数模变换器得到对应的阶梯波，最后经过低通波器对阶梯波进行平滑，得到正弦波形。波形储存器中也可以存放其他波形，实现产生任意波形的功能。频率控制字 K 在时钟的作用下控制每次相位累加器累加的相位增量，从而实现对输出信号频率的控制。

相位累加器是实现 DDFS 的核心，其基本结构如图 5-3-2 所示。

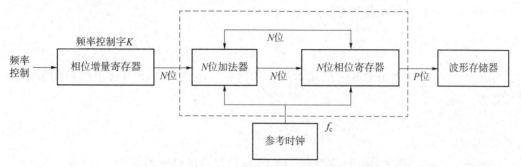

图 5-3-2　相位累加器结构框图

相位累加器由一个 N 位字长的二进制加法器和一个由固定时钟脉冲取样的 N 位相位寄存器组成。相位寄存器的输出与加法器的一个输入端在内部相连，加法器的另一个输入端是相位增量寄存器输出的频率控制字 K。这样，在每个时钟脉冲到达时，相位寄存器将以上各时钟周期内相位寄存器的值与频率控制字 K 之和，作为相位累加器在这一时钟周期的输出。

波形存储器实际上用于实现相位/幅度转换的功能。波形存储器存储了一个周期的正弦查找表（look up table，LUT）。波形存储器的地址是由相位累加器输出系列的高 P 位给出的，每一位地址代表了 $0 \sim 2\pi$ 区间内一个周期正弦波形的一个相位点，波形存储器所存储的数据则是以 Q 位二进制数字表示的、对应于每个相位点的正弦幅值。这样，在地址按一定规律变化时，波形存储器将输出对应的正弦幅值序列。

数模转换器（DAC）的作用是将所需要合成频率波形幅值的数字信号转换为模拟信号。因为数字信号是离散的，所以实际上 DAC 输出信号的电压并不是真的连续可变信号，而是以其绝对分辨力为单位的阶梯模拟信号。DDFS 输出信号的频谱纯度基本上是由 DAC 性能决定的。此外，参考时钟为相位累加器和数模转换器提供高稳定时钟，通常由晶振实现。

从设计复杂性和成本等角度考虑，相位累加器的位数 N 通常为 24~48 bit 之间。波形存储器的地址位数 P 通常为 12~19 bit，$P<N$ 的情况也被称为相位截断。波形存储器的数据位数及 DAC 的位数 Q 通常为 10~14 bit，$Q<P$ 的情况也被称为幅度截断。这可以减小波形存储器的存储容量，同时降低对 DAC 的性能要求。

（2）DDFS 的输出频率表达式

由于相位累加器是 N bit 的模 2 加法器，正弦查找表中存储 $0 \sim 2\pi$ 区间内一个周期的正弦波幅度量化数据，为了便于理解，这里取波形存储器的地址位数 P 等于相位累加器的位数 N，频率控制字 K 等于 1（最小值），N 位相位寄存器初始值为 0，在时钟的作用下，每 2^N 个时钟周期输出一个周期的正弦波。此时有

$$f_{\mathrm{o}} = \frac{f_{\mathrm{c}}}{2^N} \qquad\qquad (5-3-1)$$

式中，f_o 为输出信号的频率，f_c 为时钟频率，N 为累加器的位数。由于 $K=1$ 是相位的最小增量，此时的输出为 DDFS 的最低输出频率。实际上，当波形存储器的地址位数 P 不等于相位累加器的位数 N 时，由此造成的相位截断并不影响正弦波输出的频率。

更一般的情况，频率控制字是 K（K 为大于 1 的整数）时，每 $2^N/K$ 个时钟周期输出一个周期的正弦波。所以此时有

$$f_o = \frac{K \times f_c}{2^N} \qquad (5\text{-}3\text{-}2)$$

式（5-3-2）为 DDFS 系统最基本的公式之一，由此可以得出输出信号的最小频率（分辨力）为

$$f_{omin} = \frac{f_c}{2^N} \qquad (5\text{-}3\text{-}3)$$

在满足 Nyquist 采样定理的条件下，DDFS 输出信号的最大频率为

$$f_{omax} = \frac{f_c}{2} \qquad (5\text{-}3\text{-}4)$$

为了便于系统实现（低通滤波器有一定的过渡带），实际的 DDFS 输出信号的最大频率通常为 $f_{omax} = 0.3f_c$。

综上所述，采用 DDFS 技术可以输出频率范围为 $f_c/2^N \sim 0.3f_c$ 的一系列离散的频率点，这些频率点的频率间隔为 $f_c/2^N$。

（3）DDFS 的理想输出频谱

理想状态时的 DDFS 应满足以下 3 个条件：

①无相位截断误差，即 $P=N$；

②波形存储器存储的幅度值没有量化误差；

③DAC 不存在转换误差，并具有理想的 DAC 转换特性。

理想情况下的 DDFS 等价于一个采样保持电路，其中相位累加器和波形存储器相当于一个理想的采样器，采样周期为 $T_c = 1/f_c$，DAC 相当于一个理想的保持电路，其冲击响应为

$$h(t) = \begin{cases} 1, & 0 \leqslant t \leqslant T_c \\ 0, & t < 0 \text{ 或 } t > T_c \end{cases} \qquad (5\text{-}3\text{-}5)$$

理想 DDFS 输出的波形序列为

$$S(n) = \sin(2\pi f_o t)\delta(t - nT_c) = \sin\left(2\pi n \frac{K}{2^N}\right) \quad (n = 1, 2, 3, \cdots) \qquad (5\text{-}3\text{-}6)$$

$S(n)$ 经 DAC 后就得到了连续的输出波形信号 $S(t)$，其表达式为

$$S(t) = \sum_{-\infty}^{\infty} S(n)h(t - nT_c) = \sum_{-\infty}^{\infty} \sin(2\pi f_o t)\delta(t - nT_c)h(t - nT_c)$$

$$= \left[\sum_{-\infty}^{\infty} \sin(2\pi f_o t)\delta(t - nT_c) \right] \otimes h(t) \qquad (5\text{-}3\text{-}7)$$

其中 $h(t) = U(t) - U(t - T_c)$，$U(t)$ 是单位阶跃函数。

根据傅里叶变换的时域卷积定理，得到理想 DDFS 的频谱函数 $S(\omega)$ 为

$$S(\omega) = \mathrm{j}\pi \sum_{l=-\infty}^{\infty} Sa\left(\frac{l \cdot f_c - f_o}{f_c}\pi\right) \exp\left(-\mathrm{j}\,\frac{l \cdot f_c - f_o}{f_c}\pi\right)\delta(\omega + 2\pi f_o - 2\pi f_c l) -$$

$$\mathrm{j}\pi \sum_{l=-\infty}^{\infty} Sa\left(\frac{l \cdot f_c + f_o}{f_c}\pi\right) \exp\left(-\mathrm{j}\,\frac{l \cdot f_c + f_o}{f_c}\pi\right)\delta(\omega - 2\pi f_o - 2\pi f_c l)$$

$$(5 - 3 - 8)$$

由上式可知，理想 DDFS 的输出谱线仅仅位于 $l\omega_c \pm \omega_o$ 处，其中 $l = 0, 1, 2, 3, \cdots$，并且所有谱线都在 $Sa\left(\frac{f_o + lf_c}{f_c}\pi\right)$ 的包络内，这是由平顶抽样带来的孔径失真造成的。当 $l = 0$ 时，理想 DDFS 的输出即为所需的基频信号 f_o，并且在所有的谱线中幅度最大。图 5-3-3 为 f_o 为 30 MHz、f_c 为 100 MHz 时，理想 DDFS 输出的频谱图。

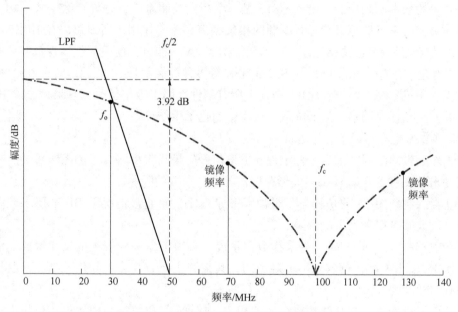

图 5-3-3　理想 DDFS 输出的频谱图

由 Nyquist 采样定理可知，要想恢复出理想波形，信号的最高频率不能超过采样频率的 $1/2$。即 $f_o \leqslant 0.5f_c$。当 f_o 超过了 $0.5f_c$ 时，$f_c - f_o$ 也趋近于 $0.5f_c$，两者难以区分，信号质量无法保证。因此，为了使低通滤波器能有效地滤除杂散，DDFS 的输出频率 f_o 一般小于 $0.3f_c$。

从上述分析可以看出，DDFS 是一种采样数据系统，必须考虑由采样带来的混叠等问题。更重要的是，实际的 DDFS 不满足理想状态时的 3 个条件，因此必须考虑由相位截断、幅度量化、DAC 非理想特性等带来的相位噪声、杂散等。

（4）DDFS 的技术特点

DDFS 在相对带宽、频率转换时间、相位连续性、正交输出、高分辨力及集成化等一系列性能指标方面远远超过了传统频率合成技术所能达到的水平，为系统提供了优于模拟信号发生器的性能。

①极快的频率切换速度。DDFS 是一个开环系统，无任何反馈环节，相位增量寄存器的置数时间是制约频率切换的主要环节，因此这种结构使得 DDFS 的频率转换时间极短，且时钟的频率越高，DDFS 的频率转换时间越短。通常 DDFS 的频率转换时间可达纳秒数量级，比其他传统频率合成方法要短数个数量级。

②极高的频率分辨力。当时钟频率不变时，DDFS 的频率分辨力由相位累加器的位数 N 决定。只要增加相位累加器的位数 N，理论上即可获得相应的频率分辨力，实现传统合成技术难以实现的小于 mHz 的频率分辨力。

③连续的相位变化。同样因 DDFS 是一个开环系统，故当一个转换频率指令加在 DDFS 的数据输入端时，它会迅速合成所要求的频率信号，在输出信号上没有叠加任何电流脉冲，输出变化是一个平稳的过渡过程，而且相位函数的输出曲线是连续的，只是在改变频率的瞬间其频率发生了突变，从而保证了信号相位的连续性。这个特点也是 DDFS 独有的。

④强大的数字调制功能。由于 DDFS 是一个相位控制系统，采样全数字式结构，易于集成且输出相位噪声低，对参考频率源的相位噪声有改善作用。所以可以在 DDFS 内部加上相应的跳频控制 FM、调相控制 PM 和调幅控制 AM，即可方便灵活地实现数字调频、调相和调幅功能，产生 PSK、FSK、ASK 和 MSK 等多种调制信号。

⑤易于集成、易于调整。DDFS 中几乎所有部件都属于数字信号处理器件，除 DAC 和滤波器外，无须任何调整，从而降低了成本，简化了生产设备。

同时 DDFS 也存在以下几个方面的缺陷。

①工作频带的限制。根据采样定理，输出信号的最高频率将低于参考时钟的一半，若要提高输出频率将受到如 DAC、波形存储器等器件参数的限制。

②功耗限制。DDFS 的功耗与其时钟频率成正比，而通常情况下 DDFS 要求较高的频率输出，因此其应用受到供电的限制。

③杂散抑制差。DDFS 是一种采样数据系统，必须考虑采样带来的量化噪声、混叠等问题。DDFS 输出中存在杂散是不可避免的，其来源主要有 3 个：相位截断、幅度量化误差和 DAC 非线性特性。

④相位噪声性能。与其他频率合成器相比，DDFS 的全数字结构使得相位噪声不能获得很高的指标，DDFS 的相位噪声主要由参考时钟信号及器件本身的噪声基底决定。

2. 提高 DDFS 性能的技术方法

DDFS 输出信号中的杂散成分是影响 DDFS 频谱纯度的关键因素。良好的杂散抑制能力能够提高 DDFS 的性能。杂散抑制能力通常用无杂散动态范围（spurious free dynamic range，SFDR）来表示，将频谱中最大失真成分与载波频率在谱线幅度上的差值以 dB 表示就是 SFDR。根据理论分析，DDFS 存在的相位截断对其 SFDR 的影响可以用公式表示为

$$SFDR = 6.02P - 3.92 \tag{5-3-9}$$

其中 P 是波形存储器的地址位数。

提高 DDFS 的 SFDR 有很多种方法。根据式（5-3-9），一种最简单的方式就是增大波形存储器的容量，从而增加 P 值。但是对于高频应用或是嵌入式实现时，太大的存储器将导致成本和功耗的大幅度增加，可靠性也会下降，因此 P 通常的取值限制在 12～19 bit 之

间。解决此问题的一种途径是压缩正弦查找表占用的存储器空间，减少对存储器的消耗。这种方法称为正弦查找表压缩算法。另一种途径是直接采用杂散消减技术，减少 DDFS 输出正弦波的杂散。下面分别对这两类方法进行说明。

（1）正弦查找表压缩算法

由于正弦函数的对称性，可以用 $0\sim\pi/2$ 相位区间内波形的幅度值来表示整个 $0\sim2\pi$ 区间的波形幅度值，使用最高两位地址线来选择所属的一到四个象限。此时，正弦查找表的容量可以减少为 2^{P-2}，相当于实现了 4：1 的压缩比。

为了进一步提高压缩比，很多人研究了对 $0\sim\pi/2$ 相位区间内正弦波形的压缩算法。三角近似法是其中的一种。三角近似法是 Sunderland 提出的，主要精髓是利用三角函数的近似性将一个较大的波形存储器分解成两个较小的波形存储器。如图 5-3-4 所示，将相位累加器的输出地址位分为 A、B、C 三部分，将两个地址位数为 $A+B$ 和 $A+C$ 的 ROM 的输出相加，重新建立输出数字化正弦信号。

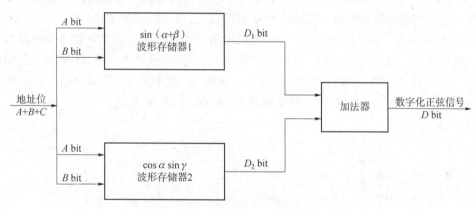

图 5-3-4 Sunderland 结构示意图

以 $P=12$ bit 为例，设 1/4 象限正弦函数的相位 $\varphi=\alpha+\beta+\gamma$，其中 α、β、γ 所对应的字长位数分别为 A、B、C，A 为 12 位地址中的最高四位，B 为随后的四位，C 为最后的四位。因此，$0\leqslant\alpha\leqslant\pi/2$，$0\leqslant\beta\leqslant(2^{-4}\times\pi/2)$，$0\leqslant\gamma\leqslant(2^{-8}\times\pi/2)$。因此可以推导出

$$\sin(\alpha+\beta+\gamma)=\sin(\alpha+\beta)\cos\gamma+\cos(\alpha+\beta)\sin\gamma \tag{5-3-10}$$

由于 β、γ 均很小，接近于 0，所以式（5-3-10）可以近似为

$$\sin(\alpha+\beta+\gamma)=\sin(\alpha+\beta)+\cos\alpha\sin\gamma \tag{5-3-11}$$

第一个 LUT 存储 $\sin(\alpha+\beta)$，每个地址的数据码单元宽度取 $Q=11$ bit，该存储器容量为 $2^8\times11$ bit；第二个 LUT 存储 $\cos\alpha\sin\gamma$，由于 $\cos\alpha\sin\gamma$ 的值很小，可以用较少的数据位数来量化，每个地址的数据码元宽度可以减少为 $Q=4$ bit，存储器容量为 $2^8\times4$ bit。与未压缩之前的存储容量 $2^{12}\times11$ bit 相比，这种方法的存储量压缩比近似为 12：1。

有研究对 Sunderland 结构进行了改进，将压缩比提高到了 59：1，甚至 128：1、165：1。除此之外，正弦查找表压缩算法还有多种。基于一阶泰勒级数近似的方法可以实现 67：1 的压缩比；基于高阶泰勒级数近似可以实现 110：1 的压缩比和 85 dBc 的 SFDR（$P=12$ bit）；采用高阶内插法可以实现 157：1 和 64 dBc 的 SFDR（$P=12$ bit）等。此外还有 CORDIC（coordinate rotation digital computer）算法等，这里就不一一列举了。这些压缩

算法的实现通常需要增加数字加法器、乘法器的硬件，实现复杂程度各异，需要根据 DDFS 的实现需求来进行选择。

（2）优化设计相位累加器

Nicholas 发现 DDFS 的杂散幅度与输出频率和时钟频率的比密切相关。如果 DDFS 输出频率设置为一个时钟频率约数，则量化噪声将集中在输出频率的倍数上，两者是高度相关的。如果输出频率略有偏移，量化噪声会变得更加随机。因此，Nicholas 提出将频率控制字始终设置为奇数，这样可使 SFDR 至少降低 3.9 dB。从理论上分析，相位累加器输出的重复周期为

$$T_{\mathrm{ACC}} = \frac{2^N}{\mathrm{GCD}(2^N, K)} \tag{5-3-12}$$

其中，$\mathrm{GCD}(x, y)$ 表示 x 和 y 的最大公约数。如果 K 为奇数，则 $\mathrm{GCD}(2^N, K) = 1$，因此，$T_{\mathrm{ACC}} = 2^N$，此时，DDFS 输出的杂散成分将分布在整个频带内，导致 SFDR 较高。如果 K 为偶数，输出的杂散将集中出现在输出频率的倍数上，导致 SFDR 减小。

图 5-3-5 给出了基于理想 12 bit DAC 的 DDFS 产生的信号杂散情况的 4 096 点 FFT 分析图。图 5-3-5（a）中，时钟频率和输出频率的比率设置为 40，无杂散动态范围约为 77 dBc。图 5-3-5（b）中稍微改变频率比，有效 SFDR 提高到了 94 dBc。在这种理想 DAC 情况下，只需稍微改变频率比就能观察到 17 dB 的 SFDR 变化。

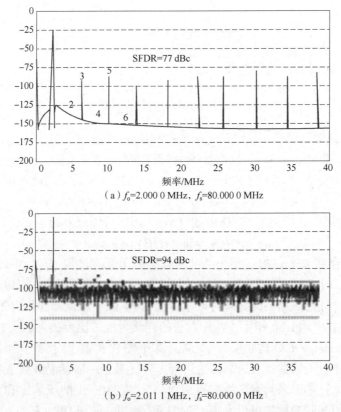

（a）f_o=2.000 0 MHz，f_s=80.000 0 MHz

（b）f_o=2.011 1 MHz，f_s=80.000 0 MHz

图 5-3-5　时钟与输出频率比对 SFDR 的影响

注：FFT 点数=8 192，12 bit DAC 信噪比的理论值=74 dB，FFT 过程增益=36 dB，FFT 噪声基底=110 dBFS。

基于上述原理，Nicholas 优化设计了相位累加器，结构如图 5-3-6 所示。图中 D 触发器输出 0、1 交替方波，加到相位累加器的进位端 C_{in}。D 触发器输出端 Q 的均值为 1/2，故等效的频率控制字 $K = K + 1/2$。此时系统可以等效为相位累加器位数为 $N+1$，相位截断位数为 $B+1$，频率控制字为 $2K+1$ 的 DDFS 系统，于是有 $\text{GCD}(2^{N+1}, 2K+1) = 1$，DDFS 输出序列的周期为 2^{N+1}，从而使杂散能量分布在 2^{N+1} 个频率点上。在实际的 DDFS 中，相位累加器的位数 N 远大于 1，而且该 D 触发器不对累加器产生延时，因此该方法对 DDFS 输出精度和性能几乎没有影响。

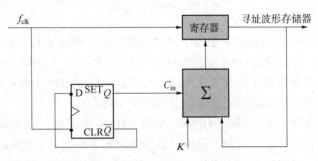

图 5-3-6 改善的 Nicholas 相位累加器

改善的 Nicholas 相位累加器是一种不破坏相位截断误差序列周期性的方法。该方法的目的在于对任意频率控制字 K，使相位截断后的输出序列的周期最大化，即 $T = 2^N$。在存在相位截断误差时（即当频率控制字 K 不是 2^B 的整数倍），采样 Nicholas 相位累加器结构对输出信号谱质有一定的改善。当输出信号中不存在相位截断误差时（即当频率控制字 K 是 2^B 的整数倍时），此时采样 Nicholas 相位累加器结构、输出信号谱质反而被恶化。因此，在采用 Nicholas 相位累加器结构时，应该根据频率控制字 K 的不同，开启或关闭 D 触发器。Nicholas 相位累加器是一种有效地改善 DDFS 输出谱质的方法。这种方法简单，但其对 DDFS 输出信号谱质的改善有限。

（3）随机扰动技术

根据前面的分析，产生杂散的原因一方面是由量化误差的周期性引起的，另一方面是由 DAC 的非线性引起的输出信号的谐波、镜像频率、时钟泄漏等相互之间的交调所引起的。相位量化误差引起的杂散是无法消除的，但可以采取措施使杂散信号的能量随机地均匀分布，这样能在稍微抬高本底噪声为代价的情况下使杂散得到降低。扰动技术可以有效地提高无杂动态范围或降低杂散分量幅度，分为相位扰动和幅度扰动两种技术。

相位扰动技术是在每一个时钟到来后，在相位累加器输出中加入满足一定统计特性的随机信号打破误差序列的周期性，降低杂散。如图 5-3-7 所示，在相位累加器之后增加一个加法器和一个扰动发生器。扰动发生器能够产生宽度为 B bit、幅值在 $(0, 2^B)$ 范围内均匀分布的伪随机序列。由于该序列的重复周期比 DDFS 输出信号的周期要长很多，这样就把有规律的杂散展宽到了整个频带，有效地提高了 SFDR。

将类似的扰动技术应用到波形储存器输出端与 DAC 之间，即构成幅度抖动注入技术，这里不做详细介绍。

3. 基于 DDFS 的调制信号产生方法

在 DDFS 中，输出信号波形的三个参数（频率 ω、相位 φ 和振幅 A）都可以用数据字

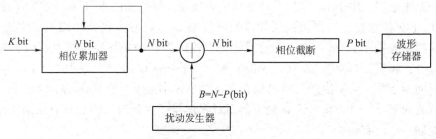

图 5-3-7　相位扰动原理

来定义。频率 ω 的分辨力由相位累加器中的比特数确定，相位 φ 的分辨力由 ROM 中的比特数确定，而振幅 A 的分辨力由 DAC 的分辨力确定。因此，在 DDFS 中可以完成数字调制。频率调制可以用改变频率控制字来实现，相位调制可以用改变瞬时相位字来实现，振幅调制可以用在 ROM 和 DAC 之间加数字乘法器来实现。

　　用 DDFS 可以完成 FSK、ASK、QPSK、MSK、QAM 等调制，其调制方式非常灵活方便，调制质量也是非常好的。由此，就将频率合成和数字调制合二为一，一次性完成，系统大大简化，成本、复杂度也大大降低。用 DDFS 完成相位、频率和振幅数字调制的方框图如图 5-3-8 所示。

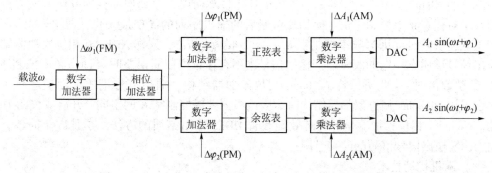

图 5-3-8　用 DDFS 完成相位、频率和振幅数字调制方框图

　　目前，许多厂商在生产 DDFS 芯片时，都考虑了调制功能。可直接利用这些 DDFS 芯片完成所需的调制功能，这无疑为实现各种调制方式增添了更多的选择，而且利用 DDFS 完成调制功能带来的好处是之前许多其他完成相同调制功能的方法难以比拟的。

4. DDFS 集成芯片及应用

　　自 20 世纪 80 年代以来，各国都在研制 DDFS 的集成芯片产品。ANALOG DEVICES 公司的产品比较有代表性，如 AD7008、AD9830、AD9854、AD9858 等，其系统时钟频率从 30~300 MHz 不等，且全部内置了 D/A 变换器，因此称为 Complete-DDFS。其中，AD9858 系统时钟更是达到了 1 GHz。此外，Qualcomm 公司和 Micro Linear 公司也有 Q2334、Q2368、ML2035、ML2038 等产品，其中 Q2368 的时钟频率可达 130 MHz、分辨力达 0.03 Hz、杂散抑制优于 76 dBc、变频时间小于 0.1 s。

　　AD9854 数字合成器是 ADI 公司生产的高集成度器件，它采用先进的 DDFS 技术，片内整合了两路高速、高性能正交 D/A 转换器，通过数字化编程可以输出两路合成信号。其内部结构如图 5-3-9 所示。

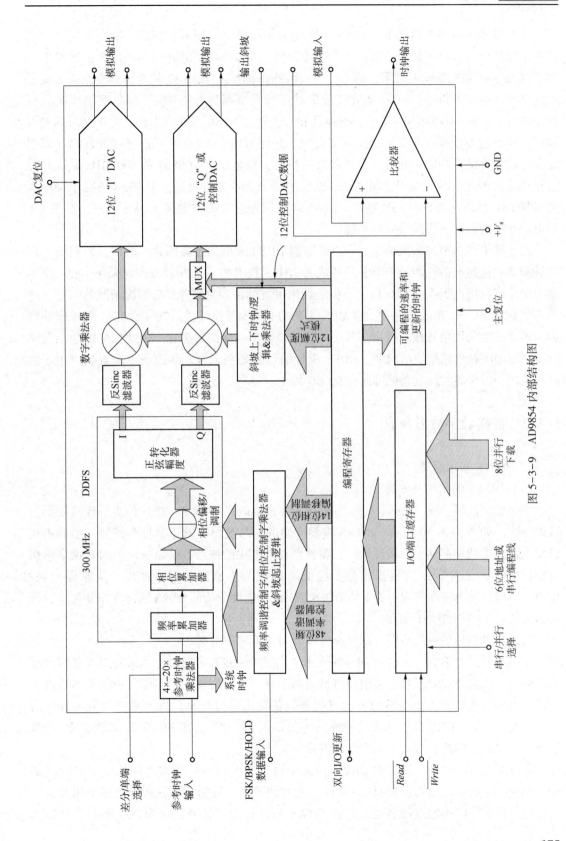

图 5-3-9 AD9854 内部结构图

在高稳定度时钟的驱动下，AD9854 将产生一高稳定的频率、相位、幅度可编程的正弦和余弦信号，作为本振用于通信、雷达等方面。AD9854 的 DDFS 核具有 48 位的频率分辨力（在 300 MHz 系统时钟下，频率分辨力可达 1 μHz）。输出 17 位相位截断保证了良好的无杂散动态范围指标。AD9854 允许输出的信号频率高达 150 MHz，而数字输出频率可达 100 MHz。器件有两个 14 位相位寄存器和一个用作 BPSK 操作的引脚。对于高阶的 PSK 调制，可通过 I/O 接口改变相位控制字实现。它还有两个 12 位数字正交可编程幅度调制器和通断整形键控功能，并有一个非常好的可控方波输出。AD9854 的 300 MHz 系统时钟也可以通过 4× 和 20× 可编程控制电路由较低的外部基准时钟得到。AD9854 还有单脚输入的常规 FSK 和改进的斜率 FSK 输出。AD9854 采用先进的 0.35 微米 COMS 工艺，在 3.3 V 单电源供电的情况下提供强大的功能。

由于输出带宽窄和杂散抑制差一直是限制 DDFS 发展的主要因素。所以，研究高工作时钟频率和优越杂散性能的 DDFS 芯片成为 DDFS 技术的一个发展方向，采用 GaAs 技术输出频率可以提高到 400 MHz 以上，但是输出带宽的逐步克服并没有解决杂散的问题。通常只能达到 40~50 dBc。而一般的 CMOS 工艺的 DDFS 芯片可达到 70~90 dBc，但输出的频率又不高。当采用倍频或变频提高其工作频率时，又会使杂散恶化。因此如何抑制杂散仍然是高速 DDFS 急需解决的问题。DDFS 设计的目标是在未来几年内研究出直接应用于微波频段的 DDFS 芯片并且杂散抑制在 90 dB 以上。

5.3.2 直接数字波形合成

1. DDWS 基本原理

（1）DDWS 的结构及分类

直接数字波形合成（direct digital waveform sythesizer，DDWS）是一种实现任意波形合成的方法。如图 5-3-10 所示，DDWS 将要产生的信号波形存储于波形存储器，然后由地址发生器产生波形存储器的线性地址，将波形存储器中的波形数据以一定的时钟速率依次读出，由 DAC 芯片转换为模拟信号，经低通滤波产生所需的信号波形。从原理上说，DDWS 相当于频率控制字固定为 1 的 DDFS。因此，前面分析的 DDFS 输出频率和频率分辨力的公式对 DDWS 都是有效的。

根据参考时钟的种类不同，DDWS 可以分为以下两种类型。

①固定时钟的 DDWS。这类 DDWS 采用了内置的固定参考时钟。如果需要改变信号输出的频率，仅能通过对任意波形信号进行重新采样，重新配置波形存储器中的波形数据来实现。例如，通过减少每周期的采样点数来提供输出信号频率。也可采用可变的外部时钟。因此，这种 DDWS 仅被认为是一种只具有部分"任意"性能的 AWG。有些函数/任意波形发生器就采用这种方式来生产任意波形。

②可变时钟的 DDWS。这类 DDWS 内置了可变参考时钟，通常是在某个范围内（如 10 MSa/s~12 GSa/s）内连续可调。通过改变时钟频率、控制波形数据输出速率来改变信号频率，而产生波形的点数不变。这类 DDWS 是真正的"任意"波形发生器，在使用上

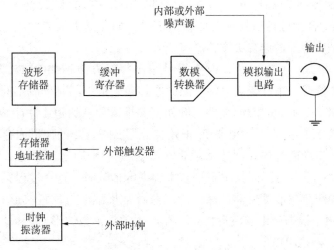

图 5-3-10　DDWS 的原理框图

也最灵活。但由于需要设计性能较高的可变时钟电路，所以实现较为复杂。本章后续讲到的 DDWS 都是指这种类型的 DDWS。

（2）DDWS 与 DDFS 的比较

关于 DDWS 的一个疑问是：为何有了性能优越的 DDFS，还需要 DDWS 呢？下面就这个问题进行分析。

DDFS 是基于固定的参考时钟来控制波形频率的改变，通过改变波形数据的抽样点数来实现频率的调节。该方法产生的常规函数波形信号质量较好，但在产生任意波形时，容易遗漏波形的细节，产生波形失真。例如，希望由信号发生器产生如图 5-3-11 所示的一个具有毛刺的半正弦信号。DDFS 在通过相位累加器寻址波形样点时，可能漏掉其中的毛刺，这就不能满足用户产生任意波形的需求。当利用 DDFS 来生成具有快速变化上升沿和下降沿的脉冲或者伪随机码流（PRBS）时，这种问题更加严重。相反，DDWS 通过改变时钟频率、控制波形数据输出速率来改变信号频率，每次都选择和产生全部波形点数，不存在遗漏波形毛刺的可能。

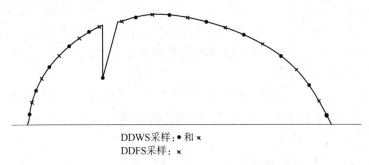

DDWS采样：● 和 ×
DDFS采样：×

图 5-3-11　DDFS 跳过某些样点来提高输出频率

一般来说，DDFS 的相噪指标和频率捷变性能要优于 DDWS，DDFS 通常是函数信号发生方案中最经济的解决方案。但是对于需要产生复杂任意信号，或者必须在每个周期中可靠地生成畸变、受控抖动和噪声、要求可预测信号失真的极限测试时，更适合采用 DDWS。DDWS 还适合为低抖动数字波形提供信号，如伪随机码流（PRBS），这使其成为许多串行总线测试应用的最佳解决方案。

DDWS 也有一些缺点。DDWS 在改变信号输出频率方面不如 DDFS 方便。由于 AWG 结构在所有通道中依赖一个可变主时钟，因此在多条通道中同时生成不同频率时，要求在每条通道后面存储一个不同的波形文件。例如，如果需要从通道 1 中生成一个 10 MHz 正弦波，同时从通道 2 中生成一个 20 MHz 正弦波，那么通道 2 的波形内存必须加载两个周期。所以，在时钟步进通过内存时，对通道 1 中的每一个周期，通道 2 中会出现两个周期，使输出频率翻一番。当不同频率不是基本频率的倍数时，这一过程会变得更加复杂。

目前也有一些任意波形发生器产品，为了兼顾常规波形与任意波形的质量，将 DDFS 和 DDWS 结合使用，根据产生的波形特点，在产生常规函数波形时，采用 DDFS；产生复杂的任意波形时，采用 DDWS。

2. 任意波形发生器的技术指标

基于 DDWS 的任意波形发生器波形生成原理不同于传统的信号发生器，其指标和传统信号发生器也有较大差别，但与 DDFS 的一些指标比较相似。实际上，也可以将任意波形发生器理解为数字存储示波器的逆过程，它们都有采样时钟频率、存储深度、垂直分辨力等指标。

（1）采样时钟频率

采样时钟频率（采样率）通常用 MSa/s 或 GSa/s 为单位表示，表明了仪器可以运行的最大参考时钟或采样率。DDWS 能够产生信号的最高频率主要由采样率决定，理论上采样率 f_s 与信号最高频率 f_{max} 之比大于 2 即可，在实际应用时，通常选用 f_s 与 f_{max} 之比为 2.5~3，以便采用模拟滤波器滤除无用的镜像频率。

根据采样率可以计算 DDWS 生成的信号频率，由"采样率÷每周期的波形记录长度"确定。例如，采用 100 MS/s 的时钟频率，一个周期的波形记录长度为 4 000 个样点，则输出信号频率为 25 kHz。如果 4 000 点包含了四个波形周期，则输出频率为 100 kHz。在本例中，相邻两个样点的时间间隔 10 ns，这代表波形的时间分辨力（水平分辨力）是 DDWS 当前采样速率的倒数。

对于可变时钟的 DDWS，采样时钟频率通常有一个可变的范围及调节精度的指标，这对于产生任意波形信号的频率范围、使用的灵活性来说是十分重要的。

（2）垂直（幅度）分辨力

垂直（幅度）分辨力与 DDWS 的 DAC 位数有关。位数越多，幅度分辨力越高。分辨力不足的 DAC 会导致量化误差，进而导致波形生成不理想。

（3）存储深度（记录长度）

存储深度决定着可以存储的最大样点数量。每个波形样点占用一个存储器位置。对于复杂波形而言，存储深度对精确复现信号细节至关重要。提高存储深度可以存储更多周期或者更多片段的波形，允许仪器灵活地把不同波形片段连接起来，创建无穷多个循环、码型；提高存储深度可以存储更多的波形细节，例如脉冲边沿或者瞬态信号中可能有高频信息，可以更为真实地复现复杂的信号。

此外，要保证信号的质量、降低杂散，DDWS 必须存储一个完整周期或者整数个周期的波形，否则就会因时域截断带来频谱的泄漏。当要产生多路不同周期信号或者一路信号中包含了多个不同周期信号的叠加时，必须保证所有信号都必须是整数个周期。例如，采样时钟频率为 100 MHz 时，1 M 的波形存储器能连续工作时间 t 为

$$t = 波形存储器容量/时钟频率 = 1 M/100 MHz = 10 ms$$

而 10 ms 所能完整表征的波形最低频率为 100 Hz。也就是在 10 ms 内可同时表征 1.501 1 MHz、29.999 9 MHz、18.780 0 MHz 等频率的信号，表征的这些信号的周期分别为 15 011、299 999、187 800 个，由于这些信号的周期均为整数倍，重复调用信号时可以保证相位是连续的。

（4）频率转换时间

由于任意波形发生器采用 DAC 直接将数字信号转换成模拟信号，不存在锁相环路需要稳定的问题，因此 AWG 频率转换非常快，通常与 DAC 的上升、下降时间（输出带宽）和时钟速度等有关。例如 Tektronix AWG501X 系列的最快频率转换时间可达 2.7 ns，AWG712X 系列可达 208 ps。

（5）带宽

任意波形发生器的带宽通常是指输出电路的模拟带宽，输出电路的设计应足以满足其采样率支持的最大信号输出频率。

（6）数字输出

任意波形发生器的数字输出分成两类：数字标记输出和并行数据输出。数字标记（Marker）输出提供了与主模拟输出信号同步的二进制信号。一般来说，数字标记输出可以输出与特定波形存储器位置（样点）同步的一个脉冲（或多个脉冲），可用于多台仪器同步触发、同步时钟输出、原码输出等应用。并行数字输出是将 DAC 之前的波形样点值转换为并行方式输出，在测试数模转换器时，这些数字信息可以随时作为比较数据使用。数字输出也可以独立于模拟输出编程。

（7）序列

任意波形发生器一般还具有"序列模式"，用户可以使用该模式创建更为复杂的波形。这种序列模式的出发点是：如果目标信号虽然复杂，但是可以划分为多个子波形（复杂波形的组成部分），例如可划分为类似 $F = A + 2B + 3C + 5B$ 的模式，则在编辑波形时只需要编辑 A、B、C 三个子波形，而在输出时使用序列模式并给定子波形的循环次数即可。这样，本来完整波形周期需要的内存长度为 $A + 2B + 3C + 5B$，而在序列模式下占用的存储空间只需要 $A + B + C$，因而可以优化存储空间的使用效率，使用更小的空间完成更复杂波形的生成。

任意波形发生器的波形排序器通常位于与波形数据存储器不同的序列存储器中，使用计算机编程语言中常用的循环、跳跃指令来定义波形序列，程控重复计数器、外部事件分支和其他控制机制决定着运行周期数量及其发生的顺序。通过序列控制器，可以生成长度几乎没有限制的波形。

例如，一个 4 000 点存储器存储了一个 2 000 点的干净脉冲，另外 2 000 点存储了一个失真的脉冲。如果没有序列产生功能，那么信号发生器会一直顺序重复两个脉冲，直到接到命令停止。但有了波形排序功能则不同。如图 5-3-12 所示，可以编写一个序列，重复干净的脉冲 511 次，然后跳到失真的脉冲，重复 2 次，然后再回到循环开头，再次执行各个步骤。这种序列功能大大改善了波形生成的灵活性，而不会降低各个波形的分辨率，极大方便了通信电路中的码间干扰测试、各种长期极限测试等。

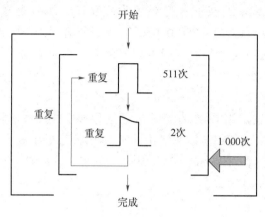

图 5-3-12　使用循环和重复扩展 DDWS 的波形存储器容量

5.3.3　锁相环

锁相环的应用要追溯到 20 世纪 30 年代，最早用于从载波中提取音频信号。后来，随着集成电路技术的发展，锁相环除了用于 AM、FM 解调之外，还在众多其他领域（如无线通信、数字电视、广播等）得到了广泛应用。具体的应用范围包括数据及时钟恢复电路（clock and data recovery，CDR）、频率合成器、无线通信系统收发模块、跳频通信、数字电视接收机等。很多电子测量仪器中的本振信号都是由锁相频率合成器产生。本节从锁相环的基本原理出发，介绍频率合成器中锁相环的结构和应用形式。

5.3.3.1　锁相环的基本原理

锁相环（PLL）是一个使输出信号对输入信号的相位和频率实现跟踪的反馈控制系统，其作用是将电路输出的时钟与其外部的参考时钟保持同步。当参考时钟的频率或相位发生改变时，锁相环会检测到这种变化，并且通过其内部的反馈系统来调节输出频率，直到两者重新同步，这种同步又称"锁相"。

1. 基本锁相环

锁相环是一种利用反馈控制原理实现的频率及相位的同步技术。如图 5-3-13 所示，基本锁相环由三部分组成：鉴相器（phase detector，PD）、低通环路滤波器（low pass filter，LPF）和压控振荡器（voltage-controlled oscillator，VCO）。

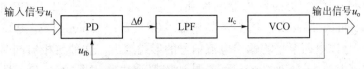

图 5-3-13 基本锁相环的结构

当参考信号 u_i 输入时，鉴相器比较参考信号和压控振荡器产生的反馈信号 u_{fb} 之间的相位差，并生成表征其相位差 $\Delta\theta$ 的信号，这个信号通过低通滤波器滤波后作为压控振荡器 VCO 的输入电压 u_c，控制 VCO 输出信号的频率，使其向着相位差 $\Delta\theta$ 减小的方向进行，直到使相位差固定为某个数值或者近似为 0。当瞬态过程结束后，称锁相环达到锁定状态。

基于上述描述，可知锁相环存在锁定状态和失锁状态。在锁定状态，锁相环输出信号的频率是稳定的；在失锁状态，锁相环输出信号的频率和相位一直在发生变化，总是试图达到稳态平衡。

在本章后续的描述中，输入信号也被称为参考输入信号，其频率表示为 ω_i；输出信号的频率表示为 ω_o；反馈信号的频率表示为 ω_{fb}。对于频率合成器中使用的锁相环而言，通常在 VCO 与 PD 之间的反馈回路中增加分频电路，因此 ω_{fb} 并不总是等于 ω_o。

2. 锁相环的组成单元

在前面介绍基本锁相环结构的基础上，下面来分析其内部组成单元的实现方式和原理。

（1）鉴相器

鉴相器的作用是对输入的参考信号和反馈回路的信号进行频率和相位的比较，输出一个代表两者差异的信号至环路低通滤波器。理想鉴相器的作用是产生一个与两路输入信号的相位差成比例的信号。这个信号允许以电压或者电流信号的形式给出。

一种常用的鉴相器是将相位差信号以鉴相器平均输出电压信号的形式给出，采用模拟乘法器实现，或者由数字逻辑电路实现，如异或门（XOR）电路、RS 触发器等。

以模拟乘法器形式的鉴相器为例，如果输入鉴相器的两个信号是正弦信号，分别表示为 $u_i = U_i\cos(\omega_i t+\theta_i)$ 和 $u_o = U_o\cos(\omega_o t+\theta_o)$。如果忽略乘法器输出信号的高频分量（这些高频分量能够由环路低通滤波器滤除），鉴相器的输出 $u_{PD}(t)$ 为

$$u_{PD}(t) = u_i \cdot u_o \approx \frac{U_i U_o}{2}\cos(\theta_i-\theta_o) = \frac{U_i U_o}{2}\cos(\Delta\theta) \tag{5-3-13}$$

其中 $\Delta\theta$ 为鉴相器的两个输入信号相位之差。根据余弦函数的特性，当相位差 $\Delta\theta$ 在 $\pi/2$ 或 $-\pi/2$ 的邻近区域内时，其鉴相器输出电压与相位差呈近似线性特性，如式（5-3-14）所示。这意味着鉴相器的两个输入信号存在 $\pm\pi/2$ 相位差时，才能达到锁定状态。模拟乘法器的这一鉴相特性可由图 5-3-14 来表示。

$$u_{PD}(t) \approx \frac{U_i U_o}{2}\left(\frac{\pi}{2}\pm\Delta\theta\right) \tag{5-3-14}$$

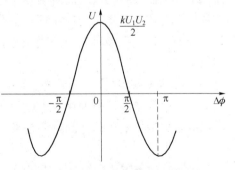

图 5-3-14 模拟乘法器的鉴相特性

在实际应用中，为了提高鉴相器的性能，通常还采用一种 PFD+CP 形式的鉴相器，PFD（phase frequency detector）指鉴频鉴相器，CP（charge pump）指电荷泵。这种鉴相器是将相位差信号以电荷泵平均输出电流信号的形式给出。这种鉴相器同时具备鉴频和鉴相特性，锁定时的相位差近似为 0，而不是如模拟乘法鉴相器的 $\pm\pi/2$，且其线性范围达 $[-2\pi, 2\pi]$。

（2）环路低通滤波器

环路滤波器是用来滤除鉴相器输出信号中的交流高频分量，并提供一个缓慢变化的直流电压作为 VCO 的输入。LPF 的输入信号是 PD 的输出电压或者是 PFD+CP 的输出电流信号。环路低通滤波器可采用无源滤波器或有源滤波器两种形式。无源滤波器有简单、噪声低等优点，但其输出电压范围是固定的。有源滤波器的输出电压范围可调，但是其结构复杂且噪声大。

图 5-3-15 中，（a）为一阶无源滤波器；（b）为二阶无源滤波器，通过并联电容 C_2 能降低滤波器输出电压的纹波；（c）为三阶无源滤波器；（d）为有源比例积分滤波器。

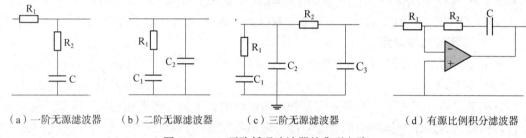

（a）一阶无源滤波器　（b）二阶无源滤波器　（c）三阶无源滤波器　（d）有源比例积分滤波器

图 5-3-15　环路低通滤波器的典型电路

有源滤波器因为采用放大器而引入噪声，所以采用有源滤波器的 PLL 产生的频率的相位噪声性能会比采用无源滤波器的 PLL 输出差。因此在设计中多数选用无源滤波器，其中三阶无源滤波器是最常用的一种结构。

在锁相环的特性分析中，通常将锁相环的输入输出特性用传递函数来描述，其闭环传递函数的极点个数定义为锁相环的阶数。根据理论分析，如果采用一阶环路低通滤波器时，锁相环的阶数为二阶；如果环路滤波器的阶数为 N，锁相环的阶数则为 $N+1$ 阶。采用三阶以上环路滤波器构成的高阶锁相环通常可以获得更好的性能，例如当输入信号频率随时间线性上升或者下降时，锁相环在稳态时可以实现零相位误差；对于参考时钟源的噪声抑制性能好；锁相环频率响应的锐截止特性等。但高阶滤波器也会破坏锁相环的稳定性，使电路更复杂。

（3）压控振荡器

压控振荡器是一种根据输入电压的变化来控制输出相应频率信号的振荡器。理想的压控振荡器希望输出电压信号的频率是随输入直流电压的大小线性变化的，可以表达为

$$\omega_o = \hat{\omega} + Ku_c \tag{5-3-15}$$

其中，K 称为压控灵敏度，表示单位控制电压产生的频率变化量。当 u_c 为 0 时，输入控制电压为 0，振荡器仍然有角频率为 $\hat{\omega}$ 的振荡信号输出，所以 $\hat{\omega}$ 称为 VCO 的固有振荡

频率。实际的 VCO 并不具备理想的线性特性，而是如图 5-3-16 所示，仅在一个准线性区域内具备近似的线性特性。因此，评价 VCO 特性时，不仅要考虑压控灵敏度，也要考虑其压控特性的线性度和可控输出的频率范围。此外，在锁相环设计时还应考虑 VCO 的相位噪声、输出功率、功耗、负载效应和源效应等。

构成 VCO 的基本方法是在 LC 振荡电路上加入可变电抗元件来实现对振荡频率的控制。图 5-3-17 是一个典型的西勒（Seiler）压控 LC 振荡电路，LC 振荡回路中的电抗元件决定了振荡器的振荡频率，

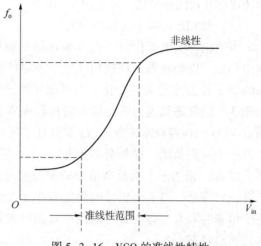

图 5-3-16　VCO 的准线性特性

其中的变容二极管可等效为可变电容，电路输出频率的变化就是依赖改变变容二极管的直流偏压、使其电容值发生改变来实现的。其他形式的 VCO 有：积分-施密特型（NE566 或 XR-2206）、射级耦合多谐振荡器（MC1658）及数字门电路型（CD4046 的内置 VCO）等。

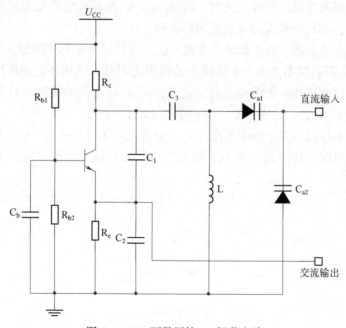

图 5-3-17　西勒压控 LC 振荡电路

3. 锁相环的工作过程及特性分析

在锁相环的工作过程中，如果出现大的扰动，可能出现在锁定状态与失锁状态之间来回切换的情况。在这个过程中，有必要了解锁相环的一些动态过程和性能，包括跟踪过程

和捕捉过程及同步带宽、捕捉带宽、锁定时间等技术参数。下面将分别进行分析说明。

（1）锁相环的频率范围和带宽

当锁相环上电工作时，VCO 输出信号频率是其固有振荡频率，通常 ω_{fb} 与 ω_i 不相等，锁相环处于失锁状态。在锁相环处于锁定状态时，如果出现大的扰动，例如参考输入信号的频率 ω_i 发生较大的变化，也可能导致锁相环从锁定状态转换为短暂的失锁状态。锁相环从失锁状态到返回锁定状态的过程通常被称为捕捉过程。在这一过程中，锁相环将调节 VCO 的振荡频率来使 ω_{fb} 逐步追赶参考输入频率 ω_i 的变化，如果 ω_{fb} 与 ω_i 之间的频率差小于一定范围，锁相环就能够最终达到锁定。这个范围称为捕捉范围或者捕捉带宽，以 $\Delta\omega_c$ 来表示。当反馈信号频率与参考输入信号频率进入捕捉范围之后，两个频率将进一步靠近，当两个信号的相位差小于 2π 时，两个信号的频率就几乎相同了，这时两个信号的频率差称为锁定范围或者锁定带宽 $\Delta\omega_L$。进入锁定范围之后，锁相环将很快达到锁定状态。

在锁相环的捕捉过程中，从 ω_{fb} 与 ω_i 之间的频率差较大的失锁状态下，进入到捕捉范围内的子过程又被称为拉入过程；从进入锁定范围到最终锁定的子过程又被称为快捕过程。

当锁相环处于锁定状态时，如果参考输入信号的频率平稳而缓慢地变化，且 ω_{fb} 与 ω_i 之间的频率差在一定范围之内，锁相环能够一直跟踪这种变化，并保持在锁定状态。锁相环的这个工作过程称为跟踪过程。此时，ω_{fb} 与 ω_i 之间的最大允许频率差称为同步范围或者同步带宽 $\Delta\omega_H$，超出此范围将导致锁相环失锁。

当锁相环处于锁定状态后，如果参考输入信号的频率变化十分剧烈，例如出现频率阶跃，当 ω_{fb} 与 ω_i 之间的频率差在一个比较小的范围之内时，锁相环也能够继续保持在锁定状态。这个工作过程也是一种跟踪过程。此时，ω_{fb} 与 ω_i 之间的最大允许频率差称为拉出范围或者拉出带宽 $\Delta\omega_{PO}$。显然，$\Delta\omega_{PO}$ 应该小于 $\Delta\omega_H$。

锁相环动态工作过程四个频率范围的大小关系可以用图 5-3-18 来描述。通常，捕捉范围要小于同步范围，拉出范围要小于捕捉范围，四个频率范围之间的关系可用公式表达为

$$\Delta\omega_L < \Delta\omega_{PO} < \Delta\omega_c < \Delta\omega_H \tag{5-3-16}$$

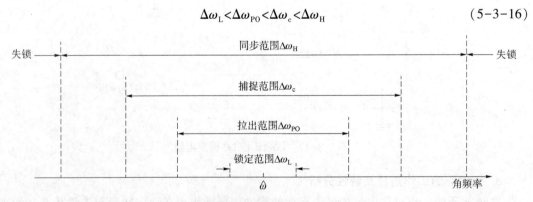

图 5-3-18　锁相环四种频率范围之间的关系

通过理论分析的方法来导出锁相环的各种频率范围往往十分困难且不精确，在实践中，通常采用全 PLL 仿真的方法来计算这些值。通过 PLL 仿真软件也可以直观地分析锁相环的动态工作过程。例如，图 5-3-19 描述了某锁相环的输出频率从 395 MHz 切换到 405 MHz 过程中的 VCO 控制电压变化曲线，水平轴是以 500 μs/div 为刻度的时间轴，纵轴是 VCO 控制电压轴。

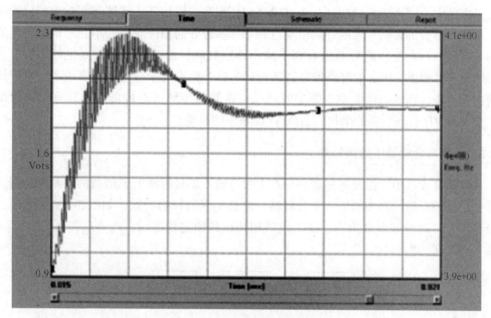

图 5-3-19　某锁相环的捕捉过程

（2）锁相环的锁定时间

锁相环的锁定时间也称为建立时间，指锁相环输出频率 ω_o 从一个设定频率 ω_1 变化为另一个设定频率 ω_2 时，ω_o 达到 $\omega_2 \pm \omega_{tol}$ 范围内所需的时间。其中，ω_{tol} 是锁相环锁定时的允许频率误差，如图 5-3-20 所示。

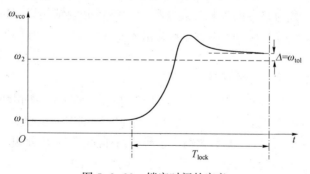

图 5-3-20　锁定时间的定义

锁相环的锁定时间决定了锁相频率合成器的频率切换速度，在通信应用中信道的切换往往要求频率合成器能够在短时间内从一个频率变化为另一个频率。

（3）锁相环的其他性能参数

对于锁定工作状态下的锁相环来说，相位噪声和杂散对系统的整体性能影响很大。相位噪声在时域表现为时钟抖动，杂散是指在参考输入信号频率及其谐波处的噪声大小。此外环路带宽和相位裕度是衡量锁相环稳定性的两个主要参数。

锁相环稳态条件下开环增益等于 1 时得到的交界频率定义为锁相环的环路带宽。按照环路带宽的大小，可以将锁相环分为宽带锁相环和窄带锁相环。环路带宽对于相位噪声和动态性能有重要的影响。大的环路带宽有利于抑制带外的相位噪声，不利于抑制带内或来自输入的噪声。大的环路带宽也有利于减小锁定时间、加速对于输入变化的响应。为了 PLL 的稳定性考虑，PLL 的环路带宽通常设计为参考频率的十分之一或者更小。窄带锁相环带内噪声小，但动态性能差、锁定时间长；宽带锁相环动态性能好、具有快速跟踪性能，但会从 PD 引入更多的干扰，造成 VCO 输入的波动。

5.3.3.2 频率合成器中的锁相环

在频率合成器中，需要通过锁相环产生参考输入信号频率若干倍数的一系列信号。在基本锁相环的反馈回路中增加一个分频器，能够实现倍频的功能。如图 5-3-21 所示，如果分频器 DIV 的分频系数为 N，则当该锁相环达到锁定状态时，$f_{div} = f_{ref}$，而 $f_{div} = f_{out}/N$，因此 $f_{out} = N \times f_{ref}(N \geq 1)$。

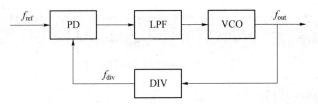

图 5-3-21　频率合成器中的锁相环

根据频率合成器设计和应用需求，分频系数的值可以很大，取值范围从 2 到几千，只要输出频率在 VCO 的可调节范围之内即可。分频系数 N 可以是固定或者可编程的，可以是整数或者小数。分频系数为整数的锁相环通常称为"整数分频锁相环（Integer-N PLL）"；分频系数为小数的锁相环通常称为"小数分频锁相环（Fractional-N PLL）"。

1. 整数分频锁相环

（1）基本形式的整数分频锁相环

一种基本形式的整数分频锁相环如图 5-3-22 所示。在基本锁相环的反馈回路上增加一个分频系数为 $1/N$ 的分频器，其中 N 为从 2 到几千范围内的正整数。通常，分频器由低功耗的 CMOS 计数器实现；PD 的参考输入信号 f_{ref} 来自晶振的 R 分频，晶振能够产生满足频率合成要求的低噪声高稳定度的时钟源，例如采用 TCXO。

图 5-3-22 所示的锁相环在输出频率 f_{out} 为 200 MHz 以下是易实现的。如果希望得到更高的输出频率，使用 CMOS 计数器来实现分频就有困难。解决的方法是采用预分频器先将 VCO 的频率降低，然后再进行常规的 N 分频。预分频器的分频系数通常是 2 的整数次幂，以降低实现的难度。下面介绍几种预分频技术。

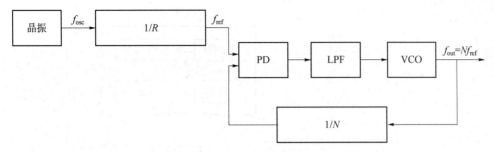

图 5-3-22 基本形式的整数分频锁相环

（2）单模预分频器

图 5-3-23 所示的锁相环采用了一个预分频器的单模预分频器，其分频系数为 $1/V$，锁相环的输出频率见式（5-3-17）。其中，V 是固定值，N 是可在一定范围内变化的正整数。这样可以将锁相环的输出频率扩展到微波频段（>6 GHz），其缺点是只能合成 $V \times f_{ref}$ 整数倍的若干频点，牺牲了锁相环输出的频率分辨力。

$$f_{out} = NV f_{ref} \tag{5-3-17}$$

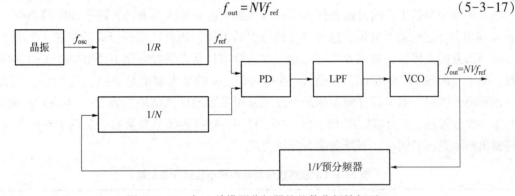

图 5-3-23 加入单模预分频器的整数分频锁相环

（3）双模预分频器

为了不牺牲频率分辨力，常使用双模预分频器。如图 5-3-24 所示，双模预分频器能够同时实现 P 次和 $P+1$ 次分频，以 $P/(P+1)$ 表示。例如，对于 32/33 预分频器，P 取值为 32。在实现双模预分频器时，仅有一个模值为 P 的预分频器，模值为 $P+1$ 的预分频功能是通过在预分频器之前加入吞脉冲功能实现的。计数器 A 控制吞脉冲电路何时工作，所以计数器 A 通常称为吞脉冲计数器。

在双模预分频器开始工作时，首先将计数器 A 和计数器 B 的预置值分别设为 a 和 b（$b \geqslant a$）。然后，模 $P+1$ 分频器开始工作，在计数器 A 递减计数 $a \cdot (P+1)$ 个时钟周期后变为 0，此时吞脉冲电路将停止工作，计数器 A 也停止计数。在计数器 A 工作的同时，计数器 B 也一起计数。由于 B 是和 A 同时计数的，当计数器 A 输出为 0 时，则计数器 B 还剩 $(b-a)$ 个计数值。接着，双模分频器转换为模 P 分频，计数器 B 经过 $(b-a) \cdot P$ 个时钟周期后完成计数，此时两计数器同时复位。重复进行以上计数过程。根据上述分析，双模预分频器在一个循环计得的计数值为

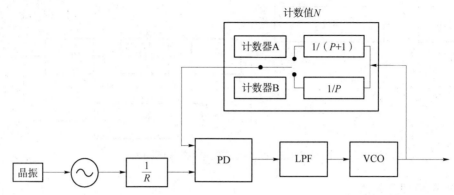

图 5-3-24　加入双模预分频器的整数分频锁相环

$$N=(P+1)a+P(b-a)=p \cdot b+a \qquad (5-3-18)$$

$$b=[N/P] \qquad (5-3-19)$$

$$a=N \bmod P（N\text{ 被 }P\text{ 除的余数}） \qquad (5-3-20)$$

双模预分频器工作的前提条件是：$b \geqslant a$。如果这个条件不满足，两个计数器会在计数器 A 输出为 0 之前就被复位，这样将导致错误的 N 值。因此，双模分频器存在一个最小连续分频系数的极限值，如果 N 大于该值，N 连续取任意正整数时就不会出现非法的分频系数，即不会出现 $b<a$ 的情况。根据式（5-3-20），a 的最大取值是 $P-1$，且 $b \geqslant a$，因此 b 应该不小于 $P-1$。双模预分频器的最小连续分频系数的计算结果如表 5-3-1 所示。例如，对于 4/5 分频器，N 可以实现 12、13、14、15……这些连续分频系数，实现了在扩展锁相环输出频率范围的同时，不降低频率分辨力。

表 5-3-1　双模预分频器的最小连续分频系数

预分频器	最小连续预分频比
4/5	12
8/9	56
16/17	240
32/33	992
64/65	4 032
128/129	16 256
$P/(P+1)$	$P \times (P-1)$

为了获得更低的最小连续分频系数，还可以使用四模预分频器。在四模预分频器中有四个分频模块，通常分别取值为 P、$P+1$、$P+4$ 和 $P+5$，由一个单模的预分频器、一个单脉冲吞噬电路和一个四脉冲吞噬电路来实现分频，由计数器 A、B、C 来实现计数功能，最终可以达到 $N=P \times c+4b+a$ 的分频系数。

综上所述，对于工作在高频段的锁相环来说，采用预分频器是必要的。使用双模、四模分频器的优势在于可以实现更大范围的 N 值，同时不降低频率分辨力。在整数分频锁相环的工作过程中，分频系数 N 值是不变的，因此预分频器通常对锁相环的相位噪声、参考杂散或锁定时间等性能没有影响。

2. 小数分频锁相环

前面介绍的整数分频锁相环，其可编程分频器的分频系数是以整数倍变化的。每当分频系数改变 1 时，输出频率改变量为一个参考频率 f_{ref}，如果要提高频率分辨力，就必须继续减小基准频率。采用小数分频的锁相环则能够突破这个限制，在不降低基准频率的基础上提高频率分辨力。此外，小数分频锁相环也不存在最小连续分频系数的问题。

（1）小数分频锁相环的结构和原理

一般来说要采用计数器设计的分频器是不能实现小数分频的，但是如果通过微处理器控制整数分频比的值在若干个值之间选择，这样可以使得平均的分频值达到预期要求，最终等效实现小数分频，其结构如图 5-3-25 所示。

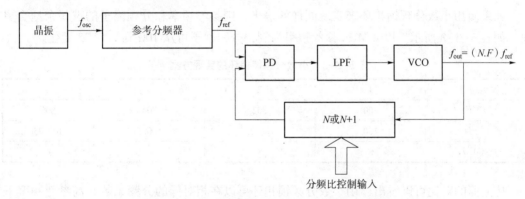

图 5-3-25　可控制选择分频因子的小数分频锁相环

如果设拟达到的小数分频器分频因子为 $m = N.F$（其中 N 表示整数部分，F 表示小数部分，并以十进制表示），且小数部分 F 的有效位数是 n 位（n 为正整数），则小数分频比的一般通式可表示为

$$m = N.F = N + 0.F = N + F \times 10^{-n}$$
$$= \frac{N \times 10^n + F}{10^n} = \frac{(N+1) \times F + N \times (10^n - F)}{10^n} \tag{5-3-21}$$

由式（5-3-21）可见，如果在控制器控制下交替取值，使得每 10^n 个 $T_{ref} = 1/f_{ref}$ 参考周期中，有 F 个 T_{ref} 的分频因子为 $1/(N+1)$，其余 $10^n - F$ 个 T_{ref} 中的分频因子为 $1/N$，对 10^n 个 T_{ref} 参考周期而言，在输出平均频率上来看就等效实现了分频因子为 $m = N.F$ 的小数分频。因此，小数分频比实际上是从平均的意义上来获得的。例如，要实现 $N = 5.3$ 次分频，可以采用 3 次 6 分频和 7 次 5 分频来实现。

对于小数分频锁相环来说，分频系数从 N 到 $N+1$ 的突然变化会产生量化噪声，因此需要通过杂散补偿措施来实现噪声的补偿，但效果并不总是很理想。较好的解决方案是使用

Sigma-Delta 变换器，通过噪声整形机制来消除量化噪声。相比较而言，整数分频锁相环不存在类似问题。

（2）小数分频锁相环的特点

下面以一个实例来说明小数分频锁相环的特点。例如，要求利用锁相环得到输出信号 f_{out} 以 2 MHz 的步长、从 800~806 MHz 变化的一系列信号。采用整数分频锁相环实现的方案是：采用 2 MHz 的参考信号频率，分频因子 N 应该由 400 变化到 403，如表 5-3-2 所示。

表 5-3-2　整数分频锁相环的实现方案

输出编号	1	2	3	4
f_{out}/MHz	800	802	804	806
N（整数）	400	401	402	403
f_{ref}/MHz	2	2	2	2

如果使用小数分频锁相环来实现同样的输出，则参考频率和分频因子的选择余地会更大，如表 5-3-3 所示，以 8 MHz 参考频率为例，分频因子可从 100 到 100.75 变化。

表 5-3-3　小数分频锁相环的实现方案

输出编号	1	2	3	4
f_{out}/MHz	800	802	804	806
N（小数）	100	100.25	100.5	100.75
f_{ref}/MHz	8	8	8	8

从上面的对比可以看出，用小数分频锁相环可以在相对低的分频系数和高参考频率下得到更好的频率分辨力。除了提供高频率分辨力之外，小数分频锁相环还有以下优点：首先参考频率增长了 4 倍，导致环路带宽增加，并缩短了锁定时间。其次，分频系数 N 降低为原来的 $\frac{1}{4}$ 意味着 PD 和 DIV 带来的噪声将会降低 12 dB。最后，更多的 VCO 噪声随着环路带宽的增大而被通频带滤除。

因此，在考虑锁相频率合成的方案时，应综合考虑整数分频与小数分频锁相环的优缺点，然后决定设计方案，具体应考虑以下方面的内容。

①在相位噪声性能方面，小数分频锁相环可以工作在较高的鉴相频率，分频系数 N 小，在较小信道间隔的应用中，与整数分频的锁相环相比，可获得较好的带内相位噪声。但是如果是单频或者信道间隔很大（>几百 kHz）的应用，小数分频的这种低相噪优势并不明显。整数分频的锁相环同样可以达到高鉴相频率、低相噪的目的，甚至会超过小数分频的锁相环。

②在杂散性能方面，在较小的信道间隔（<10 kHz）上，小数分频锁相环远远好于整数分频锁相环。在较大的信道间隔（>1 MHz）上，小数分频的锁相环的杂散性能也会比整数分频的锁相环好。在中等的信道间隔（10 kHz~1 MHz）上，二者表现出差不多的杂

散性能。一个通用的规则是，在 200 kHz 的信道间隔以下，小数分频的杂散性能优于整数分频。小数分频的锁相环需要良好的频率规划，以避开大的杂散出现，因此使用难度较大。整数分频的锁相环就没有这种限制，容易使用。

③小数分频锁相环的锁定时间比整数分频锁相环短。

④小数分频锁相环需要额外的杂散补偿。这是由于杂散补偿电路会增加环内的相位噪声，并需要更大的功耗。此外，小数分频锁相环的价格较高。

3. 多环频率合成器

前面讲到的都是单环锁相式频率合成器，其组成比较简单，但是当可变分频因子较大时，输出噪声也较大。如果要求频率分辨力小于 1 kHz 且输出频率范围很大时，单环锁相环式合成器难以实现。采用多环锁相环式合成器可以克服这些缺点。与小数分频锁相环类似，多环频率合成器也是一种在不降低参考频率的情况下，提高输出频率分辨力的方法。多环频率综合器经常用于信号发生器和接收机等应用中。

例 5-3-1 图 5-3-26 是一个由两个锁相环构成的多环频率合成器。其中，Mixer 为加法混频器，用来获得输出频率为输入频率之和的信号；两个外界输入的频率分别为 $f_{r1} = 1\ \text{kHz}$ 和 $f_3 = 100\ \text{kHz}$；并且假设两个 $1/N_2$ 分频器同步取值；N_1 的取值范围是 5 000~7 000，N_2 的取值范围是 600~850。试求输出频率的表达式和频率范围。

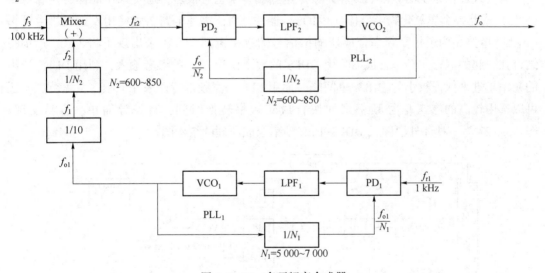

图 5-3-26 多环频率合成器

解：从 PLL_1 开始计算，PLL_1 是一个整数 N_1 分频的锁相环，其输出频率为

$$f_{o1} = N_1 f_{r1} \tag{5-3-22}$$

将 N_1 的数值代入上面的公式，得到该锁相环的输出频率范围为 5~7 MHz（频率间隔 1 kHz）。频率 f_{o1} 经过后面的 1/10 分频后，得

$$f_1 = \frac{1}{10} f_{o1} \tag{5-3-23}$$

此时的输出频率范围为 0.5~0.7 MHz（频率间隔 100 Hz）。再经过 $1/N_2$ 分频后得

$$f_2 = \frac{1}{N_2} f_1 \tag{5-3-24}$$

此时的输出频率范围约为 588 Hz ~ 1.17 kHz。然后经加法混频器与 f_3 混频得

$$f_{r2} = f_3 + \frac{1}{N_2} f_1 \tag{5-3-25}$$

此时的输出频率范围为 100.588 ~ 101.17 kHz。此时的 f_{r2} 作为第二个锁相环 PLL$_2$ 的输入参考频率，锁相环 PLL$_2$ 是一个整数 N_2 分频的锁相环，其输出频率为

$$f_o = N_2 f_{r2} \tag{5-3-26}$$

结合式（5-3-25）和式（5-3-26），得

$$f_o = N_2 f_3 + f_1 \tag{5-3-27}$$

因此，最终输出频率范围为 60.5 ~ 85.7 MHz（频率间隔 100 Hz），这里频率间隔经过一次分频再经过一次倍频又回到 100 Hz。

5.3.3.3　锁相环的发展趋势

到目前为止，国外公司制造的锁相环产品能合成的频率可达 8 GHz，几乎能够涵盖目前所有无线通信系统的频段。锁相环集成电路制作工艺有很多，通常采用晶体管逻辑电路（TTL）或互补金属氧化物半导体（CMOS）器件，对于高速电路，则使用发射极耦合逻辑（ECL）电路。为了拓宽频率合成器输出信号的频率范围，近年来出现了将 PLL 与 DDFS 结合在一起的混合式频率合成器。由 DDFS 的输出作为 PLL 的参考输入，利用 DDFS 较小的频率步进来保证较小的输出频率间隔，而用 PLL 的宽频带特性来保证频率覆盖范围。还可以选用较高的参考信号频率来加快合成器频率转换时间，且设计简单、容易实现。图 5-3-27 为一种环外混频式 DDFS-PLL 频率合成原理的结构图。

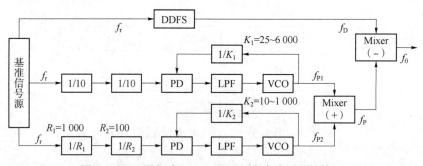

图 5-3-27　混频式 DDFS-PLL 频率合成原理结构图

设基准信号发生器的输出频率 $f_r = 100$ MHz，DDFS 的累加器位数为 $N = 32$，频率控制字 M 的变化范围为 $1 \sim 2^{N-2}$，DDFS 的输出频率为 $f_D = (M/2^N) f_r$，其频率分辨率约为 0.025 Hz。

锁相环 1 的倍频系数为 K_1，则锁相环 1 锁定后输出频率 $f_{P1} = K_1 f_r / (10 \times 10)$，范围约为 25 ~ 6 000 MHz（频率间隔 1 MHz）。锁相环 2 的倍频系数为 K_2，则锁相环 2 锁定后输出

频率 $f_{P2} = K_2 f_r / (R_1 \times R_2)$，范围约为 10 kHz~1 MHz（频率间隔 1 kHz）。因此合成器的输出频率为

$$f_0 = f_{P1} + f_{P2} - f_D = \frac{K_1 f_r}{10 \times 10} + \frac{K_2 f_r}{R_1 \times R_2} - \frac{M f_r}{2^N} \tag{5-3-28}$$

整个合成器的输出频率范围约为 10 kHz~6 GHz，频率分辨力为 $(1/2^N) f_r$，锁相环 1 提供以 MHz 为单位的较大频率步进，锁相环 2 提供以 kHz 为单位的较小频率步进，DDFS 提供以 $(1/2^N) f_r$ 为单位的很小的频率步进。锁相环的参考频率 f_r 可以采用较高的频率，使得进行频率转换时，锁相环的转换时间较短，与 DDFS 的快速转换相对应。

锁相环中全部器件为模拟器件的锁相环称为模拟锁相环。部分器件采用数字技术的锁相环通常称为数字锁相环 DPLL（digital phase-locked loop），如采用数字鉴频鉴相器的锁相环。随着数字技术的发展，全数字锁相环 ADPLL（all digital phase-locked loop）逐步发展起来。所谓全数字锁相环，就是环路部件全部数字化，采用数字鉴相器、数字环路滤波器、数控振荡器构成锁相环路，并且系统中的信号全是数字信号。与传统的模拟电路实现的锁相环相比，避免了模拟锁相环存在的寄生电容和参数漂移等缺点，从而具备可靠性高、工作稳定、调节方便等优点。全数字锁相环的环路带宽和中心频率编程可调，易于构建高阶锁相环，并且应用在数字系统中时，不需 A/D 及 D/A 转换。在调制解调、频率合成、FM 立体声解码、图像处理等各个方面得到了广泛的应用。

此外，完全使用软件代码来实现 SPLL（software phase-locked loop）是一种很自然的想法。为了达到这一目的，指令的执行运算速度要足够赶上硬件电路的处理速度才更能体现软件实现的优势，所以一般需要采用功能强大的处理器，如 DSP 芯片。

集成频率合成器则是一种专用锁相电路，它是发展最快、采用新工艺最多的专用集成电路。它将参考分频器、参考振荡器、数字鉴相器、各种逻辑控制电路等部件集成在一个或几个单元中，以构成集成频率合成器的电路系统。目前，集成频率合成器按集成度可分为中规模和大规模两种；按电路速度可分为低速、中速和高速三种。随着频率合成技术和集成电路技术的迅速发展，单片集成频率合成器也正在向更大规模、更高速度方向发展。有些集成频率合成器系统中还引入微机部件，使得波道转换、频率和波段的显示实现了遥控和程控，从而使集成频率合成器逐渐取代分立元件组成的频率合成器，应用范围日益广泛。但目前 VCO 还没有集成到单片合成器中，主要是因为 VCO 的噪声指标不易做高。

MC145146 是个可编程锁相环频率合成器大规模集成电路，其输出频率可由编制在微机或 EPROM 上的软件（程序）预先设定。由于该集成块采用了 CMOS 工艺，故功耗甚小。由 MC145146 构成的频率合成器的电路框图如图 5-3-28 所示。

下面对该频率合成电路的工作过程及有关问题做几点简要说明。

①MC145146 集成块片内电路主要包括参考信号晶体振荡电路（本例中晶体谐振器的频率为 4.8 MHz）、12 位可编程 $1/R$ 参考分频器（分频比为 3~4 095）、数字鉴相器、锁定检测器、10 位可编程 $1/A$ 分频器（分频比为 3~1 023）、7 位可编程 $1/B$ 分频器（分频比为 3~127）及作为分频器数据缓冲区的 8 个四位锁存器 L_0，L_1，…，L_7 和锁存控制电路。

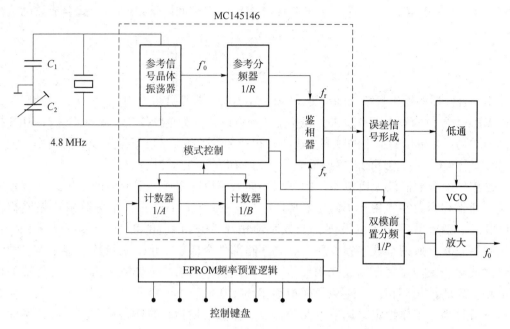

图 5-3-28 MC145146 构成的频率合成器电路框图

②工作过程大致如下：由 VCO 振荡器产生的频率为 f_0 的信号经 $1/P$ 前置分频器和 $1/A$、$1/B$ 计数器组成的分频器分频后，以 f_v 频率值加至数字鉴相器；参考信号晶振输出的信号经参考分频器（$1/R$）作为参考信号频率 f_r 也加至鉴相器，在 PLL 锁定之后，鉴相器的两输入信号的频率必定相等，即

$$f_r = f_v = \frac{f_0}{PAB} \tag{5-3-29}$$

故

$$f_0 = PABf_r = \frac{PAB}{R}f_0' \tag{5-3-30}$$

很显然，只要将分频数 A、B、R 预置成不同值，即可获得一系列所需的输出频率，而且这些频率都具有与晶振频率 f_0' 同量级的频率稳定度。A、B、R 的预置由控制键盘按需设定。

③本电路中，石英晶振的振荡频率为 4.8 MHz；双模前置分频器的分频比为 $P = 40$；若 $f_r = 5$ kHz，则

$$R = \frac{4\,800\,（kHz）}{5\,（kHz）} = 960$$

此时整个频率合成器的频率分辨率为 $P \times 5$ kHz，若需要改变频率分辨率，则用新的分辨率值计算所需的 f_r，取代上式中的 5 kHz 即可。A、B 值可根据输出信号所需的频率值从式（5-3-30）求得。

5.4 典型信号发生器及其应用

5.4.1 波形/函数发生器

1. 引言

波形/函数发生器是一种用途最广泛的信号发生器，能够产生各种常用的标准函数波形，具有优良的频率捷变性，同时也具备简单的任意波形产生功能，是实验室、维修和设计部门的必备仪器。

目前，此类仪器的代表有：Keysight 的 33500B 和 33600A 系列、EDU33210A 系列等。本节以 Keysight 33600A 系列（见图 5-4-1）为例做简要介绍。

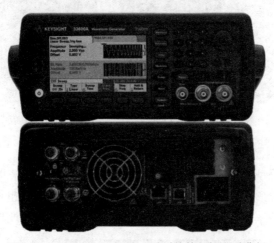

图 5-4-1 Keysight 33600A 系列的前面板和后背板

2. 仪器特性和技术指标

33600A 可产生 100 MHz 高宽带脉冲，具有独立设置上升和下降边沿时间的能力；具有双通道耦合能力，可以实现频率和幅度耦合以及通道之间的追踪，可设置每个通道的起始相位以及通道间的相移；内置 17 种任意波形，包括正弦、平方、斜波、PRBS 和高斯噪声等标准波形，以及心律波等特殊波形。正弦波输出频率范围为 1 μHz~ 60 MHz，斜波和三角波为 1 μHz~ 80 MHz，任意波形输出的频率范围 1 μHz~50 MHz。可用内部 AM、FM、PM、FSK 和 PWM 调制容易地调制波形，而不需要单独的调制源；拥有多种扫描模式：连续、调制、频率扫描、计数突发、门控突发等。具有低至 1 mVpp 的输出幅度范围，可以设置电压上下阈值，防止被测器件过载；可以调节带宽，重点查看噪声能量，噪声源可占据整个 120 MHz 带宽；配置了 USB、LAN（LXI-C）、GPIB 标准接口使仪器可以轻松快捷地连接到 PC 或网络。

33600A 的最大优势是具有最低的抖动，仅为 1 ps，是传统 DDS 波形发生器的 0.5%，可以提供非常高的边沿稳定度，从而减少电路设计中的计时误差。其次，33600A 具有 2.9 ns 的上升和下降时间，比典型发生器快 2 倍以上，总谐波失真仅为 0.03%，其保真度是其他发生器的 5 倍。干净、无杂散的信号不会引入噪声或伪影。33600A 可再现较低电压输出信号，可以创建低至 1 mVpp 的信号。其边缘抖动小于 1 ps。

3. 主要功能

（1）波形叠加与合成能力

可使用单个通道轻松地在信号中添加噪声，进行裕量和失真测试。无须使用双通道发生器便可生成双音多频信号（见图 5-4-2），从而节约预算用于其他测试。使用双通道信号，可对多达 4 个信号叠加和合并。同时，对比传统的 DDS 技术，33600A 的波形生成技术绝不会跳过高频点，可始终保持抗混叠并具有较高的精度。

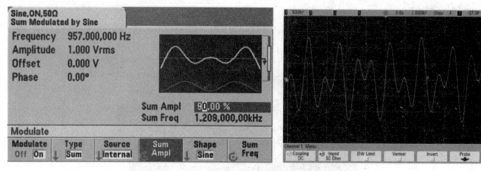

图 5-4-2 使用调制类型 "Sum" 进行波形叠加，从而生成双音信号

（2）伪随机二进制序列 PRBS 码型生成

提供了传输标准码型（从 PN3 到 PN32），无须使用单独的脉冲发生器即可测试数字串行总线，其他同类波形发生器没有提供这些内置 PRBS 码型，也可选择 PN 类型，设置高达 200 Mbit/s 的比特率和边沿时间。图 5-4-3 是生成的 PRBS 波形图。

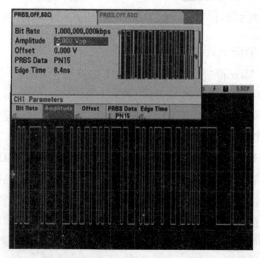

图 5-4-3 生成 PRBS 波形图

（3）可变带宽

通过调整内置噪声发生器的带宽，可控制信号的频率分量，实现仅对所需的频率进行激励，可查看感兴趣频段中的波形。图 5-4-4 显示了当带宽降低为原来的 $\frac{1}{10}$ 时，50 kHz 处的幅度大约增加 10 dB，信号能量在所感兴趣的频段增加，而不是在极宽带宽上扩散（在所有频率上幅度都较低）。

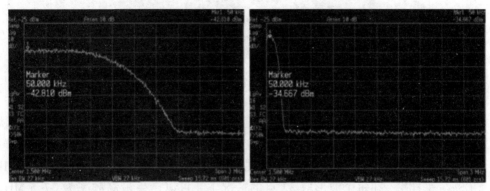

图 5-4-4 可变带宽

（4）标配深存储器

如果想使用复杂的长波形（包括多个异常信号）来进行测试，就需要确保波形发生器具备足够的存储器。33600A 系列标配了 4 MSa 的深存储器，典型的 DDS 发生器的存储器远小于 4 MSa，而 33600A 系列甚至可以使用 64 MSa 的存储器选件。

5.4.2 任意波形发生器

1. 引言

20 世纪 90 年代末，出现了真正高性能、功能完善的任意波形发生器。美国 Tektronix 公司最新的台式任意波形发生器 AWG7000 系列，拥有 6~24 GSa/s 采样速率（10 位垂直分辨率）及 1~2 条输出通道，Agilent 公司的任意波形发生器主要是 VXI 模块化仪器，具有代表性的是 2005 年推出的 N6030A，能够产生高达 500 MHz 的输出频率，采样频率可达 1.25 GHz。图 5-4-5 是 Tektronix AWG5000 系统任意波形发生器，本节以该系列中的 Tektronix AWG5012 为例，简要介绍任意波形发生器的结构、技术指标及应用。

2. 技术指标及特点

AWG5012 是 AWG5000 系列中的一种具备两路模拟通道、最高采样速率可达 1.2 GSa/s 的任意波形发生器。AWG5012 是一种台式仪器，内部带有 Windows XP 操作系统和应用软件，提供了内置 DVD、可移动硬盘、LAN 和 USB 端口。AWG5012 的主要技术指标及实现方面的特点如下。

（1）采样率及输出频率

AWG5012 采用了可变采样时钟 DDWS 技术，内置可变采样时钟，可以实现在 10 MSa/s~

图 5-4-5　Tektronix AWG5000 系列任意波形发生器

1.2 GSa/s 范围内连续可调，调节精度为 8 位十进制数。仪器的采样率及有效带宽决定了任意波形发生器可以产生信号的频率范围，取"-6 dB 有效带宽"和"最大采样率/每个周期 2.5 点"中的较低者，AWG5012 能够输出的最高信号频率为 F_{max} = 370 MHz。以 1.2 GSa/s 采样率，在每个波形取 32 点的情况下，可以产生最高频率为 37.5 MHz 的正弦波。从选定频率 1 到频率 2 的最小频率切换时间的计算公式为"$1/F_{max}$"，最快可达 2.7 ns。

（2）垂直分辨力及输出信号幅度

AWG5012 的 DAC 垂直分辨率是 14 bit。垂直分辨力从理论上确定了任意波形发生器的无杂散动态范围。对 1 MHz 信号，其 SFDR 是 80 dBc；对 10 MHz 信号，其 SFDR 是 64 dBc。

在正常条件下，AWG5012 产生信号的幅度范围是 20 mV_{PP} ~ 4.5 V_{PP}；DAC 直接输出时，信号幅度为 20 mV_{PP} ~ 0.6V_{PP}。幅度分辨力为 1 mV，精度可达 ±（2.0%×幅度±2 mV）。

（3）存储深度

AWG5012 每通道的存储容量为 16 MB 个样点，每个样点是 14 bit 数据。采用选件可以将波形长度扩展到 32 MB。

（4）实时波形序列

AWG5000 系列拥有 8 000 个步长的实时波形序列，利用序列重复计数器可建立 1 到 65 536 或无穷大的波形循环、跳转和条件分支。波形序列控制模式包括"Repeat count（重复计数）""Wait for Trigger（等待触发）""Go-to-N（转到 N）""Jump（跳转）"4 种模式。所定义的波形可以连续重复输出，或者根据序列定义的顺序输出；也可以在收到外部触发、内部触发、GPIB 触发、LAN 触发或手动触发时，只输出波形一次；或者在选通条件为真时开始输出波形，在选通为假时复位到开头。

（5）可变电平标记输出

AWG5012 具有 4 个可变电平标记（Marker）输出，其单端输出峰到峰电压达到了 3.7 V_{PP}，阻抗为 50 Ω，其电平输出还有高达 1 ns 范围（50 ps 分辨力）的延迟控制。标记输出可以用于多台仪器同步触发、同步时钟输出、原码输出等应用。通过增加选件，

AWG5012 还可以将 DAC 之前的波形数据输出为 28 位并行数字激励。

（6）波形生成和编辑

AWG5012 支持从第三方工具中导入波形矢量，如 MathCAD、MATLAB、Excel 及其他软件。Tektronix 提供的波形生成软件 RFXpress 和 SerialXpress 丰富了 AWG5012 的波形创建手段，用户仅需要填表即可生成自己需要的复杂波形，提高了使用任意波形发生器产生宽带调制信号和高速数字串行信号的能力。

3. 使用 AWG5012 创建波形

如图 5-4-6 所示，使用 AWG5012 生成任意波形通常需要三个步骤。

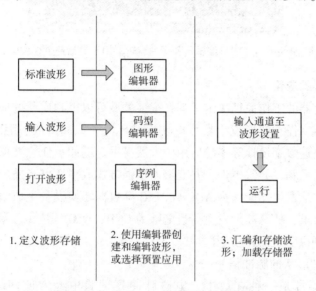

图 5-4-6　Tektronix 的波形生成和编辑

第一步是使用标准波形函数创建一个波形，或从其他仪器或仿真软件中导入波形。例如，可以通过 GPIB 或以太网把现代数字存储示波器捕获的波形简便地传送到混合信号发生器中。其他电子设计自动化（EDA）工具是另一种有用的波形来源。

第二步是使用编辑器创建和编辑波形，或者选择已经存储好的预置模板。图形编辑器提供了多种波形编辑工具，可以以各种方式改变波形段，包括数学运算、剪切和粘贴等。码型编辑器提供了处理数字脉冲波形的工具，可以编辑每个比特位的定时或幅度参数。序列编辑器包含计算机类编程指令（跳跃、循环等），这些指令在序列中指定的存储波形上操作。各段波形文件可以级联到单独的序列编辑器的一个序列中，生成长度几乎没有限制并且复杂度很高的信号流。Tektronix ArbExpress 软件提供了上述的波形编辑器。图 5-4-7 是采用图形编辑器和序列编辑器灵活地创建波形图的结果。

设置 AWG 的最后一步是汇编波形文件，把汇编后的文件存储在硬盘上。"Load"（加载）操作把波形放入 AWG 的动态存储器中，然后复用并发送到 DAC，最后以模拟形式输出。

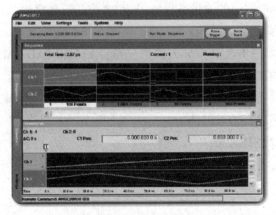

图 5-4-7　图形编辑器和序列编辑器用于灵活地创建波形

4. AWG5012 的应用

任意波形发生器的工作原理决定了其在很多领域可以得到广泛的应用。作为一种不可或缺的信号发生器，任意波形发生器可以在现场环境模拟和重放、无线通信、雷达系统、高速脉冲模拟、高速数字设计等多种应用中大展身手。例如，任意波形发生器能够生成实际环境信号，包括毛刺、异常事件，并能够以增强方式或损坏方式播放数字存储示波器捕获的信号；任意波形发生器能够为 ADC 或 DAC 等数据转换设备生成激励信号，满足混合信号设计和测试需求；任意波形发生器也能够为 CCD、LCD 等成像显示和记录设备提供激励信号。下面举例说明 AWG 的应用。

（1）产生特殊形状的脉冲信号

双指数函数信号是一种在放电、电磁脉冲等试验中经常使用的特殊信号。使用 Excel 的公式计算工具，算出每个点的数据，为了确定数据正确性，使用 Excel 的绘图功能检验，得到图 5-4-8（a）所示图形。在输出到被测设备之前，可在示波器上观测该信号是否和预期一致，如图 5-4-6（b）所示。利用 AWG，产生类似的特殊信号十分方便。

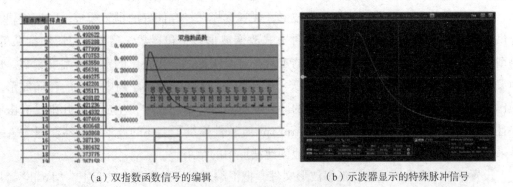

（a）双指数函数信号的编辑　　　　　　（b）示波器显示的特殊脉冲信号

图 5-4-8　Excel 波形编辑及波形输出检查

（2）通信系统的信号注入测试

在通信系统的设计和测试过程中，通常需要模拟产生各级的输入/输出信号，实现信号注入测试，如图 5-4-9 所示。此外，在现代卫星通信、短距离高速传输等领域，大量用到宽带、超宽带技术，传输带宽常常达到数百 MHz 甚至数 GHz。任意波形发生器高达数百 MHz 甚至数 GHz 的宽带性能为这些应用提供理想的解决方案。在其指标范围内，能够生成脉冲信号及高保真的正交调制 I&Q 基带信号、中频信号甚至是射频信号。如果需要，用户还可以加入 IQ 畸变、失真、干扰、多径、寄生调制等非理想特性。

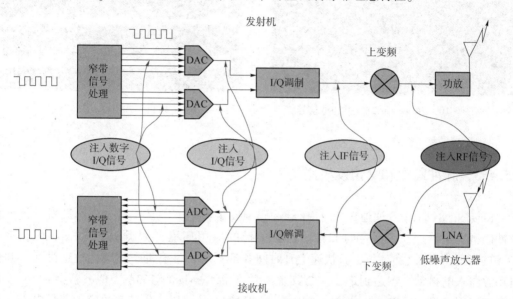

图 5-4-9　通信系统中典型的信号注入测试

（3）生成高速数字系统中的信号

随着高速数字系统的不断发展，数字信号已经不是传统意义上的高低两个电平、时序上完全同步于时钟的"方波"。例如，PCI-Express 这种高速串行信号有预加重/去加重等类似幅度上的变化，也可能包含扩频时钟等类似频率上的调制。扩频时钟改变了数字信号传统的使用固定时钟的特性；预加重/去加重改变了数字信号传统的只有高低两个电平的特性；而高速信号越来越小的数据有效窗口要求用户关心信号抖动特性等。当今的高速数字信号，已不能简单地以"数字"的角度来看待，而需要用模拟甚至射频的眼光来研究。这使得传统的数字信号发生器很难甚至完全不能满足当前的测试要求。

任意波形发生器则可以从容地应对这些挑战。任意波形发生器可以简便地产生多电平信号，除了能产生诸如百兆/千兆/万兆以太网这类多电平信号外，还可十分方便地按用户要求输出带预加重/去加重的信号，如图 5-4-10 和图 5-4-11 所示；任意波形发生器可以在数字信号中加入正弦抖动（Sj）、随机抖动（Rj）、占空比失真（DCD）、码间干扰（ISI）等抖动特性，而无须硬件选项的支持；可以产生任意调制轮廓的带扩频时钟的信号；模拟信道特性；根据传输路径的特点产生受损信号，实现对于接收器容限和设备的一致性测试。Tektronix 还提供了专为高速串行数字信号设计的波形仿真和生成软件 SerialXpress。

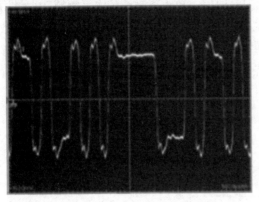

图 5-4-10　5Gbps 预加重/去加重信号

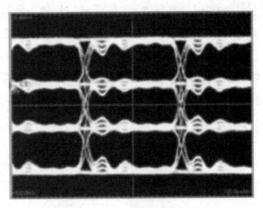

图 5-4-11　20Gbps 4PAM 信号

*5.4.3　脉冲码型和噪声发生器

Keysight 81134A 双通道 3.35 GHz 脉冲码型发生器是美国是德科技公司最新一代高速脉冲码型发生器产品。在定时和性能非常关键的应用环境（如类似 PCI Express 和串行 ATA 的高速串行总线应用），其快速上升时间和低抖动特性有助于精确地检定设备，并使抖动源注入的抖动影响达到最小。与其上一代产品 Keysight 8133A 类似，新型 81134A 也为高速应用定义了标准。除此之外，Keysight 81134A 还可以产生特定的应用信号电平，如预加重和去加重（PCI Express）或静噪（串行 ATA）等。Keysight 81134A 可代替脉冲和数据源来测试被测器件（DUT）。

图 5-4-12　Keysight 81134A 脉冲码型发生器

（1）主要功能和技术指标

- 频率范围：15 MHz~3.35 GHz
- 具有两个输出通道、低抖动特性
- 快速上升时间（20%~80%）<60 ps 延迟调制（抖动仿真）
- 可使用 50 mV~2 V 范围内的输出电平处理 LVDS 应用

- PCIExpress 和串行 ATA 的预加重/去加重和静噪功能
- 从 2^5-1 到 $2^{31}-1$ 的伪随机数据流（PRBS）
- 12 MB 的数据码型内存、RZ、NRZ、R1 模式
- 8 KB 的数据突发（dataBurst）功能
- 图形用户界面基于 PC 码型管理工具
- 通过 GPIB、10/100MB 以太网和 USB2.0 进行远程控制
- 适用于所有输入和输出的 SMA 连接器

（2）主要应用

Keysight 81134A 提供了产生基于硬件的伪随机码（PRBS）和基于存储器的码型生成功能，可定义 Infiniband、PCI-Express 和串行 ATA 的基本测试码型。每通道深达 12 MB 的码型内存可支持需要长数据流的测试，如磁盘驱动器测试。现在，借助基于 PC 的新型码型管理工具，Keysight 81134A 可以更轻松地处理长码型。该管理工具可在基于 Microsoft Windows 的 PC 上生成、修改和存储码型。此外，它还提供了一种易于使用的功能，允许通过一个远程控制接口 GPIB、局域网或 USB 将所选码型快速加载到 81134A 中。

Keysight 81134A 是理想的数据和码型源，尤其适合于眼图测量。其测量辅助设备包括 Keysight 54850A 串行 Infiniium 实时示波器和带有抖动分离功能的 86100C Infiniium 宽带宽 DCA-J 数字通信分析仪取样示波器。Keysight 81134A 配合这些示波器使用，可提供完整的高速数字激励/响应解决方案。

在使用 Keysight 81134A 时，可以人为地把时钟和数据信号进行劣化，其灵活可变的交叉点和抖动注入功能使它成为进行信号完整性测试的理想选择。用户可以轻松地改变要注入抖动的频率、大小和形状来模仿实际环境中的信号，例如把 Keysight 33220A 一类的任意波形发生器连接到码型发生器的延迟控制输入上，就能实现这样的功能。其图形用户界面可快速对所有相关参数进行设置，还可以使用任意一种远程接口（包括 GPIB、局域网和 USB 2.0）来对 Keysight 81134A 实现远程控制。

习题与思考题 ▶▶ ▶

5-1 对测量信号发生器的基本要求是什么？

5-2 什么叫频率合成？简述频率合成的各种方案及各自的优缺点。

5-3 为什么说锁相环能跟踪输入频率？

5-4 某二阶锁相环路的输出频率为 100 kHz，该环路的捕捉带宽 $\pm\Delta f=\pm10$ kHz。在锁定的情况下，若输入该环路的基准频率由于某种原因变化为 110 kHz，此时环路还能否保持锁定？为什么？

5-5 如题图 5-1 所示，令 $f_1=1$ MHz，$N=1\sim10$（以 1 步进），$m=1\sim100$（以 10 步进），求 f_2 的表达式及其频率范围。

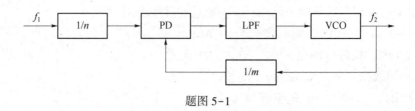

题图 5-1

5-6   如题图 5-2 所示，令 $f_1 = 1$ MHz，$f_2 = 0 \sim 10$ kHz（以 1 kHz 步进），$f_3 = 0 \sim 100$ kHz（以 10 kHz 步进），求 f_4 的频率变化范围。

提示：低通滤波器 F1、F2 分别滤出混频器 M1、M2 的差频。

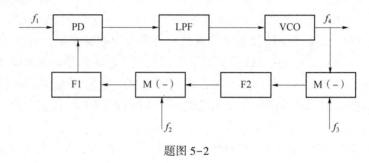

题图 5-2

5-7   在 DDFS 中，直接将相位累加器的最高位输出到 DAC 将得到何种波形？其输出频率有何特点？如果直接将相位累加器的地址当作 DAC 的输入，将得到何种波形？如何通过 DDFS 得到三角波？

5-8   为什么 DDFS 的输出中会存在较大的杂散？降低杂散有哪些技术措施？

5-9   在 Multisim 环境下，参考图 5-3-1，设计一种基于 DDFS 的正弦信号发生器，给出原理图和仿真试验结果。

5-10   试采用微处理器和 AD9854，设计一种能够产生音频范围内 FSK、BPSK 和 AM 调制信号的信号发生器，给出电路设计原理图、PCB 图及试验结果。

5-11   查阅 CMOS 锁相环集成电路 CD4046 的数据手册，以 CD4046 和其他一些简单逻辑芯片为基础，设计能够实现题图 5-1 的锁相环电路。

第 3 篇

信号的显示、分析与测量

第 6 章　时域测量

6.1　引言

时域测量通常是指对信号随时间变化的特性和规律做的定量研究。时域测量过程中，最直接的方法是将时域信号转换为人眼能够直接观测的波形或图像，并在特定的显示器件或设备上显示出来。如果这种转换和显示过程是无失真的，那么显示出来的图形或图像就包含了所研究时域信号的全部信息，利用它可以对时域信号进行定性的或定量的分析。例如，对正弦信号幅度、相位和频率参数的测量；对脉冲信号的幅度、宽度、上升或下降时间、重复周期等参数的测量；在调试电子电路的过程中，判断有无波形失真、干扰或信号消失等情况。长期以来，能够无失真地复现信号的显示与测量技术一直是电子测量研究的重要问题。实际上，真实地复现信号随时间的变化情况有很多困难，例如：真实信号通常持续时间很长，如何在有限宽度的示波器显示屏幕上显示出来？如何使周期信号在示波器屏幕上稳定地显示出来，以便进行各种参数的测量？如何观测到单次、非重复的瞬态信号（如地震波或者冲击信号）？如何观测多路信号，分析多路信号之间的相位、幅度的对应关系？示波器比较成功地解决了上述这些难题，因而成为时域测量的典型仪器，在电子产品研发、电子电路和设备的故障诊断与维修、产品测试及科研教学中得到了广泛的应用。

与电子工业的发展历程一样，示波器的发展也经历了从低频到高频、从模拟到数字的发展过程。19 世纪 70—80 年代，人们对电子在电场中运动规律的掌握，为阴极射线管（CRT）的发明奠定了理论基础。由于电子的惯性很小，受控电子的运动轨迹能够实时地反映电信号变化的规律，1934 年，杜蒙研制了基于 CRT 的 137 型示波器，堪称现代示波器的雏形。20 世纪 30—50 年代是通用示波器发展的初始阶段，1958 年通用示波器的带宽达到了 100 MHz。1957 年，记忆示波器研制成功；1959 年，出现了采样示波器。20 世纪 60 年代，示波器性能得到进一步的提高。1969 年，通用示波器的带宽达到 300 MHz。20 世纪 70 年代以后，示波器的带宽提高到 1 GHz。多年来，模拟示波器都是电子技术与工业领域的重要仪器设备。后来，采用数字技术、内置微处理器的数字存储示波器（digital storage oscilloscope，DSO）出现了。1980 年，HP 公司（其仪器部后来拆分出来成立了 Agilent 公司，现在更名为 Keysight 公司）发明了第一台数字存储示波器。20 世纪 90 年代

以来，数字存储示波器的性能得到了很大的提高，其带宽由诞生之初的 50 MHz 发展为

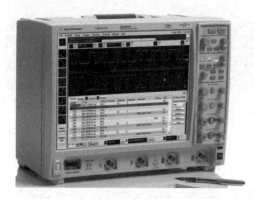

700 MHz~1 GHz，甚至出现了带宽超过 10 GHz 的超宽带实时示波器。目前，数字存储示波器已在多数场合替代了模拟示波器，单通道示波器基本上已经被双通道或者四通道示波器取代了。图 6-1-1 是 Agilent 公司的一种四通道数字存储示波器，屏幕显示出了被测信号随时间变化的二维波形。20 世纪 90 年代初，业界还推出了混合信号示波器（mixed signal oscilloscope，MSO），来满足包含模拟电路和数字电路的系统测量的需求。此外，还出现了 PC 示波器（见图 6-1-2）、手持式示波表（见图 6-1-3）等形式的示波器。

图 6-1-1 Agilent 公司的一种四通道数字存储示波器

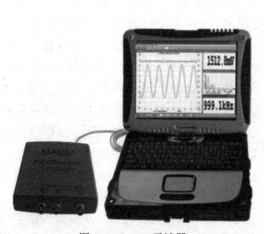

图 6-1-2 PC 示波器

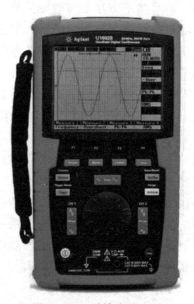

图 6-1-3 手持式示波表

示波器的基本功能是精确复现随时间变化的电压信号波形。与之对应的示波器基本应用是信号波形观察和基本参数的测量，这里面包括定量确定波形的参数，如电压、频率、相对相位、上升/下降时间、抖动、过冲等，也包括波形的定性分析，例如，判断是正弦信号或是脉冲序列信号、电路诊断与异常情况的捕获、XY 显示（Lissajous 图）等。此外，示波器还提供一些高级的信号分析功能，实现多路信号波形的数学运算（加、减、积分、微分、FFT、滤波、用户自定义功能等）、时钟恢复、眼图显示与测量、抖动分析与测量等。混合信号示波器还能够实现串行通信信号的捕捉与解码，实现 I²C、CAN、SPI 等总线数据的分析，甚至实现 USB2.0、PCI-Express、以太网、SATA、HDMI 等标准通信总线的

一致性和兼容性测试，或通过加载一些高级分析软件实现超宽带调制、雷达信号等的调制域分析。

6.2　模拟示波器

6.2.1　模拟示波器的基本结构

模拟示波器主要由阴极射线管 CRT、垂直通道、水平通道、电源和标准信号发生器等部分组成，如图 6-2-1 所示。

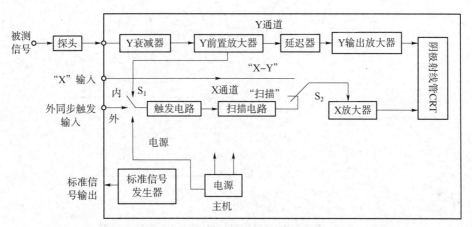

图 6-2-1　模拟示波器的原理框图

水平通道（X 通道）由触发电路、扫描电路（也称为时基电路或扫描环）和 X 放大器组成。其主要作用是：在内触发或外同步触发信号的作用下，输出幅度随时间线性变化的锯齿波扫描电压，以控制电子束进行水平扫描。垂直通道（Y 通道）由探头、Y 衰减器、Y 前置放大器、延迟器和 Y 输出放大器组成。其主要作用是：对单端输入的被测信号进行变换，将其处理为大小合适的信号加到 Y 偏转板上，使电子束在垂直方向上产生偏转。

标准信号发生器一般输出某一固定频率的标准方波信号（如 10 kHz），如果把它输入到示波器的 Y 通道，可以根据示波器显示的波形来判断探头的补偿是否合适。电源部分则为示波器的电路和 CRT 提供各种幅度的电源。

6.2.2　波形显示的基本原理

图 6-2-2 描述了模拟示波器显示电信号时域波形的基本过程。V_y 是加在阴极射线管 Y 偏转板上的一路被测正弦波电压信号，周期为 T_s。该电压信号使得 Y 偏转板之间形成电场，电子束在穿越 Y 偏转板的过程中，受到洛伦兹力的作用而发生偏转，导致电子束轰击

荧光屏的位置发生偏移，电子束在 Y 方向的位移与 Y 偏转电压成正比，因此电子束在 Y 方向的变化规律反映了被测信号的变化规律。V_x 是加在阴极射线管 X 偏转板上的锯齿波电压信号，周期为 T_n。由于在锯齿波信号的斜升过程（如 $t \in [0,8]$）中，锯齿波电压信号的电压随时间线性变化，与 Y 偏转板相同，电子束在 X 方向的位移与 X 偏转电压成正比，因此电子束在 X 方向的位移正比于时间的变化。也就是说，阴极射线管荧光屏上光点的 Y 和 X 坐标分别与这一瞬间的信号电压和扫描电压成正比，荧光屏上所描绘的就是被测信号随时间变化的波形。锯齿波扫描电压的作用是在输入信号电压变化一个或者多个周期时线性地增加水平位置坐标，其效果就是将被测信号按照某种速率"画"在屏幕上。

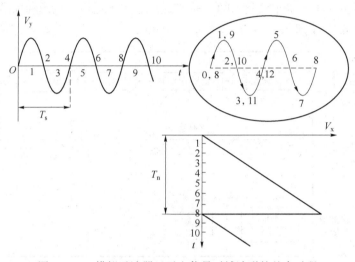

图 6-2-2　模拟示波器显示电信号时域波形的基本过程

模拟示波器操作面板上通常设置了时基因数 S_s（"t/cm"或"t/div"）调节旋钮，用来调节荧光屏上单位长度所代表的时间，实质上就是在调节扫描电压的周期。当扫描电压的周期 T_n 是被观察信号周期的整数倍时（图 6-2-2 中 $T_n = 2T_s$），后一个周期扫描所描绘的波形与前一周期描绘的波形完全重合，因而荧光屏上得到清晰而稳定的波形，这种状态称为信号与扫描电压同步。如果没有这种同步关系，则后一扫描周期描绘的图形与前一扫描周期的不重合，波形将不再稳定，无法对该波形进行观测。而当 $T_n < T_s$ 时，在每一次扫描只能描绘出被测正弦信号一个周期的一部分，不能反映被测信号的全貌，显示的波形也是不稳定的，无法对该波形进行观测。只有当 $T_n \geq T_s$ 且 T_n/T_s 为正整数时，所显示图形才是清晰而稳定的。

此外，实际的锯齿波扫描信号都包括斜升和下降两个过程。在斜升过程中，信号电压随时间线性变化，主要作用是将被测信号在时间轴上展开；下降过程的作用是使显示光点回到屏幕的起点位置（最左端）并等待下一次扫描。这种光点在锯齿波作用下扫动的过程称为扫描。光点在屏幕上自左向右的连续扫动过程称为扫描正程，光点自屏幕右端迅速返回起扫点的过程称为扫描回程，扫描回程的时间远小于扫描正程的时间，如图 6-2-3 所示。为使扫描回程产生的波形不在荧光屏上显示，可采用在扫描正程期间使示波器增辉，或者在扫描回程使示波器光迹线消隐的措施。实际上，示波器在扫描回程结束到下一次扫描正程开始之间也可能有一段空闲时间（如没有满足触发条件），在这些时间里，被测信号的任何变化都不会被显示出来。

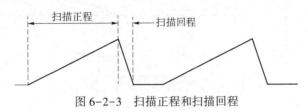

图 6-2-3　扫描正程和扫描回程

6.2.3　触发电路

如前所述，信号与扫描电压的同步非常重要，只有两者同步，才能把被测信号的波形清晰稳定地显示出来。在示波器中，扫描电压是由示波器本身的时基电路产生的，与被测信号并不相关。为了与被测信号同步，需利用触发电路提取被测信号的周期信息，向扫描电路提供一个稳定可靠的触发信号，用于启动扫描信号发生器，迫使扫描电压与被测信号同步。也就是说，触发电路向扫描电路提供了启动扫描或者波形采集的时机。如果没有触发信息，波形将在显示屏上以随机的起始时间显示出来，一般情况是，屏幕上显示的波形是不稳定的、在屏幕上来回移动；最糟糕的情况是，波形混叠在显示器上、充满整个屏幕。

触发是示波器应用中最复杂的功能之一。示波器通常提供多种触发类型，便于用户根据测量需求来选择触发的方式。模拟示波器均具备边沿触发方式，有些还具备单次触发和 TV 触发等方式。边沿触发是示波器中最简单的一种触发方式，边沿触发的触发点是用触发源信号的电平和极性（正极性或负极性）来定义的。

如图 6-2-4 所示，触发电平为 "0V"，触发极性为 "正"（关于触发极性和电平，后面会详细描述），边沿触发电路可以在波形的正向过零点的位置产生触发脉冲，启动扫描锯齿波电压进行扫描。图 6-2-4 中①②③④⑤⑥点均符合触发条件，但在②④⑥这些点扫描过程未结束，因此这些点不能启动下一次扫描，是无效的。仅有①③⑤这些点是有效的触发点。每次触发时触发点均显示在屏幕的左边，且均发生在波形周期的相同点。这样，示波器每次扫描都在信号波形的同一位置开始，在屏幕上显示的波形是完全重合的，屏幕上显示的波形就是稳定的。从图 6-2-4 中还可以看出，由于示波器存在回扫时间，回扫结束到下一个触发点之间也有些空闲时间，真实波形中的有些周期是被漏掉的，不能被显示在屏幕上，这些时间也称为示波器的 "死区时间"。

如图 6-2-5 所示，边沿触发电路主要由触发源选择开关、耦合方式选择开关、触发电平及极性选择器和放大整形电路等组成。图 6-2-5 中 S_1 为 "触发源" 选择开关；S_2 为 "触发耦合方式" 选择开关；S_3 为 "触发极性" 选择开关；电位器为 "触发电平" 调节电位器。

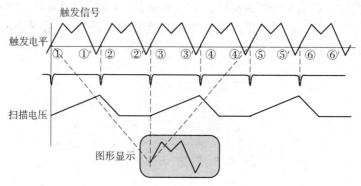

图 6-2-4　边沿触发电路与扫描电路的工作波形

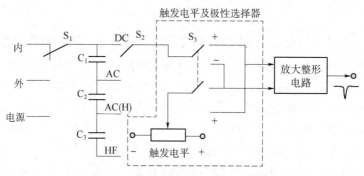

图 6-2-5　边沿触发电路组成框图

（1）触发源

触发源用于产生触发脉冲的信号源，有内触发、外触发、电源触发（又称为线触发）三种。双踪示波器内触发源又分为 CH_1、CH_2。内触发可以使用来自任意一个垂直输入通道的被测信号作为触发源。外触发使用外部输入信号作为触发源，此时用户需要将用于外触发的信号连接到示波器的外触发输入。由于外触发信号通常不能在示波器上直接显示出来，有些示波器提供了"触发显示（trigger view）"功能来协助完成触发的设置过程。电源触发使用为示波器供电的 50 Hz 交流电源作为触发源，电源触发对观测与电源信号频率（50 Hz 或其谐波）直接相关的信号或者叠加有电源干扰的信号是很有用的。

（2）耦合方式

触发信号的耦合方式指选择触发源中哪个成分来产生触发脉冲，分为 DC、AC、AC（H）和HF四种方式。DC 耦合即直流耦合，不对触发信号进行任何滤波处理。AC 耦合是一种常用的方式，电容 C_1 的接入起到隔直流的作用，去除掉触发信号中的直流成分，适合交流信号的触发。AC（H）为低频抑制耦合，电容 C_1 和 C_2 串联，对低频信号阻抗增大，有利于抑制触发源信号中的低频成分（如 2 kHz 以下的低频信号或工频干扰），以免这些信号影响触发电路的稳定工作。HF 为高频耦合，电容 C_1、C_2 和 C_3 串联，总电容值较小，适于观测 5 MHz 以上信号。有些示波器还提供噪声抑制耦合方式，用于抑制、减弱或者消除叠加有噪声的信号的错误触发。噪声抑制耦合不改变触发电路的频率响应特性，这一点与 AC（H）和 HF 耦合不同。

（3）触发电平及极性选择器

触发电平及极性选择器用于选择合适稳定的触发点，以控制扫描电压的起始时刻（即选择波形显示起点），并使波形显示稳定。

触发电平可以由"触发电平"旋钮进行调节，该电平从一个电位器的中央抽头取出，可以连续调节，它有正电平、负电平和零电平之分，相应的触发点分别位于触发信号电压波形的上部、下部或中部（零电平）。

触发极性决定了触发点位于触发信号的上升沿还是下降沿，正极性使触发点位于信号的上升沿，负极性使触发点位于下降沿。触发极性的选择由"触发极性（SLOPE）"选择开关 S_3 来实现。"触发极性选择"开关是一个双刀双掷开关，它决定了触发源信号和触发电平信号接入后级放大整形电路输入端子的方式。

图 6-2-4 选择了正极性触发，且用被测信号作为触发信号。由于触发电平可以连续调节，"触发电平"旋钮和"触发极性选择"开关互相配合，就能够选择在被测信号波形的任意一点实现触发。图 6-2-6 为被测正弦波在不同触发极性和触发电平时显示的波形，图中实线与虚线的交点为触发点。

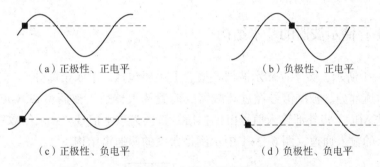

（a）正极性、正电平　　　　　（b）负极性、正电平

（c）正极性、负电平　　　　　（d）负极性、负电平

图 6-2-6　触发电平、触发极性与波形显示的关系

（4）触发放大和触发整形电路

放大整形电路常采用双端输入的单稳电路或电压比较器来实现。图 6-2-7 为用电压比较器实现触发电路的例子。图中，接在比较器"−"端的为比较器的参考电平，该电平由"触发电平"旋钮从电位器中央抽头取出，可以在 $-V \sim +V$ 之间连续调节，触发源 V_i 接在"+"端，此时，比较器的输出特性如下：触发源 V_i 大于参考电平，结果输出为正"+"，否则输出为负"−"。也就是说，当触发源幅度在上升的过程中刚好超过参考电平时，比较器输出 V_o 从低电平翻转成高电平，这对应的就是示波器的"正极性"触发。如果把触发源接在"−"端，而电位器中央抽头接在"+"端，则实现了示波器的"负极性"触发。比较器输出经后续电路处理（微分和放大），最终产生符合一定脉冲宽度要求的、稳定可靠的触发脉冲。

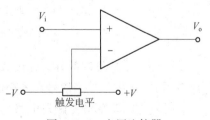

图 6-2-7　电压比较器

模拟示波器具有操作简单、更新速率快、实时

波形显示等优点，但是由于其工作原理的限制，具有以下缺点：体积大、较笨重，不便于携带；不便于观测单次或者非周期信号；受 CRT 的限制，带宽较小，一般低于200 MHz，目前已被数字存储示波器所取代。

6.3 数字存储示波器的基本原理

数字示波器诞生于 20 世纪 80 年代初期，如今它已经基本取代了模拟示波器，成为当今示波器的主流。从概念上说，模拟示波器和数字示波器在显示随时间变化的信号波形这一点上功能是相同的。模拟示波器采用了传统的模拟电路技术来实现这一功能，而数字示波器则大量采用了高速数字器件，包括模数转换器 ADC、大容量存储器、微处理器等技术，其中最重要的是应用了模数转换技术，将模拟信号转换为数字信号，再对数字信号进行存储、处理和相应的波形显示。数字示波器在本质上是一种存储示波器，因为模拟输入信号波形必须被转化为数字信号存下来，才能进行波形显示。数字示波器因此也常被称为数字存储示波器。

6.3.1 数字存储示波器的基本结构

如图 6-3-1 所示，数字存储示波器在概念上主要包括以下 4 个部分。

①输入通道部分。被测信号经过衰减器、前置放大器后，被调整到 ADC 的输入范围内，然后经过 ADC，将外部输入信号由模拟信号转换为数字信号。一般的数字存储示波器都有两个以上的输入通道，图 6-3-1 中示例是典型的两通道结构。

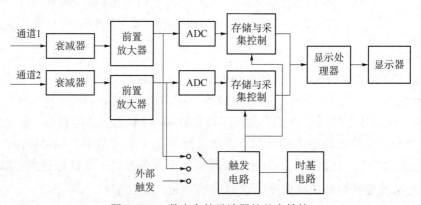

图 6-3-1　数字存储示波器的基本结构

②存储与采集控制部分。经过 ADC 之后的数字信号（波形的采样点）被放入到一块存储空间 RAM 中，数字信号存入存储器的方式可以由采集控制电路进行控制。

③触发与时基部分。触发电路选择触发信号源，通常可以是来自外部触发或者内部的任一通道的输入信号，然后生成满足触发条件的触发信号。数字存储示波器在将输入信号

转换为数字信号时要受到触发电路的控制，且信号的采集也是由触发事件来同步的，这与模拟示波器的原理相同。时基电路提供其他各部分需要的定时信号，如 ADC 的采样时钟、ADC 变换启动信号、显示定时信号等。

④显示部分。一般数字示波器都采用液晶显示器。显示处理器从存储器中取出波形采样点，通过在液晶显示器上绘图，将信号波形显示出来。

此外，数字存储示波器一般还包括电源部分和微处理器部分。电源部分用于提供整机工作所需的电源；微处理器协调各个部分的工作，完成高级的信号显示、测量和分析功能，提供对外控制的接口等。

6.3.2 数字存储示波器的基本特点

根据对数字存储示波器基本结构的介绍，可以看出其工作过程一般分为存储和显示两个大的阶段，这与模拟示波器的工作过程不同。在存储阶段，首先对被测模拟信号进行采样和量化，将其转换成数字信号后，依次存入存储器中。在示波器屏幕上再现被测信号波形时，由显示处理器依次从存储器中读出数据，并显示出来，因此，数字示波器波形的显示是非实时的。

由于被测信号一定要经历存储阶段，数字存储示波器可以通过触发和采集控制电路来灵活控制波形采集的起始、终止时刻等，能够在触发事件产生之前来启动数据的采集，这样使用者就可以看到触发时刻之前的信号波形，这种触发功能也称为"负延迟"触发，这一功能是模拟示波器无法实现的。此外，还能提供多种采集控制功能，实现峰值采集、过采样等采集模式。这些都是模拟示波器不具备的。微处理器和平板显示技术的应用也使得数字存储示波器的波形显示、测量、分析及接口功能十分丰富。

基于数字存储示波器的基本结构，可以看出数字存储示波器有一些重要的技术指标。对于模拟前端部分，模拟带宽的概念是极为重要的；对于 ADC，应保证其采样率足够高以确保不产生频谱混叠，且 ADC 的垂直分辨力也是一个关键的指标；对于存储器，存储深度应满足一定的要求，以保障足以观察到我们需要的信号部分；对于采集控制和显示部分来说，采集的死区时间、波形更新速率两个指标十分重要。

本章后续的内容将结合对数字存储示波器各部分的介绍，对以上特点和指标分别进行阐述。

6.4 数字存储示波器的组成和关键技术

6.4.1 模拟前端与模拟带宽

1. 模拟前端

如图 6-4-1 所示，数字存储示波器输入电路的模拟部分主要包括探头及由耦合方式选择、衰减器和前置放大器构成的模拟前端，有些示波器在模拟前端中还提供输入阻抗选择功能（一般射频信号的测量需要在阻抗匹配的条件下进行，否则会造成较大的测量误差）。通过示波器在前面板上对应于各通道的偏转灵敏度调节旋钮，可以调节衰减器的衰减比或者前置放大器的放大倍数，例如 1 mV/div 或 5 V/div，这样就实现了显示波形的幅度调整。示波器还提供一些软按键，用于选择通道的耦合方式、输入阻抗等。

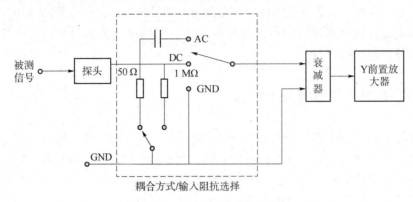

图 6-4-1　模拟前端电路示意图

（1）探头

被测信号与示波器连接时，一般使用附属于示波器的探头连接。通常情况下，应该使用高频特性良好、抗干扰能力强、高输入阻抗的探头。探头的选择和使用将在 6.6 节中介绍。

（2）耦合方式选择开关

耦合方式选择开关一般有 3 个档位：DC、AC 和 GND（接地耦合）。接地耦合时，在不断开被测信号的情况下，为示波器提供测量直流电压时的参考电平。选择直流耦合，信号不经过隔直电容直接进入示波器，可将交直流成分同时显示出来；选择交流耦合，信号经过隔直电容，故信号中的直流及慢变化分量会被滤除，抑制了工频干扰，便于测量高频及交流瞬变信号。改变交流耦合和直流耦合，可以测出交流信号中直流成分的大小。

（3）输入阻抗选择开关

输入阻抗是指示波器接入被测电路时模拟前端的等效阻抗，它会和被测电阻构成并联关系，因此这个阻值可能会影响到被测电路的工作。通常该阻值是 1 MΩ 或者 50 Ω，可通过输入阻抗选择开关来选择。选择 1 MΩ（又称为高阻）时，主要用于匹配一般无源探头、电流探头、高压探头等高阻特性的探头；选择 50 Ω（又称为低阻）时，主要用于匹配 50 Ω 的系统（如同轴传输线）和有源差分/单端探头。

（4）衰减器

衰减器用于对输入信号进行幅度调节。为了保证示波器具有相当的频带宽度，衰减器一般不采用单纯的电阻分压式衰减电路，因为电阻在高频时等效为电阻和分布电感的串联再并联分布电容，如图 6-4-2（a）所示。其中，分布电感的影响较小，当频率在 GHz 量级以下时可以忽略，因此，高频时其阻抗不是恒定值。在充分考虑了元器件分布参数对信号传输的影响的前提下，选用阻容步进式衰减器，其电路原理图如图6-4-2（b）所示。

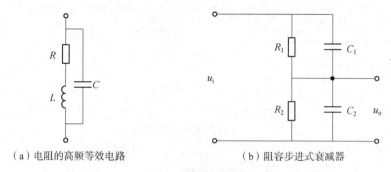

（a）电阻的高频等效电路 （b）阻容步进式衰减器

图6-4-2 阻容步进式衰减器

衰减器输出信号的电压 u_o 与 u_i 之间的关系如式（6-4-1）所示。显然，当满足 $R_1C_1 = R_2C_2$ 时，衰减器具有平坦的幅频特性，即示波器偏转灵敏度与输入信号频率无关，且衰减比为 $R_2 / (R_1+R_2)$。当然，这里的 C_1、C_2 应将元器件和引线的分布电容考虑在内。

$$u_o = \frac{\dfrac{R_2}{1+j\omega R_2 C_2}}{\dfrac{R_1}{1+j\omega R_1 C_1}+\dfrac{R_2}{1+j\omega R_2 C_2}} u_i \tag{6-4-1}$$

（5）前置放大器

前置放大器提供对输入信号幅度进行进一步调节的功能，使其满足后级 ADC 对输入信号幅度范围的要求，同时也为触发电路提供幅度合适的内触发信号源。

2. 模拟带宽

信号进入示波器后，首先要通过由耦合方式选择、衰减器和前置放大器构成的模拟前端。为了真实地复现输入信号，要求模拟前端不能引起信号失真或引起的信号失真可以忽略。这就对模拟前端的带宽提出了要求。通常所说的示波器带宽就是指模拟前端的带宽，定义为-3 dB 带宽，也称为模拟带宽 BW_a。模拟带宽 BW_a 的单位为 "Hz" "MHz" 或 "GHz"。

模拟带宽的大小直接影响到了进入 ADC 的信号高次谐波分量的多少，影响到信号上升沿的变缓程度及幅度的衰减程度。从频域可以很清楚来分析这个问题。如图 6-4-3 所示，如果示波器的前端 3 dB 带宽为 1 000 MHz，当输入一个频率为 100 MHz、峰峰值为 1 V 的方波信号时，由于其主要频谱分量大部分在 3 dB 带宽之内，示波器显示出来的方波信号形状和幅度基本不变。当方波信号频率提高为 300 MHz 时，4 次及以上的谐波分量在模拟带宽以外会被大幅衰减，显示出来的方波的边沿将有些失真，测量出来的峰峰值有所降低，约为 0.93 V。而当方波信号的频率提高到 500 MHz 时，3 次及以上的谐波分量都落在 3 dB 带宽之外而大幅衰减，2 次谐波也被衰减了 3 dB，只有基频分量在带宽之内，此时示波器屏幕上显示出来的是频率为 500 MHz 的近似正弦波，峰峰值仅为 0.85 V。因此，要精确地复现信号，示波器的模拟带宽应足够宽，使得被测信号的主要频率分量都落在模拟带宽之内。实际上，探头也会影响示波器的带宽和频响特性，这一点将在 6.6 节中详述。

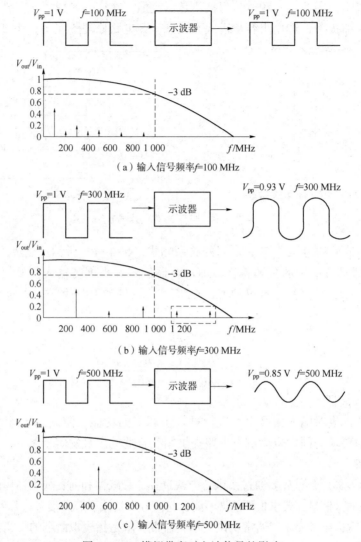

图 6-4-3　模拟带宽对方波信号的影响

3. 如何选择合适的模拟带宽

如何根据被测信号的特征来选择合适的示波器模拟带宽呢？通常按照以下步骤进行。

（1）计算被测信号的最高频率值

若以 f_{max} 表示被测信号中主要频率分量的最高频率值。根据文献［41］，f_{max} 与信号的上升时间 t_r（信号由最大幅值的 10% 上升至 90% 所需的时间）有关，其关系表达式为

$$f_{max} = \frac{0.5}{t_r} \tag{6-4-2}$$

（2）根据测量精度需求确定模拟带宽

示波器的模拟带宽通常应是 f_{max} 的若干倍。倍率的取值与测量精度要求及示波器前端的频响类型有关。如果对于信号上升时间的测量精度要求在 3% 以内，对于高斯响应示波器，其模拟带宽通常应取 $2f_{max}$，见表 6-4-1。如果测量精度放宽，倍率取值可以减小。

表 6-4-1　模拟带宽与测量精度的关系

对于上升时间的允许测量误差	模拟带宽 BW_a
3%	$2.0f_{max}$
5%	$1.3f_{max}$
10%	$1.0f_{max}$

　　总之，示波器的模拟带宽选择主要取决于信号的上升沿时间，或者说是信号中含有的最高频率。此外也与要求的测量精度、示波器前端的频响类型有关。对于高斯响应的示波器来说，当模拟带宽是信号最高频率分量的 2 倍时才可以保证 3% 以下的上升沿时间测量误差。然而遗憾的是，我们在测量时可能并不知道信号的最高频率分量，这增加了测量的难度。一个简单的判断准则是：将示波器测得的信号上升沿 t_r 取倒数，判断 $1/t_r$ 是否与示波器的模拟带宽很接近。如果很接近，则证明需要使用具有更高模拟带宽的示波器来测量该信号。

6.4.2　采样率与采样技术

1. 采样与内插原理

　　数字存储示波器通过对连续时间的输入信号进行采样、量化来实现模拟信号的数字化。根据奈奎斯特定理（采样定理）的要求，为了很好地恢复一个基带信号，在进行信号数字化的时候就要求采样时钟的频率至少应为信号本身所包含的最高频率的 2 倍。即

$$f_s > 2f_{max} \tag{6-4-3}$$

其中 f_s 是采样率，f_{max} 是信号本身所包含的最高频率。

　　在信号处理领域，采样率的单位常使用"Hz"或"MHz"。但对于数字存储示波器而言，采样率和带宽指标往往会让人混淆。例如，500 MHz 的数字存储示波器指的是其采样率为 100 MHz 还是它的带宽是 100 MHz？或者两者均是？为了解决此问题，数字存储示波器的制造商将采样率的单位定义为"采样点/秒"或"Sa/s"，通常的典型单位分别为"GSa/s""MSa/s"；而将带宽的单位定义为"Hz""MHz"或"GHz"。

　　最小允许的采样率被称为奈奎斯特速率。如果对一个正弦波，每个周期采样多于两个点就可以满足要求。如果采样时钟频率不满足这一要求，将出现混叠信号或者不正确频率的假象信号。假象信号频率和原信号频率完全不同，但却可能有相同的波形，且往往还具有相同的幅度，如图 6-4-4 所示。因此，对于图中下面一条曲线所示的低频正弦信号，采用图中所示的采样率进行采样完全可复现真实波形；对于上面一条曲线则不能真实复现。

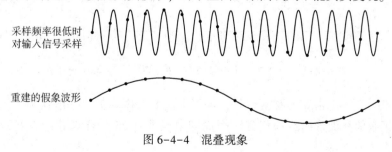

图 6-4-4　混叠现象

当使用 2 倍于信号频率的采样时钟时，信号频率确实可以恢复，但却不能重现波形。如图 6-4-5 所示，以 2 倍于正弦信号采样后，重建出来的波形却是个三角波，且幅度出现了失真。即使高于奈奎斯特速率，当采样速率太低时，由于采样点并不总是在波峰或靠近波峰上取出，因而在屏幕上显示出来的标准正弦波形却犹如调幅波，如图 6-4-6 所示。这种混淆现象称为包络误差。上述两种不同形式的显示误差，都是由于采样速率过低，或者认为被测信号频率过高或含有较大的高次谐波成分，导致对波形不能充分采样而引起的。因此，奈奎斯特速率仅是一个理论上的采样率值，要真实复现原始信号，需要更高的采样率。

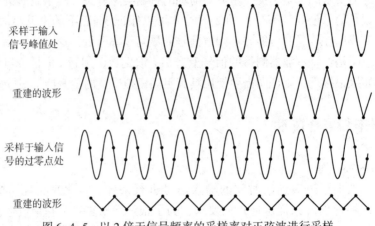

图 6-4-5 以 2 倍于信号频率的采样率对正弦波进行采样

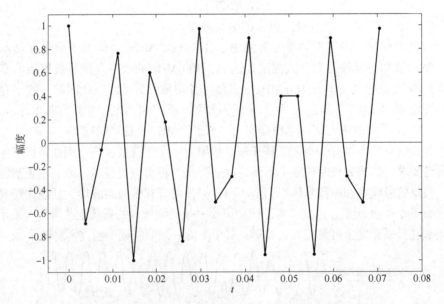

图 6-4-6 以 2.7 倍于信号频率的采样率对正弦波进行采样

那么对于一个特定带宽的被测信号，需要多高的采样率呢？一般认为，当采用点显示方式来显示正弦信号波形时，应保证一个周期中至少有 25 个样点才能较好地逼近原信号波形，即

$$f_s \geq 25f_{max} \tag{6-4-4}$$

与式（6-4-3）相比，式（6-4-4）给出的结果远远高于理论值，这对于一直以来追求以高逼真度来显示越来越高速化信号波形的数字存储示波器来说是不可接受的，因为这对采样速率提出了更高的要求。如果希望降低采样率同时又保证不加大显示误差，利用内插技术来重建信号波形是一种选择。内插技术可以在相邻采样点之间插入适当的数据点，使屏幕上的显示逼近被测信号波形。换言之，采用内插技术可以降低对采样速率的要求。数字存储示波器通常使用线性内插和正弦内插这两种技术。

（1）线性内插

线性内插是在两个采样点之间插入数据点，且采样点和各插值点处于同一条直线上。对于正弦波形而言，采用线性插值后，每周期仅需要约 10 次采样就能使波形清晰。这就是说，线性插值可使直接描点显示的采样率从 $25f_{max}$ 降低至 $10f_{max}$。

（2）正弦内插

正弦内插显示是对数据进行内插函数 $\mathrm{sinc}(x) = \sin x/x$ 运算后，用曲线将各数据点连接起来。对于有限带宽的信号 $x(t)$，其最高频率分量为 f_m，则该信号可以由一系列样点值 $x(nT)$ 和内插函数的乘积的代数和来表示，如式（6-4-5）所示，其中采样时间间隔 T 不大于 $1/2f_m$；内插函数的截止频率为 ω_c，$2\pi f_m < \omega_c < \dfrac{2\pi}{T} - 2\pi f_m$。基本上可以近似认为正弦内插器是一种理想的矩形滤波器，它使高于有效带宽的全部频率分量下降。采用正弦插值在显示正弦波时，每个周期只需 2.5 次采样就能精确地重现这个正弦波，即采样率可以降低为 $2.5f_{max}$，这个数值已接近理论值。正弦内插还能防止在正弦波测量期间发生包络误差。

$$x(t) = \sum_{n=-\infty}^{+\infty} x(nT) T \frac{\omega_c}{\pi} \mathrm{sinc}\left[\frac{\omega_c(t-nT)}{\pi}\right] \tag{6-4-5}$$

上述两种内插技术的适用范围是不同的。对某一种波形不能同时采用两种内插显示。正弦插值对正弦波显示非常有效，但对脉冲输入波形将引入预冲和上冲误差。采用线性插值显示正弦信号时，同样会引起正弦波幅度的变化或正弦波的边沿变陡，同时由于对正弦波不能充分采样，使正弦波顶部数据丢失，也将引起包络误差。因此，最好对脉冲信号使用线性插值显示，对正弦波信号使用正弦插值显示。

内插算法通常以数字滤波器的形式来实现，一般连接在 ADC 的后级，通常是数字存储示波器显示处理的一部分，如图 6-4-7 所示。

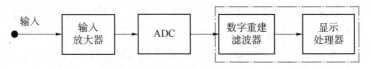

图 6-4-7　实现内插的数字滤波器

2. 采样方式

采用内插技术使数字存储示波器的采样率有可能降低为原来的 $\dfrac{1}{10}$，即从 $25f_{max}$ 降低至

$2.5f_{max}$。然而，在 IT 业界著名的摩尔定律作用下，PC 机的主频在 20 年间（1987—2007年）却加快了 100 倍。人们对于数字存储示波器在高频，甚至射频和微波段的应用抱有很高的期待，电子测量业界需要解决用较低采样率来观测这些信号的能力。为此，需要在数字存储示波器中考虑采用新的采样技术。

目前，数字存储示波器常采用实时采样和等效时间采样两类技术，等效时间采样又分为顺序采样和随机采样两种。示波器的默认设置一般是实时采样方式。

（1）实时采样

实时采样，也称为单次采样（single shot sampling），是最容易理解、最直观的一种采样方式。实时采样以足够高的采样率采集整个带宽内的信号，采样点均匀分布。所有采样点都是在一次触发时采集的，前一次触发采集的所有样点均被本次触发采集的样点替代，如图 6-4-8 所示。这与后面讲到的等效时间采样不同，在等效时间采样中需要多次触发才能建立一个完整的波形显示。

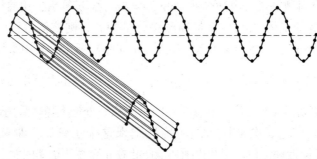

图 6-4-8　实时采样

实时采样常用于采集单次瞬变信号，也可以用于采集重复信号。在实时采样中，相邻两个样点之间的时间间隔等于采样率的倒数，这决定了显示信号的时间分辨力。因此，只要采样率足够高，实时采样方式下的示波器能够以任意时间分辨力捕捉信号，不论信号波形如何。这对于捕捉单次瞬态信号及隐藏在重复信号中的毛刺和异常信号十分有利。实时采样也可以提供触发事件之前的波形信息，因而能够实现"负延迟"触发或者预触发功能。但缺点是需要速度很快的 ADC，目前市场上有高性能的示波器，采用了几 GSa/s 甚至数十 GSa/s 的 ADC，其价格非常昂贵。

（2）等效时间采样

等效时间采样也称为非实时采样或重复采样。这种采样方式必须满足两个前提条件：信号必须是周期重复的；必须能产生稳定的触发信号。由于信号是重复的，示波器有多次机会来"观测"逝去的波形，因而可以在多个波形周期内进行波形采集。稳定的触发可以保证示波器能够将从多个不同波形周期捕捉的采样点正确地布置在显示屏上。

如图 6-4-9 所示，顺序采样指按固定顺序从重复性信号不同的周期经过多次触发和采样，采样信号每次延迟 Δt，这样可以使波形的各个部分都被采集到。完成一个采样周期后，离散信号的包络也反映原信号的波形，这样就可重建这个重复信号的波形，但这个采样周期比原信号的周期要长得多。采用顺序采样，能够以较低速的 ADC 来实现高频信号测量，例如采用 10 kSa/s 的 ADC 来实现 10 GHz 带宽的微波示波器。但由于顺序采样的采样点都是在触发之后采集的，这种采样方式不能提供预触发信息。

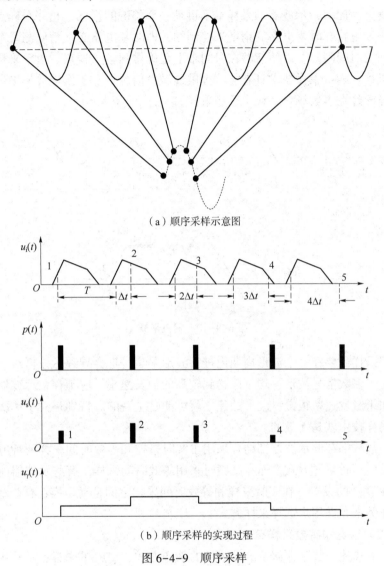

（a）顺序采样示意图

（b）顺序采样的实现过程

图 6-4-9　顺序采样

　　随机采样可以克服顺序采样无法实现预触发的缺点。在随机采样方式下，需要通过多次采集才能建立一个完整的信号波形。如图 6-4-10 所示，假定需要对一个方波信号进行采样，可以用四次触发来实现一个完整信号的捕获。第一次采集是在触发条件满足时开始，示波器以设定采样率对波形进行采样，得到四个样点，这些样点被暂存起来。第二次采集是在第一次采集完成后随机的延迟一段时间开始的，且该采集起始点应落在触发点附近的一个指定宽度的时间窗口中。相对于触发事件的出现时刻而言，这个采集起始点可以在其之前或者之后。第二次采集同样采集四个样点，前两次采样得到的采样点均被暂存，再进行第三次采集和第四次采集。第三次采集是在第二次采集完成后随机的延迟一段时间开始的。最后，将四次采集的所有样点按照在时间轴上的分布堆叠在一起，构建出完整的信号波形。可以看出，尽管每次采集的时间分辨力可以不是很高，通过多次采集提高了最终的时间分辨力。此时，示波器的采样率不再是一个关键的指标，相邻采样点之间的分辨力是由硬件触发电路和时基电路的精度来控制的，即时基电路必须精确测量触发事件和采样起始点之间的时间间隔，以便能够在时间轴上正确排列各采样点。由于采样的起始点具有一定的随机性，随机采样技术具有能够提供预触发信息、易于发现波形细节等优点。因此，随机采样已经在多数场合替代了顺序采样。

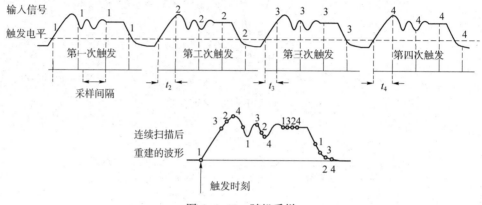

图 6-4-10　随机采样

等效时间采样需要在多个波形周期内进行波形采集，这会导致示波器对于波形的变化响应变慢。对于多数信号波形，均可以达到较高的触发速率，应不存在示波器响应慢的问题。然而，如果触发速率很慢，波形的建立就可能是主观的。特别是对于单次瞬态类型的信号，这种采样技术就是无效的。

目前，多数数字存储示波器都结合采用了实时采样和等效时间采样两种方式。在低频信号测量时采用实时采样方式，而在高频时采用等效时间采样。有些示波器能够根据时间刻度（扫描速度）的设置，在实时采样和等效时间采样之间自动切换；有些示波器则提供一个前面板开关来允许用户选择采样方式。

3. 数字实时带宽和有效采样率

根据前面的描述，数字存储示波器采用的采样方式、ADC 的采样率及采用的内插方式都会对示波器能够观测的频率上限产生影响，因此引出了数字实时带宽和有效采样率两个特有的概念。

（1）数字实时带宽

在实时采样方式下，数字存储示波器的数字实时带宽（或称为单次信号带宽，single-shot bandwidth）定义为在单次（瞬态）信号测量中能够捕捉的最大信号带宽。单次信号带宽与采样率之间的关系式为

$$\mathrm{BW}_s = f_s / k_R \qquad (6\text{-}4\text{-}6)$$

式中，f_s 为采样率，k_R 为与信号内插技术有关的内插系数。

采用正弦内插时，内插系数为 2.5；采用线性内插时，内插系数为 10。例如，对于采

用了正弦内插、采样率为 100 MSa/s 的数字示波器，其数字实时带宽为（100 MSa/s）/2.5 = 40 MHz。如果采用线性内插，BW_s 则为（100 MSa/s）/10 = 10 MHz。反过来，根据需要测量信号的最大带宽值，也可以计算出示波器应达到的实时采样率。

（2）有效采样率

采用等效时间采样技术的示波器可使用慢速的 ADC 来采集高频信号，看似违背了采样定理。这里引入有效采样率的概念来解释这一现象。

如果用 T_{eff} 来表示获取完整波形之后相邻采样点之间的间隔，有效采样率 f_{eff} 是 T_{eff} 的倒数。显然，T_{eff} 不取决于 ADC 的转换速率，而是取决于采样点相对于触发事件时间排列的精度。因此，有效采样率实际上是示波器时间分辨力的一种度量。有效采样率可以远远高于 ADC 的转换速率，并满足采样定理。例如，采样率为 20 MSa/s 的示波器，T_{eff} 可以是 100 ps，因此，有效采样率可以达到 10 GSa/s。

根据有效采样率，参照式（6-4-6），也可以导出一个"数字有效带宽"的定义来。

4. 数字存储示波器使用的 ADC

在数字存储示波器中，ADC 的作用十分关键。随着示波器的带宽不断提高，对 ADC 的性能要求也越来越高。用于数字存储示波器的 ADC 有多种形式，常见的有并行比较式、并串行式、时间交织式等。

并行比较式 ADC 也称为 FLASH 型 ADC，如图 6-4-11 所示，其转换速率可达数百 MSa/s，例如，美国 AD 公司的 AD9006 转换速率为 470 MSa/s（6 位）。这种 ADC 采用直接比较的原理，n 位 ADC 需要 2^n-1 个比较器，与各量化电压直接对应，转换时各个比较器同时动作，转换速度很快。

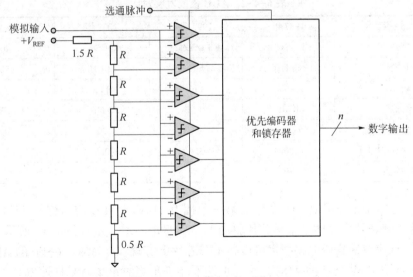

图 6-4-11　3 位 FLASH 型 ADC

并串行 ADC 则吸取了并行 ADC 的优点，又通过将高位编码与低位编码串行比较，减少了比较器的数量。例如，6 位的并串行 ADC 由两片并行比较式 ADC 组成，一片是 4 位的、另一片是 2 位的。4 位 ADC 首先转换，输出的 4 位编码再经过 DAC 转换为模拟电压与输入电压相减，2 位 ADC 再对相减之后电压进行转换，转换结束得到 6 位二进制码。这种 ADC 又称为子带 ADC（subranging ADC）。两阶 N 位并串行 ADC 见图 6-4-12。

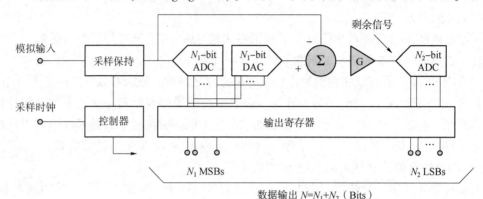

图 6-4-12　两阶 N 位并串行 ADC

时间交织式 ADC 则是使用多个低速 ADC 交替工作来实现高速信号采集的一种方法，Agilent 公司的数字存储示波器多采用这种复合式的 ADC 技术。从 1987 年到 2007 年的 20 年间这种 ADC 技术得到了较大的发展。如表 6-4-2 所示，ADC 的采样速率在 20 年里增加到 40 倍，实时采样带宽增加到 52 倍，存储深度增加到 250 倍。每个通道的功耗仍旧维持在 20 W，但是每个采样转换位的能耗却降低为原来的 $\frac{1}{40}$。

表 6-4-2　ADC 性能发展对比

ADC 性能	1987 年	1997 年	2007 年	变化率
采样率	1 GSa/s	8 GSa/s	40 GSa/s	40 倍
实时带宽	250 MHz	1.5 GHz	13 GHz	52 倍
分辨率	6 bit	8 bit	8 bit	4 倍
存储深度	8 kB	64 kB	2 MB	250 倍
功耗/W	20	27	20	1 倍
单位功耗 $W/(GSa/s)$	20	3.4	0.5	1/40
芯片数量	10	4	2	1/5

1987 年，Agilent 公司生产出世界上第一台拥有 1GSa/s ADC 的示波器 54111D，其关键技术是砷化镓场效应晶体管采样芯片驱动 4 个双极硅 ADC，如图 6-4-13 所示。在 20 世纪 80 年代，利用双极集成电路技术可以在 1 个芯片上实现 400 MSa/s 6-bit 的 ADC，这种 ADC 采用了改进的 FLASH 型 ADC 技术。但这不能满足当时市场对采样速率为 1 GSa/s 的示波器的需求。解决方案就是采用 4 个采样率为 250 MSa/s 的 ADC，这 4 个 ADC 的工作周期都是 4 ns，但通过精确定时电路，控制各 ADC 启动工作的时间依次间隔 1 ns，采用这种时间交织方式，可以满足采样速率为 1 GSa/s 的要求。为了提高带宽和定时精度，在 ADC 之前设置了采样保持电路和时钟控制电路，此外定制的 16 kB CMOS 存储芯片用来接收转

换器的数据。除了存储器之外，所有的芯片均被集成在一块定制的厚膜混合板上。该系统将三种各具优势但拥有不同集成工艺的材料结合在一起，即砷化镓的高速性、双极性的高精确性和 CMOS 的高密度存储器集成。

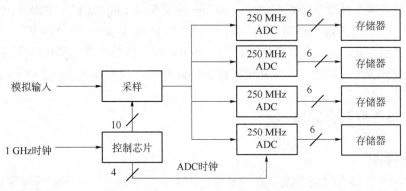

图 6-4-13　1 GSa/s 的 ADC 实现框图

1997 年，双极硅技术的发展使得晶体管的截止频率增加到 5 倍，Agilent 54845A 示波器依赖这种技术达到了 8 GSa/s 采样率，实时带宽达到 1.5 GHz。在 1990 年左右，Agilent 研制了世界领先的 25 GHz 截止频率的双极硅工艺。尽管这是全双极工艺，但它利用 CMOS 光刻设备来集成更多晶体管，这可以减少系统中芯片使用的数量。如图 6-4-14 所示，该系统将 4 片 2 GSa/s 的双极 ADC 并行配置，采用时间交织技术使得采样速率增加至 8 GSa/s。芯片制造工艺的提高使得在一块基板上集成两路 ADC 成为可能，这就减少了示波器中采集通道的芯片数量。图 6-4-14 中没有前置采样保持器，而是采用了下面两方面的改进措施。一是时钟路径上拥有皮秒分辨力的可变延迟元件，二是通过算法实现延迟元件的校正。

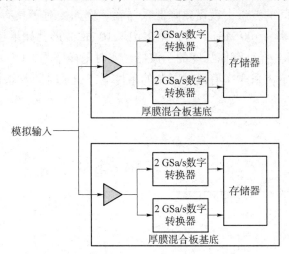

图 6-4-14　4 芯片 8GSa/s ADC 系统

2007 年，Agilent 研制了有 40 GSa/s 采样速率和 13 GHz 带宽的 DSO81304B，其 ADC 采用了最新的 0.18 μm CMOS 技术，存储器也集成在 ADC 芯片中。尽管 CMOS ADC 要比双极性 ADC 速度慢，但采用 CMOS 技术仅是着眼于最高能量利用率。利用 CMOS 的集成度高这一特点，可以采用流水线和时间交织技术来提供 ADC 总体的采样速率。为此，采用了由延迟锁相环、分隔器和两级数控延迟电路组成的时钟生成器；数字转换通道也采用开路形式，这比通常的反馈电路要快得多；所有的电路尽量被做成最小来减少功耗，并且依靠大量的校准来达到总体转换的精度。2002 年之后，Agilent 采用 0.18 μm CMOS 工艺制作出来的每通道 ADC 转换速度可以达到 250 MSa/s，采用高达 80 路时间交织技术使整体速度提高到 20 GSa/s。利用 CMOS 的集成度高这一特性，将采样存储器集成在芯片上，实现了 20 GB/s 的采样数据存储问题。2007 年，采用上述技术的高速 ADC 采样速率达到了 40 GSa/s。

6.4.3 存储深度与存储技术

1. 储存深度

数字存储示波器在对输入波形进行采样、转换为数字信号后，需将这些样点存储在通道内存中，用于后续的处理。波形存储器能够储存的采样点数称为存储深度。存储深度表明了示波器内存的大小，这是一个容易被忽略的关键技术指标。深存储的好处在于能够保证以较高的采样率来获取长时间的数据记录，意味着有更大的概率去捕获间歇性毛刺或异常事件。对于持续时间较长的单次瞬态信号，存储深度尤其重要。

当采样率为固定数值时，较深的存储深度可以保证采集较长时间的波形。当然，也可以通过降低采样率来采集较长时间的波形，这是以降低时间分辨力为代价的。示波器记录波形的时间与存储深度、采样率之间的关系为

$$记录时间 = 存储深度/采样率 = 存储深度 \times 采样周期 \tag{6-4-7}$$

通常，示波器的存储深度是固定不变的，同时实现高的采样率和长的记录时间是不可能的。要获取更长时间的波形，就需要降低采样率。例如，对于具有 1 MB 样点存储深度的示波器，实时采样率为 100 MSa/s 时，至多记录 10 ms 波形；如果超过 10 ms，就要降低采样率。对于具有 1 kB 样点存储深度的示波器，实时采样率为 1 GSa/s 时，至多记录 1 μs 波形。在存储深度固定、采样率有最大限制的条件下，记录时间与采样率之间的关系曲线如图 6-4-15 所示。

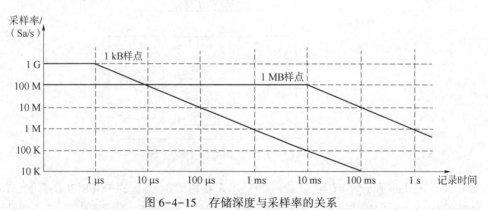

图 6-4-15 存储深度与采样率的关系

除了直接采用大的存储器之外，6.4.5 节中描述的峰值检测采集技术也可以用来弥补存储深度的不足。

2. 深存储带来的问题

深存储可以实现较长时间波形的记录，但也会带来一些负面的影响。由于在深存储示波器中需要存储和处理更多的样点，在示波器处理能力有限的条件下，将会导致死区时间增加、波形更新速率变慢、响应用户面板操作的时间增加等问题，甚至波形更新时间、响应用户面板操作时间将达数秒钟。

死区时间（dead-time）指从示波器完成前一次采集到开始下一次采集之间的时间间隔。如图 6-4-16 所示，在死区时间内，即使出现了毛刺或者其他异常波形等重要事件，示波器也无法捕获。死区时间越长，这个概率就越大；这也意味着用户需要花更长的时间来发现波形异常。

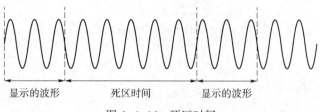

图 6-4-16 死区时间

波形更新速率指示波器单位时间内能够更新屏幕显示波形的次数，波形更新速率越低，死区时间就越长。有些示波器给出了波形更新速率这一关键的技术指标，由此计算示波器的死区时间。在 DSO 出现早期，波形更新速率这一重要指标被忽略了，实际上，它对于捕获偶发的异常事件非常关键。例如，罗德与施瓦茨公司（R&S）在进行 RTO 型示波器设计时，对这一问题进入了深入分析。传统示波器的波形更新率仅有 5 万个波形/s，只在采集周期的 0.5%时间里捕获信号，剩余的大量时间被用来存储、处理和显示数据，即采集周期的 99.5%的时间是死区时间。为了解决这一问题，R&S 公司将波形更新率提高到 100 万个波形/s，捕获信号的时间加长了 20 倍，使之提高到采集周期的 10%。据计算，原来需要数小时才能发现的波形异常，现在仅需要 12 min；原来需要 20~30 min 发现的异常，现在则仅需 1 min 多一点。

3. 存储技术

从前面的分析可以看出，数字存储示波器要求解决大容量存储器的读取速度问题，这样就有利于实现深存储条件下较高的波形更新速率。在早期的深存储示波器中，被测信号经过 ADC 采集，然后写入高速的深采集存储器，这两个过程的速度很快，ADC 的转换速度可达到几 GSa/s 到几十 GSa/s，而后端用于处理数据和显示波形的 CPU 处理能力有几 GHz，这会使数据在采集后送到 CPU 的过程中出现处理瓶颈，如图 6-4-17 所示。

图 6-4-17 早期数字存储示波器的存储过程

一种解决方案是将高速采集的数据分解为两路甚至四路低速数据，分配给多个 RAM 进行存储，此时对存储器的速度要求就可以降低为原来的 $\frac{1}{2}$ 或 $\frac{1}{4}$，实现了用廉价的低速存储器存储高速信号。有些示波器制造商还提出了其他一些解决方案。例如，Agilent 公司提出了 MegaZoom 快响应深存储技术。如图 6-4-18 所示，将示波器原来的工作一分为二，使 MegaZoom 专利芯片和 CPU 协同处理，通过乒乓式的采样存储，使得采样之间具备最小的死区时间，且没有处理瓶颈，加快了波形更新速率及面板的响应速度。

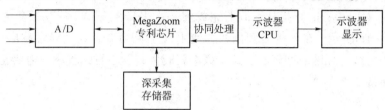

图 6-4-18　MegaZoom 快响应深存储技术

6.4.4　触发方式

1. 为什么要使用触发

在 6.2.3 节中已经讲过模拟示波器的触发电路，对于数字存储示波器来说，触发同样是最重要的功能之一。采用触发有两个重要的原因。一是确定波形显示的时间参考点，稳定显示波形，保证每次显示的波形有同样的时间参考点。二是捕获感兴趣的信号波形。示波器存在死区时间，死区时间内的重要信息有可能被错过。可以利用触发来解决这一问题，通过合理选择触发点来捕获感兴趣的信号波形段。

在数字存储示波器中，触发电路从输入信号波形中寻找满足触发条件的触发事件，当发现触发事件时，就会立即通知时基电路。时基电路计算触发事件产生时刻与下一个采样点之间的时间间隔，示波器利用该值来确定所有采样点在显示时的水平位置。时基电路也为 ADC 提供采样时钟。

2. 触发方式

与模拟示波器相比，数字存储示波器可以充分利用数字化和微处理器的优势，提供更多、更高效的触发方式，便于用户迅速定位信号波形中的异常。

（1）边沿触发

边沿触发（edge trigger）也是数字存储示波器均具备的一种基本触发方式，这与模拟示波器相同，详见 6.2.3 节。

（2）毛刺触发

数字电路中的毛刺是导致数字电路间歇故障的主要来源，很难调测。毛刺触发（glitch trigger）为数字电路设计者提供了解决这一问题的有效手段。由于毛刺出现的概率很低，且与波形中其他脉冲出现的时机是独立的，如果使用常规的边沿触发，触发点的位置是不确定的，不便于得到稳定信号波形。

　　毛刺触发是在示波器检测到了一个脉冲，且该脉冲宽度小于（或大于）指定毛刺宽度时产生触发。用户可以根据需要配置毛刺触发的产生的条件、极性、脉宽及触发电平。毛刺触发的条件可以是"大于指定脉宽时触发"或者"小于指定脉宽时触发"；毛刺触发的极性可以是"正极性""负极性"或者"任意极性"。图 6-4-19 给出了四种毛刺触发的情形。

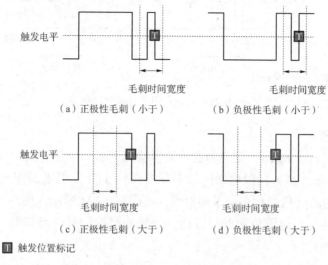

（a）正极性毛刺（小于）　　　　（b）负极性毛刺（小于）

（c）正极性毛刺（大于）　　　　（d）负极性毛刺（大于）

T 触发位置标记

图 6-4-19　毛刺触发

　　毛刺触发能够使我们充分利用示波器的全部带宽和分辨力来观察毛刺的细节。在实现方面，毛刺触发与 6.4.5 节要讲到的峰值检测采集模式不同。使用峰值检测器很难达到分析毛刺各种参数所需的高分辨力。毛刺触发也降低了观测毛刺时对于深存储的需求。

　　（3）脉宽触发

　　脉宽触发（pulse-width trigger）也是为数字电路设计者提供的电路调测手段。脉宽触发出现在示波器检测到了一个正（负）极性脉冲，其脉冲宽度在设定脉宽门限之间或之外的情形中。用户可以根据需要配置脉宽触发的产生的条件、极性、高门限值及低门限值。脉宽触发产生的条件可以是"设定门限之间触发"或者"设定门限之外触发"；脉宽触发的极性可以是"正极性"或者"负极性"。图 6-4-20 为设定门限之间触发的情形，图 6-4-21 为设定门限之外触发的情形。

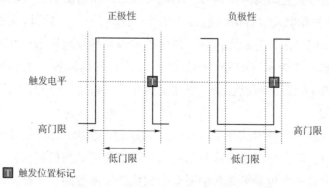

T 触发位置标记

图 6-4-20　设定门限之间的脉宽触发

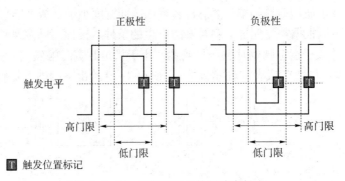

图 6-4-21　设定门限之外的脉宽触发

（4）矮脉冲触发

矮脉冲触发（runt trigger）定义为在示波器检测到了一个正（负）极性脉冲，其上升（下降）沿穿越了低（高）门限电平，但在其下降（上升）沿重新穿越低（高）门限电平之前没有能穿越高（低）门限电平的情形，如图 6-4-22 所示。用户可以根据需要定义矮脉冲触发的极性、高门限值和低门限值。矮脉冲触发的极性可以是"正极性""负极性"或者"任意极性"。

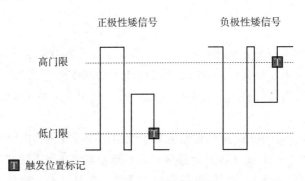

图 6-4-22　矮脉冲触发

（5）视频触发

电视及视频信号是复杂的多维信号，不能够简单地用边沿触发来观测。多数示波器都提供 TV 触发或者视频触发（video trigger）功能。此时，示波器可以从视频输入信号中提取水平和垂直同步信号来作为触发信号。最简单的视频触发允许用户在所有的水平同步脉冲（所有的行同步）或者所有的垂直同步脉冲（所有的场同步）上实现触发。高级的视频触发允许用户指定特定的行或者场，以便观测和评估特定部分的视频波形。

（6）模式触发

混合信号示波器均具备模式触发（pattern trigger）功能。混合信号示波器同时具有模拟通道和数字通道，数字通道是多路并行的，用模拟通道观测模拟信号，用数字通道观测多路数字信号。模式触发也是第 8 章中要介绍的数据域测量的一种触发方式。

在数字电路中，信号是由许多并行的线来传送的，电路的瞬时状态则是由在给定时刻时这些线上的状态来表示的，而不仅仅是一条信号线上的状态。模式触发扩展了边沿触发中触发电平和触发极性的概念，提供了对多条信号线状态的监视功能，并能在信号线状态符合特定条件下产生触发。例如，当监视到用户规定4条线的状态为HHLH时，示波器被触发。逻辑"H"表示该条信号线的电压高于设定电平，"L"表示低于设定电平。此外，还可以设置为"X"（不关心或者任意），即忽略该条信号线的状态。

模式触发常用于调试数字逻辑电路、复杂的微处理器电路等，可用来监视数据线或者地址线的状态。例如，一个微处理器在读某个外设地址时经常出现故障，此时可以把触发模式设定为出现故障的地址和地址使能有效信号，同时观测相关信号线的波形，这样，当满足触发条件时，逻辑分析仪就会触发并存储相关信号的逻辑变化情况，以便操作者分析判断造成故障的原因。

有些示波器还提供"限时模式触发"功能，即用户可以限定模式出现的时间，只有当模式出现时间大于某个值时，才产生触发。当该触发功能用于单通道触发源时（设置其他触发通道为"X"），"限时模式触发"实际上等同于脉宽触发。当设置另外的触发通道状态为"H"或者"L"时，"限时模式触发"可用于评判脉宽触发的产生条件。例如，一个窄脉冲总在使能信号线为高时出现，就可以使用上述触发设置来捕捉该毛刺。

（7）状态触发

混合信号示波器一般均具备状态触发功能。数字逻辑电路通常是围绕着一个中央时钟系统来构成的。例如，所有的信号线都在时钟的上升沿变化。状态触发（state trigger）就是将触发通道中的某一路配置为触发系统的时钟，其他通道的状态是在时钟的上升沿或者下降沿读取。例如，在触发时钟通道上升沿或下降沿时存储的其余三个触发通道的输入，如果这三个通道的状态和用户定义的状态一致，则示波器产生触发。状态触发常用于逻辑状态仅在时钟沿有效的场合。

（8）延迟触发/预置触发

在6.3节中提到，数字存储示波器具有模拟示波器不具备的"负延迟"触发功能。通常的模拟示波器是在接收到触发信号后启动扫描，开始捕获信号，所记录的波形是触发点之后的，这种以触发点向后移动显示窗、观察触发点之后波形的方式称为正延迟触发。采用这种触发的示波器，由于电路响应时间的原因，信号的起始部分被丢失。模拟示波器中的延迟线只能提供很小的延迟，在观测信号起始部分的能力方面有限。在许多应用中，大量事件的发生是不能预测的，往往观察事件发生前的情况比观察事件本身更为重要，而且许多单次现象的测量也要求显示触发点以前的信号，以便寻找产生该现象的原因。数字存储示波器的"存储-显示"的工作方式能够提供这种负延迟触发或者预置触发（delayed trigger/preset trigger）功能。用户能够以触发点为参考，灵活地移动存储窗口和显示窗口。

如图6-4-23所示，延迟触发有"+"延迟触发和"-"延迟触发。所谓"+"延迟触发，就是从触发点开始，经过预置值（样点个数）A后开始存储波形，当存储容量存满之后停止，正延迟时间等于采样间隔乘以A；而"-"延迟触发，是保证存储器存储有触发前B个预置值，有效的数据存满存储容量后停止，负延迟时间等于采样间隔乘以B。显然，令 A 为零，则存储器存储的是以触发点为始点的波形数据；若令 B 等于存储容量，则存储器存储的是以触发点为终点的波形数据，则整个屏幕都显示触发前信号。负延迟波形上的触发点常被加亮显示。

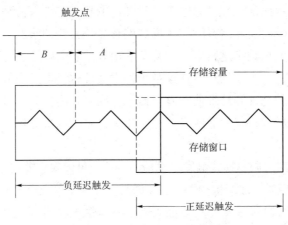

图 6-4-23　延迟触发（预置触发）

有了延迟触发功能后，可以设置不同的预置值或者延迟时间值，根据需要在屏幕的范围内观测波形的各个部分。有些数字存储示波器的默认设置是将触发点显示在屏幕水平轴的中央，这其实就是利用了负延迟触发功能。

（9）其他触发方式

有些示波器还提供"过渡时间触发""建立与保持时间触发"等功能。"过渡时间触发"实现了在脉冲上升时间或者下降时间符合设定条件下产生触发的功能。"建立与保持时间触发"适用于时序逻辑电路的测量，当数字信号的建立时间或者保持时间符合设定条件下产生触发。

混合信号示波器通常还能提供协议触发功能，可以在 CAN、I^2C、SPI、LIN、RS232、USB 等串行总线上出现的特定码流时触发，与逻辑分析仪实现的功能基本相同。

3. 触发抑制

触发抑制（trigger hold-off）的作用是在一次触发产生之后迫使触发电路停止工作一段时间，常用于观测那些在波形周期中有多个相同触发点的信号。使用触发抑制功能，可以使示波器仅在第一个触发点时触发，而忽略随后一段时间内的触发点。这能够方便用户观察在一个周期内有很多满足触发条件触发点的序列波形。如图 6-4-24 所示，如果采用常规的正极性正电平触发来观测图中的脉冲序列波形，在"1""2"处均能产生触发，这就很难得到稳定的波形显示；此时，用户可以通过设置正确的抑制时间来忽略条件"2"和"4"，而仅使条件"1"和"3"有效，这样就能够在屏幕上看到一个稳定的周期脉冲序列。

在触发抑制设置时，如果触发是被抑制一段固定的时间，这种方式称为"时间抑制"，也是最常用的一种。有些示波器还提供"事件抑制"的功能，此时用户能够设置需要忽略的触发点出现的次数。这种功能对于相邻触发点之间的时间变化较大的情况有效。

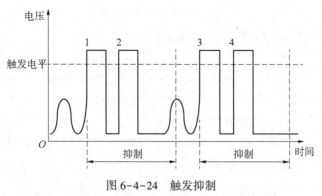

图 6-4-24　触发抑制

6.4.5　采集模式

示波器控制波形采集的方式有多种。在模拟示波器中，通常称为"扫描"方式。数字示波器实际上并不"扫描"，使用"采集"更合适。

1. 按照采集启动的方式分类

（1）单次采集

示波器常具备单次采集（single acquisition）方式。当用户设置好想要的触发条件后，按下"单次采集"按键，此时，示波器会在触发事件满足后，将捕捉到的波形显示在屏幕上。这个过程执行一次后，屏幕便不再做更新，除非使用者再次手动按下"单次采集"按键。该方式适于观测单次瞬变和非周期性信号。

模拟示波器通常也具备单次扫描方式，但由于模拟示波器无法存储波形，波形在屏幕上通常是一闪而过而无法对波形参数做进一步测量。有些模拟示波器通过长余晖的方式来"留住"屏幕上的图形。

（2）常规采集

多数示波器提供两种连续采集方式：自动采集和常规采集（normal acquisition）。这两种方式的差别很细微，但很重要。在常规采集时，任何时候出现有效的触发信号，示波器都采集一次新的波形。对于多数信号这种方式没有问题。但在没有输入信号或者触发电平不适当时，示波器不采集，屏幕上将无任何显示。对于纯直流信号，由于电压不随时间变化，无法设置合适的触发电平，因此也将出现黑屏。因此，如果仅有常规触发，示波器的功能尚显不足。假设示波器屏幕出现没有显示的情况时，往往不能正确地判断无显示的原因。此外，在输入端接地时，扫描的基线也不能确定。

（3）自动采集

自动采集（automatic acquisition）与常规采集功能相似，只不过是在无触发信号持续超过一定时间（如30 ms）时，示波器将自动启动波形采集。选择这种方式时，即使触发电平设置不当，用户也能够看到波形，方便用户根据看到的波形调整触发设置，尽管波形可能会不稳定或者显示尺度不十分合适。

自动采集一般是示波器的默认设置，适用于多数信号类型。但如果触发条件发生频率较低，例如极低频的正弦信号，自动采集则不易捕捉到信号，此时常规采集更合适。

2. 按照采样率选择及样点存入存储器的方式分类

（1）常规采集模式

常规采集模式是示波器的一种默认采集模式。在这种采集模式下，对应于存储器中的每个样点都需要进行一次采集，且样点没有经过任何处理。此时，对于比较好的信号波形来说，显示是比较清晰的。但如果信号中叠加的噪声比较大，显示出来的波形就比较差，影响到信号幅度、频率的精确测量。例如，图6-4-25所示的正弦信号叠加了比较大的随机噪声，将增大信号参数的测量误差。

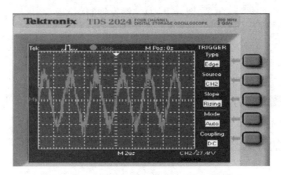

图 6-4-25　常规采集模式的示波器显示

（2）过采样采集模式

过采样采集模式使用高于常规采集模式的采样率来捕获信号，然后将相邻若干采样点的平均值作为一个采样点存入存储器。这种模式仅适用于实时采样方式。如图6-4-26所示，以4个样点作为一组，仅保存其均值。过采样采集模式的前提是常规采集模式下的采样率没有达到仪器最高的采样率值。由于对样点的平均处理可以滤除信号中噪声，这种模式可以提高测量的精确程度，且能够用于观测非周期信号，如开机波形。

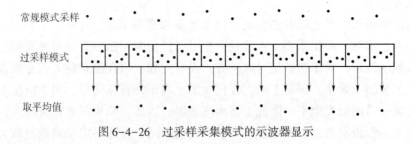

图 6-4-26　过采样采集模式的示波器显示

（3）峰值检测采集模式

峰值检测采集模式使用高于常规模式的采样率来捕获信号，然后将相邻若干采样点的最大值、最小值作为一个采样点存入存储器，仅适用于实时采样方式。如图6-4-27所示，以4个样点作为一组，保存各组的最大值和最小值。峰值检测采集模式同样要求常规采集模式下的采样率没有达到仪器最高的采样率值。由于存储了每组样点的峰值，这种模式可以反映出波形的瞬间异常值，过采样采集模式则不具备这种优点。

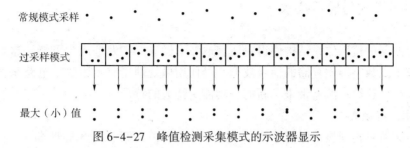

图 6-4-27　峰值检测采集模式的示波器显示

6.4.2 节中介绍了实现高的采样率和长的记录时间之间的矛盾，要获取更长时间的波形，就可能需要降低采样率。采样率的降低意味着示波器可能会错过记录一些波形事件。增加内存是一种解决方案。另一种解决方案是采用峰值检测的方法。当使用峰值检测功能时，示波器可以跟踪那些通常被丢弃的采样点，记录并显示这些最大和最小采样点，且不会导致内存溢出。但峰值检测的缺点在于可能夸大波形噪声。

（4）均值采集模式

均值采集模式适用于实时采样和等效时间采样两种方式。对于周期信号，可以采用平均的方法去除噪声。均值采集模式就是在连续采集多个波形的基础上，仅将各时间点的平均值记录在存储器中的一种采集方式。这样能够达到降低信号上叠加噪声的效果，但不会牺牲示波器测量带宽和上升时间，如图 6-4-28 所示。在模拟前端采用带宽限制（增加滤波器）来减少噪声则会牺牲示波器的带宽。均值采集的优势还在于能够增加垂直分辨力。例如：使用 8 bit ADC 的示波器可能通过均值显示来获得 12 bit 的垂直分辨力。均值采集的副作用是会导致显示响应变慢。通常，均值计算的次数是可以选择的。随着平均次数的增加，显示会变得更缓慢。

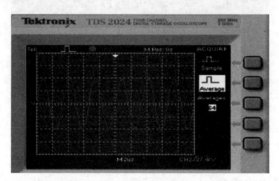

图 6-4-28　平均采集模式的示波器显示

（5）包络采集模式

包络采集模式适用于实时采样和等效时间采样两种方式。在这种模式下，示波器连续采集多个波形，但仅将各时间点的最大值和最小值记录在存储器中。用户可以设置用于包络计算的波形个数。

6.4.6 显示模式与显示技术

数字示波器的特殊体系结构使得对所获取波形做进一步处理成为可能。这是因为数字示波器获取了以数字形式存储的信号波形，可使用微处理器或专用数字电路来实现信号显示和处理算法。这给示波器带来了新的、功能更强大的特征。

1. 显示保持模式

数字示波器可实现显示保持算法，产生与传统模拟存储示波器相似的显示。一个典型的数字显示保持系统工作如下。对于每一个显示点都在内存中对应有一个亮度值。当屏幕的一个像素点初次被一个波形样点"撞击"时，亮度值被设置成最大值。延迟一定时间后，亮度值将逐步减弱。如果该像素点没有被波形再次撞击，亮度水平逐渐减弱直到消失。如果像素点被再次撞击，亮度值又被设置为最大。对于不断变化的波形，新出现的波形数据是持续明亮和可见的，而旧的波形数据是逐渐变暗的。对于迅速变化的波形，波形的某些部分保持高亮度（经常被撞击），而其他像素点因为很少被撞击而较暗。这种显示方式能够给用户提供关于特定像素点被波形撞击的次数信息。

一种特殊的情况是无限时间的显示保持。这意味着得到的显示将是不确定的。无限时间的显示保持能够显示波形中所有变化信息，从而提供被观测信号的最差特征。对于模拟存储示波器来说，这种无限显示保持较难实现，但对于采用数字形式的数字示波器来说，实现起来没有问题，如图 6-4-29 所示。无限显示保持可用于测量信号的时间抖动，测量眼图，或者是检测逻辑设计的亚稳定状态、观测波形包络等。有助于我们观测信号的最差等极端情况，寻找时序异常或者罕见的事件。

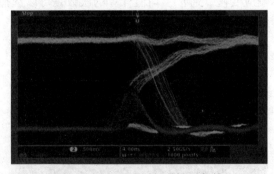

图 6-4-29　无限时间的显示保持

采用无限显示保持方式通常会使得信号踪迹迷失在叠在一起的旧波形信息之间。一个改进的显示方式是将最近的出现波形以高亮显示，同时以一半的亮度来显示已有波形，这使得示波器用户在观察波形变化的同时也能同时看到波形的历史变化范围。通常，示波器还提供 Clear Display 的功能，清除先前显示的点，重新开始信号的显示过程。

目前，彩色显示在数字示波器中得到了广泛应用。因此，显示保持算法可以使用颜色表示波形的变化，通常被称为彩色显示保持。对于每一个像素点，其颜色表明波形被撞击的频率。经常被撞击的像素点可以显示为一种颜色，很少被撞击的像素点则显示为另一种颜色。这为示波器用户提供了波形随时间变化的附加信息。

以上这种通过分级的显示亮度或者彩色来显示波形信息的功能也常被称为示波器的 Z 轴功能，或者是示波器的第三维。

2. 延迟/缩放显示模式

延迟/缩放显示模式是利用示波器的深存储资源存储很长的一段波形数据，再用上、下两个窗口来观测信号，其中的下方窗口是上方窗口某个局部的放大，如图 6-4-30 所示。这样，用户既可以深度存储观察到的波形全貌，又可以对信号的某段局部进行细致观察，便于对信号进行深入的分析。

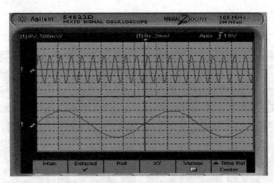

图 6-4-30　延迟/缩放显示模式

这种显示模式的实现需要示波器有同时提供两种时间基准的能力。第一个时钟基准用于显示波形全局"大画面"，第二个时钟基准通常被称为延迟时基，用于显示细化的波形局部。"延迟时基"的术语来自模拟示波器，第二时基（一套完整的模拟时基电路）在主时钟启动后有效。因此，第二时基比主时基有固有的延迟。通常，延迟时基也有自己的触发系统，可以在波形的特殊边沿触发。在数字示波器中，第二时基可能是也可能不是一个独立的时基。通常使用不同的时间尺度来显示获得的同样一个波形，触发系统均是由主时基驱动的同一个触发系统。

3. 滚动模式

示波器显示波形时，通常是从左开始向右描绘波形。当水平通道设置为较快的扫描速度（每格代表的时间较小）时，波形被快速显示，不会觉察出从左到右描绘波形的过程。然而，在慢速（如 1s/div）扫描时，波形的描绘过程是很明显的。

滚动模式在显示时从右绘制波形，在新的波形采样点不断出现时持续地向左"滚动"波形。在滚动模式下，示波器用户可以监控慢速移动的波形，寻找特殊波形结果，按下"停止"键将捕获波形完整的视图。因为新的波形数据总是出现在右边然后向左边滚动，最近出现的数据是一直显示在屏幕上的。"从左到右"的显示模式则不能做到这一点。

4. X-Y 显示

X-Y 显示模式是一种改变示波器时基的显示方式，通常情况下，示波器的水平轴表征的是时间，也就是所谓的"时基"，垂直轴测量的是输入电压的幅度。在 X-Y 显示模式下，水平轴也用来测量输入信号的电压幅度。这种设置通常应用在李沙育（Lissajous）图形测相位、二极管电压-电流特性测试等应用场合。

将被测正弦信号和频率已知的标准信号分别加至示波器的 Y 轴输入端和 X 轴输入端，在示波器显示屏上将出现一个合成图形，这个图形就是李沙育图形。李沙育图形随两个输入信号的频率、相位、幅度不同，所呈现的波形也不同。当两个信号相位差为 90°时，合成图形为正椭圆，此时若两个信号的振幅相同，合成图形为圆；当两个信号相位差为 0°时，合成图形为直线，此时若两个信号振幅相同则为与 X 轴成 45°的直线。不同频率比和相位差条件下的李沙育图形如图 6-4-31 所示。通过测量李沙育图形变化的周期，可以得到两个信号频率差；对于同频的两个正弦波，利用显示的椭圆，可以测量两个正弦波之间的相位差。

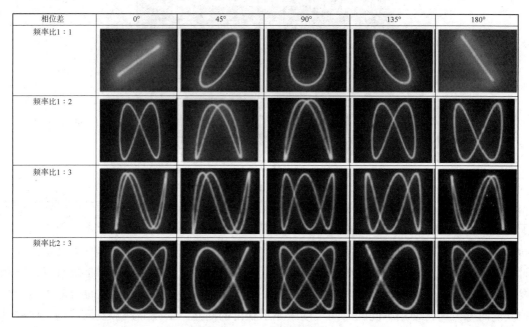

图 6-4-31　李沙育图形

6.4.7　测量与分析功能

数字存储示波器内部由微处理器来完成数据的测量与分析功能。

1. 波形参数的测量

示波器在进行波形的时域测量时，常使用到诸如"上升时间""下降时间""高电平""低电平""过冲"等术语，如图 6-4-32 所示。图中的"参考高电平（REF HIGH）""参考中电平（REF MID）""参考低电平（REF LOW）"三个值需要在测量之前由用户定义，通常以高电平（HIGH）与低电平（LOW）之间差值的百分比来表示。波形参数与这三个参考电平是相关的。数字存储示波器能够自动测量的波形参数如表 6-4-3 所示，表中标记"＊"的参数没有在图 6-4-32 中标注出来，但能够根据图中的参数计算出来。

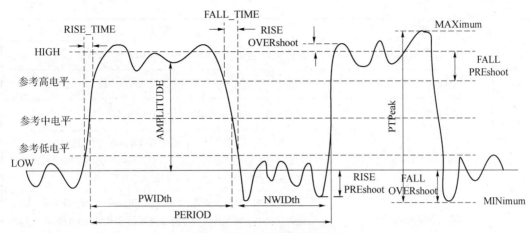

图 6-4-32　波形参数的定义

表 6-4-3　波形参数说明

被测参数名称		说明
	RISE_TIME	由参考低电平上升至参考高电平时，信号上升沿的持续时间（s）
	FALL_TIME	由参考高电平下降至参考低电平时，信号下降沿的持续时间（s）
	FREQUENCY	一个完整信号周期对应的频率（Hz）＊
	PERIOD	一个完整信号周期对应的时间（s）
	VOLTAGE_RMS	整个波形的真有效值（V）＊
	VOLTAGE_CYCLE_RMS	整数个信号周期的真有效值（V）＊
	MAXimum	信号波形的最大幅值（V）
	MINimum	信号波形的最小幅值（V）
	PTPeak	峰峰值，最大幅值与最小幅值之间的绝对差值（V）
	HIGH	高电平，即电平"1"。可由最大幅值计算出来，或根据直方图，找出大于波形平均值的一个值（V）
	LOW	低电平，即电平"0"。可由最小幅值计算出来，或根据直方图，找出小于波形平均值的一个值（V）
	VOLTAGE_AVERAGE	整个波形的算术平均值（V）＊
	VOLTAGE_CYCLE_ AVERAGE	整数个波形周期的算术平均值（V）＊
	NWIDth	负脉宽。波形负脉冲的两个参考中电平之间的时间（s）
	PWIDth	正脉宽。波形正脉冲的两个参考中电平之间的时间（s）

被测参数名称	说明
DUTY_CYCLE_NEG	负占空比。整数个波形周期中，NWIDth 与 PERIOD 之比 *
DUTY_CYCLE_POS	正占空比。整数个波形周期中，PWIDth 与 PERIOD 之比 *
AMPLITUDE	幅度。整个波形中，HIGH 大于 LOW 的部分（V）
RISE OVERshoot	上升沿过冲。计算公式为：RISE OVERshoot＝极大值－HIGH，极大值是指在正半个周期从波形上升沿越过高电平到其下降时再次越过高电平的一段时间中，信号的局部最大电压值（V）
FALL OVERshoot	下降沿过冲。计算公式为：FALL OVERshoot＝LOW－极小值，极小值是指在负半个周期从波形下降沿越过低电平到其上升时再次越过低电平的一段时间中，信号的局部最小电压值（V）
RISE PREshoot	上升沿前冲。计算公式为：RISE PREshoot＝LOW－极小值，极小值是指在负半个周期从前续下降时越过低电平到上升沿再次越过低电平的一段时间中，信号的局部最小电压值（V）
FALL PREshoot	下降沿前冲。计算公式为：FALL PREshoot＝极大值－HIGH，极大值是指在正半个周期从前续上升时越过高电平到其下降沿再次越过高电平的一段时间中，信号的局部最大电压值（V）

2. 函数计算

在数字示波器中，波形数据以数字形式捕获，允许对波形进行数学操作。最普通的函数操作有加、减、乘、积分、微分等。

"加"操作是对来自示波器两个通道的波形相加（如通道 1＋通道 2）。

"减"操作是对来自示波器两个通道的波形相减（如通道 1－通道 2）。这种函数功能可以用在差分测量中。

"乘"操作是对来自示波器两个通道的波形相乘。这种功能对于显示相对于时间变化的功率很有用。当一个通道表示电压时，另一个通道表示电流（通过电流探头或其他方式）。

"积分"操作是对示波器波形进行积分运算。数学上定义为 $f(t) = \int v(t)\,\mathrm{d}t$。

"微分"操作是对示波器波形进行导数运算。数学上定义为 $f(t) = \mathrm{d}v/\mathrm{d}t$。

"滤波"操作是对波形进行高通或者低通滤波。

"FFT"操作是对示波器波形的快速傅里叶变换（FFT）。FFT 变换将示波器波形从时域转变到频域上显示。

有些示波器还提供放大、平滑、平均、差分运算、统计分析、用户自定义等功能。在进行统计分析时，示波器能够分析波形上某一区域内信号波形的最大值、最小值和均值，甚至画出概率分布图。

3. 光标

光标是指示波器上的水平标记和垂直标记线。通过光标可以让用户读出在任意一点的波形数据（电压或时间）。利用光标可以实现多种波形参数测量。利用一对垂直光标线可以读出波形上两个电压点的值，以及两点之间的电压差值，方便地测量 ΔV。同样，利用一对水平光标线可读出两点的时间坐标及两点之间的时间差，测量 Δt 或者时间差的倒数（$1/\Delta t$）。这也提供了频率测量的一种方式。

4. 高级测量与分析功能

有些高档示波器除了基本测量功能之外，还提供一些高级测量与分析功能，例如，能够实现串行数据测量中时钟恢复、眼图测量、抖动分析与测量功能；通过协议触发功能实现对串行通信信号的捕捉和解码；进行通信接口的兼容性测试等。具体功能可以参考相关示波器的用户手册。

6.5 示波器的技术参数

1. 数字存储示波器

数字存储示波器基本技术参数的示例如表 6-5-1 所示。带宽 BW 指示波器的 3 dB 信号带宽，上升时间通常为 0.35/BW，是指示波器对于阶跃信号的响应时间。偏转系数说明了可使用的垂直灵敏度。在这个例子中，设置每格电压在 1 mV 到 5 V 之间的 1-2-5 挡次（1 mV、2 mV、5 mV、10 mV、20 mV、50 mV 等）是可用的。大部分的示波器有 5 V/div 的最大偏转系数，对于 8 格的垂直刻度，可以测量最高 40 V 电压。如果使用 10：1 探头，可增加测量范围到 400 V。

直流增益精度表明仪器基本的精确度。示波器通常只对直流增益精度作说明。在低频时，示波器的频响曲线是平直的，在高频时会滚降。为了得到更好的脉冲响应（如很小的过冲或振铃），示波器的响应必须随着频率逐渐降低。在其带宽截频处，幅度响应比直流处大约下降 3 dB。因此，频率在示波器带宽附近的 1 Vpp 的正弦波，测量值将是 0.707 V。

时基设置表明示波器可使用的每一格时间的设置。在实际操作中，时基的设置需要与带宽和示波器的上升时间关联起来考虑。例如，表 6-5-1 表明 1 GHz 带宽、上升时间为 0.35 ns，最小（最快）时基设置为 0.2 ns/div。示波器可显示的最快上升沿粗略的为 0.35 ns。时基设置为 0.2 ns/div，上升沿会显示 1.75 格宽。如果示波器有更快的时基但没有更宽的带宽，更快波形的上升沿会展开穿过更多的格数。这将导致测量准确度降低或无效信息，所以示波器生产者通常限制每一格的最快时间设置，大约为示波器上升时间的两倍。

表 6-5-1 显示示例的采样频率（10 GSa/s）是示波器带宽的 10 倍（1 GHz）。大多数现代的数字示波器采样频率超过示波器的带宽。示波器使用随机重复或等效时间采样可能会使采样率低于示波器的带宽，随着技术的改进，这种情况变得更常见，特别是在普通目的的示波器市场。当然，在所有其他情况相同的条件下，采样率高的更好，一些示波器提

供采样频率为其带宽的 5~10 倍。在数据手册上记录的采样频率通常是最大的采样频率，可能不能在所有的时基设置上使用，特别是有深存储限制的示波器。

表 6-5-1　1 GHz 示波器主要技术参数

说明	值
模拟带宽（3 dB）	1 GHz
上升时间	0.35 ns
采样频率	每通道 10 GSa/s，两个通道 20 GSa/s
通道数	2
内存大小	10 MSa（标准）；1 GSa（可选）
垂直分辨率	8 bit（0.39%）
输入阻抗	1 MΩ（1±1%）（13 pF 典型值）
直流增益精度	+2%
（垂直）偏转系数	1-2-5 分挡，1 mV/div 到 5 V/div
时基范围	1-2-5 分挡，0.2 ns/div 到 20 s/div
时基精度	±（0.4+0.5×从校准到现在的年数）
触发方式	边沿、毛刺、矮脉冲、状态、脉宽、建立和保持、视频

2. 混合信号示波器

当前的大部分示波器有 2 个或者 4 个信号输入通道，这对于一般的模拟信号测量来说足够用了。但对于观测一些即包含模拟信号又包含数字信号的电路来说，就显得有些不够用了，如 ADC、DAC 的测试。一些公司推出了混合信号示波器来满足测量包含混合信号的模拟/数字系统的需求。混合信号示波器（MSO）可看作是在一台通用示波器的基础上，增加了附加的数字信号测量通道而构成的。图 6-5-1 展现了一台有 2 路模拟通道和 16 路数字（定时）通道的 MSO。这些数字通道与逻辑分析仪（第 8 章中将会讲到）的输入通道基本一致。这些通道被设计为仅指示在某一个时刻数字信号的电平是高还是低，而不显示实际信号波形的细节，也可以解释为仅有 "1bit" 的垂直分辨率的示波器通道。这种 MSO 能够在同一时间显示 18 个通道的信息，比传统示波器的功能更强大。

典型的混合信号测量显示如图 6-5-2 所示。屏幕最上方的两条波形是模拟信号，由两路模拟通道捕获。第一路信号是 DAC 的阶梯波输出，第二路是经模拟低通滤波器后的输出。屏幕下方的显示是从 8 路数字通道捕获的数字信号波形，来自 DAC 的数据线输出。

表 6-5-2 给出了一种典型混合信号示波器的主要技术指标。

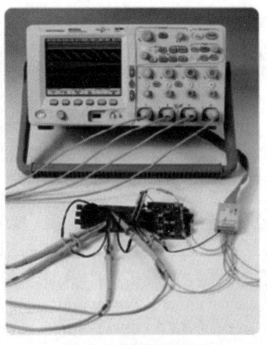

图 6-5-1　混合信号示波器

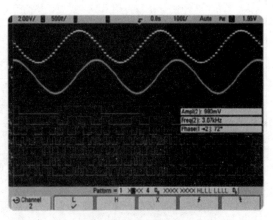

图 6-5-2　混合信号示波器捕获 MCU 控制 DAC
的并行数字输入和模拟输出

表 6-5-2　混合信号示波器的主要技术指标

说明	值
通道数目	模拟：2 数字：16
时基	1-2-5 分挡，2 ns/div 到 5 s/div
模拟通道	
带宽（3 dB）	100 MHz
上升时间	3.5 ns
采样频率	200 MSa/s
内存	1 MSa
垂直分辨率	8 bit（0.39%）
输入阻抗	1 MΩ，14 pF
DC 增益精度	+2%
偏转系数	1-2-5 分挡，1 mV/div 到 5 V/div

说明	值
数字通道	
通道数目	16
时间分辨力	2.5 ns（400 MHz）
内存	2 MSa
触发序列等级	2
最大输入电压	峰值+40V
最小扫描电压（峰峰值）	500 mV
电压门限范围	−6 V 到+6 V，以 10 mV 的增加量

为了满足从低端到高端的各种应用，示波器生产厂商推出了众多系列的示波器。低端示波器通常是手持式示波器、经济型示波器，面向几十 MHz 到 200 MHz 以下的低频应用，主要用在实验、研发和生产教学等场合。高端示波器的带宽覆盖 1 GHz 到十几 GHz，示波器的运行平台一般是通用 PC、WINDOWS XP 或 NT 操作系统，能够提供多种高级分析和测量功能。Agilent 的高带宽采样示波器的带宽甚至达到 3~80 GHz，采用了顺序采样方式。

6.6 示波器的使用

示波器是一种较为复杂的仪器，对于初次使用或者不常使用者来说有些难度。如果要使用示波器的一些高级测量功能，则需要对示波器的一些原理作比较深入的了解。下面简单介绍一些示波器使用方面的知识。

1. 基本使用方法

通常，用户在使用示波器前，应该仔细阅读仪器的操作手册。在开始测量时，让示波器处于一个已知的状态，至少有些显示。大多数的数字示波器提供所谓的自动定标或自动设置的功能，该功能可以自动评估输入信号的波形，自动选择合适的触发状态，并选择合理的水平方向的扫描速度、垂直方向的偏转灵敏度。对特定波形或者应用来说，自动定标可能不是最合适的，但它总会使用户在屏幕上看到一个信号，提高示波器设置和测量的效率。

如果示波器设置完成后，被测波形可以显示出来，但不稳定，就需要使用触发控制旋钮来调节波形的显示。改变触发源、触发耦合方式，或者调整触发电平和触发极性都有助于使波形稳定。

2. 示波器的探头

探头对于示波器测量是非常关键的，它是连接示波器和被测电路的工具。所以，作为整个测试环路上的一部分，探头的性能会直接影响测量的结果。归根结底，示波器也只是能够显示和测量探头传送回来的输入信号。在示波器测量中，为了得到最佳的测量结果，应使用与示波器的输入相匹配的探头，与被测电路的连接电缆最好采用屏蔽电缆，以减少测量噪声。有些示波器提供探头参数的设置功能，通过按下通道的序号按键，并在屏幕菜单中选择"Probe"进入，可设置探头的衰减比、补偿值、测量单位、校准等参数。需要说明的是，现在很多探头都可以被示波器自动识别，这时，相应的探头参数（衰减/分压比）可自动被示波器识别，无须用户设置。

（1）探头的连接

用示波器进行测量，必须先能够在物理上把探头连接到测试点。为实现这一点，大多数探头至少配有1~2 m长的电缆。但是探头电缆降低了探头带宽：电缆越长，下降的幅度越大。除了1~2 m长的电缆外，大多数探头还有一个探头头部或带探针的把手，探头头部可以固定探头，用户则可以移动探针，与测试点接触。通常这一探针采用弹簧支撑的握手形式，可以把探头实际连接到测试点上。

（2）探头带宽

与示波器的模拟前端一样，探头也有带宽指标。如果一台200 MHz带宽示波器和一个200 MHz带宽的探头连接，它们组合起来的频率响应带宽并不是200 MHz，而是小于200 MHz。其原因是探头的电容和示波器的输入电容相加，加大了显示上升时间，减小了系统带宽。因此，在与被测点的连接带宽、探头带宽、模拟带宽、数字带宽（采样率）这几个技术指标中，其中最小的带宽将制约示波器的整体性能。

（3）探头负载

所谓负载效应就是把示波器接入被测电路时，示波器的输入阻抗会对被测电路产生影响，致使被测电路的信号发生变化。若负载效应的影响很大，就不能准确地进行波形测量。若要减小负载效应，就需要将示波器一端的输入阻抗增大。输入电阻越大，输入电容越小，负载效应就越小。

在示波器测量中，另外一种负载效应指的是探头对被测电路的负载效应，为保证测量的准确性，不影响到被测信号，需要减轻探头对被测电路的负载效应，选择高输入阻抗的探头。探头的输入阻抗可以等效为电阻与电容的并联。低频时（1 MHz以下）探头的负载主要是阻抗作用；高频时（10 MHz以上）探头的负载主要是容抗作用。为了减轻探头对被测电路的负载作用，应选择高阻抗、低容抗的探头，例如带宽100 MHz用的无源探头，它的输入电阻是1~10 MΩ，输入电容是1~10 pF。有源探头的负载作用优于无源探头，频率特性更好。

（4）探头的类型

就探头的分类来说，可以按照探头是否需要外供电，分为无源探头和有源探头两大类。无源探头价格便宜，耐用性好，动态范围较大，缺点是带宽低，但已经可以满足绝大多数低频的应用场合。该系列的探头包括：低阻分压探头、带补偿的高阻分压探头和高压探头等。有源探头则正好相反，通常价格较高，器件相对敏感，动态范围较小，但是带宽比较宽，可以满足高频高速的应用场合。该系列的探头包括：低阻分压探头、带补偿的高阻分压探头和高压探头等。表 6-6-1 给出了一些典型示波器探头的技术参数。

表 6-6-1　典型示波器探头的技术参数

探头类型	带宽	电阻负载	电容负载
1×无源型	20 MHz	1 MΩ	70 pF
10×无源型	100 MHz	10 MΩ	15 pF
10×无源型	500 MHz	10 MΩ	9 pF
有源探头	2.5 GHz	100 kΩ	0.8 pF
高电压探头	1 MHz	500 MΩ	3 pF

无源探头的衰减比（输入：输出）通常分为 1：1 和 10：1 两种，它们的等效电路如图 6-6-1 所示。1：1 探头没有衰减电路，一般用于测量低频、小幅度的信号。10：1 衰减探头具有 10 倍的衰减，将使示波器的灵敏度也下降为原来的 $\frac{1}{10}$；但是这种探头输入阻抗较高，特别是能够通过调整补偿电容 C_i 的值，实现与频率无关的 10 倍衰减，达到较高的带宽指标。这与 6.4.1 节中介绍的示波器衰减器的电路相似。探头的 R_1、C_1 与示波器输入端的 R_2、C_2 及 C_i 组成了一个具有高频补偿的 RC 型分压电路。若 $R_1 C_1 = R_2 (C_2 + C_i)$，则这个分压器的分压比等于 $R_2/(R_1 + R_2)$，与频率无关。一般取 $R_2 = 1$ MΩ，则 $R_1 = 9$ MΩ，因此分压比为 10：1，且从探针看进去的输入阻抗为 10 MΩ。

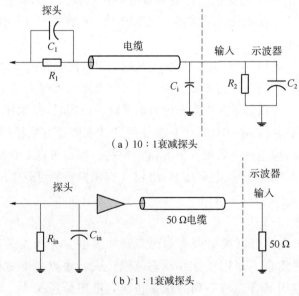

（a）10：1衰减探头

（b）1：1衰减探头

图 6-6-1　10：1 衰减探头与 1：1 衰减探头

（5）探头补偿

探头补偿是指在探头末端和测试仪器输入端之间的频率补偿。一般的方法是：将示波器校准输出（为标准的低频方波，通常为 1 kHz 到 10 kHz）作为激励信号，通过探头加到示波器测量通道，若高频补偿良好，应显示图 6-6-2（a）所示的波形。若补偿不足或过补偿，则分别会出现图 6-6-2（b）、（c）的波形，这时可微调探头的 C_i（10∶1 衰减探头），直至调到出现图 6-6-2（a）所示的波形。

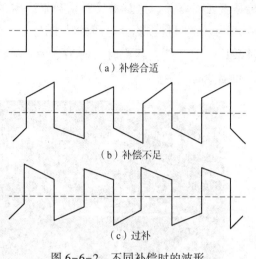

（a）补偿合适

（b）补偿不足

（c）过补

图 6-6-2　不同补偿时的波形

3. 数字存储示波器的高级应用

数字存储示波器的高级应用包括对于示波器采样方式、高级触发方式、采集模式、显示模式、高级测量与分析功能等的应用。下面以时域反射测量仪（time domain reflectometer, TDR）为例来说明示波器的高级应用。

时域反射测量法是一种用于测量双绞线、同轴电缆等金属电缆的阻抗特性，并实现电缆故障定位的方法，也可以用于测量连接器、印刷电路板或者其他电信号传播路径在电气方面的不连续性。

TDR 是基于传输线理论设计的，与雷达的工作原理十分相似。如图 6-6-3 所示，一种简单的实现方式是将被测电缆通过 T 形连接器分别与示波器、脉冲信号发生器相连接，脉冲信号发生器与示波器之间采用具有 50 Ω 特征阻抗的电缆进行匹配连接。在测量时，由脉冲信号发生器产生一个具有快速上升沿和较窄宽度的脉冲（称为入射脉冲），用示波器观察反射电压波形。如果电缆的终端连接了阻抗匹配的端接负载，该脉冲就会被完全吸收，没有反射信号回到示波器中。如果存在任何的阻抗不连续，将有部分的输入信号被反射，示波器上将出现反射信号和输入信号的叠加。负载阻抗增加将导致原始脉冲信号加强，负载阻抗减小将导致原始脉冲信号减弱。对于特定电缆线来说，信号在其中的传播速度是一个常数，因此根据脉冲反射回来的延时，也可以确定电缆的长度或者电缆发生故障的位置。

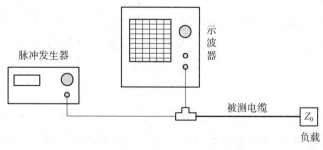

图 6-6-3　时域反射计工作原理

图 6-6-4 的测量条件是：约 100 英尺的同轴电缆，特征阻抗为 50 Ω，电缆中信号的传播速度为真空中光速的 66%。从图 6-6-4 中可以看出，反射回来的脉冲幅度与终端是否匹配有关，这是由反射系数来决定的。反射系数的定义如式（6-6-1）所示，其中 Z_L 为负载阻抗，Z_o 为电缆的特征阻抗。在终端开路时，反射系数为 1；终端短路时反射系数为 -1；终端匹配时反射系数为 0，表示无反射存在。反射回来的脉冲幅度是入射脉冲幅度的 ρ 倍。

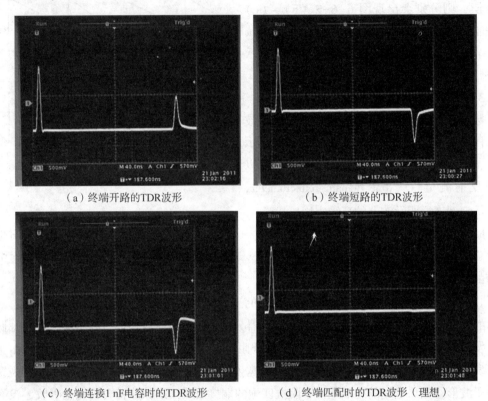

（a）终端开路的TDR波形 　　　　　　　　（b）终端短路的TDR波形

（c）终端连接1 nF电容时的TDR波形 　　　（d）终端匹配时的TDR波形（理想）

图 6-6-4　不同情况下的 TDR 信号波形

$$\rho = \frac{Z_L - Z_o}{Z_L + Z_o} \tag{6-6-1}$$

当发生反射时，反射信号经过电缆传输需要一定的时间，因此反射脉冲相对入射脉冲有一定的时间延迟。延迟时间 T 与反射发生位置距离电缆起始点的距离 d 之间的关系式为

$$d = V_p \times T/2 \tag{6-6-2}$$

式中，V_p 为信号在电缆中的传播速度，本例中为光速的 66%。根据 TDR 的原理，反射发生的位置就是传输线短路或者开路的位置，因此可以根据这一特性来进行电缆故障定位。

除了上面介绍的简易测量方法，一些公司还研制了专用的 TDR 测量仪，如 Agilent 的 54750 系列、sebaKMT 公司的 Kabellux 4T 等。在使用这些仪器时，需要根据线路情况配置多项参数，如电缆材料、电缆线径、电缆的传播系数、测试信号的脉冲宽度、增益等。这些仪器通常还能够实现电缆的自动监测。

习题与思考题 ▶▶▶ ▶

6-1　对模拟示波器的扫描电压有哪些基本要求？

6-2　被测信号波形和触发电平如题图 6-1 所示（图中的虚线为触发电平）。试分别画出正极性触发和负极性触发时模拟示波器屏幕上的波形。

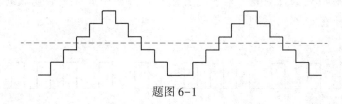

题图 6-1

6-3　被测周期信号如题图 6-2 所示，扫描正程 $t_s > T$。当选择单次触发时，在不同触发电平 a、b 下，画出正、负极性触发两种情况下模拟示波器屏幕上的波形。

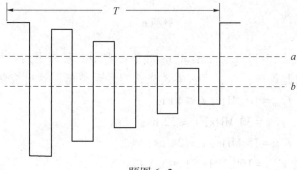

题图 6-2

6-4　一个受正弦调制电压调制的调幅波 v 加到示波管的垂直偏转板，而同时又把这个正弦调制电压加到水平偏转板，试画出屏幕上显示的图形，并说明如何从该图形求该调幅波的调幅系数。

6-5　有两路周期相同的脉冲信号 V_1 和 V_2，如题图 6-3 所示，若只有一台单踪模拟示波器，如何用它测 V_1 和 V_2 前沿间的距离？

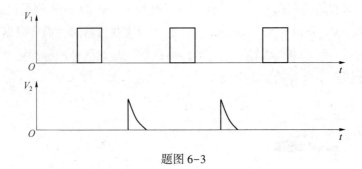

题图 6-3

6-6 已知 A、B 两个周期性的脉冲列中均有 5 个脉冲，如题图 6-4 所示，又知示波器扫描电路的释抑时间小于任意两个脉冲之间的时间。问

（1）若想观察脉冲列的一个周期（5 个脉冲），扫描电压正程时间如何选择？

（2）对两个脉冲列分别讨论：若只想仔细观察第 2 个脉冲是否能做到？如能，如何做到？如不能，为什么？

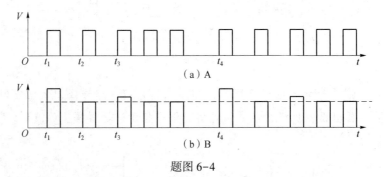

题图 6-4

6-7 欲观测一个上升时间 t_r 约为 50 ns 的脉冲波形，现有下列四种型号的示波器，问选用哪种型号的示波器最好，为什么？其次应选哪种示波器，这时应注意什么问题？

（1）SBT-5 型，$f_{3\,dB}=10$ MHz，$t_r \leqslant 40$ ns；

（2）SBT-10 型，$f_{3\,dB}=30$ MHz，$t_r \leqslant 12$ ns；

（3）SBT-8 型，$f_{3\,dB}=15$ MHz，$t_r \leqslant 24$ ns；

（4）SBT-10 型，$f_{3\,dB}=100$ MHz，$t_r \leqslant 3.5$ ns；

6-8 什么是采样？数字存储示波器是如何复现信号波形的？

6-9 数字存储示波器有哪些采样方式？在不同采样方式下，数字存储示波器的最高工作频率取决于哪些因素？

6-10 试设计电路来实现 6.4.4 节中提到的各种触发方式。

6-11 试比较模拟示波器与数字存储示波器的优缺点。

6-12 在 Multisim 环境下，利用 Agilent 54622D 虚拟示波器，通过仿真试验来说明触发电平、触发极性、触发耦合方式对波形显示的影响。

6-13 在 Multisim 环境下，基于 Tektronix TDS204 虚拟示波器设计一种时域反射计，给出电路原理图和仿真试验结果。

第 7 章 频域测量

7.1 引言

7.1.1 时域和频域的关系

电信号一般都具有时间和频率特性，他们从不同的角度来描述信号的特征，因此，对电信号既可以进行时域分析，也可进行频域分析。图7-1-1 给出了一个由基波和二次谐波组成的信号在时域和频域上观察时显示的情况。在时域中，横坐标是时间轴，显示了信号幅度随着时间变化的情况。在频域中，横坐标是频率轴，该信号只包含两个频率分量，因此显示出来的是两根谱线，谱线对应的横坐标为信号的频率，而纵坐标表示该频率成分的信号幅度。

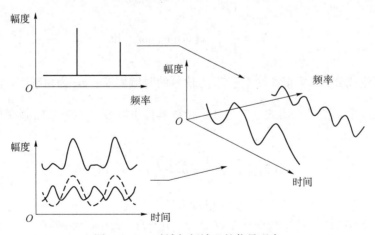

图 7-1-1　时域与频域上的信号观察

信号的频域特性主要包括幅频特性和相频特性两方面。幅频特性指的是信号的频谱幅度随频率的变化关系，相频特性指的是信号的频谱相位随频率的变化关系。当对信号的频域幅度进行观测时，在时域上显示完全不同的信号，在频域幅度（幅度谱）上可能有相同的显示。这是因为此时忽略了各个频率成分之间的相位关系。例如，同样是由基波和二次谐波组成的两个信号，如果两个信号的基波和二次谐波间的相位差不相同，信号时域波形是不同的。但是，由于其频率成分没有改变，在频域上观察显示的频谱幅度结果将是相同的，都是由基波和二次谐波两根谱线组成。

根据傅里叶理论，任何时域信号都可以表达为若干不同频率和幅度的正弦和余弦信号的叠加，因此，两种显示模式下的信号可通过傅里叶变换和傅里叶反变换进行相互转换。任何时域信号都有与其相对应的频谱。信号的时域和频域描述之间的变换关系可以用式（7-1-1）和式（7-1-2）表示。

$$X(f) = F\{x(t)\} = \int_{-\infty}^{+\infty} x(t)\mathrm{e}^{-j2\pi ft}\mathrm{d}t \tag{7-1-1}$$

$$x(t) = F^{-1}\{X(f)\} = \int_{-\infty}^{+\infty} X(f)\mathrm{e}^{j2\pi ft}\mathrm{d}f \tag{7-1-2}$$

式中，$F\{x(t)\} = X(f)$ 是傅里叶变换；$F^{-1}\{X(f)\} = x(t)$ 是傅里叶反变换；$x(t)$ 为信号的时域表征形式；$X(f)$ 为信号的频域表征形式。

根据傅里叶级数理论，任何时域中周期性的信号都可以表示为

$$x(t) = \frac{A_0}{2} + \sum_{n=1}^{\infty} A_n \sin(n\omega_0 t) + \sum_{n=1}^{\infty} B_n \cos(n\omega_0 t) \tag{7-1-3}$$

式中，傅里叶系数 A_0、A_n 和 B_n 依赖于信号 $x(t)$ 的波形，可用以下方法计算

$$A_0 = \frac{2}{T_0} \int_0^{T_0} x(t)\mathrm{d}t \tag{7-1-4}$$

$$A_n = \frac{2}{T_0} \int_0^{T_0} x(t)\sin(n\omega_0 t)\mathrm{d}t \tag{7-1-5}$$

$$B_n = \frac{2}{T_0} \int_0^{T_0} x(t)\cos(n\omega_0 t)\mathrm{d}t \tag{7-1-6}$$

式中，$\frac{A_0}{2}$ 为直流成分，n 为谐波次数，T_0 为信号的时域周期，ω_0 为角频率。

对于正弦或余弦信号，由式（7-1-1）计算其傅里叶变换，若忽略频率负半轴的镜像频率，可得到

$$F\{\sin(2\pi f_0 t)\} = \frac{1}{j} \cdot \delta(f-f_0) = -j \cdot \delta(f-f_0) \tag{7-1-7}$$

$$F\{\cos(2\pi f_0 t)\} = \delta(f-f_0) \tag{7-1-8}$$

式中，$F\{\cdot\}$ 表示取傅里叶变换的正半轴部分，$\delta(f-f_0)$ 表示冲击函数。

可以看出，经傅里叶变换的正弦和余弦信号在频谱幅度上是完全一样的，它们的频谱都是在频点 f_0 处的冲击函数，但相位相差 $\frac{\pi}{2}$。

对于时域周期信号，可以先由式（7-1-3）将其表示为傅里叶级数的形式，然后再根据式（7-1-7）和式（7-1-8）得到各个频率成分的频谱。由于每一频率成分的频谱都是

一个单独的冲击脉冲，周期信号的频谱是离散的。图 7-1-2 是一些典型信号时域波形和对应的频谱图。从图中可以看出，正弦波在频域内是一根单一的谱线；理想方波在频域内是由无穷多根谱线组成的，谱线间距为方波时域周期的倒数；周期信号的谱线是离散的，而非周期信号的频谱是连续的。

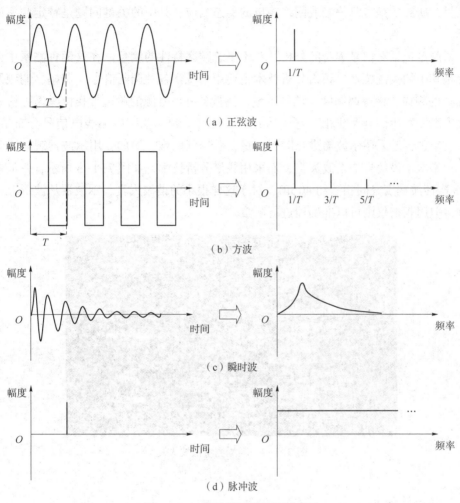

（a）正弦波

（b）方波

（c）瞬时波

（d）脉冲波

图 7-1-2　信号的时域和频域表示

7.1.2　频域测量概述

频域测量指的是在频域内对信号所包含的各频率分量进行分析，以获取信号的各种频率特性，如信号的中心频率、带宽、功率谱等。

对一个信号或系统既可以进行时域测量，也可以进行频域测量。在实际应用中，用哪种测量方法要视具体应用情况而定。时域测量通常可以利用示波器等，来测量信号的时域波形参数，如信号的幅度、周期、上升时间与下降沿时间等，时域测量分析的是被测对象的幅度时间特性；而频域测量可通过频率特性分析仪或频谱分析仪，对系统的频域动态特性或信号的频谱特性参数进行分析，频域测量分析的是被测对象的幅频特性和相频特性。时域测量常用的测试信号是脉冲或阶跃信号，研究的是待测信号的瞬变过程或网络输出的冲激或阶跃响应，其中的关键问题是时域信号的采集和分析；频域测量常用的测试信号为正弦信号，研究的是待测信号或网络输出的稳态响应，其中的关键问题是特定频率的产生和选择。

频域测量包括对信号本身的分析及对于系统频率特性的测量。在这两种测量中，频谱分析都是其中的关键技术。频谱分析技术主要用来观察各种调制信号（调幅、调频及脉冲调制等）的频谱；检查调制度及调制质量；测量各种信号源的单边带相位噪声；检查信号的谐波失真、寄生调制及非相干寄生信号；监视某一频率范围内无线电信号分布情况等。在这些应用中，若采用示波器进行时域测量，会遇到困难。例如，用示波器观察正弦信号波形，很难看出该信号的谐波失真，而采用频谱分析技术，如图 7-1-3 所示，基波幅度和 2 次、3 次谐波幅度之间相差约 40 dB，对于这样很小的谐波失真，示波器从波形上基本看不出来，但用频谱仪则可以准确地进行测量。

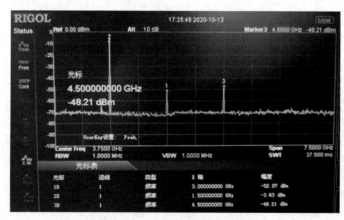

图 7-1-3　频域测量谐波失真

7.1.3　频谱分析仪

频谱分析仪是一种对信号的频率成分及各频率成分之间的相对强弱关系进行测量的典型仪器，可以对信号的频率、电平、频谱纯度及抗干扰特性进行分析，是电子、通信领域必不可少的测量工具。

根据所使用的滤波器器件类型，频谱分析仪可分为模拟式与数字式两大类。模拟式频谱分析仪以模拟滤波器为基础，而数字式频谱分析仪以数字滤波器或快速傅里叶变换为基础。

1. 模拟式频谱分析仪

根据滤波器的不同实现形式，模拟式频谱分析仪滤波实现方法有以下几种形式。

（1）顺序滤波法

顺序滤波频谱分析仪中，输入信号首先经放大后送入一组滤波器，这些滤波器的中心频率是固定的，且滤波器的输出信号通过开关顺序地接入检波器，再经过放大器送至显示器。顺序滤波法通过开关的切换，可以共用一个检波器，在一定程度上可节省硬件设备。但是开关的顺序动作占用一定的时间，这类频谱仪不能实时体现被测信号某一时刻的特性，属于非实时测量方式。

（2）并行滤波法

并行滤波式频谱分析仪中，每个滤波器后都接有各自的检波器。被测信号经宽带前置放大器后送到各个窄带滤波器的输入端，这些滤波器的通带较窄，并且彼此邻接，滤波器的数目要保证有足够的密度覆盖整个测量的频带。这样，在同一时刻各个显示信号大小的情况便实时表现了被测信号在该时刻所具有的频谱分布特性。其优点是可实时分析被测信号，缺点是所能显示的离散频谱分量数量取决于滤波器的数目，需要大量的滤波器。

（3）扫描滤波法

上述两种频谱分析仪都需要大量的滤波器，以致仪器相当庞大。为了使用方便，可采用中心频率可调的滤波器。扫描滤波式频谱分析仪中，被测信号首先加至可调谐窄带滤波器，其中心频率可自动在信号频谱范围内扫描。扫描滤波式频谱分析仪的优点是结构简单，价格低廉。由于没有混频电路，因而省去了抑制假信号的问题。其缺点是灵敏度低，分辨率差。由于它受到滤波器中心频率调节范围的限制，目前这种方法只适用于窄带频谱分析。扫描滤波式频谱分析仪与顺序滤波法一样，是一种非实时频谱测量方式。

（4）外差法

外差式频谱分析仪的输入信号首先在混频器中与本机振荡信号进行混频，产生和频与差频。只有当差频信号的频率落入中频滤波器的带宽内时，即在中频滤波器的中心频率附近时，中频放大器才有输出，且其大小正比于输入信号的幅度。因此，当连续调节本振信号频率时，输入信号的各频率分量依次落入中频放大器的带宽内。中频滤波器的输出信号经检波、放大后，输入到显示器的垂直通道，屏幕上显示出输入信号的频谱图。扫频外差式频谱分析仪的优点是工作频率范围宽、选择性好、灵敏度高。但由于本振是连续可调谐的，被分析的频谱依次被顺序取样，因此扫频外差式频谱分析仪也不能实时地检测和显示信号的频谱。此外，这种频谱分析仪只能提供幅度谱，而不能提供相位谱。

2. 数字式频谱分析仪

实现信号的数字频谱分析主要有两种方法，一种是数字滤波法；另一种是快速傅里叶分析法。

（1）数字滤波法

数字滤波式频谱仪和模拟频谱仪相比，它用数字滤波器代替模拟滤波器，在滤波器前加入了取样保持电路和模数变换器。数字滤波器的中心频率由控制器与时基电路控制使之顺序改变。

（2）快速傅里叶分析法

离散傅里叶变换快速算法（快速傅里叶变换，FFT）为频谱分析提供了一种优异的分析手段。输入信号首先通过一个可变衰减器，以提供不同的测量范围；然后，信号经低通滤波器，除去处于测量频谱范围之外的高频分量；接着对波形取样，由模数转换电路实现模拟信号到数字信号的变换；最后数字信号处理器接收离散的波形数据，利用 FFT 计算波形的频谱，并可在显示器上显示计算结果。

根据频谱分析仪输入和测量信号的频率范围，又可被分为以下几种：①音频范围（AF）直到 1 MHz 左右；②射频范围（RF）直到 3 GHz 左右；③微波范围直到 40 GHz 左右；④毫米波范围超过 40 GHz。

其中，音频范围的信号近似可达 1 MHz，覆盖了声学、机械学和低频电子学。在射频范围内的信号，主要应用于无线通信，如移动通信、声音及电视广播；而微波或毫米波范围的信号则被用来进行宽带通信。

频谱分析仪已被广泛用于所有的无线或有线通信的测量中，包括产品的开发、生产、安装、调试、检修与维护等。另外，频谱分析仪还是电磁兼容测量的常用仪器，常常用于电子设备电磁骚扰的检测和测量。在频谱分析原理方面，傅里叶分析仪和外差式频谱分析仪是两种主要实现形式。

7.1.4 网络分析仪

网络分析仪是另一类典型的频域测量仪器。与频谱分析仪主要用于测量射频信号（或骚扰）的频域特性不同，网络分析仪主要用来测量电路（网络）端口上的频域网络参数，如传输系数、反射系数等。

依据可分析的网络参数的形式不同，网络分析仪可分为标量网络分析仪和矢量网络分析仪。标量网络分析仪只能够测量网络参数的幅频特性，实质上使用一台具备跟踪信号源的频谱分析仪，搭配一台射频驻波电桥（VSWR 电桥）就可以组成一台基本的标量网络分析仪。矢量网络分析（VNA）仪则不仅能够测量网络参数的幅频特性，还能够同时测量相频特性，故而其获取的网络参数是矢量形式的。

现代矢量网络分析仪主要基于多通道超外差式接收机技术，结合信号源、信号分离装置等关键部件组成。与其他仪表不同，矢量网络分析仪的一个测量端口需要两部同步操作的接收机来完成测量，分别对应测量通道和参考通道，才能够获得完整的矢量参数信息。目前主流的接收机都采用了中频数字化和数字信号处理（DSP）技术，结合计算机进行后级的处理和显示，使得现代矢量网络分析仪的测量速度和处理能力大大提高。

矢量网络分析仪的频率覆盖范围也很宽。由于采用的关键技术类似，主流网络分析仪与频谱分析仪的测量频率范围基本一致，常规指标为数百 kHz 到 40 GHz。而采用变频器技术的矢量网络分析仪，其测量频率范围可扩展到 110 GHz 以上。

常见的矢量网络分析仪一般都具有至少 2 个以上的测试端口，如 2 端口和 4 端口矢量网络分析仪。由于每个测试端口都需要配备信号定向元件、双通道接收机等关键部件，所

以全 N 端口的网络分析仪的制造成本非常昂贵。替代的低成本方法是可以采用 $N+1$ 接收机结构（N 个测量通道+1 个共用参考通道）或 N 端口交换矩阵（测试端口用交换/匹配矩阵）技术。$N+1$ 接收机结构是指对 N 个测量端口配备 N 个测量通道，而只配备 1 个共用参考通道；N 端口交换矩阵则是在原有的 2 个或 4 个测试端口前级接入一个交换/匹配矩阵，从而可以将对外的测试端口扩展到 N 个，如 8 端口或 16 端口。采用上述技术可以大幅降低网络分析仪的制造成本，但代价是仪器的技术参数会有所降低，以及牺牲一定的测量速度。

7.2　傅里叶分析仪

7.2.1　傅里叶分析仪的组成和原理

傅里叶分析仪（FFT 分析仪）是一种采用 DSP 器件，并利用快速傅里叶变换技术对信号频率特性进行测量和分析的数字式频谱测量仪器。与模拟式频谱分析仪相比，不仅可以对周期性信号进行分析，还可以分析单次和非周期的信号频谱。此外，还可对信号的幅频特性和相频特性同时进行分析。

FFT 分析仪的基本原理是通过快速傅里叶变换运算将一段时间间隔内采集到的被测时域信号分解为离散的频率分量，从而达到频域测量的目的，其核心为数字电路部分。首先由 A/D 转换器（analog to digital converter）对输入待测信号进行采样，然后 FFT 电路对采样信号进行快速傅里叶变换运算，从而得到信号的频谱分布。FFT 分析仪是典型的数字频谱分析仪，它充分利用了计算机和现代数字处理技术，可以捕获和分析单次出现的信号，在对瞬态信号和周期信号的测量上更具优势，既能得到信号的频谱信息，又能得到信号的相位信息。

傅里叶分析仪典型结构配置如图 7-2-1 所示，主要由低通滤波器、模数转换模块、RAM 存储器、数字信号处理器和显示器组成。其中，低通滤波器主要完成对测量信号的低通滤波，滤除测量频谱范围之外的高频分量；模数转换电路实现模拟信号到数字信号的变换，完成对待测信号波形的量化取样；数字信号处理器接收离散的波形数据，利用快速傅里叶变换计算信号的频谱，得到被测信号的频率幅度分量和相位谱等信息，最后将计算结果输出至显示器，显示出被测信号的频谱。

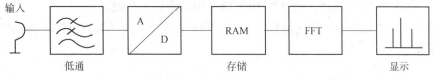

图 7-2-1　FFT 分析仪的配置

7.2.2 傅里叶分析仪中的数字信号处理

1. 信号的采样

利用 FFT 分析仪进行频谱测量分析时，信号的频谱可以由式（7-1-1）来计算。由于式（7-1-1）中的积分时间是无限长的，为了精确计算信号的频谱，理论上需要无限长时间来观察信号。式（7-1-1）的另一个先决条件就是时域中每个点的信号幅度都要知道。通过这种计算能够得到一个连续的频谱，因此频率分辨力是无限高的。很显然，达到这么精确的频谱在实际测量中是不可能的，因为设备不能无限长时间地观察信号，也不可能对信号进行连续采样，而只能以一定的采样间隔来采样。如果采样间隔足够小，分析得到的信号的频谱应仍然能够保证足够高的精确度。

傅里叶分析仪在进行实际的频域测量时，主要借助于数字信号处理的方法来实现。先用模数转换器对被测信号进行采样，将连续的被测信号转换成离散时间信号，然后将其幅度量化。在采样与量化的过程中，信号的一些时域信息将会丢失。同时，输入信号的带宽必须加以限制，否则会因为采样而产生混叠的伪信号。根据奈奎斯特采样定律，信号能够被不失真恢复的采样速率应满足

$$f_s \geqslant 2f_{max} \qquad (7-2-1)$$

式中，f_s 为采样速率，f_{max} 为被采样信号的最高频率。在实际应用中，由于具有无限裙边带选择性的低通滤波器（矩形滤波器）无法实现，所以都要求采样率应大于 $2f_{max}$。

傅里叶分析仪中的输入信号带宽是被 ADC 前一个模拟低通滤波器（截断频率 $f_c = f_{max}$）所限制的。一般而言，FFT 分析仪的采样频率应至少大于 $2.56f_c$。由于 ADC 采样引起的量化噪声决定了频谱分析仪动态范围的下限，因此，ADC 的位数越多，量化噪声就越低。

在 FFT 分析仪实际使用中，还需要考虑 ADC 和其他工作参数的约束关系，如动态范围和最大分析频率。由于 ADC 的分辨率越高（ADC 的位数越多），其转换速度也越慢，这将导致 FFT 分析仪上限工作频率的下降。目前，对仅到 100 kHz 的低频应用的 FFT 分析仪，其动态范围可约达 100 dB，较高带宽将不可避免地导致动态范围降低。

2. 采样信号的傅里叶变换

完成信号的 ADC 采样后，就可以利用傅里叶变换对采样的数字信号进行频谱分析了。对采样值的频谱计算方法称为离散傅里叶变换（DFT），计算公式为

$$X(k) = \sum_{n=0}^{N-1} x(nT_s) e^{-j2\pi kn/N} \qquad (7-2-2)$$

式中，k 为数字频率系数，$k=0, 1, 2, \cdots$；$x(nT_s)$ 为在时间 nT_s 这一点的采样值，$n=0, 1, 2, \cdots$；N 为 DFT 的长度，是计算 DFT 所使用的采样点总数。

离散傅里叶变换的结果就是由数字频率系数表示的各个频率成分组成的离散频谱，可用公式表达为

$$f(k) = k\frac{f_s}{N} = k\frac{1}{N \cdot T_s} \qquad (7-2-3)$$

式中，$f(k)$ 为 DFT 得到的频率分量，单位是 Hz；k 为数字频率系数，$k = 0$，1，2，…；f_s 为采样频率，单位是 Hz。

由式（7-2-3）可以看出，DFT 计算得到的频率分辨力为 $\dfrac{1}{NT_s}$。显然，频率分辨力依赖于观察时间 NT_s。观察时间越长，得到的频率分辨力就越高，数字频率间隔也就越小；采样频率越高，得到的频率分辨力也就越高。反之亦然。

为了得到准确的计算结果，下列条件必须被满足：①被采样的信号必须有周期性（周期 T_0）；②观察时间 NT_s 必须是被采样信号周期 T_0 的整数倍。

DFT 计算就是以这两个假设为前提的，但这些要求一般在实际测量中难以完全满足，因此 DFT 变换的结果要偏离预期值。这种偏离表现为加宽的信号频谱和幅度上的误差。幅度误差的大小取决于输入信号的信号频率，如果信号频率落在两个数字频率正中间，误差就达到最大值。DFT 的计算量可以通过使用优化算法来减少。应用最广泛的算法就是快速傅里叶变换（FFT）。使用傅里叶变换还要考虑到在计算中仅使用的有限采样数 N，因为我们对信号不可能进行无限次的采样，这个过程叫作"加窗"。

有关 DFT 和 FFT 的详细介绍，请参考数字信号处理的有关书籍。

7.2.3 傅里叶分析仪性能指标

利用 FFT 分析仪作频谱分析时，是对信号的一个 N 点长度的采样数据进行的。这 N 个点的数据为一个样本，在计算过程中，把信号看作是以样本长度为周期的周期延拓信号，因而所计算得到的频谱也是频率的周期函数。N 根谱线值只是该周期信号频谱的一个周期中的样本值，与周期信号理论上存在的谱线意义不同，对 FFT 分析仪频谱的质量评价也有不同的指标。

（1）频率特性

①频率范围：由采样频率决定，一般取 $f_s > 2.56 f_{max}$，f_{max} 为 FFT 分析仪的最高分析频率。

②采样速度：由 ADC 的性能决定，这也限定了 FFT 分析仪的频率上限。

③抗混滤波器性能：包括可变带宽范围及带外衰减速度。带外衰减速度影响仪器在高频段谱线的混叠误差，以每倍频程衰减的 dB 数表示。

④频率分辨力：一般以谱线数或谱线频率间隔的形式给出。与传统频谱分析仪中由滤波器 3 dB 带宽所确定的分辨力不同，FFT 分析仪的频率分辨力是由计算点数 N 和采样频率 f_s 决定，即频率间隔为 f_s/N。

（2）幅度特性

①动态范围：决定于 ADC 字长、指数函数字长和运算字长。

②灵敏度：取决于本机噪声，主要由前置放大器噪声决定。

③幅值读数精度：谱线值的误差分量包括了计算误差（有限字长）、混叠误差、泄漏

误差等多种原理误差及每次单个样本分析含有的统计误差。统计误差与信号的预处理、谱估计的方法、统计平均的方式和次数等有关，往往需要仪器的使用者在更换不同的参数并经多次分析后，才能获得较好的结果。

（3）分析速度

FFT 分析仪的分析速度主要取决于 N 点 FFT 变换的运算时间、平均运行及结果处理的时间。FFT 分析仪通常给出 1 024 点复数 FFT 时间。对于实数信号的功率谱计算，速度则可以快 1 倍。若 1 024 点 FFT 完成时间为 τ，可以推导出 FFT 分析仪的实时分析频率上限为 $400/\tau$，考虑到还要进行平均等其他运算，实际频率要低于此值。

（4）其他特性

多数 FFT 分析仪都为两通道或四通道配置，提供多种数字信号处理算法、结果处理、存储及作图功能等。一些 FFT 分析仪还具有平均计算功能，通过对噪声的多个样本分析进行平均，或对谱线序列做平滑处理，以减少各种统计误差，使谱线平滑。通常有线性平均和指数平均两种平均方式，并有多种平均常数（次数）供选择。

与其他类型的频谱分析仪相比，FFT 分析仪有其突出的优点。首先，它可以用来分析单次和非周期的信号频谱；其次，由于在傅里叶变换中相位信息并不丢失，因此 FFT 分析仪可以根据幅度和相位来决定复数频谱，获得不同频率信号的幅度和相位信息。如果运算速度足够高，它们甚至可以进行实时频谱分析。但是，由于目前处理芯片等技术条件的限制，FFT 分析仪的测量最高频率只能达到兆赫兹量级，灵敏度和动态范围也都达不到外差式频谱分析仪的水平。由于 FFT 分析仪充分利用了计算机和现代数字处理技术，相信随着技术的进步，ADC 速度和精度的提高，FFT 分析仪将会得到更加广泛的应用。

7.3　外差式频谱分析仪

7.3.1　扫描滤波式与外差式频谱分析

由于受 ADC 速度的限制，FFT 分析仪的测量带宽受限，目前，在低频信号的测量中应用广泛。要分析和显示微波或毫米波范围内高频信号的频谱，FFT 分析仪难以实现。

为了实现高频宽带信号的频谱分析，一种简单的方法就是采用带通滤波器。利用带通滤波器的选频特性，从输入频谱中选出滤波器中心频率附近的频率分量，然后对该频率分量信号进行检波和 AC-DC 变换，就可以得到该频率分量的幅值。再进一步，如果能设计出中心频率可以连续调节、通带内幅度特性一致的带通滤波器，就可以实现较宽频带内的连续频谱分析功能。

基于上述原理，可以设计出如图 7-3-1 所示的扫描滤波式频谱分析仪。这种频谱分析仪的核心是采用中心频率可调的电调谐滤波器。被测信号首先加至可调谐窄带滤波器，滤波器的中心频率在电调信号的控制下，自动反复在信号频谱范围内扫描。由此依次选出被测信号各频谱分量，经检波和放大后，将反映该频率分量的直流电压加至显示器垂直偏转电路。而显示器水平轴的扫描信号与可调谐滤波器中心频率的电调信号取自同一扫描产生器，且一般是随时间线性变化的锯齿波，这样水平轴就变成了频率轴。显示器上显示出来的图形就是被测信号的频谱图。

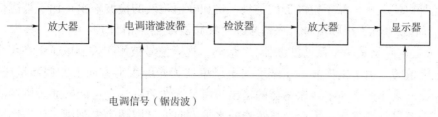

电调信号（锯齿波）

图 7-3-1   扫描滤波式频谱分析仪方框图

扫描滤波式频谱分析仪的优点是结构简单，价格低廉。由于没有混频电路，因而也避免了抑制镜像信号的问题。然而，中心频率可调且调整范围可以覆盖很宽频率范围的窄带滤波器在技术上是难以实现的。通常情况下，可调谐滤波器相对于中心频率的相对带宽（带宽与中心频率的比值）是一常数，因此，绝对带宽随着中心频率的提高而增大。也就是说，随着频率提高，滤波器的带宽将变大，而滤波器带宽对应于分析仪的分辨率带宽（resolution bandwidth，RBW）。这样一来，频谱分析仪的分辨率带宽将不是一个常数。因此，扫描滤波法频谱分析仪的缺点是频率分辨力差，工作频带较窄，而且灵敏度低，一般为−50 dBm。

为了提高频谱分析仪的性能，可以换一种思路。既然可调滤波器的设计比较困难，可以仅使用一个固定中心频率的滤波器，而采用频谱搬移的办法，把被测信号的频谱依次搬移到滤波器的中心频率，来实现在较宽输入频率范围内的高分辨频谱分析。这种方法就是现代频谱分析仪通常采用的外差式频谱分析方法。

外差式频谱分析仪是一种基于可变混频思想实现宽带频谱分析的频率测量仪器。和外差收音机类似，被测信号先和本机振荡混频，混频器输出经中频滤波器后得到中频信号，经整流后进行显示。通过连续改变本机振荡的频率便可显示被测信号的整个频谱。这里说的外差，指的就是混频或者变频的意思，在收音机、电视、无线通信等领域均有广泛的应用。外差式频谱分析仪一般测量频率范围可达 GHz 甚至几十 GHz，是目前射频频谱分析仪的主流形式。

7.3.2   外差式频谱分析仪的组成

外差式频谱分析仪的结构框图如图 7-3-2 所示。扫描信号发生器产生线性良好的锯齿波电压，这个锯齿波电压一方面送到显示器的水平偏转板，控制电子束在荧光屏水平方向上的偏移；另一方面，该锯齿波信号还被送到本地振荡器（简称本振，或写为 LO），控制本地振荡器，使其产生输出频率 $f_{LO}(t)$ 随着锯齿波电压的升高而线性变化的线性扫频信号。

本振信号在混频器中与被测信号 f_{in} 混频，混频产生了输入信号和本振信号的和频与差频，即 $f_{LO}(t) \pm f_{in}$ （一般本振频率高于测量频率，原因在 7.3.3 节详细讨论），只有当 $f_{LO}(t) \pm f_{in}$ （通常仅取差频）落在中频滤波器通带内的信号才能通过中频滤波器。为允许一个宽电平范围信号可同时在屏幕上显示，可通过中频滤波器的中频信号用对数放大器来实现幅度压缩，然后送到检波器进行包络检波。检波器把高频信号转化成与其幅度成对应关系的包络信号（这种对应关系依赖于检波器的类型，例如峰值检波的检波输出正比于被测信号的峰值），这个信号也称为视频信号。该信号经由视频滤波器平滑处理，去除一些噪声的影响（视频滤波器实际上是一个低通滤波器），最终，视频信号被用于控制电子束在荧光屏上垂直方向上的偏转。由于锯齿波电压幅度与电子束在荧光屏水平方向上的偏移呈线性关系；同时，锯齿波电压幅度与本地振荡器的输出频率呈线性关系，也与能够通过中频滤波器的被测信号频率呈线性关系；因此，显示器的水平方向可以用频率来刻度，代表频率轴。在垂直方向上，电子束的偏转正比于被测信号在特定频率点的幅度，因此，显示器的垂直方向可以用幅度来刻度，代表幅度轴。

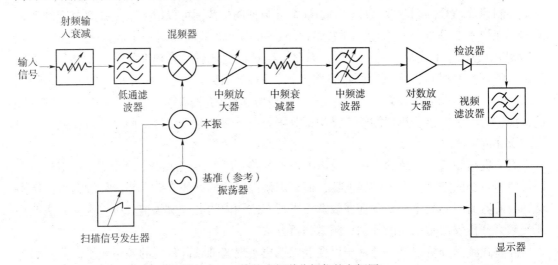

图 7-3-2　外差式频谱分析仪的方框图

外差式频谱分析仪通过混频器和本地振荡器将输入信号分时依次转换到中频，然后再用中频滤波器滤除掉其他频率成分，这种方式与用一个固定带宽的可调谐滤波器扫过整个测量频率范围的效果是相同的。应该指出，实际上在屏幕上看到的并非一条条理想的谱线。这是因为实际的窄带滤波器总有一定的通带宽度，犹如一个窗口，故在屏幕上看到的谱线实际上是一个个窄带滤波器的动态幅频特性。

外差式频谱分析仪主要通过混频器加滤波来实现频率选择，和扫描式频谱分析仪、傅里叶分析仪相比，具有以下优点。

①不再需要中心频率可调的滤波器。与扫描滤波式频谱分析仪的原理不同，滤波器不是作为动态元件扫过输入信号频谱，而是采用了中心频率固定的中频滤波器，避免了宽带可调谐滤波器的实现难题。

②对于中频滤波器以后的放大器等电路，只需要工作在很窄的频段内，由于频带较

窄，电路可以简化，放大器的增益可以做得很高，对提高频谱分析仪的动态范围和灵敏度有利。

③整机频谱分析仪的频率覆盖范围可以大幅度提高。目前频谱分析仪工作频率的低端频率低达几 Hz，高端频率最高可达 110 GHz。

现代频谱分析仪的所有处理都是用一个或多个微处理器控制的，因此具备大量新的功能，如标记功能、最大保持功能、借助 IEEE 总线接口实现远程控制功能等。与示波器的发展相似，现代频谱分析仪还大量使用液晶显示器代替阴极射线管，使得频谱分析仪的设计更紧凑，体积更小，重量更轻。

数字技术在现代频谱分析仪也得到了普遍应用。现代频谱分析仪在检波器后用 ADC 对视频信号采样，然后使用数字信号处理器来进行进一步的处理，如数字滤波等（数字滤波可以实现低达几赫兹的频率分辨力，实际上，频谱分析仪中一般低于 30 kHz 的分辨率带宽都是由数字滤波实现的）。随着 ADC 速度的提高和数字信号处理技术的快速发展，ADC 模块在信号处理路径中的位置进一步前移。早期，是在模拟包络检波器和视频滤波器对视频信号进行采样，而现代频谱分析仪经常在末级低中频后进行数字化采样，中频信号的包络由采样来确定。另外，与传统的外差式接收机采用锯齿波信号调谐第一级本振不同，现代频谱分析仪的本振借助锁相环（PLL）锁定在一个参考频率上，通过改变间隔因子来调节本振的输出频率。采用 PLL 技术后，频谱分析仪的频率准确度和稳定度得到大幅度的提高。

7.3.3 外差式频谱分析仪各模块原理与功能

下面对外差式频谱分析仪各个模块的工作原理和功能进行详细的说明。

1. 射频输入电路、混频器和本地振荡器

（1）输入电路

对于高频信号的测量，要求在阻抗匹配的条件下进行，否则将会导致反射，形成驻波，导致测量误差增大。因此，与很多高频测量仪器一样，频谱分析仪通常采用 50 Ω 的输入阻抗。为了能在 75 Ω 输入阻抗的系统中应用（如有线电视），有些频谱分析仪可以选择 75 Ω 或 50 Ω 两种输入阻抗。

为了提高频谱分析仪测量高电平信号的能力，在频谱分析仪前端使用步进衰减器，通过选择合适的衰减值，可以使得进入混频器的信号控制在一个合适的范围内，避免大幅度的信号造成混频器过载。衰减器的衰减量一般可调，步进为 10 dB 或 5 dB，有些频谱分析仪提供 5 dB/1 dB 步进的衰减器以得到较大的动态范围。

输入滤波器是一个低通滤波器，其主要作用在于滤除输入信号中频率超过频谱分析仪工作频率范围的信号，这样将有利于提高频谱分析仪抑制镜像干扰的能力。

（2）混频器

外差式频谱分析仪通过混频器把输入信号与本振混频，将输入信号变到中频滤波器的中心频率（中频），这种频率变换可用公式表示为

$$|m \cdot f_{LO} \pm n \cdot f_{in}| = f_{IF} \qquad (7-3-1)$$

式中，m，n 为系数，可取 1，2，…，f_{LO} 为本振频率，f_{in} 为输入信号频率，f_{IF} 为中频。若混频器工作在线性区，那么可以简单地把混频器看成是乘法器，其非线性可忽略不计，则 m，n 都取 1，得

$$|f_{LO} \pm f_{in}| = f_{IF} \qquad (7-3-2)$$

式（7-3-2）说明了对于一定的中频和本振频率，总有两个输入频率能满足式（7-3-2），即当 $f_{in} = f_{LO} + f_{IF}$ 或 $f_{in} = f_{LO} - f_{IF}$（在频谱分析仪中 f_{LO} 大于 f_{IF}）时，它们与本振的混频结果都等于 f_{IF}，因此这两个信号不能用中频滤波器区别开来，由于它们对称地分布在中频的两边，因此把它们互相称为镜像频率，镜像频率之间的频差为 $2f_{IF}$，如图 7-3-3 所示。在频谱分析仪中，输入信号频率一般满足 $f_{in} = f_{LO} - f_{IF}$，而将镜像频率表示为 f_{im}，满足 $f_{im} = f_{LO} + f_{IF}$。为了保证接收有用信号的质量，需在射频混频器前添加滤波器来抑制镜像频率，这就是为什么在频谱分析仪的输入电路中要有一个输入滤波器的原因。

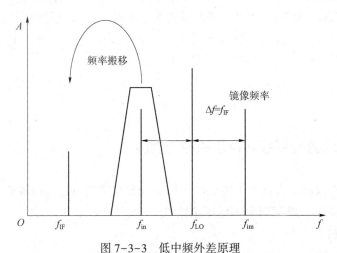

图 7-3-3　低中频外差原理

实际上，中频频率有两种选择，即低中频和高中频。把中频频率低于被测频率范围称为低中频，把中频频率高于被测频率范围称为高中频，两种情况下的频率搬移示意图分别如图 7-3-4 和图 7-3-5 所示。

图 7-3-4 表示了采用低中频时，频谱分析仪输入频率范围与镜像频率范围之间的关系。如果输入频率范围大于 $2f_{IF}$，那么测量频率范围和其镜像频率范围将会有一部分重叠。如果不将这部分重叠的镜像频率滤除，将会使一些频段的测量受到镜像干扰的影响。当然可以要求将输入滤波器设计成可调谐带通滤波器的形式来抑制镜像频率，但这将给频谱分析仪的设计造成麻烦。尤其是在频谱分析仪测量频率很宽时，例如为了覆盖 9 kHz ~ 3 GHz 的测量频率范围，由于需要较宽的调谐范围（几个十倍频程），使可调谐滤波器变得极为复杂。采用高中频则能够使问题大大简化。

图 7-3-5 表示了采用高中频时，频谱分析仪输入频率范围与镜像频率范围之间的关系。在这种配置下，镜像频率位于输入频率范围之上，由于两个频率范围不会重叠，镜像

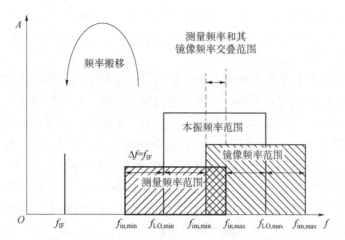

图 7-3-4　低中频时输入信号的频率范围与镜像频率范围

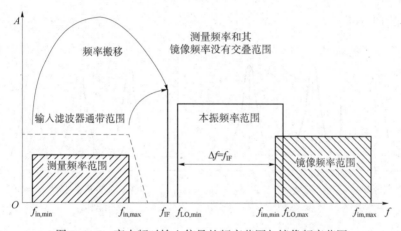

图 7-3-5　高中频时输入信号的频率范围与镜像频率范围

频率可以通过简单的低通滤波器被抑制掉，不会产生镜像干扰。此时，输入频率、本振和中频之间的关系式为

$$f_{IF} = f_{LO} - f_{in} \tag{7-3-3}$$

镜像频率相应为

$$f_{im} = f_{in} + 2f_{IF} \tag{7-3-4}$$

　　下面介绍一个分析频率上限可到 3 GHz 的示例，更加清楚地说明本振、输入频率范围和镜像频率范围之间的相互关系。例如，采用高中频的某频谱分析仪的输入频率范围为 9 kHz~3 GHz，频谱分析仪的中频为 3 476.4 MHz。为使输入频率范围 9 kHz~3 GHz 变频到 3 476.4 MHz，本振信号必须从 3 476.409~6 476.4 MHz 可调。根据式（7-3-4），此时的镜像频率范围为 6 952.809~9 952.8 MHz。

　　（3）本地振荡器

　　本地振荡器的作用是在锯齿波的控制下产生线性扫频信号。本地振荡器产生扫频信号的传统方法有变容二极管扫频和磁调制扫频，详见 5.2.1 节中的介绍。磁调制扫频源的可调频率范围宽，而且相位噪声较小，因此常被用作本地振荡器。变容二极管扫频源实际上是一种压控振荡器（VCO），其缺点是频率调整范围较小，但比磁调制扫频的频率调整速度快。

为了增加频谱分析仪的频率精度，本地振荡器可以采用5.3节中介绍的锁相环式或者直接数字合成式频率合成器来实现。与磁调制扫频和变容二极管扫频相比，这种本振的输出频率不能连续调节，往往是以固定的步长来调节。本振频率调节步长应满足频谱分析仪的分辨率带宽的要求，分辨率带宽越小，本振频率调节步长也应越小。否则，输入信号就不会完全记录下来或在电平显示上出现误差。如图7-3-6所示，图7-3-6（a）的调节步长太大，漏了输入信号的频点，导致输入信号丢失；图7-3-6（b）中的本振频率调节步长虽然缩小了，但中频滤波器的中心频率没有对准输入信号的频率，导致在电平显示上出现误差。为了避免这类误差，本振频率调节步长应远小于分辨带宽，一般至少要满足小于分辨率带宽的 $\frac{1}{10}$，在频谱分析仪中，本振步长的调整一般是由频谱分析仪根据所设置的分辨率带宽自动调节的。

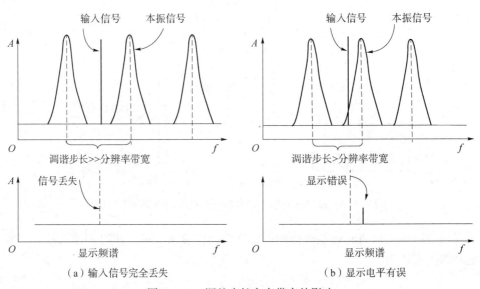

（a）输入信号完全丢失　　　　　　　（b）显示电平有误

图 7-3-6　调整步长太大带来的影响

（4）二次变频

对于采用高中频的频谱分析仪来说，中频频率较高。由于高中频的窄带滤波器很难实现，中频滤波器的通带范围将很宽，因此，频谱分析仪的频率分辨率将会很差。为了提高频谱分析仪的频率分辨，可以进一步将该中频变频至较低频率（如20.4 MHz），在较低的频率上，可以实现带宽较小的带通滤波器，提高频谱分析仪的频率分辨率。如图7-3-7所示，第一中频为高中频 f_{IF1}，将其与第二本振频率 f_{LO2} 混频，将两者的差频作为第二中频 f_{IF2}，这就实现了降低中频的目的。

实际的频谱分析仪往往采用多次变频的技术，有的甚至经过5次变频。图7-3-8是一个多次变频的频谱分析仪的例子。图中，第一本振为一个扫频信号发生器，第二本振和第

三本振为固定频率的本振。输入频率、各级本振及中频之间的关系式为

$$f_{IF1} = f_{LO1} - f_{in} \qquad (7-3-5)$$

$$f_{IF2} = f_{IF1} - f_{LO2} \qquad (7-3-6)$$

$$f_{IF3} = f_{IF2} - f_{LO3} \qquad (7-3-7)$$

由式（7-3-5）可以推导出在输入信号频率为 3.0 GHz 时，本振的频率为 6.921 4 GHz。

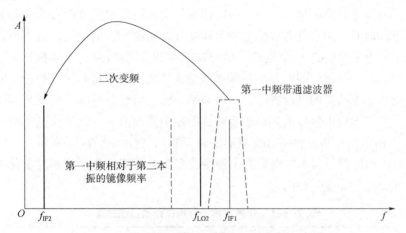

图 7-3-7　第一级高中频到第二级低中频的变换

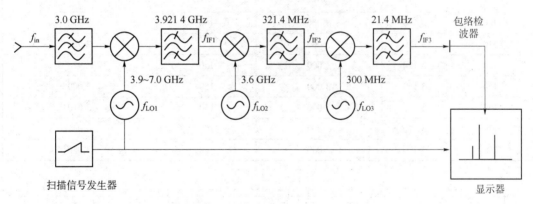

图 7-3-8　多次变频的频谱分析仪

2. 中频滤波器

中频滤波器用来选出已变换到中频的输入信号。由于理想的矩形滤波器是无法实现的，而对于过渡带非常陡峭的滤波器，有较长的瞬态响应时间，不利于提高频谱分析仪的扫频速度。因此，频谱分析仪一般使用优化瞬态响应的高斯滤波器以获得相对快的扫描速度，缩短测试时间。

在频谱分析仪中通常使用滤波器的 3 dB 带宽来定义分辨率带宽（RBW），即滤波器频率选择性曲线下降 3 dB 对应的频率宽度。

根据傅里叶变换，单频正弦信号在频域表示为一根单独的谱线。当该正弦信号落在外

差式频谱分析仪中频滤波器的带内时，中频滤波器的输出等于正弦信号频谱与滤波器频响特性在频域的乘积。因此，此时频谱分析仪的显示实际上是中频滤波器的幅频特性曲线的形状。以实际的数据为例，被测信号频率为 150 MHz，频谱仪中频频率为 3 000 MHz（中频滤波器的中心频率），中频滤波器的带宽为 3 MHz，测量的频率范围为 100~200 MHz，此时，本振的扫频范围为：3 100~3 200 MHz。当本振从 3 100 MHz 开始扫描时，被测频率 150 MHz 与本振的差频为 2 950 MHz，差频信号落在中频滤波器的带外，此时检波输出幅度很低。随着本振频率的增大，150 MHz 信号与本振的差频将逐渐接近中频频率，当接近到一定程度的时候，滤波器对该信号的衰减量开始减少，该信号有部分可以通过滤波器到达检波器，随着本振的进一步提高，信号输出幅度继续增大，当本振扫到 3 150 MHz 时，被测信号与本振混频后的差频信号频率与中频滤波器中心频率完全重叠，滤波器输出达到峰值。随着本振频率的继续提高，本振频率与输入信号的差频信号逐渐偏离中频滤波器中心频率，滤波器输出信号的频谱幅度将逐渐减小直至消失。频谱仪整个频率扫描过程可如表 7-3-1 所示，扫描过程中频滤波器的幅频输出特性如图 7-3-9 所示。由以上分析可以看出，150 MHz 信号与本振混频输出经滤波器滤波后输出的频谱幅度变化规律与中频滤波器的幅频特性是完全一致的。

表 7-3-1　外差式频谱分析仪频率扫描过程

当前测量频率/ MHz	本振频率/ MHz	中频滤波器中心频率/ MHz	输入信号频率/ MHz	输入信号与本振混频后的差频/ MHz
100	3 100	3 000	150	2 950
110	3 110	3 000	150	2 960
120	3 120	3 000	150	2 970
150	3 150	3 000	150	3 000
160	3 160	3 000	150	3 010
170	3 170	3 000	150	3 020
200	3 200	3 000	150	3 050

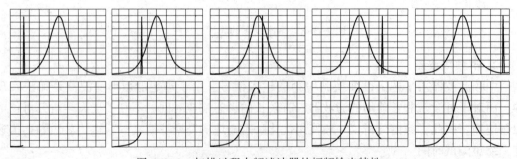

图 7-3-9　扫描过程中频滤波器的幅频输出特性

　　如前所述，外差式频谱分析仪通过混频器和本地振荡器将输入信号分时依次地转换到中频，然后再用中频滤波器滤除掉其他频率成分，这种方法从效果上来看，与用一个固定带宽的可调谐滤波器扫过整个测量频率范围是相同的。

频谱分析仪的频率分辨力是指其区分相邻频率分量的能力。频谱分析仪的频率分辨力主要取决于分辨率带宽，即中频滤波器的 3 dB 带宽。滤波器带宽越小，其频率分辨力越高，越能区分出更小的频率差别。

如图 7-3-10 所示，两个幅度相同的正弦信号频率差为 10 kHz，当用 30 kHz 分辨率带宽测量时，两个信号完全无法区分，频谱分析仪显示结果只有一个峰，但改为 10 kHz 分辨率带宽时，可以看到两个峰，两个峰值点之间下降了约 3 dB，当改用 3 kHz 的分辨率带宽时，可以完全清楚的显示两个峰。可以推断，当选用更窄的分辨率带宽，分辨率带宽远小于扫频宽度时，频谱分析仪将显示两根谱线。同样道理，如果相邻信号的电平有明显的不同，小电平信号在大分辨率带宽设置下则不会显露出来。通过减小带宽，弱信号可被显露出来。

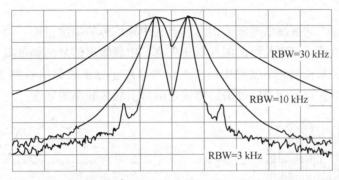

图 7-3-10　不同分辨率带宽对包含两个等幅正弦波信号测量的影响

频谱分析仪一般提供有很多个不同带宽的中频滤波器供用户使用，一般按照 1、3、10 的规律安排，常见的有 10 Hz、30 Hz、100 Hz、300 Hz、1 kHz、3 kHz、10 kHz、30 kHz、100 kHz、300 kHz、1 MHz、3 MHz 等。

通常将中频滤波器的带宽选择性定义为中频滤波器的 60 dB 带宽与 3 dB 带宽之比，如图 7-3-11 所示，即

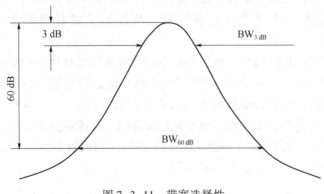

图 7-3-11　带宽选择性

$$带宽选择性 = \frac{BW_{60\,dB}}{BW_{3\,dB}} \qquad (7-3-8)$$

对于模拟滤波器来说，带宽选择性一般为 15∶1，而数字滤波器可以达到 5∶1。选择性对频率分辨力的影响是非常大的。以选择性为 15∶1 的 RBW = 3 kHz 的滤波器为例，可计算得其 60 dB 带宽为 45 kHz，60 dB 带宽的一半为 22.5 kHz，那么用该滤波器可以检测得到距离大信号 22.5 kHz 以外，幅度比大信号小 60 dB 的小信号。若用选择性为 5∶1 的 RBW = 3 kHz 的滤波器为例，可计算得其 60 dB 带宽为 15 kHz，60 dB 带宽的一半为 7.5 kHz，那么用该滤波器可以检测得到距离大信号 7.5 kHz 以外，幅度比大信号小 60 dB 的小信号。

是不是选择越小的分辨率带宽，就能得到越高的频率分辨力呢？其实不然，这和频谱分析仪的扫频速度有关。我们将在频谱分析仪参数的相互关系中再做详细讨论。

3. 检波器

频谱分析仪输入的被测信号幅度信息包含在中频信号的幅度里面。将中频滤波输出信号送到检波器中检波，只要前级的混频器不失真，中频输出信号的幅度就与被测输入信号的幅度具有线性关系，因此检波输出的直流信号幅度正比于被测信号幅度。如图 7-3-12 所示，检波器输出的直流信号幅度最终将决定屏幕上对应频率的幅度。

图 7-3-12 中频信号的包络检波

现代频谱分析仪基本的检波器一般有峰值检波器、平均值检波器、有效值检波器和准峰值检波器等。有关前三种检波器，在交流电压测量中已经介绍过，这里就不再重复。准峰值检波器，是一种用于干扰测量、应用并定义了充放电时间常数的峰值检波器，其测量结果介于峰值和平均值之间，而且与被测骚扰脉冲的重复频率有关。有关准峰值检波的详细介绍，请参考国家标准《无线电骚扰和抗扰度测量设备和测量方法规范》（GB/T6113.101—2021）。

现代频谱分析仪使用液晶显示器代替阴极射线管来显示频谱。相应地，幅度与频率显示的分辨力都受到限制。一般显示分辨率为 1 024×768，特别地，当显示大频跨时，频谱分析仪一次扫描过程中的采样点数可能远大于 1 024，因此，一个像素点包含了相对较大子段的频谱信息。这样多个取样点会落在显示屏幕的一个像素点上。像素点包含了什么取样值决定于检波器的检波方式。一般频谱分析仪针对这种情况提供了几种显示方式，即：最大峰值、最小峰值、正常、取样、平均等。

（1）最大峰值

最大峰值示出了落在一个像素点上多个数据的最大值，它从分配到每个像素点的取样点中取一个最高电平的点并显示出来。即使是用非常小的分辨率带宽来显示大频跨

（SPAN/RBW 的比远大于在频率轴上的像素点的数目）时，也不会带来输入信号丢失。因此这种检波器对 EMC 测试特别有用。

（2）最小峰值

从落在一个像素点上的多个数据点中选一个最小值显示在像素点上，在 EMI 测试中，常用此方式显示骚扰强度的下限。

（3）正常

同时显示落在一个像素点上多个数据的最大及最小峰值，两点之间用垂线相连。

（4）取样

对落在一个像素点上的多个数据，取这些数据序列最中间的那一个数据。在频跨远大于 RBW 的情况下，输入信号将不再被可靠显示。有时会出现幅度错误甚至信号完全丢失。

（5）平均

对分配到每个像素点的取样值做线性平均，对于包络取样值的计算需要在线性幅度上进行。

$$V_{AV} = \frac{1}{N} \cdot \sum_{i=1}^{N} v_i \qquad (7-3-9)$$

式中，V_{AV} 为电压的平均值，单位为 V；N 为每个像素点分配的取样值个数；v_i 为取样的包络，单位为 V。

当 ADC 采样率恒定时，每个像素点上的取样值点数随扫描时间的增加而增加。频谱分析仪的最终显示效果依赖于输入信号的类型与检波器的类型。

4. 视频滤波器

在包络检波器之后还有一个视频滤波器。视频滤波器是一个低通滤波器，用于滤除包络信号中的噪声，平滑显示轨迹，从而使显示的结果更加稳定。视频滤波器的 3 dB 带宽称为视频带宽（VBW）。从图 7-3-13 中可以看出，测量同一个信号，视频带宽从 10 kHz 减小到 30 Hz，频谱的平滑效果非常明显。

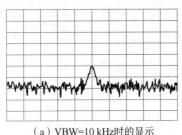
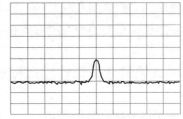

（a）VBW=10 kHz时的显示　　　　（a）VBW=30 Hz时的显示

图 7-3-13　视频带宽对频谱显示的影响

在频谱分析仪的使用中，视频带宽的设置与分辨率带宽大小及特定的测试对象有关。和分辨率带宽类似，视频带宽也会限制最大允许的扫描速度，要达到最小的扫描时间，需要增大视频带宽。在有足够信噪比的情况下测量正弦信号，经常选择 VBW 与 RBW 相等。在信噪比较低的情况下，可以通过减小 VBW 来稳定显示，弱信号会在频谱中突显出来并且稳定可再现。在测量稳定的周期信号时，减小 VBW，对屏幕显示的信号电平值无影响，这是由于视频滤波器的低通特性决定的，图 7-3-13 给出的示例也表明了这一点。但是，如果被测信号是带宽很宽的非周期脉冲信号或电磁噪声信号时，视频带宽的大小将会对最终的频谱显示造成影响。一般来说，为了得到稳定可再现的测量结果，要选择窄的视频带宽；这样噪声带宽减小，峰值被取平均，显示较稳定。但在测量脉冲信号时，要尽量避免平均，因为脉冲具有很大的峰值及很小的平均值（与脉冲的占空比有关），为避免显示电平太低，VBW 应远大于 RBW，一般应选择 VBW ≥ 10 RBW。

7.3.4　使用外差式频谱分析仪需要设置的工作参数

外差式频谱分析仪均提供以下基本参数的设置功能。

1. 频率显示范围

频率显示范围是在屏幕上显示的频率范围，与测量或分析的频率范围相对应。显示频率范围可以用开始频率和终止频率来设置（需要同时显示的最小和最大频率），或用中心频率和扫频宽度（SPAN）进行设置。现代频谱分析仪支持以上两种设置模式。

2. 电平显示范围

这个范围用最大显示电平（参考电平）、量程和标尺（dB/DIV）进行设置。这个参数决定了屏幕上最顶端对应的电平值（参考电平）和最底端对应的电平值。

3. 分辨率带宽

分辨率带宽（RBW）是指中频滤波器的 3 dB 带宽。分辨率带宽决定了频谱分析仪区分不同频率的能力，分辨率带宽越小，区分不同频率的能力越强。现代频谱分析仪提供各种带宽的中频滤波器可供选用。如前所述，一般这些滤波器的带宽按照 1、3、10 的规律分布。

4. 扫描时间

频谱分析仪完成一次扫描（从起始频率扫描到终止频率）所需的时间叫作扫描时间。上述这些参数中的一些是相互联系的。例如：频率显示范围越大、分辨率带宽越小，需要的扫描时间将越长。它们的相互关系将在 7.3.5 节中详细地介绍。

7.3.5　外差式频谱分析仪性能指标及参数约束关系

1. 外差式频谱分析仪性能指标

外差式频谱分析仪的性能指标主要指以下 5 种：频率特性、幅度特性、扫频特性、其他电气特性和一般特性。频率特性包括频率范围、频率分辨力、测频方式及准确度、本机振荡器的频率稳定度等；幅度特性包括量程、动态范围和灵敏度、测幅方式及准确度、寄生响应、输入阻抗等；扫频特性包括扫频宽度、分析时间和扫频速度、扫频方式等；其他电气特性包括跟踪发生器及其工作特性、触发电路及触发特性、供 X-Y 记录仪用的模拟输出特性等；一般特性包括频谱分析仪的尺寸、重量、价格、可靠性及其对电源、环境的要求等。

下面仅就几项主要性能指标的含义及它们之间的相互关系进行说明。

（1）频率分辨力

频谱分析仪的分辨力是指能够分辨的最小谱线间隔，它表征了频谱分析仪分辨很接近的频率分量的能力。一般定义中频滤波器幅频特性的 3 dB 带宽（RBW）为频谱分析仪的分辨力。

中频滤波器带宽一般是在静态条件下测量得到的，因此称这种条件下的带宽为"静态分辨率带宽"。然而，频谱分析仪在进行测量时，本振输出的频率是不断扫动的，属于动态测试，因此需要考虑中频滤波器的"动态分辨率带宽"。由于中频滤波器是一个有限带宽的电路，它需要一定的时间才能达到稳态响应。如果频谱分析仪的扫频速度太快，可能导致中频滤波器上的信号来不及建立或消失。可见，动态分辨率带宽与本振的扫频速度有密切的关系。

下面以一个 LC 调谐选频网络来讨论滤波器的动态幅频特性和静态幅频特性之间的关系。对于如图 7-3-14（a）所示的被测电路，f_0 是该谐振电路的谐振频率。在扫频信号的作用下，其响应输出电压的包络变化可利用微分方程求出，将其变化曲线 $A(t)$ 示于图 7-3-14（b）中。

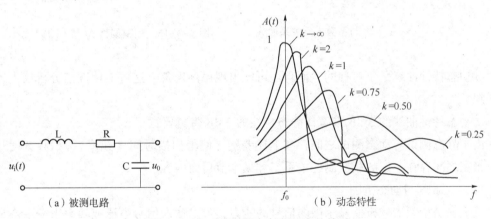

图 7-3-14　动态特性与扫频速度的关系

$$k = \frac{\alpha}{\sqrt{\pi\gamma}} \qquad (7\text{-}3\text{-}10)$$

式中，α 为被测回路的阻尼系数，$\alpha = \dfrac{R}{2L}$；γ 为扫频速度，即扫频宽度与分析时间之比。

其中 $k \to \infty$（扫频速度 $\gamma = 0$）对应的那条曲线即为静态幅频特性曲线。定义该曲线的 3 dB 带宽为静态分辨力 B_q，而在扫频工作时（$k \neq \infty$ 或 $\gamma \neq 0$）的动态幅频特性曲线的 3 dB 带宽为动态分辨力 B_d。显然，总有 $B_d > B_q$；而且扫频速度越快（k 越小），则 B_d 就越宽。

系数 k 与 B_q 的关系式为

$$k = \sqrt{\frac{\pi}{\gamma} B_q} \qquad\qquad (7-3-11)$$

根据以上分析，可得出静态测试与动态测试之间的区别有以下 4 个方面。

①动态特性曲线的最大值比静态特性曲线最大值小，且扫频速度 γ 越快，降低得越多。因此，频谱分析仪的增益将随扫频速度的增加而降低，从而可能引起幅度测量误差。动态特性曲线最大值 A_m 与静态特性曲线的最大值 A_{mq} 之比与系数 k 的关系可用图 7-3-15 来表示。

②动态特性曲线最大值出现的频率将偏离谐振频率 f_o，并向频率 f 增加的变化方向移动，且随 γ 的加快（K 减小）其偏离增大。这将给频谱分析仪带来频率测量误差。频率偏移 Δf 与系数 k 的关系如图 7-3-16 所示。

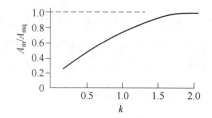

图 7-3-15 A_m/A_{mq} 与系数 k 的关系曲线

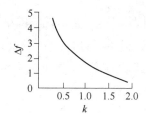

图 7-3-16 频率偏移 Δf 与 k 的关系曲线

③动态特性曲线是不对称的，而且还可能出现振荡现象。这可能使频谱分析仪出现寄生谱线。

④动态特性曲线的 3 dB 带宽比静态特性的 3 dB 带宽要宽。

由于静态测试与动态测试之间存在上述差别，使得扫描时间（速度）、扫频宽度和分辨率带宽之间存在一定的相互制约关系，详见本节后面内容。

（2）灵敏度与动态范围

灵敏度是指频谱分析仪显示微弱信号的能力，常以输入信号电压或功率来表示。灵敏度指标通常在仪器具有最大增益的情况下进行测量。

外差式频谱分析仪的灵敏度主要取决于仪器的内部噪声，大部分噪声来自第一级中频放大器，通过中频滤波器而进入检波器的只是噪声能量的一小部分。中频滤波器的带宽会影响频谱分析仪的噪声电平。如果中频滤波器带宽增加 10 倍或减小为原来的 $\frac{1}{10}$，则显示的噪声电平将增加（或减小）10 dB。图 7-3-17 给出了 RBW 在 100 kHz、10 kHz 和 1 kHz 三种情况下，仪器噪声电平对显示结果的影响。

频谱分析仪的噪声电平一般可以达到 $-130 \sim -80$ dBm。从图 7-3-17 也可以看出，用频谱分析仪测量信号频谱时，信号的幅度必须高于频谱分析仪的内部噪声电平。如果把频谱分析仪内部噪声电平用显示平均噪声电平或本底噪声电平（DANL）来描述，显示平均噪声电平可以简单地看作是频谱分析仪在没有信号输入时显示的骚扰电平。DANL 正比于

噪声功率 $k{\times}T{\times}B$。其中 k 是玻尔兹曼常量（$1.38{\times}10^{-23}$J/K），T 为热力学温度（K），B 为带宽（Hz）。把噪声功率归一化到 1 Hz 带宽，就得到了噪声功率密度。在 25 ℃ 时，噪声功率密度通常为−174 dBm/Hz。

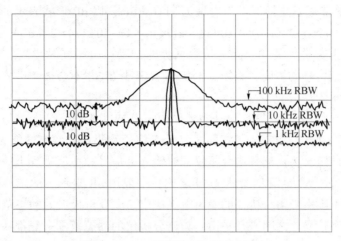

图 7-3-17　不同带宽的噪声电平

由于内部噪声主要来自第一级中频放大器，所以输入衰减并不影响内部噪声电平。然而，衰减量大小将影响混频器的输入信号电平，所以会影响显示信号的信噪比。当衰减增加时，显示信号的电平并不下降，这是因为衰减量增加 10 dB 时，中频放大器的增益相应地增加 10 dB，结果在屏幕上的信号保持不变而噪声电平增加 10 dB。因此，频谱分析仪的 DANL 随输入衰减器的增大而增大，反之亦然。图 7-3-18 为 3 种不同衰减值设置情况下仪器的显示结果。

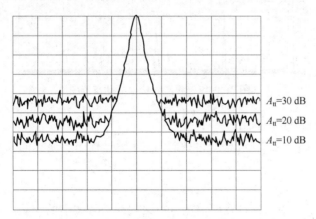

图 7-3-18　不同输入衰减下的噪声电平

此外，常用噪声系数来描述频谱分析仪的灵敏度。噪声系数定义为信号通过网络以后信噪比下降的幅度，表示为输入信噪比与输出信噪比的比值，即

$$\mathrm{FN} = \frac{S_\mathrm{i}/N_\mathrm{i}}{S_\mathrm{o}/N_\mathrm{o}} \qquad\qquad (7\text{-}3\text{-}12)$$

在频谱分析仪无信号输入时，有 $FN=\dfrac{N_o}{N_i}$。其中，N_i 的噪声功率密度在 25 ℃ 时通常等于 -174 dBm/Hz。因此，如果在某一带宽下测量得到噪声电平，即可求出噪声系数。例如，在 10 kHz 带宽下测量得噪声电平为 -110 dBm，以 dB 形式表示的噪声系数为

$$FN=-110-10\lg(10\ 000)+174=-110-40+174=24(dB) \qquad (7-3-13)$$

噪声系数与带宽是无关的，因为带宽增大时，噪声电平同时增大。噪声系数告诉我们，被测量的正弦信号的幅度，必须比 $k×T×B$ 高若干 dB 才不会被频谱分析仪的内部噪声淹没，用公式表示为

$$P_{in,\,min}\geqslant k×T×B+10\lg(RBW)+FN \qquad (7-3-14)$$

频谱分析仪的动态范围表征了它同时显示大信号和小信号频谱的能力，如图 7-3-19 所示。动态范围的定义为：当频谱分析仪同时输入大信号和小信号且小信号的测量不确定度满足要求规定时，大信号和小信号幅度之比，一般用 dB 表示。动态范围的上限由非线性失真所决定，下限由频谱分析仪的噪声电平决定。要获得最大的动态范围，频谱分析仪必须在内部失真和信噪比之间进行平衡。频谱分析仪的动态范围一般都在 60 dB 以上，有的甚至可达 90 dB。为了在显示器上显示大的动态范围，频谱分析仪采用对数放大器实现纵轴的对数显示。

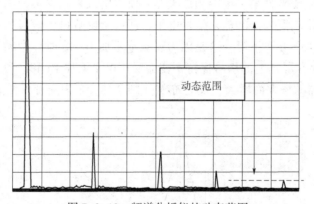

图 7-3-19　频谱分析仪的动态范围

（3）扫频宽度和分析时间

扫频宽度（SPAN）是指频谱分析仪在一次分析过程中所显示的频率范围，用公式表示为

$$SPAN=f_{in,\,max}-f_{in,\,min} \qquad (7-3-15)$$

在全景频谱分析仪中，扫频宽度很宽，可以观测信号频谱的全貌。但由于它的频率分辨力不高，不便于分析被测信号频谱的细节。为了便于进行测试，现代频谱分析仪的扫频宽度多做成可变的。

完成一次频谱分析所需的时间，称为频谱分析仪的分析时间。分析时间实际上就是一次扫描正程的时间，故又称扫描时间。

2. 外差式频谱分析仪工作参数间的约束

在使用频谱分析仪进行测量时，必须根据被测信号的频谱特点和观察需要，合理选择频谱分析仪面板上"扫频宽度""分析时间""分辨率带宽""视频带宽"等几个控制旋钮的位置。一些频谱分析仪的设置参数是互相关联的。为避免测量错误，现代频谱分析仪提供参数的自动联动设置功能，当操作者调整一个参数时，频谱分析仪会自动调整另外的相关联参数。频谱分析仪也允许操作者对某一个参数单独调整，但操作者必须对产生的效果十分清楚，这样才能避免在测量中出现不必要的误差。

（1）扫描时间、扫频宽度、分辨率带宽和视频带宽

前面已经讨论过，由于中频滤波器的有限带宽效应，如果扫频速度太快，将会导致频谱分析仪的幅度和频率测量误差。为了保证频谱分析仪测量的准确性，应保证仪器在中频滤波器带内的扫描时间不小于中频滤波器的反应时间。

定义频谱分析仪的带内扫描时间为

$$带内扫描时间 = 扫描时间 \cdot \frac{RBW}{SPAN} \tag{7-3-16}$$

中频滤波器的反应时间为

$$反应时间 = \frac{K}{RBW} \tag{7-3-17}$$

其中 K 为一个系数，与中频滤波器的通带形状有关。对于高斯滤波器来说，K 值在 $2\sim 3$ 之间。

如果要求带内扫描时间不小于中频滤波器反应时间，根据式（7-3-16）和式（7-3-17），可以得到以下关系式

$$扫描时间 \geqslant K \cdot \frac{SPAN}{RBW^2} \tag{7-3-18}$$

模拟技术实现的中频滤波器的 K 值一般比较大，用数字滤波器可以在相同带宽下获得更快的扫描速度。表 7-3-2 是两台频谱分析仪相同设置情况下扫描时间的比较。

表 7-3-2　模拟滤波器和数字滤波器对扫描时间的影响比较

RBW	HP8566B（模拟滤波器）	Agilent ESA-E Series（模拟/数字滤波器）
1 kHz	300 μs	2.75 μs
10 Hz	300 s	4.025 s

注：中心频率为 1 GHz，扫频宽度为 10 kHz。

此外，若 VBW<RBW，则所需要的最小扫描时间还受到视频滤波器瞬态时间的影响，最小扫描时间将更加延长。视频带宽越小，最小扫描时间延长更多。若 VBW>RBW，那么，视频带宽的大小将不会对扫描时间造成影响。

如果达不到最小的扫描时间，中频或视频滤波器不能达到稳定状态，引起显示信号的幅度失真和频率偏移。如图 7-3-20 所示，扫描时间设置不当的测量结果为图中右侧的曲

线，与左侧的正确测量结果相比，在幅度和频率上都产生了误差。如果扫描时间设置不当，一般在频谱分析仪的显示器上会显示"UNCAL"的警告信息，表示信号测量未经校准。为避免由于扫描不足造成的误差，在频谱分析仪正常工作的情况下，扫描时间和RBW、VBW通常情况下是联动的。

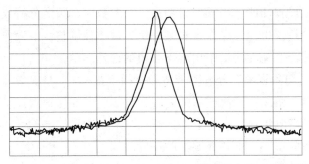

图 7-3-20　当最小的扫描时间未满足时带来的幅度和频率误差

在频谱分析仪中，RBW可以设置为自动适应于扫频宽度，这样可避免由于过大的扫频宽度与过小的RBW造成的过长时间扫描，或过小的扫频宽度与过大的RBW造成的低分辨率。扫频宽度与RBW的比值，可由用户自己设定。

频谱分析仪也允许手动设置RBW与VBW。此时，扫描时间将自动进行调整。如果人工调整扫描时间，当扫描时间不合适时会显示"UNCAL"的警告。

VBW可以设置为与RBW联动。当改变RBW时，VBW自动耦合。耦合比由使用者自己设定。对于正弦信号，RBW/VBW通常选择为 0.3~1；对于脉冲信号，RBW/VBW通常选择为 0.1；对于噪声信号，RBW/VBW通常选择为 10。

（2）参考电平与射频衰减

频谱分析仪的动态范围决定于本底噪声与最大允许输入信号电平。对于现代频谱分析仪来说，若 RBW=10 Hz，则输入电平范围可为 −147~+30 dBm，约为 180 dB；但是不能够在一次测量中同时达到输入电平范围的上下两个限值，因为这两个限值往往对应不同的参数设置。由于混频器、对数放大器、包络检波器、ADC 等器件的动态范围很小，一次测量只能显示两个输入限值中的一部分，一般显示范围为 100 dB。由于存在上述动态范围的限制，在使用频谱分析仪进行测量时，需要根据被测信号的特点选择合适的参考电平。参考电平是频谱分析仪显示设置的最大电平，一般在屏幕的最顶端一行显示。

为避免过载甚至破坏后续电路，需要对大信号进行衰减。衰减量取决于第一混频器和后续电路的动态范围。经过衰减的信号电平要在混频器的 1 dB 压缩点以下，否则就会由于混频器的非线性，产生许多杂散信号。若这些杂散信号的电平太高就会干扰正常的测试结果。但在另一方面，如果衰减器太大，使混频器输入电平过低，输入信号的信噪比会因此而下降，动态范围会因本底噪声过大而减小。为了使对数放大器、包络检波器和 ADC 达到全部动态范围，必须正确地在最后一个中频后使用中频放大器，调整增益以使对数放大器、包络检波器和 ADC 满负荷。

若参考电平不变，增加衰减器的衰减量时就必须同时增加中频增益，这将导致动态范围减小，如图 7-3-21 所示。如果输入的信号电平超过参考电平将会引起过载，可通过增加参考电平来减小中频增益。

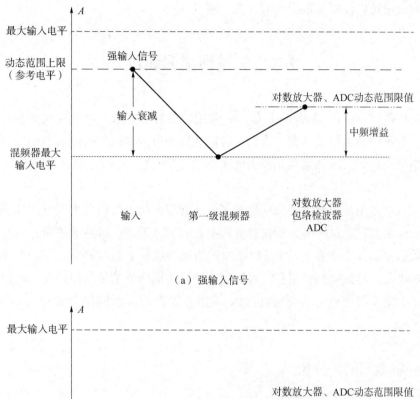

（a）强输入信号

（b）弱输入信号

图 7-3-21 调整输入衰减器和中频增益使参考电平等于信号电平

在现代频谱分析仪中，射频衰减器衰减量 A_{RF} 和中频增益 G_{IF} 可作为参考电平的函数自动联动调整。联动准则是使输入信号的电平对应于参考电平，并使图 7-3-21（a）中强输入信号情况下的最大混频器输入电平是参考电平与射频衰减器衰减量之差，即如下关系表达式成立

$$L_{mix} = L_{in,max} - a_{RF} = L_{Ref} - a_{RF} \tag{7-3-19}$$

式中，L_{mix} 为满负荷下第一混频器的输入电平，dBm；$L_{in,max}$ 为满负荷时对应的输入信号电

平，dBm；L_{Ref} 为参考电平，dBm；a_{RF} 为射频衰减器的设置，dB。

对于图 7-3-21（b）中的弱输入信号，信号本身已经低于混频器的最大输入电平，射频衰减器衰减量可以设置为很小的值或者是零。

7.4 矢量网络分析仪

网络分析仪（network analyzer）是一种常用的对射频电路（单端口或多端口网络）进行网络参数分析的频域测量仪表。作为一种能在宽频带内进行扫描测量以确定网络参量的仪表，网络分析仪是微波测量领域应用最广泛的仪器之一，所以也常被称作微波网络分析仪。

按其测量参量中是否包含相位信息来区分，网络分析仪可以分为矢量网络分析仪和标量网络分析仪两类。矢量网络分析仪可直接测量有源或无源、可逆或不可逆的双口和单口网络的复散射参数（S-参数），并以扫频方式给出各散射参数的幅度、相位频率特性。标量网络分析则仅能对振幅进行测量，可以用来测量传输网络的传输损耗（或增益）及端口的驻波比，不能获得完整的 S-参数信息。本节主要介绍矢量网络分析仪（vector network analyzer，VNA）。

7.4.1 S-参数与网络分析

1. 散射参数（S-参数）

在测试和仿真中经常会用到 S-参数，S 是英文 Scatter 的缩写，即散射参数。如果把一个信号端口（或传输网络）当作一个黑盒子看待，S 参数描述的是这个黑盒子本身所呈现的频域特性。通过 S-参数，能看到该端口（或网络）的几乎全部行为特性，如信号的反射、串扰、损耗等，都可以从 S-参数中找到有用的信息。

最简单地，以单一端口的反射为例了解一下 S-参数。考虑一个负载 Z，将其作为一个单端口网络，在描述它的电路特性时，会使用到端口电压或端口电流等这些参量，即所谓的"波量"（wave quantities）。波量的单位为 $\sqrt{W}$，可见它与电压或电流只相差一个常数因子（阻抗或导纳的平方根）。在这里需要区分前向波量 a（入射波）和反向波量 b（反射波）。入射波从源端传播到被测端口，而反射波从端口沿相反方向传播回源端，如图 7-4-1 所示。则传输到端口的功率可以由 $|a|^2$ 给出，而反射的功率则可由 $|b|^2$ 给出，端口的反射系数则表示为 $\Gamma = b/a$，即反射波量与入射波量的比率。

推广到多端口的网络，例如以双端口网络为例，如图 7-4-2 所示，除了在两个端口处反射外，还存在正向传输和反向传输。与单端口的反射系数相类比，散射参数（S-参数）S_{11}、S_{12}、S_{21} 和 S_{22} 被定义为各个波量的比率。

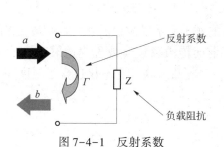

图 7-4-1 反射系数

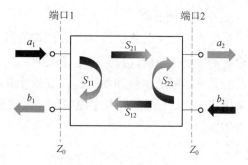

图 7-4-2 双端口网络的 S-参数

$$S_{11} = \frac{b_1}{a_1}\bigg|_{a_2=0} ; S_{21} = \frac{b_2}{a_1}\bigg|_{a_2=0} ; S_{12} = \frac{b_1}{a_2}\bigg|_{a_1=0} ; S_{22} = \frac{b_2}{a_2}\bigg|_{a_1=0} \qquad (7\text{-}4\text{-}1)$$

对于正向测量（S_{11} 和 S_{21}），端口 1 受到 a_1 的激励，而端口 2 上需要使用无反射终端来匹配（$\Gamma_2 = 0$），即意味着 $a_2 = 0$。反之亦然，当进行反向测量（S_{22} 和 S_{12}）时，端口 1 无激励且 $\Gamma_1 = 0$，而仅有端口 2 受到 a_2 的激励。如图 7-4-3 所示。

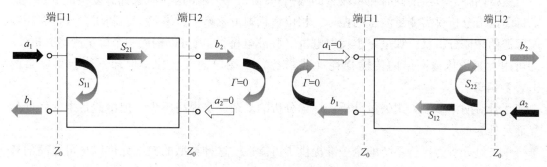

图 7-4-3 双端口 S-参数的测量方法

现实中通常情形是，两个入射波都可以为非零量（$a_1 \neq 0$ 和 $a_2 \neq 0$），则这种情况可视为上述两种测量情况的叠加，即

$$b_1 = S_{11}a_1 + S_{12}a_2 \qquad (7\text{-}4\text{-}2)$$

$$b_2 = S_{21}a_1 + S_{22}a_2 \qquad (7\text{-}4\text{-}3)$$

常常将散射参数组合在一起，以 S-参数矩阵（S 矩阵）的形式来描述网络特性，**S** 矩阵和向量波量 **a** 和 **b** 的关系式为

$$\begin{bmatrix} b_1 \\ b_2 \end{bmatrix} = \begin{bmatrix} S_{11} & S_{12} \\ S_{21} & S_{22} \end{bmatrix} \begin{bmatrix} a_1 \\ a_2 \end{bmatrix} \qquad (7\text{-}4\text{-}4)$$

同理，可以将上述 S-参数推广到 n 个端口的情形，则有

$$\begin{bmatrix} b_1 \\ b_2 \\ \vdots \\ b_n \end{bmatrix} = \begin{bmatrix} S_{11} & S_{12} & \cdots & S_{1n} \\ S_{21} & S_{22} & \cdots & S_{2n} \\ \vdots & \vdots & & \vdots \\ S_{n1} & S_{n2} & \cdots & S_{nn} \end{bmatrix} \begin{bmatrix} a_1 \\ a_2 \\ \vdots \\ a_n \end{bmatrix} \qquad (7\text{-}4\text{-}5)$$

2. 矢量网络分析

当使用一个正弦测试信号（a_1）作为激励施加到端口 1，考虑到网络是线性的，则在端口 2 测量到的响应（b_2）也是正弦的。图 7-4-4 的例子显示了波量 a_1 和 b_2 的关系，它们通常会具有不同的振幅和相位值。在这个例子中，前向传输系数（或称为透射系数）S_{21} 用来描述响应 b_2 与激励 a_1 的这种关系。很明显 S_{21} 是一个复数形式，它不仅包含了幅度，也包含相位信息。

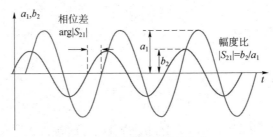

图 7-4-4　S_{21} 的幅度和相角

矢量网络分析需要同时测量波量的振幅和相位，并使用这些值来计算复杂的 S-参数。而标量网络分析仪需测量波量的振幅，相位信息则被忽略了。事实上，利用自身带有扫频跟踪源的频谱分析仪，加上一个反射电桥（驻波电桥），就可以构成一个标量网络分析仪，即可用来测量传输网络的传输损耗（或增益）及端口的驻波比，但却不能获得完整的 S-参数信息。

尽管对网络参数采用矢量分析比标量分析的复杂度要提高不少，但由此带来的好处是显而易见的。

①矢量分析为执行系统的全校准提供了可能性。这种类型的校准允许以尽可能高的精度来补偿测试仪器的系统测量误差。

②只有矢量测量数据才能明确地转换到时域。"时-频"域之间的相互转换是现代信号分析的重要手段之一，只有矢量形式的频域测量结果（即包含了完整的幅频信息和相频信息）才能通过傅里叶反变换将其转换回时域的波形形式，这为数据的解释和进一步处理提供了更灵活的手段。

③测量中测试夹具对测量结果的影响，需要采用去嵌入处理技术，以实现对测试结果的计算补偿；而嵌入处理技术则可以将物理上不存在的网络通过计算嵌入到被测网络中。这两种技术都需要以矢量测量数据作为计算基础。

④射频工程中常采用在史密斯圆图来表述端口（或网络）的阻抗或导纳参数，所以必须知道矢量形式的反射系数或传输系数。

7.4.2　矢量网络分析仪的组成原理

目前主流的矢量网络分析仪是基于超外差接收机原理而实现的。一个典型的 2 端口 VNA 的电路组成框图如图 7-4-5 所示。

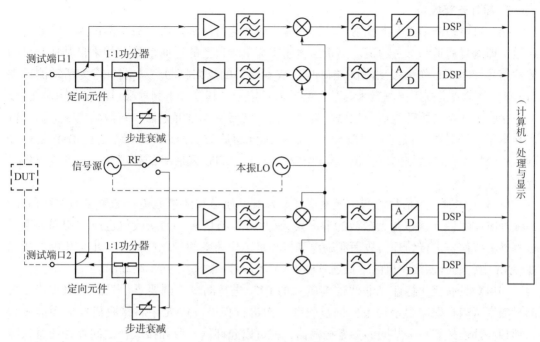

图 7-4-5　矢量网络分析仪的原理框图（2 端口）

由图可见，VNA 是一个包含了激励单元和接收单元的闭环测试系统，其内部结构主要包括以下几个部分。

1. 信号源

信号源提供被测件的正弦激励输入信号，通常由一个可调范围很宽的电调谐振荡器作为核心组成。与信号源一起使用的切换开关将激励信号传递到其中一个测试端口，然后将其作为活动测试端口进行操作。为了保证必要的频率稳定度和频谱纯度，信号源一般采用锁相环（PLL）技术来实现。信号源 PLL 的参考振荡器一般采用温补晶振（TCXO）或恒温晶振（OCXO），以提供稳定的频率参考。由于 VNA 的测量频率范围很宽，一般可从数十 MHz 到数十 GHz，所以 PLL 所需的调谐范围可能需要几个可切换的压控振荡器（VCO）组合来实现。作为替代方案，高频段可使用具有非常宽调谐范围（如2~20 GHz）的钇铁石榴石（YIG）VCO 来实现，它可以提供高达−115 dBc/Hz@ 10 kHz 的频谱纯度和相噪指标。由于 YIG 具有铁磁共振特性，在低频端表现出限幅效应，所以低频通常通过分频或者混频来产生。

2. 信号分离装置

信号分离装置包括功分器和定向元件。以测试端口 1 的电路组成为例，功分器将来自信号源的正弦测试信号按 1∶1 分成相同的两路，分别作为 DUT 的激励输入和参考信号，则此参考信号即等价于提取的测试件输入信号（a_1）；定向元件主要为驻波电桥（VSWR 桥）或定向耦合器，用于提取测试端口的反向信号（b_1），包括来自其他端口的传输信号或端口自身的反射信号。

3. 超外差接收机

接收机对被测端口上的反射、传输、输入信号进行测试。所以每个测试端口需要 2 个通道，即测量通道和参考通道。测量通道用于测量端口上的反向信号，如来自其他端口的传输信号（本端口作为被动测试端口时）或本端口的反射信号（本端口作为活动测试端口时）。参考通道则用于测量来自功分器的参考信号，其等价于测量端口的前向输入信号。

接收机的基础原理类似于频谱分析仪，其关键器件也是混频器，将激励或响应信号输入与本振信号混频后得到中频成分，然后通过低通滤波、AD 采样和一定的 DSP 处理步骤，得到数字化的中频信息，包括幅度和相位信息，再送入后级的处理和显示计算机进行处理。

VNA 工作时，由信号源产生激励信号送入参考通道和测量通道，如果被测件（DUT）是线性响应器件（这也是大多数的情形），则此时各测量端口的接收机也应在相同频率对被测件响应信号进行处理，故而激励源和接收机工作频率的变化应该是同步变化的。所以在 VNA 中，超外差接收机的本振通常和 VNA 的信号源之间是同步联动的。

如果对具有变频特性（非线性响应）的 DUT 进行测试，则要求信号源频率和接收机测量频率可以根据需要使用不同的步长和方向进行扫描。VNA 中将接收机本振和信号源的锁相环都连接到一个共同的参考振荡器，就可以允许信号源和接收机之间存在任意的频率偏差但均锁定于同一参考相位，以完成特殊的测试功能。

4. 处理显示单元

处理显示单元一般由计算机来完成，对测试结果进行数据处理和显示格式的转换。根据测量目标参数的不同，现代 VNA 提供多种形式来表达测试结果。除了基础的 S-参数表述形式，通常还都可以提供端口电压驻波比、阻抗参数、导纳参数等转换后的测量结果形式。从数据表达方式来看，VNA 可提供笛卡尔坐标系下的数据表达和史密斯圆图等形式的数据表达等。

7.4.3 矢量网络分析仪的主要参数指标

VNA 的主要技术参数包括测量范围、动态范围、扫描速度和测量准确度几个方面，每类又涉及若干个具体的技术指标。

1. 测量范围

包括网络分析仪的测试接口形式、端口数、频率范围等指标。

目前常见的接口形式包括加固的 3.5 mm、2.92 mm、2.4 mm 等连接器类型。

VNA 的内置端口数一般为 2 端口或 4 端口。某些型号的网络分析仪通过 N 端口交换矩阵可以将测试端口数扩展到 8 路甚至 16 路以上。

常规 VNA 的频率范围下限可达到 9 kHz，而上限可达 50 GHz 以上。采用变频技术的 VNA 的频率范围上线则可扩展到 110 GHz 以上。需注意的是，并非同一型号的 VNA 均可覆盖上述频率范围。

与频率稳定性相关的参数是静态频率准确度，包括年老化率、温漂、初始校正准确度指标。

频率特性的其他具体指标还有频率分辨率（典型 1 Hz）、测量点数、测量带宽、模拟前端带宽等。

2. 动态范围

VNA 的动态范围主要由接收机的性能决定。接收机的噪声本底水平决定了 VNA 的灵敏度和迹线噪声水平指标。接收机的压缩点则决定了测量动态的上限电平。

一般情形下，VNA 动态范围指标都在指定的测量带宽条件下给出，如 10 Hz 的测量带宽。在此带宽条件下，一台主流 VNA 的动态范围在其全频段内可达 80 dB 以上，而在某些频段则可达到 120 dB 甚至 130 dB 以上。采用较大的测量带宽会导致底噪电平抬升而牺牲一定的动态范围，但是可以提高测量速度。

实际的具体测量活动中，可达到的动态范围受设置的信号源输出功率和测量带宽的共同影响。

3. 扫描速度

VNA 的一个扫描周期由扫描时间和回扫时间两部分组成。扫描周期的详细构成如图 7-4-6 所示。

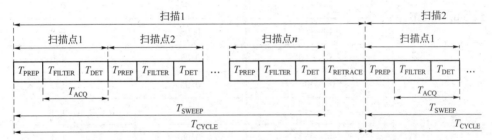

图 7-4-6　VNA 的扫描周期

图中，T_{PREP} 表示设置内部硬件组件所需的准备时间，T_{FILTER} 表示滤波器稳定时间（数字滤波器的稳定时间），T_{DET} 表示检测器时间（检测器样本平均的附加时间，通常为 0），T_{ACQ} 表示数据采集时间（$T_{ACQ} = T_{FILTER} + T_{DET}$），$T_{POINT}$ 表示一个扫描点的总时间，T_{SWEEP} 表示完成一次扫描所需的时间，$T_{RETRACE}$ 表示回扫时间（两次扫描的间隔时间），T_{CYCLE} 表示扫描周期（$T_{CYCLE} = T_{SWEEP} + T_{RETRACE}$）。

扫描速度的性能一般用最短单次扫描时间和扫描周期两种指标来描述，需要在指定的扫宽、测量带宽和测量点等参数设置条件下给出。例如，在 200 MHz 扫宽、1 MHz 测量带宽和 201 测量点数的条件下，这两个指标的典型值一般为数 ms 级别，而单点的测量时间约为数 μs。

4. 测量准确度

VNA 是非常精密的频域测量仪表，其对被测量的幅度显示分辨率能够达到 0.01 dB 数量级，而相位可达到 0.1° 的显示分辨率。VNA 的测量准确度通常由传输系数测量不确定度和反射系数测量不确定度两种指标给出。表 7-4-1、表 7-4-2 中是罗德与施瓦茨公司的 ZNA26 矢量网络分析仪的测量准确度指标，代表了目前主流台式 VNA 的典型指标水平。

表 7-4-1 ZNA26 网络分析仪传输系数测量不确定度

频段	传输系数范围/dB	幅度不确定度/dB	相位不确定度/(°)
10~40 MHz	0~20	0.04	0.5
	−20~30	0.23	1.0
	−30~40	0.60	3.0
	−40~50	1.50	5.0
	−50~60	4.50	25.0
>40~200 MHz	0~−30	0.04	0.5
	−30~−40	0.05	0.6
	−40~−50	0.15	0.7
	−50~−60	0.45	3.0
>200 MHz~10 GHz	0~−30	0.04	0.7
	−30~−40	0.05	0.8
	−40~−50	0.05	0.8
	−50~−60	0.09	1.0
>10~26.5 GHz	0~−30	0.05	1.3
	−30~−40	0.06	1.4
	−40~−50	0.06	1.4
	−50~−60	0.13	1.5

表 7-4-2 ZNA26 网络分析仪反射系数测量不确定度

频段	对数测量			线性测量	
	反射系数/dB	幅度不确定度/dB	相位不确定度/(°)	反射系数范围/dB	幅度不确定度/dB
10 MHz~10 GHz	0	0.10	0.6	0~−3	0.011
	−3	0.10	0.6	−3~−6	0.008
	−6	0.11	0.7	−6~−15	0.006
	−15	0.25	1.7	−15~−25	0.005
	−25	0.74	5.1	−25~−35	0.005
	−35	2.16	16.0	−35	0.005

频段	对数测量			线性测量	
	反射系数/dB	幅度不确定度/dB	相位不确定度/(°)	反射系数范围/dB	幅度不确定度/dB
> 10~20 GHz	0	0.13	0.9	0~−3	0.015
	−3	0.13	0.8	−3~−6	0.010
	−6	0.14	0.9	−6~−15	0.008
	−15	0.31	2.1	−15~−25	0.007
	−25	0.93	6.5	−25~−35	0.006
	−35	2.64	20.0	−35	0.006
>20~26.5 GHz	0	0.14	0.9	0~−3	0.016
	−3	0.14	1.0	−3~−6	0.012
	−6	0.17	1.1	−6~−15	0.010
	−15	0.39	2.6	−15~−25	0.008
	−25	1.15	8.1	−25~−35	0.008
	−35	3.21	26.0	−35	0.008

7.4.4 矢量网络分析仪的使用

VNA 的使用包括测量设置和测量流程两方面的关键内容。以下对这两方面进行详细介绍。

1. VNA 测量设置

（1）通道设置

在 VNA 上，一组通道设置（channel settings）被称为一个"通道"（channel），对应一个测试视图（窗口）。而同一个通道中可以组织多条迹线同时显示，故可以将每个通道理解为一组参数配置相同的测试集。需要注意的是，不要把这里的"通道"与接收机单元的"参考通道"（波量 a 通道）和"测量通道"（波量 b 通道）相混淆。

主流的 VNA 一般都支持 4 个以上的通道，即 4 个窗口。这些通道可以在屏幕上进行单窗口全屏显示，通过控制按键逐个切换，也可以组织成纵列、横排或网格的形式进行多窗口同时显示。

每个通道需要设置的内容包括以下参数的设定。

①扫描类型（sweep type）。最常用的扫描类型是频率扫描，将 DUT 的特性作为频率的函数进行测量。可设定的选项包括线性频率扫描和对数频率扫描。

另一种扫描类型是时间扫描，是在某一固定频率上将被测量作为时间的函数进行观测。基于时间扫描还可设定功率扫描，即激励信号的功率会在扫描过程中改变，被测量是在固定的频率上作为输入激励电平的函数进行观测。

②扫描范围（sweep range）。通过设定起始值和终止值，或者中心值和扫宽来定义。例如，频率扫描可以设定起始频率和终止频率，或设定中心频率和频率扫宽。

③测量点数（number of points）。VNA 在进行测试时，一般是逐点步进扫描的。因此 DUT 的特性测定于扫描范围内的离散点上，故而被测量的测量间隔由测量扫宽与测量点数共同决定。例如采用线性频率扫描测量 DUT 从 100 MHz~10 GHz，当采用 101 个测量点数设置时，相邻的测量点频率间隔为 99 MHz，对于 DUT 的窄带响应就有可能被漏扫。当其他参数设置不变时，测量点数将决定完成一次扫描的测量时间。

④信号源功率（source power）。在设定测试端口输出功率时，需要区分三种不同的情形。

● 线性 DUT 的 S-参数是与激励功率无关的，但是需要考虑 DUT 可承受的最大输入功率以避免损坏。如果 DUT 为增益器件（如功率放大器），还要考虑 VNA 端口的最大允许输入功率。在符合上述约束的前提下，较高的功率设置可以获得较高的测试信噪比，从而得到比较可靠的测试结果。

● 非线性 DUT 的响应与激励信号的功率大小相关，所以测得的 S-参数仅对应于当前所设定的信号源功率。

● 如果仅是观测波量而非测定 S-参数时，测量结果直接取决于信号源功率。

⑤中频带宽（IF bandwidth）。与超外差式频谱仪的分辨率带宽（RBW）相类似，也常被称作测量带宽，其对应于 VNA 的接收机单元所用中频（IF）滤波器的带宽。VNA 典型的可设定 IF 带宽包括 10 Hz、100 Hz、1 kHz、10 kHz、100 kHz 和 1 MHz 几种挡位。不同型号的仪表可能具备其他的带宽设置选项，如 25 kHz。

中频带宽选择得越小，则进入接收机后级电路的噪声就越少，即有较高的测量信噪比，这有助于提高测量的动态范围。但更窄的中频带宽意味着中频滤波器响应需要更长的建立时间，会延长扫描时间。反之，较大的中频带宽选择可获得更快的扫描速度，但如果所选中频带宽过大，则可能会丢失测量中的某些细节信息，如混淆临近测量点的频率分辨率。一般情况下，中频带宽的设置值应当小于 DUT 的频率选择性几个数量级。

⑥扫描时间（sweep time）。进行单独一次扫描所需的时间，其最小值由扫宽、测量点数和中频带宽等设定值共同约束。一般测量时可选择自动设置，此时 VNA 会基于各种条件而设置最短的扫描时间，从而提高测试效率。但当测量具有特殊趋稳特性的 DUT 时，需要手动选择较长的扫描时间。例如测量长电缆的传输损耗特性时，必须考虑电波在电缆中的传输延迟来设定扫描时间，否则测得的结果会与真实值大相径庭。

（2）迹线设置

迹线（trace）是指 VNA 用来显示测量结果的数据曲线。每条迹线都有各自对应的一组迹线设置。迹线设置的内容包括以下几方面。

①被测量（measured quantity）。为了缩短扫描时间，VNA 在对 DUT 进行测量时，实

际上只记录各测量端口上各种所需的波量。而被测量是通过相关的波量运算得到的。迹线所对应的被测量除了常规的 S-参数，还可以是 Z 参数（阻抗参数）、Y 参数（导纳参数）、稳定因数等（见表7-4-3）。

表 7-4-3　被测量示例

被测量	示例
S-参数（S-parameters）	S_{11}，S_{21}，S_{12}，S_{22}
Z 参数（Z-parameters）	Z_{11}，Z_{21}，Z_{12}，Z_{22}
Y 参数（Y-parameters）	Y_{11}，Y_{21}，Y_{12}，Y_{22}
波量（wave quantities）	a_1，b_1，a_2，b_2
比值（ratios）	b_1/a_1，b_2/a_1，b_1/a_2，b_2/a_2
稳定因数（stability factors）	k，μ_1，μ_2

②图表类型（diagram）。针对不同的测量任务，VNA 可以提供多种图表类型。最常见的为笛卡尔坐标图，其横轴为激励轴（频率、时间、功率），纵轴为被测量的幅度或相位。此外，也可以选择史密斯圆图、反转史密斯圆图，以及极坐标图。在这三种矢量图中，其实仅有显示的辅助坐标系统不同，数据迹线是不变的，区别在于在史密斯圆图中，借助辅助坐标系统读出的是归一化复阻抗，而在反转史密斯圆图中读出的是归一化导纳，在极坐标图中读出的是反射系数的大小和相位。

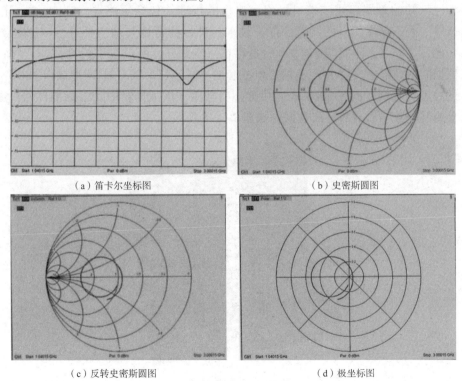

（a）笛卡尔坐标图　　　　　　　　　　　（b）史密斯圆图

（c）反转史密斯圆图　　　　　　　　　　（d）极坐标图

图 7-4-7　同一项 S_{11} 测试在不同坐标系下的表示

③数据格式（format）。该选项用于设置被测量的显示格式，典型的格式包括：dB 幅度、线性幅度、相位、展开相位、群延迟、驻波比 SWR、实部、虚部、复数等。需要注意的是，并非上述每种格式都适用于所有的被测量显示，如群延迟仅适用于传输系数（S_{ij}），而线性幅度则可适用于所有的被测量。

④其他。迹线设置中还提供了诸如标记（marker）、数学运算（trace mathematics）等辅助工具，以方便使用者从迹线中读出具体点的数据或进行相关的运算处理。这些功能与频谱仪或示波器中的对应功能类似，在此不再赘述。

2. VNA 测量流程

与其他仪表的使用略有区别，VNA 在开始对 DUT 进行测试之前，必须要先进行相应的校准步骤。所以 VNA 的测量操作流程可被分为预热、校准和测试三个步骤。

（1）预热

所有的电气元件的参数都具有温度漂移特性，即便是 VNA 这类具有良好温度稳定性的设备也需要预热，以保证设备运行在热平衡状态。预热时间一般在 20～30 min，在 VNA 的使用手册中都会加以说明。完成预热后，测试环境的温度稳定也有助于设备温度变化的最小化。

（2）校准

校准过程用于测定误差项，用来修正后续测量中的系统误差。校准的过程是使用接好测试端口电缆和测试夹具的 VNA 依次测量多个校准标准件（calibration standard）。校准标准件是特性已知的单端口或二端口网络，典型的校准件包括短路器（shorter）、开路器、匹配负载等。由于存在固有的制造限制，校准标准件的特性与理想标准件（理想开路端 $\Gamma=1$，短路端 $\Gamma=-1$，匹配端 $\Gamma=0$）总是存在一定差异，所以校准标准件的实际特性会以特征数据的形式给出。VNA 厂商均提供成套的不同接口形式（如 N 型接口、3.5 mm 接口等）的校准工具箱（calibration kit）供使用者选用，该工具箱中除了标准件外，还会提供以软盘或其他数字形式的特征数据，如图 7-4-8 所示。

图 7-4-8　校准标准件

校准的具体操作步骤是：首先，VNA 经过充分预热；其次，完成测试所需的通道设置。在这一步骤所设置的各种参数，如频率扫宽、测量点数、中频带宽等应尽量与本次测量活动的目标参数一致。如果可能进行多种参数范围不同的测试，则可进行一次全扫宽（Full span，取 VNA、校准标准件及测试电缆和夹具的可用范围中的最小者）的校准。接下来进入校准步骤。在 VNA 菜单上选择"校准"（calibration）选项，并在二级选单中选择所用校准工具箱的型号，以及校准类型。VNA 厂商会在仪表内部预置常用的校准工具箱的特征数据供测量时调用，但如果手头的工具箱型号不在选项中，则需要将软盘或 U 盘中的对应信息导入 VNA 来使用。校准类型限定了测试对象和测试端口的操作方法，如单端口校准、双端口单向校准、双端口全向（全端口 full ports）校准。

以天线端口的驻波比测量为例，这是一个典型的单端口测量，需要用到短路器、开路器和匹配负载。在 VNA 上选择单端口校准类型并确定校准端口（如测试端口 1），并在接下来的步骤选单中依次选择"短路""开路""负载"，并在每次选择后将对应的校准标准件可靠地连接到测试电缆（校准参考面）上，并按下"完成"（done）按钮。当三种标准件都完成测量后，按下上一级的"完成"（done）按钮结束校准。

双端口全向校准的过程与上述类似，不过还需要对测试端口 2 重复相同的校准步骤，并且还要增加一项"直通"（through）步骤。某些特殊测试需求（如端口隔离度测试）还需要追加一项"隔离"（isolation）校准。上述步骤都有相对应的校准标准件供采用，使用标准件时要注意同一型号工具箱中的标准件也要区分"公头"（M）和"母头"（F），并在校准时选择正确的类型。

在校准过程中，VNA 会根据对接入各标准件时的波量测量，结合标准件的特征数据，对校准链路（包括测试端口及其连接的测试电缆和夹具）引入的与理想参数的偏差进行补偿运算，并将结果存储起来，在后续的测量中对测量结果进行修正。

需要特别注意的是，对于多数的 VNA 而言，校准结果在通道间不能共享，每一套校准步骤都只对当前活动的通道有效。也就是说，当配置了多个通道（测试集）的时候，就必须对每个通道单独进行校准。而如果在同一个通道内添加多条迹线（对应多个被测量），则只需要进行一次校准即可。因此，在 VNA 的使用过程中，校准步骤往往是最为烦琐的工作，需要耗费较长的时间。为此，VNA 厂商纷纷推出了各种电子校准单元（自动校准附件，见图 7-4-9），以减少烦琐的人工操作，提高测试效率。

图 7-4-9　电子校准单元（2 端口与 4 端口）

（3）测试

完成校准步骤后，即可进行测试。此时如将短路器、开路器或匹配负载再依次接入测试端口的校准参考面，可以分别观察到三条完全水平的S_{11}或S_{22}曲线，其数值大小分别为－1，1和0。

将 DUT 接入校准好的测试系统，即可观察到测量结果。在测试过程中，通道参数的设置可以在校准参数范围内向下调整，如缩小频率扫描范围，但不可将扫描范围扩大到校准范围以外，否则超出校准范围的结果会出现较大的未修正误差。迹线设置仅会改变测量数据的呈现格式，不会影响校准范围和结果数据的正确性。

下面给出了对一个悬置基片带线高通滤波器的测试实例。该滤波器是一个无源2端口器件，其标称通带为 1~6 GHz。图 7-4-10 是该滤波器的 4 个 S-参数的幅频测试结果。在本例中，配置了4个测试通道，均采用了相同的通道配置（扫宽 300 kHz~3 GHz，测量点数 2 001，中频带宽 50 kHz），分别对应 4 个 S-参数的对数幅频响应。从测量结果曲线中能够看出两个端口是对称的（无方向性，即 S_{11} 和 S_{22} 相同，S_{21} 和 S_{12} 相同），利用标记工具（marker）可以读出该滤波器的截止频率（S_{21} 幅频响应的 -3 dB 点）在 946 MHz 附近，对应的端口反射系数约为 -8 dB。

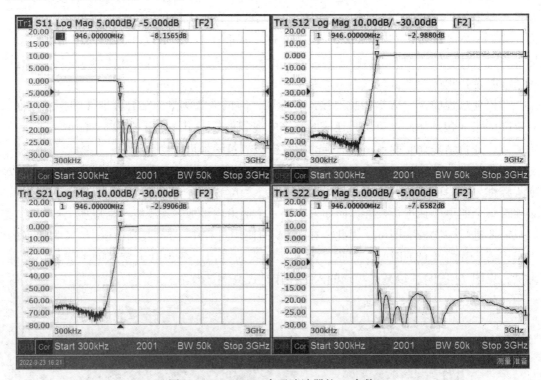

图 7-4-10　1 GHz 高通滤波器的 S-参数

图 7-4-11 演示了对相同的测试量采用不同的迹线格式的显示效果：将上述通道 2、4 的被测量修改成与通道 1、3 相同的量（S_{11}、S_{21}），并将迹线格式修改为史密斯圆图，得到相同参数在不同坐标系下的对比显示。

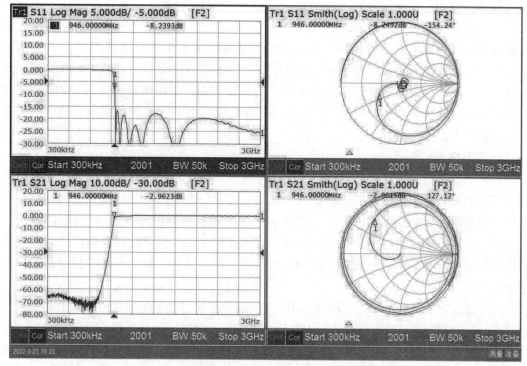

图 7-4-11 笛卡尔坐标和史密斯圆图下的 S_{11} 和 S_{21}

7.5 频域测量的发展趋势

随着微电子技术和计算机技术的不断发展，频域测量仪器的功能和性能在不断提高，新类型不断出现。现今，频域的测量分析主要向以下两个方向发展：一个是频率范围向高频（毫米波波段）和低频扩展，以研发出更高性能的全波段频域测量仪器；另一个则是基于高速发展的计算机辅助设计技术及微波集成电路技术，为方便市场普及和现场测试的需求而向实时化、标准化、模块化、小型化和经济型方向发展。

1. 频率扩展

频域测量仪器向着高频和低频两个方向扩展。以频谱分析仪为例，高频频谱分析仪的工作频率已达数十 GHz。通过外置波导混频，分析频率上限还能够扩展到数百 GHz 到 1 200 GHz。通过采用数字技术，使幅度分辨力达 0.01 dB，动态范围达 125 dB，灵敏度达 −150 dBm。利用数字滤波器和 FFT 技术取代模拟中频滤波器，使宽带分析时的频率分辨力大为提高，可达 0.004 5 Hz。高频频谱分析仪还普遍采用频率合成器作为调谐本振，频率稳定度达到 10^{-9}/d。最新的低频频谱、高频频谱分析仪已不采用扫描式的非实时分析方法，取而代之的是全数字化的频谱分析仪，并向着实时频谱分析仪方向发展。用数字滤波器代替模拟滤波器，使滤波器特性实现程控，做到高频频谱分析仪的重要指标（频率分辨力、灵敏度）可变。有的频谱分析仪使用 FFT 计算来代替滤波法进行谱分析。用数字计算代替各种形式的检波，提高了精度，扩大了动态范围，并实现了真有效值检波，因而波形适用性更强。现代频谱分析仪通常采用高性能的 DSP 芯片，使动态范围、分析速度等指标不断提高。例如，采用 32 位 DSP 芯片，配上 16 位 ADC，很容易使频谱分析仪的动态范围超过 100 dB。在速度方面，采用单片 FFT 芯片的 1 024 点复数变换时间达数百微秒；采用 VLSI 和 DSP 的高速流水并行处理的实时系统，则可在数十微秒内完成这一运算。

2. 实时频谱分析

在传统的频谱分析仪中，显示得到的信号频谱是非实时的，因为频谱分析仪对每个频率信号的采样是依次进行的，完成一次扫频是需要一定的扫描时间的。尤其在宽频带和低分辨率带宽时需要的时间更长。因此，频谱分析仪显示的频谱是基于这样的假设：在频谱分析仪扫频测量过程中，被测信号没有明显的变化。也就是说，频谱随时间变化情况的信息被忽略了。这一假设无法满足对雷达、跳频信号、瞬态干扰等信号的频域测量与分析。

实时频谱分析仪（RTSA）以高速 ADC 和高速数字信号处理为基础，并基于 FFT 来实现，可以实时捕捉各种瞬态信号，同时在时域、频域及调制域对信号进行测量和分析，满足现代化测量的需要。简单来说，实时频谱分析仪在传统扫频式频谱分析仪的基础上增加了一个维度——时间。在高速采样和高速数字信号处理的支持下，可以得到被测信号的频谱随时间变化的情况。实时频谱分析仪应用的领域包括：捕捉和分析瞬态和动态的信号；捕捉脉冲传输、毛刺和开关瞬变；捕获扩频信号和调频信号；检测间歇性干扰和噪声分析；监测频谱使用情况，发现恶意发射；检定 PLL 稳定时间、频率漂移；模拟和数字调制分析；EMI 测试与诊断等。

目前，实时频谱分析仪属于较新型的仪器，还受到扫频宽度（典型值为 100 MHz 以下）的制约，随着 AD 技术的发展，实时频谱分析仪必将得到更广泛的应用。

3. 小型化和便携化

随着无线通信技术的迅速发展，特别是 5G 网络技术的普及，越来越多的野外通讯测量需要频域测量仪表的支持。传统频域测量仪表因其功耗高、体型笨重、价格昂贵等缺点，难以满足现场和野外测试中对仪器经济、便携的要求，正是基于上述需求，适用于野外恶劣环境工作的手持式频域测量仪表应运而生。

手持式频谱分析仪具有体积小、重量轻、功耗低、方便携带等特点，可长时间使用锂电池供电，测试现场无电源插座时也能正常工作，这极大地方便了现场测试。近年来，国外仪器厂家安捷伦、R&S、安立等公司也都推出了便携式频谱分析仪产品，以适应新环境的需求。当前，市面上手持式频谱仪的重量一般都在 4 kg 以内，有些甚至只有0.5 kg。与台式频谱分析仪相比，手持式频谱分析仪的性价比高，不但具备基本的频域测量功能，而且价格便宜，甚至某些型号的手持式频谱分析仪性能可与台式频谱仪相比拟。便携式频谱分析仪的上述优点使得其在野外和现场测试需求中得到了越来越广泛的应用。

习题与思考题 ▶▶ ▶

7-1 试比较频谱分析仪与示波器作为信号测量仪器的特点及其测量领域。

7-2 外差式频谱分析仪的技术特性主要有哪些？如何得到较高的动态分辨力？

7-3 试比较 FFT 分析仪与外差式频谱分析仪的优缺点。

7-4 举例说明扫频振荡器线性不良给频谱分析仪带来的测量误差。

7-5 使用频谱分析仪观测一个载频为 97 MHz、调制信号为 10 kHz、调幅深度为 50% 的调幅波（载波与边频幅度差约为 12 dB）。频谱分析仪的分辨力带宽为 3 kHz、中心频率为 97 MHz、扫描跨度为 30 kHz、扫描时间为 2 ms，请画出频谱分析仪荧光屏上将显示的频谱示意图。

7-6 BP-1 为窄带频谱分析仪，其最大扫频宽度 $\Delta f_{\max} = 30$ kHz，现欲观测 20 kHz 的失真正弦波的谐波成分，荧光屏上能够同时出现该信号的几根谱线？

7-7 利用频谱分析仪分析一个调幅波的频谱，在频谱分析仪屏幕上显示出载频和一对边频谱线，将载频谱线高度调到 0 dB，读出边频谱线高度的 dB 值为 p，则被测调幅波的调幅系数为

$$m_a = 2 \times 10^{\frac{p}{20}}$$

试证明之。

7-8 利用频谱分析仪测量一放大器的非线性失真系数 D，将基频谱线高度调到 0 dB，分别读得二次谐波、三次谐波、……的谱线高度的 dB 值为 P_2、P_3…，试证明被测非线性失真系数为

$$D = \sqrt{10^{\frac{P_2}{10}} + 10^{\frac{P_3}{10}} + \cdots}$$

7-9 试说明频谱分析仪采用对数放大器的必要性。

7-10 频谱分析仪的可测量信号频率范围为 9 kHz~3.6 GHz，第一中频为 4.235 MHz，那么，其第一本振的扫频范围是多少？输入信号的镜像干扰频率范围是什么？

7-11 如果设置频谱分析仪的扫描起始频率为 0 Hz，终止频率为 150 kHz，频谱分析仪不接入任何信号，请画出在频谱分析仪分别选择 1 kHz、3 kHz、10 kHz 的分辨力带宽时，频谱分析仪屏幕上显示频谱的示意图（不用标注幅度值）。

7-12 为什么频谱分析仪显示的一根根谱线实际上是频谱分析仪中频滤波器的选择性曲线？

7-13 说明频谱分析仪扫频速度过快对测量结果会造成什么影响，为什么？

7-14 查阅网络分析仪的技术资料，说明网络分析仪的功能和基本原理，比较网络分析仪与频谱分析仪的异同点。

第 8 章　数据域测量

8.1　引言

8.1.1　数据域测量的概念

数据域测量是 20 世纪 60 年代末、70 年代初发展起来的测量技术。随着数字集成电路和计算机技术的日益普及和发展，数字化产品和系统越来越庞大和复杂，为确保数字电路和系统的性能和可靠性，要求对数字电路和系统中的数据信息进行测试。然而，由于数字设备和数字系统具有信号路数多、工作速度快、信号间时序关系复杂、信号往往是单次或非周期的等特点，传统的时域或频域分析方法很难适用。在这种背景下，数据域测量技术应运而生。

数据域测量是指对数字系统的逻辑特性进行的测量，主要目的是实现对数字系统的故障进行诊断和定位。数据域测量的对象是数字系统，其被测系统的信息载体是二进制数据流，这与时域、频域测量所要解决的问题有很大不同。图 8-1-1 给出了数据域测量与时域测量、频域测量在研究内容方面的比较。如图 8-1-1（a）所示，时域测量是在时域内描述信号的特征，以时间为自变量，以被观测信号的电性能参数（电压、电流、功率）为因变量进行分析。频域测量是在频域内描述信号的特征，以频率为自变量，以各频率分量的幅度值为因变量进行分析，如图 8-1-1（b）所示。数据域测量是对以离散的时间或者事件作为自变量、以各路信号的状态为因变量而进行的分析。图 8-1-1（c）是在逻辑分析仪上得到的一个十进制计数器输出数据流的定时图和状态图。定时图是将各信号线在时钟作用下的状态以高低电平组成的时序波形来表示的，而状态图是用二进制码组成的"数据字"来表示。两种表示方法虽然不相同，表示数据的内容却是一致的。

8.1.2　数据域测量的特点和方法

1. 数据域测量的特点

与时域、频域测量相比，数据域测量具有以下特点。

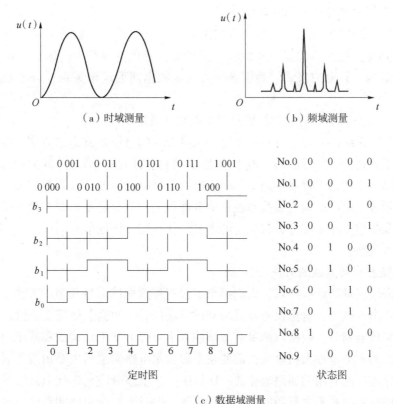

（a）时域测量　　　　　　　　　　（b）频域测量

（c）数据域测量

图 8-1-1　时域、频域和数据域测量的比较

（1）测量对象是二进制数据流

数字逻辑电路以二进制数字"0"和"1"的方式来表示信息。在每一特定时刻，多位 0、1 数字的组合称为一个数据字。数据字按一定的时序关系随时间变化就形成了数据流。数据域测量的对象就是这些由二进制数据字有序组合成的数据流。

（2）信号是单次或非周期性的

数字电路和系统按一定的时序工作，在一个程序执行过程中，许多信号只出现一次（如中断信号）。某些信号虽然会重复出现，但并非时域上的周期信号。数据域测试仪器必须能捕获、存储和显示此类信号。

（3）数字信号是多位传输的

现在的数字系统几乎都是以 CPU、MCU、DSP、FPGA 等大规模集成电路为核心的总线系统，其地址总线、数据总线、控制总线等都是多条并行的信号线。因此，要求数据域测量仪器能够同时对多条信号线进行采集和测试。

（4）信号是按时序传输的

数字电路中大量使用了时序逻辑电路，多数设备与系统必须严格地按一定的时序工作。系统中的信号都是有序的信号流，且常伴有竞争和冒险现象发生。数据域测量应能实现对各路信号之间的时序和逻辑关系进行测量。

（5）信息传递方式和速率的多样性

数字信息允许以串行方式或并行方式传输，也允许同步传输或异步传输，还有总线复用的传输方式。数据传输速率从纳秒级到秒级，变化范围很大。因此，数据域测量要注意系统的结构、数据的格式、数据选择方式及数据间的逻辑关系，以便获取有意义的数据。

（6）数字电路和系统的故障判别与模拟电路和系统不同

模拟电路和系统的故障主要根据电路中某些节点的电压或波形来判别。数字电路和系统中的故障不只是由于信号波形、电平的变化，更主要的在于信号之间的逻辑时序关系异常，电路中偶尔出现的干扰或毛刺等都会引起系统故障。因此，在数据域分析中，并不是关注每条信号线上电压的确切数值和测量的准确程度，而是需要知道各信号线处于低电平还是高电平及各信号互相配合在整体上的含义，往往需要依据信号间的时序和逻辑关系是否正常来做出判断。

2. 数据域测量和测试的方法

针对数据域测量的这些特点，人们提出了很多种数据域测量和测试方法。由于这部分内容超出了本书的范围，这里仅对数据域测试方法的分类和概念做简要介绍。

从测试原理上划分，数据域测量和测试的方法可分为基于结构的和基于功能的两种方法。基于结构的方法也称为白盒法，需要在掌握被测电路的逻辑电路图或等效电路图的基础上进行，目前广泛应用的通路敏化法、D 算法、布尔差分法、迭代电路法等属于此类方法。基于结构的方法对不太复杂的电路比较有效，但对于复杂电路和系统，这种方法不但分析复杂、测试量大，而且有时由于无法得到被测电路图而不能实施。目前对 LSI、VLSI及微处理器等复杂电路，通常采用基于功能的测试法，也称为黑盒法，即对电路全部或主要逻辑功能进行测试，并不针对电路的各个节点测试是否存在故障，而着眼于整个电路能否完成预期的功能，如状态变迁法。

从故障定位的范围来划分，数据域测量和测试的方法可分为元器件级、板级和设备级。在一般设备制造、使用和维修中，芯片内的故障是难以修复的，所以故障定位到元器件级通常是故障定位的最高水平。元器件出现故障只能更换芯片。板级测试应能把故障定位到印制电路板（PCB）；发现板级故障，一般都是用备用 PCB 板更换。在设备使用现场，至少应能通过设备级测试判断设备是否存在故障。对于很多自动测试系统，通常在系统中设置有自检功能，能够自动提示设备故障。

从使用的激励信号类型来划分，数据域测量和测试的方法可分为确定信号激励测试和随机/伪随机信号激励测试。确定信号激励测试是采用确定的激励信号。激励信号可以是覆盖全部可能的输入信号编码，实现所谓的穷举测试。这种方法测试比较全面，但工作量大，测试时间长，一般不适合复杂电路。随机/伪随机信号激励测试则是通过产生随机/伪随机信号对正常电路和被测电路同时进行激励，比较两个电路的输出，若两种输出不一致则说明电路不正常；或者是通过移位寄存器产生循环码周期比较长、具有某些随机序列特点的伪随机信号进行测试。有些测试中，同时采用确定性信号和随机信号进行测试，相互补充、取长补短。

数据域测试还可以按照测试信号是在被测电路外部施加还是内部施加来进行分类。传统的激励–响应法是将激励信号加在被测电路的输入端，通过分析其输出端的信号来实现测试。随着数字电路复杂程度的提高，在电路设计完成之后，仅从外部来判断电路故障难度、工作量都很大，甚至无法实现，因此需要从数字电路设计阶段就考虑"可测性设计"的问题，内建自测试 BIT（built-in test）、边界扫描测试技术等是这方面的常用方法。

8.1.3 数据域测量的仪器

数据域测量的目的主要有两个。一是判别数字电路和系统中是否存在故障，即故障的诊断；二是确定故障在电路或系统中的位置，即故障的定位。使用简单的逻辑笔、逻辑夹，甚至是示波器或者是电压表，有时也能够实现上述两个目的。但是，逻辑分析仪却是所有测量手段中最合适的，在某些场合也是唯一的选择。下面分别对曾经出现过的数据域测量仪器做简要介绍。

1. 逻辑笔和逻辑夹

早期的数字系统故障查找工具是简易的逻辑笔、逻辑夹等。逻辑笔和逻辑夹常用于测量电路某一点的状态是高电平、低电平还是脉冲。逻辑笔用于单路信号测试，逻辑夹则能用于多路信号测试。

逻辑笔是一个小型的笔式仪器，能方便地探测数字电路中各点的逻辑状态，并以不同颜色的发光二极管来表示数字电平的高低，类似于电工常用的试电笔。例如，绿色发光二极管亮时，表示逻辑低电位；红色发光二极管亮时，表示逻辑高电位；红、绿发光二极管都灭时，表示浮空或三态门的高阻抗状态；红、绿发光二极管同时闪烁，则表示有脉冲信号存在。一些逻辑笔还提供脉冲展宽功能，可以捕获非常窄的脉冲，并以人眼可以判断的发光时间宽度来指示脉冲的发生。有些逻辑笔还具有记忆功能，当探针离开测试点后，发光二极管能够保持之前的发光状态，便于使用者记录被测点的状态。用逻辑笔上的"清除按钮"可以消除这种记忆。

典型的逻辑笔规格见表 8-1-1。

表 8-1-1　逻辑笔的规格

规格	值
频率范围/MHz	0~50
可检测的最小脉冲宽度/ns	10
输入阻抗/MΩ	2
逻辑阈值（TTL）/V	高：2.4；低：0.8
逻辑阈值（CMOS）	高：供给电压的70%；低：供给电压的30%

逻辑夹的工作原理与逻辑笔基本相同，只不过逻辑夹是多路并列的，可同时显示集成

电路多个点的逻辑状态。逻辑夹与数字信号发生器配合使用，可以在信号频率较低时，测量门电路、触发器、计数器或加法器等输入端及输出端之间的逻辑关系。

逻辑笔和逻辑夹电路简单、价格便宜、使用方便，但是仅能用于简单、低速数字电路的测试，不能用于分析复杂、高速的数字系统。

2. 数字信号发生器

数字信号发生器能够产生多路时序逻辑信号，作为数字电路测试的激励信号。多数数字信号发生器都能够存储某些常用的信号模板或图形，如典型的测试矢量序列、特定微处理器的指令或者控制时序等；数字信号发生器一般还具备产生伪随机二进制序列信号的能力。详见 5.4.3 节的描述。

3. 逻辑分析仪

随着数字系统复杂程度的增加，尤其是微处理器的高速发展，采用简单的测试仪器已经不能满足需求。1973 年，在微处理器出现不久，逻辑分析仪就问世了。逻辑分析仪对于数据有很强的选择和跟踪能力，能很好地满足数据域测试的各种要求，成为数据域测量的重要工具。

逻辑分析仪是多线示波器与数字存储技术发展的产物，故又称为逻辑示波器。它具备以多通道（几百路甚至上千路）实时获取与触发事件相关的逻辑信号的能力，能够显示触发事件前后所获取的信号，能够以表格、波形或图形等多种形式对逻辑电路的逻辑状态进行显示，也能够以反汇编的方法实现对数字系统软件的分析，广泛用于数字系统和设备的调试、故障诊断与故障定位、同时跟踪并使多个数字信号相关联、检验并分析总线中违反时序的操作及瞬变状态、跟踪嵌入软件的执行情况等方面。

随着现代通信、计算机、电子技术的发展，数据传输速率、芯片集成度越来越高，数字系统的规模和复杂程度不断提高，这些都对逻辑分析仪提出了更高要求。目前，逻辑分析仪在通道数、采集速度、存储器深度三个关键技术指标方面都达到了很高的水平。为了满足对测量通道数的多样化需求，还出现了模块化的逻辑分析仪系统，用户可以根据需要选择合适的逻辑分析仪主机，灵活地配置测量模块和通道的数量。例如，Tektronix 公司的 TLA7016 逻辑分析仪主机支持 6 个 TLA 模块的扩展槽，甚至可以使用 TekLinkTM 电缆最多扩展 8 台 TLA7016 主机，支持最多 48 个 TLA 模块（6526 通道）；在逻辑分析仪模块方面，TLA7Bxx 系列模块提供 68 个、102 个、136 个通道的系列产品，具有 20 ps（50 GHz）的定时分辨力，最高状态速率为 1.4 GHz，最大存储深度 128 Mb（全通道）。Agilent 也有类似的模块化系统，Agilent 16962A 模块有 68 个通道，全通道定时分析速率为 2 GHz（500 ps），使用四分之一通道时的定时分析速率可达 8 GHz（125 ps），状态时钟速率为 2 GHz，最大存储器深度为 100 M 样点。图 8-1-2 是 Agilent 16800 系列逻辑分析仪。

现代逻辑分析仪能够支持的微处理器和总线的类型已经超过 200 种，包括 CAN、USB、ISA、VME 等，提供相应的分析仪探头、反汇编显示软件等配套产品，从而为这些产品的开发、维修、检测和充分利用提供了有力支持。逻辑分析仪的产品形式也呈多样化的发展趋势，出现了 VXI 模块式、USB 接口式及基于 PC 的逻辑分析仪。逻辑分析仪另一个发展趋势是与时域测试仪器的集成，将逻辑分析仪与示波器结合，可以在对数字信号进行逻辑分析的同时对模拟信号的波形细节进行观察，实现更强的混合信号分析功能。这方面的产品有逻辑示波器、手持式逻辑示波表等。

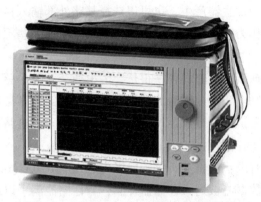

图 8-1-2 Agilent 16800 系列逻辑分析仪

8.2 逻辑分析仪的原理及关键技术

8.2.1 逻辑分析仪的基本原理

1. 逻辑分析仪的基本组成

现代的逻辑分析仪功能强大，结构形式多样，但是它们的基本结构是相似的。如图 8-2-1 所示，逻辑分析仪一般由数据采集、触发控制、存储控制、数据显示及处理四个部分组成。

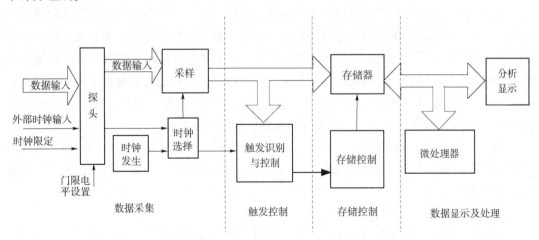

图 8-2-1 逻辑分析仪的基本结构

逻辑分析仪通过具有多路数据输入的探头与被测数字系统连接。在正常工作时，各路输入信号在时钟的作用下经由采样电路转换为逻辑电平信号，存入存储器。逻辑分析仪采用的时钟信号可用内时钟发生器产生，也可以选择某路外部输入信号作为外时钟，此外还可以选择某路外部输入作为时钟限定信号，其作用是忽略掉那些不希望存储和处理的时钟周期。

数字系统产生的数据流持续时间往往很长，为了捕获和显示感兴趣的数据，逻辑分析仪设置了触发识别与控制电路。采样后的数据流在送入存储器存储的同时，也传输给触发识别与控制电路进行触发识别，当满足设定的触发条件时，该电路将产生触发信号来控制数据存储部分开始或停止存储数据。

由于存储器的深度有限，逻辑分析仪一般以先进先出 FIFO（first-in first-out）方式实现数据存储。采样后的数据流被送入存储器存储，当存储器满了以后，不断用新数据替换旧数据，存储的开始和结束受触发识别与控制电路的控制。

当前端获取了所需要的数据之后，微处理器就可以从存储器中读出数据并将其显示出来。逻辑分析仪的显示方式很多，具备强大的数据观察和分析能力。

2. 逻辑分析仪的工作模式

逻辑分析仪有两种工作模式，也可以认为逻辑分析仪中存在两种仪器功能，即逻辑定时分析仪（logic timing analyzer，LTA）和逻辑状态分析仪（logic state analyzer，LSA）。这两类分析仪都采用如图 8-2-1 所示的基本结构，主要的区别表现在采样方式和显示方式上。

（1）逻辑定时分析仪

逻辑定时分析仪是以图 8-2-1 中所示的内时钟发生器产生的时钟为采样时钟的。由于逻辑分析仪内部的时钟与被测系统的时钟没有同步关系，这种方式也称为异步采样。异步采样时钟速率可以很高，达到几十 GHz。

逻辑定时分析仪与数字示波器的工作方式很类似，在每一个内部时钟的边沿对被测波形采样，并使用与示波器类似的方式显示被测信号，水平轴代表时间，垂直轴反映电压幅度。两者的不同点不仅在于水平轴是离散的时间，更重要的是逻辑定时分析仪只确定信号是逻辑高还是逻辑低，显示的是一连串只有"0""1"两种状态的伪波形，并不确定真实的电压值，如图 8-2-2 所示。也可以认为逻辑定时分析仪就像一台每通道只有 1 位垂直分辨率（AD）的数字示波器，但具有比示波器多数倍的输入通道。

由图 8-2-2（b）可以看出，逻辑定时分析的目的并非用于测量信号的参数，而是用来观察多路输入信号之间的时序关系，在数字设备的硬件分析、调试和维修过程中发挥着非常重要的作用。

（2）逻辑状态分析仪

逻辑状态分析仪是以被测电路的时钟信号或者其他某些信号作为采样时钟来工作的。对于逻辑状态分析仪来说，这个时钟是外时钟。但由于采样时钟来自被测系统，意味着逻辑分析仪能够与被测电路保持相同节拍工作，实现同步采样。

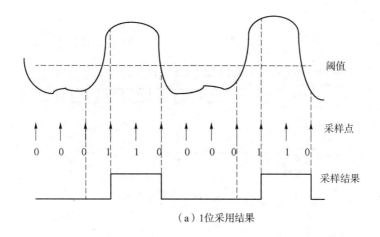

（a）1位采用结果

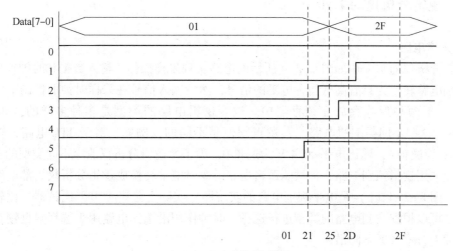

（b）多位采用结果

图 8-2-2　逻辑定时分析仪的采样和显示

逻辑状态分析仪可以在选定时钟的每一个上升沿和/或下降沿采集系统的逻辑状态，以二进制、十六进制、反汇编代码或者其他助记符形式显示出来。此时，逻辑分析仪是以离散的事件为自变量的，体现了数据域测量的特点。例如，可以选用微处理器的读信号作为采样时钟，一般来说，"读事件"的发生不是等时间间隔的，当微处理器发出读信号时，逻辑分析仪才进行采样。逻辑状态分析仪主要用来分析数字系统的软件，是跟踪、调试程序、分析软件故障的有力工具。

（3）定时分析和状态分析采样结果的比较

图 8-2-3 展示了两种分析模式对 8 位数据信号采样的结果。从图中可以看出，状态分析与被测电路同步工作，能够显示 8 位二进制数据随时间变化的情况，定时分析时采样时钟与被测电路时钟不同步，如果采样时钟到来时，8 位二进制数据还未稳定，就会出现不确定的结果，在图中用"??"表示，但是，可以用定时分析来观测和分析被测电路的时序。在实际运用中，经常将两种工作模式配合使用。

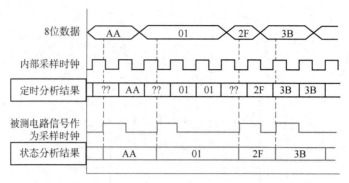

图 8-2-3　定时分析和状态分析的比较

8.2.2　逻辑分析仪的采样

1. 采样电路

逻辑分析仪通常采用如图 8-2-4 所示的电路实现采样操作。输入数据和时钟首先通过电平判别电路转换为只有高低两种电平的信号，然后输入信号在采样时钟的控制下将转换结果以 0、1 两种形式存放在锁存器中。被测逻辑电路的类型是多种多样的，如 TTL、CMOS 等，这些不同类型的电路，其逻辑阈值是不同的，例如，对于 TTL 电路，输出电平>2.4 V 为逻辑 1，输出电平<0.4 V 为逻辑 0，为了使逻辑分析仪兼容不同类型的逻辑电路，必须采用逻辑判别电路，把被测逻辑电路的逻辑电平转换成逻辑分析仪内部电路的逻辑电平。图 8-2-4（b）是电平判别电路的实现图，实际上是一个电平比较器。比较器的门限电平可以根据被测电路的类型进行选择。时钟作用沿选择电路用于选择数据锁存是发生在时钟上升沿或者下降沿。

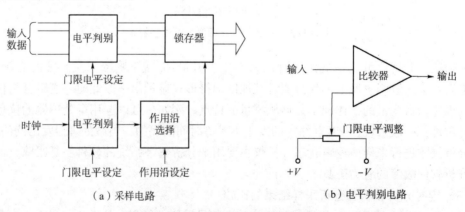

（a）采样电路　　　　　　　　　　（b）电平判别电路

图 8-2-4　逻辑分析仪的数据采样

对于逻辑定时分析仪来说，采用的是等时间间隔的内部时钟进行异步采样，如果时钟周期选择恰当，显示器显示的图形能反映信号的电平随时间的变化情况；如果时钟周期选择不当，采样后的波形将会严重失真。如图 8-2-5 所示，如果输入信号的跳变发生在两个采样点之间，逻辑定时分析仪只有在信号跳变的下一个采样点到来的时候才能知道信号发生了跳变。因此，逻辑分析仪屏幕上显示的波形与真实的波形不仅是在信号幅度上不同，还存在时间上的偏差，这个偏差的最大值不超过逻辑分析仪的采样周期。在定时分析中，采样周期决定了逻辑分析仪的时间分辨力。显然，提高采样率有助于提高定时分析的精度。

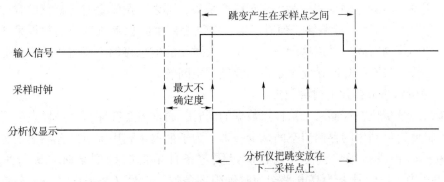

图 8-2-5　逻辑定时分析仪的采样精度

2. 特殊的采集方式

（1）逻辑定时分析仪的毛刺捕获

数字系统中一个令人头痛的问题是"毛刺"。毛刺可由电路板走线间的电容性耦合、电源纹波、某些器件要求的高瞬时电流或其他事件造成，这些"毛刺"经常造成数字逻辑电路的工作异常。在逻辑定时分析仪中，把毛刺定义为相邻两次采样间穿越逻辑阈值一次以上的任何跳变，如图 8-2-6 所示。

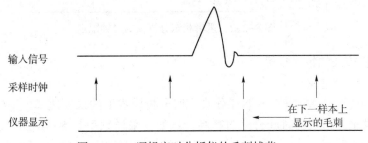

图 8-2-6　逻辑定时分析仪的毛刺捕获

逻辑定时分析仪通常采用特殊的电路来实现毛刺捕获或毛刺检测。专用的毛刺检测电路通常设置在图 8-2-1 的采样电路之前，来实时检测逻辑分析仪的输入中是否有两个（或更多）的变化在采样中发生。毛刺检测电路的工作必须比逻辑分析仪正常采样频率要快，以保证最小的毛刺宽度能被检测到。有些逻辑分析仪还设置了专用的参考内存来保存毛刺发生时的相关数据。毛刺检测的结果通常会传送给触发识别与控制电路，当毛刺发生时触发逻辑分析仪，实现所谓的毛刺触发功能。有了这种功能，一旦毛刺发生，就可以根据逻辑分析仪捕获的波形来分析毛刺产生的原因。在逻辑分析仪屏幕上，毛刺通常以加亮的方式显示，便于与正常波形区分开来。

（2）逻辑定时分析仪的跳变采集

使用逻辑定时分析仪进行硬件调试时，被测输入信号可能长时间不发生变化，而仅在少数时间发生变化。在这种情况下，如果采用常规的连续采集方式，就会采集到许多长时间没有活动的数据，它们占用了逻辑分析仪存储器，却不能提供更多的信息。如果采用只存储跳变发生时刻的逻辑状态信息和该状态持续时间的跳变采集方式，就可以大大提高存储器的利用率，节约存储空间。为了实现跳变采集，可以在逻辑定时分析仪的存储器输入端增加"跳变探测器"，检测跳变何时产生，在跳变发生时保存跳变前的数据采样值及距离上一跳变的流逝时间。采用这种方法，每一次跳变的信息存储需要占用两个存储器单元位置，但在输入没有变化时是完全不占用存储器空间的。

（3）逻辑状态分析仪的时钟限定

逻辑状态分析仪在存储每个采样点数据的同时，通常需要存储每个采样点的时间标签信息，这将使得可利用的存储器空间减少一半。为了最大化利用宝贵的存储器资源，可以对同步采样时钟进行限定，使其仅在满足限定条件下的时钟到来时才进行采样。如在图 8-2-7 中，以信号 K 为高电平作为时钟限定条件，信号 J 为采样时钟，有效时钟则为图中第三行所示。通过时钟限定，逻辑状态分析仪可以只存储 J 为上升沿跳变且 K 为高的采样点数据。

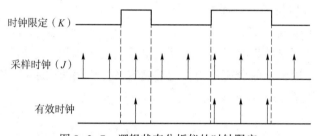

图 8-2-7　逻辑状态分析仪的时钟限定

3. 与采样相关的技术指标

（1）定时采样速率

定时采样速率是指逻辑分析仪工作在定时分析模式下的采样速率。采样率越高，采样精度越高，逻辑分析仪的时间分辨力越高。例如，采样频率是 50 GHz 的逻辑分析仪的时间分辨力等于 20 ps。因此，定时显示画面反映出来实际边沿位置的最大误差为 20 ps。定时采样速率通常应选择为被测总线数据传输速率的 4~10 倍。

（2）状态采样速率

逻辑状态分析仪的采样时钟是被测试对象的工作时钟。状态采样速率是指逻辑状态分析仪能够支持的最高外部时钟速率。因此，应选择状态采样速率至少与被测总线数据传输速率相同的逻辑状态分析仪。

8.2.3　逻辑分析仪的触发

触发的概念最初出现在模拟示波器上，逻辑分析仪在分析数字系统时也沿用了这个概念。数字系统在大多数情况下，数据是连续不断的，而逻辑分析仪的储存深度毕竟有限。为了在数据流中获取需要的数据，必须使用触发。触发就是指设置触发条件，由触发电路连续监测采样得到的数据，并与预先设定的触发条件做比较。如果满足触发条件，则把触发点附近的数据保存并显示出来；如果不满足触发条件，则继续采样。类似于示波器的触发，可以在输入信号当中发现感兴趣（满足触发条件）的信号，逻辑分析仪的触发可以在输入的数据流中，找到感兴趣（满足触发条件）的数据。

1. 触发事件

逻辑分析仪的触发条件是通过触发事件来定义的。"事件"一词有多层意思：它可以是一条信号线上的简单跳变，也可以是毛刺，或者是特定信号线（如 WR、Enable）变为有效的时刻。事件还可以是整个总线中多个信号跳变组合导致的特定逻辑条件。

在定时分析模式下，可以采用上升沿触发、下降沿触发、任意沿触发、电平触发、毛刺触发等，这与示波器十分相似；在状态分析仪模式下，可以定义在数据总线上出现特定电平组合时触发，也称为码型触发或者字触发。除了这些基本触发事件之外，逻辑分析仪还允许定义一些复杂的触发事件，包括以下内容。

- 等于模式：当获得的数据与特殊模式相符合时事件发生，特殊模式由"1""0"和"X"组成，这里"X"代表"不关心"。
- 不等于模式：当获得的数据不与特殊模式相符合时事件发生。
- 大于模式：当获得数据的数值大于特殊模式时事件发生。
- 小于模式：当获得数据的数值小于特殊模式时事件发生。
- 大于等于模式：当获得数据的数值大于或等于特殊模式时事件发生。
- 小于等于模式：当获得数据的数值小于或等于特殊模式时事件发生。
- 范围内：当获得的数据在特定的上限与下限之间时事件发生。
- 范围外：当获得的数据不在特定的上限与下限之间时事件发生。
- 时间持续触发：当基本触发事件持续呈现在一段时间内事件发生。例如，当持续 2 ms 时触发。
- 计数触发：当基本触发事件发生次数达到特定的计数值时事件发生。例如，当第 17 次发生时触发。

2. 触发位置

触发位置是指触发事件在数据存储器中出现的位置。逻辑分析仪允许将触发位置设在数据存储器开始、末尾或者中间的任何位置，通过设置以下几种触发方式来实现（以逻辑状态分析仪为例说明）。

（1）始端触发

指逻辑分析仪在被触发后开始存储、显示数据。一旦识别到触发字便触发，以被触发时的数据（即触发字）为存储的第一个有效数据，直到存储器存满为止。为使触发字醒目，在各种触发方式中通常都把触发字高亮显示，如图 8-2-8（a）所示。

（2）终端触发

又称为触发停止跟踪。在触发以前，存储器就以先进先出方式存储数据，当存满后开始在数据流中搜索触发字，与此同时存储器继续以新数据更新旧数据。一旦搜索到触发字，立即停止存储。因而触发字就是存储和显示的最后一个有效数据，存储器中存入的数据是产生触发字之前各通道的状态变化情况，如图8-2-8（b）所示。

（3）延迟触发

延迟触发是与始端触发、终端触发配合使用的。"始端触发"加"延迟触发"就是在数据流中搜索到触发字时并不是立即进行跟踪（存储），而是经过一定的延迟才跟踪。"终端触发"加"延迟触发"的效果与之类似。这样，在不改变触发字的情况下，选择适当的延迟数便可实现对数据序列进行逐段观察。延迟的对象主要有时钟延迟、事件延迟两种。时钟延迟是指触发后经过一定的采样时间后才开始或停止存储有效数据。事件延迟通常是对触发字进行计数，当计数值达到设定值时再触发。事件延迟也可以是对其他特定事件类型的延迟。图8-2-8（c）、（d）给出延迟对窗口的影响，图中的窗口表示一次跟踪的显示，设置不同的延迟，可以将窗口灵活定位在数据流中的不同位置。

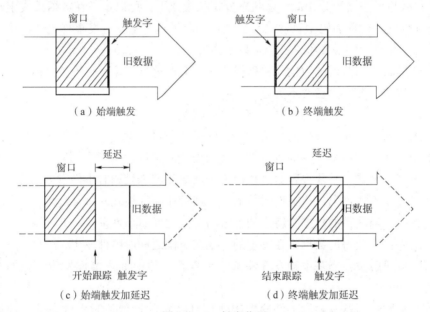

图 8-2-8 触发位置

3. 触发限定

如果逻辑分析仪不但要满足触发字或符合一定次数，而且还要满足一些附加的约束条件才能触发，则增加的条件就叫限定条件。这样，即使数据流中频繁出现触发字，只要这些附加的条件未满足，也不能触发。触发限定条件只影响是否产生触发，对触发以后的数据获取没有影响。触发限定的工作原理如图8-2-9所示。

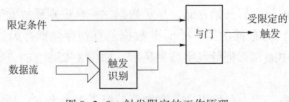

图 8-2-9 触发限定的工作原理

4. 触发序列

在分析复杂事件时，简单触发往往不能满足功能要求，这时候需要使用逻辑分析仪的高级触发功能。先进的逻辑分析仪是将各种触发事件当作触发资源，允许通过逻辑运算符将触发事件组合起来，甚至加入一些判别、跳转、循环语句，形成相当复杂的触发序列。例如：在"模式1等于10010XX1"与"模式2是小于01110111"实现触发。又如，"找到事件A，然后触发事件B"。再比如，用IF/THEN/ELSE来控制一些特殊功能的发生，包括转到特殊序列的步骤、开始或重置时钟、计数器计数等。触发序列编制方法与计算机编程语言很类似。

例如，一个判断脉冲宽度是否超限的触发序列如下：

Find "POS_EDGE" 1 time

Then find "NEG_EDGE" 1 time

      TRIGGER on "MIN_WID 496 ns+MAX_WID 1.00 s" 1 time

Else on "anystate" go to level 1

触发序列是为了测试包含跳转、嵌套、循环等复杂分支程序的软件而设计的，用单一的触发事件往往不容易实现这种复杂软件的测试。触发序列则要求按顺序确认一系列事件均发生后才进行触发，这样可以迅速地定位感兴趣的目标程序。

先进的逻辑分析仪还提供了"拖放功能"来简化触发序列的设置，用户只需把表示各触发功能的图标拖放到触发序列中，把数值填入空格或选择下拉菜单中的标准选项，就可以完成触发序列的定义。

8.2.4 逻辑分析仪的存储

1. 数据存储方式

逻辑分析仪能够以仪器标称的最高采样速率将数据存储到存储器中，这些数据是以后进行数据分析和显示的基础。为了实现多路长时间数据记录，要求逻辑分析仪有足够宽度和足够深度的存储器。如图8-2-10所示，存储器可以视为一个拥有通道宽度和存储深度的矩阵。存储器的通道宽度取决于逻辑分析仪的通道数量，存储器的存储深度则决定了在所要求采样率条件下能测量的总时间跨度，存储深度越大，采样率一定时，单次测量的时间就越长。逻辑分析仪通常会给出"每个通道能够存储的样点数"这样的技术指标来表示存储深度的大小，通常称为"全通道的存储深度"。

在一般的存储模式下，存储深度＝记录时间×采样速率，这意味着在保证采样分辨率的前提下，大的存储深度直接提高了单次记录时间，即能观察分析更多的波形数；而在保证记录时间的条件下，则可以提高采样速率，观察到更真实的信号。

2. 扩展存储能力的方法

在逻辑分析仪的应用中，存储器深度的大小对于跟踪持续时间长的数据流来说十分重要。例如，在数字系统故障点与故障产生的原因之间可能间隔很长时间，HDTV、PCI-E

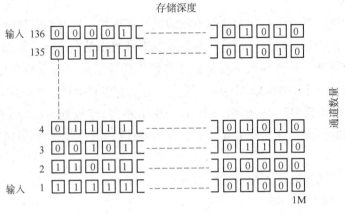

图 8-2-10　存储器结构

等串行数据流的长度很长，软件与固件的调试也需要长时间的跟踪。然而，存储器的深度总是有限的，不可能将数据流中的所有数据都存储下来。为了扩大记录时间，弥补全通道存储深度有限的缺点，逻辑分析仪一般采用多种提高存储空间利用率的方法，来解决这一问题。

（1）跳变存储

仅在数据发生变化时才进行存储。当数据没有变化时，只用内部的计数器对连续 0 或 1 的个数做计数。对于数据变化不是特别频繁或有段时间数据没有变化时，跳变存储可以大大增加记录时间长度。

（2）半通道模式

逻辑分析仪的通道都是成组成对设置的。一个通道组一般包括 16 路数据和 1 路时钟输入，相邻两个通道组成一对。整个逻辑分析仪的通道数量一般是 34 的整数倍。每一个通道组对会共享一些资源，如采样器和存储器。当需要较高采样率或者较长记录时间时，设置成半通道模式。在这种模式下，一个通道组对中仅有一个通道组可用。牺牲通道数的同时，存储深度或采样率可以增加 1 倍。

（3）块存储

块存储是指仅将满足触发条件的数据块存入存储器，即仅在信号满足触发条件时，存储触发点本身及前后各 31 个采样点的数据，共计 63 个采样点构成一个数据块。在下次满足触发条件时，仍是这样存储。如此可以节省内存，同时实现成块跟踪。

3. ZOOM 功能

先进的逻辑分析仪往往提供 ZOOM（缩放或细化）功能，来满足对于更高精度定时分析的需求。ZOOM 功能的实现依赖独立于主存储器设置的高速缓冲存储器。例如，Tektronix 在一些高级逻辑分析仪中为每条通道都设置了 16 KB 的 MagniVu 高速缓冲存储器，允许以高于常规采样率的 8 GHz 进行采样，存储触发点前后各 8 KB 的数据样点。这样就能实现触发点周围局部放大和高精度时间测试的功能，最高时间分辨力可以达到

125 ps。由于高速缓冲存储器是独立设置的，ZOOM 功能不影响正常的采集和存储功能实现，允许同时以高速率和正常速率对信号进行分析。

8.2.5 逻辑分析仪的显示与分析

逻辑分析仪能够将存储在数据存储器里的数据进行处理并以多种方式显示出来，方便对捕获的数据进行观察和分析。下面介绍逻辑分析仪的几种主要显示方式。

1. 波形显示

波形显示将经过采样的多通道信号波形按照离散时间的顺序显示出来，允许用户查看捕获信号的定时关系；可以将存储器的全部内容按顺序显示出来，也可以改变顺序显示，以便于进行比较分析。波形显示方式主要用于定时分析，也可用于状态分析。图 8-2-11 是波形显示画面的示意图。

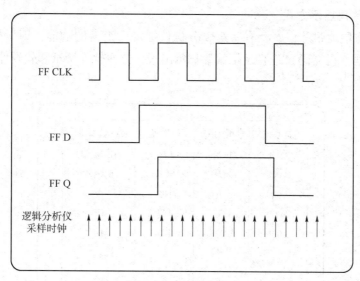

图 8-2-11　波形显示

2. 列表显示

列表显示是将存储器中的内容以二进制、八进制、十进制或十六进制等形式显示出来，通常是逻辑状态分析仪采集的计算机地址、指令或者其他数字信息。图 8-2-12 所示是列表显示的示意图。列表显示可以真实反映被测系统的状态。逻辑定时分析仪也可以采用这种显示方式。

3. 图解显示

图解显示是将屏幕的 X 方向作为时间轴、将 Y 方向作为数据轴进行显示的一种方式。按照采集时间顺序将待显示的数字量显示在屏幕上，形成一个图像的点阵。如图 8-2-13 所示，将从被测系统地址总线中采集的数据以图解显示方式显示出来，可以直观地给出程序执行过程的图形化描述，反映出循环程序、子程序调用等情况。这种显示方式也被用于数字滤波器、ADC、DAC、控制过程的实时显示和优化等领域。

Sample	Counter	Counter	Timestamp
0	0 111	7	0 ps
1	1 111	F	114.000 ns
2	0 000	0	228.000 ns
3	1 000	8	342.000 ns
4	0 100	4	457.000 ns
5	1 100	C	570.500 ns
6	0 010	2	685.000 ns
7	1 010	A	799.000 ns

图 8-2-12　列表显示

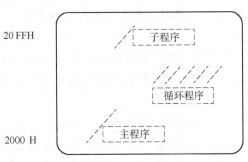

图 8-2-13　图解显示

4. 高级源代码显示方式

为了更加方便地跟踪程序，有些逻辑分析仪提供反汇编的功能，即根据 CPU 的类型将采集到的数据（机器码）进行反汇编并显示出来，方便软件调试和软硬件联调分析，如图 8-2-14 所示。

地址（HEX）	数据(HEX)	操作码	操作数（HEX）
2 000	214200	LD	HL,2042H
2 000	0604	SUB	B,04H
2 000	97	INC	A
2 000	23	LD	HL
2 000	11	LD	HL
⋮	⋮	⋮	⋮

图 8-2-14　源代码显示

5. 直方图显示方式

常见的直方图显示有时间直方图和标号直方图两种方式。时间直方图显示各程序执行时间的分布情况，用以确定各程序模块及整个程序的最小、最大和平均执行时间，据此可找出花费 CPU 时间过长、效率低或质量不高的程序模块。标号直方图又称为地址直方图，逻辑分析仪反复测量并累计在各个地址范围内事件出现的次数，给出调用子程序的次数和概率分布显示。这两种方式常用于软件和硬件的性能分析与改进。

除了上述常用的显示方式之外，一些逻辑分析仪还提供了 XY 显示、协议显示等功能，且在数据显示时支持对数据的过滤和着色功能。在实际应用中，可以针对不同的测试对象和不同的测试需求，选择合适的显示方式。

8.2.6 逻辑分析仪的探头

探头提供了逻辑分析仪与被测装置间的可靠物理与电气连接。要以与被测硬件相同的方式看到被测系统中的信号，探头是十分关键的。简单地说，逻辑分析仪的测量能力受限于探头能够达到的精度和可靠性。

探头与被测系统的连接可以采用"设计时预留"或"设计后考虑"两种方式。理想情况下，应在电路板设计阶段就把一些特定信号布线到焊盘和连接器，将测试点在最初设计中就考虑到。连接器探头和软接触探头都需要采用这种设计方式，分别如图 8-2-15（a）和图 8-2-15（b）所示。然而，某些"设计后"的探测总是不可避免的。飞线探头就是为"设计后考虑"而设计的探头，使用带有互连附件（如抓钩等）的探头触针能够实现对分布于不同位置的信号进行测试，如图 8-2-15（c）所示。

（a）连接器探头　　　　　　　（b）软接触探头　　　　　　（c）飞线探头

图 8-2-15　探头

在讨论各种探头结构形式的优缺点之前，首先介绍选择探头应考虑的 4 个问题。

1. 负载特性

逻辑分析仪的探头阻抗（电容、电阻和电感）是被测电路上整体负载的一部分。好的探头应使对被测电路的影响减至最小，即要求探头的阻抗应远大于被测电路的阻抗，为仪器提供最准确的信号。各种类型的探头在较低频率时对被测电路的影响都不大，但在高频应用时，则需要低容性负载特性的探头。随着频率的上升，探头的寄生电容会降低探头的等效阻抗。这不仅会降低送入逻辑分析仪的被观察波形质量，还能吸收目标系统的电流，造成目标系统的故障。这与探头对示波器测量性能的影响相似。

2. 带宽

如果探头带宽低于采集通道的带宽，逻辑分析仪的测量就被限制于探头的带宽。因此，要选择带宽指标高于逻辑分析仪带宽的探头，并保证探头附件不会影响探头的整个带宽。

3. 可靠性和连通性

探头的缺陷将增加调试时间。好的探头不应提出对电路板的测试点做镀金或其他特殊工艺处理等要求。若要求在电路板上额外留出调试区，要求多道清洁工序，或者通过复杂装置来固定探头于特定位置，都无疑会增加测量复杂性和成本。

4. 可接入性和灵活性

逻辑分析仪的探头应能够探测到电路板任何地方的信号，无论是 IC 引脚、走线、焊盘还是过孔。

在图 8-2-15 中提到的三类探头中，软接触探头不使用连接器底座，探头的每一个引脚都是带有皇冠形状的 4 点接触的弹性触针，保证了探头与被测信号紧密的连接。连接到目标系统时，需要在目标系统上设计相应的测试引脚足迹区，支撑模块用于引脚的对准和探头的支撑。如图 8-2-15（b）所示，软接触探头在使用时仅需压在目标电路板上就能实现电气连接。由于取消了电气路径中的物理连接器，使得它的等效电容值是同类探头中最小的，可达 0.7 pF，而飞线探头最小为 0.9 pF，连接器探头则一般是 1.5~3.0 pF。因此软接触探头可以提供大于 2.5 Gb/s 的带宽。软接触探头不需要连接器底座，成本相对较低；缺点是需要事先在印制电路板的外层上设计探头引脚足迹区。

飞线探头的优点是不用事先进行布线设计，提供了连接到分散的 IC 引脚、电路板走线、焊盘和通孔的多种附件，保持了 1:1 的信号线与地线的比例，缺点是在连接上需要花费很多的时间，探头附件也可能会影响探头的带宽性能。

连接器探头如图 8-2-15（a）所示，这种探头支持单端或差分信号，在使用时需要在目标系统中设计专用的连接器。缺点是增加了购买连接器的成本，且需要事先在印制电路板的外层设计连接器及布线。

由于逻辑分析仪的探头需要将大量通道接到目标系统，通常都是将探头分组设置，例如 16 根信号线外加一根时钟线组成一个通道组，不同的通道以颜色标记来区分。

此外，在一些测量应用中，通常需要同时进行定时分析和状态分析。如果能够使用同一只探头同时采集到定时数据和状态数据，不仅可以简化到探头的机械连接，而且一只探头对电路的影响较低，测量的准确性更高，对电路操作影响更小。先进的逻辑分析仪通常提供这种功能。

8.2.7 逻辑分析仪的易用性设计

除了不断提高性能指标、丰富其功能外，现代的逻辑分析仪在易用性设计方面的发展也很快。逻辑分析仪为用户提供的易用性设计主要有以下几个方面。

1. 内置码型发生器

一些逻辑分析仪将码型发生器集成在内部，方便了数字激励信号的产生及开展相关测试。例如，Agilent 公司的 16800 系列逻辑分析仪内置了 48 通道码型发生器，可以使用该码型发生器来代替尚未完成的电路板、集成电路或总线，支持在硬件完成前的软件调试，产生特定的测试条件和验证代码，或是建立待测电路的初始化序列等。

2. 与示波器的联合使用

逻辑分析仪与示波器的联合工作可以为时间测量、深层次的故障诊断和定位提供更有利条件。一些高级的逻辑分析仪支持与示波器之间以 BNC 电缆加 LAN 的物理连接，BNC 电缆传输交互触发信号，LAN 用于两台仪器间的数据传输。这样，同一路被测信号可以同时在逻辑分析仪和示波器上显示出来；也可以实现由逻辑分析仪触发示波器的功能。这种联合应用方式常用于信号完整性验证、模数转换器和数模转换器的设计验证、模拟和数字混合电路中模拟部分和数字部分间的逻辑与时序关系验证等。

3. 模块化设计

不同的应用领域对于逻辑分析仪通道数等关键指标要求往往差别很大，因此现代的逻辑分析仪系统采用了模块化的设计思想。用户可以根据需要选择合适的逻辑分析仪主机，灵活地配置测量模块和通道数量。逻辑分析仪模块被设计成具有不同状态/定时速度、通道数和存储深度的系列产品，满足了从最简单到最苛刻的测试需求。模块化逻辑分析仪可以容纳各种采集模块，通过组合连接，实现更高的通道数量。通过特殊设计，保持了模块间的同步和低时延。这种模块化的仪器系统在提供用户所需的速度、功能和可用性的同时，能够大大降低系统成本。

4. 外部接口

逻辑分析仪提供了多种接口，方便了与其他设备的配合使用。例如 Agilent 公司 16800 系列逻辑分析仪提供有外设接口、连通性接口及外部仪器接口。外设接口包括串行（25 针 D-sub）、并行（9 针 D-sub）、PCI 卡和扩展槽（1 个全长插槽）、USB（6 个 2.0 端口）等。连通性接口包括 LAN（100 Mb/s）、GPIB 接口。外部仪器接口则提供了触发输入/输出等信号接口。

5. 人机界面

先进的逻辑分析仪都提供了良好的人机界面。用户可以将其工作桌面扩展到多个监视器上显示，得到对采集结果最全面的观察；也可以通过网络实现对逻辑分析仪的远程控制，在离线 PC 上远程地观察和分析数据。

8.3 逻辑分析仪的应用

现代逻辑分析仪的性能和功能都十分强大，为了更好地发挥仪器的作用，完成目前越来越复杂的数字系统的设计、验证和调试工作，应掌握逻辑分析仪的基本操作方法，同时了解逻辑分析仪在当前一些关键应用中需要考虑的应用需求和测量方法。

8.3.1 逻辑定时分析仪的基本应用

逻辑定时分析仪的操作步骤一般分为：探头连接、采样设置、存储器设置、触发设置、运行等。下面以一个简单的 4 位计数器的定时分析为例进行说明。

第一步是将探头与被测计数器电路进行连接，计数器 4 路输出（Q1、Q2、Q3 和 Q4）和时钟信号引脚与逻辑分析仪的输入相连。根据被测电路板的不同设计，可以选用不同的连接配件。然后，需要在逻辑分析仪界面中定义探头，将本次测试接入的探头进行添加和命名。第二步是进行采样设置，将采样设置在"timing"，使逻辑分析仪工作在定时模式下，然后设置采样方式。对于定时分析有三种采样方式：全通道、半通道与跳变定时，一般选择全通道方式；接着进行采样周期设置，图 8-3-1 中设置在 2.5 ns。即对应 400 MSa/s 的定时采样速率。第三步是存储深度设置，图 8-3-1 中设置为 4 M。此时完成的设置界面如图 8-3-1 所示。第四步是设置触发条件，例如要捕获 FF 码型，可以在 Simple Trigger 中将触发条件设置为 FF。这样设置就基本完成了。

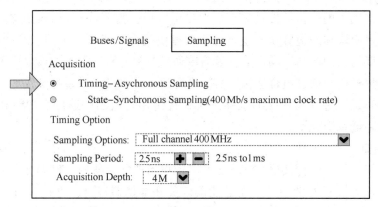

图 8-3-1　定时分析采样设置和存储器设置

下面就是运行逻辑分析仪，使逻辑分析仪进入定时分析模式开始采集数据，并进行后续的分析工作。逻析仪找到第一个 FF 之后，会填满存储器，然后停止采集。这时可以展开总线，查看里面的每一个信号。可以使用 Marker 游标进行时间的测量，测量码型的宽度，并可以保存数据和设置。图 8-3-2 为逻辑分析仪给出的 4 位计数器波形显示界面。

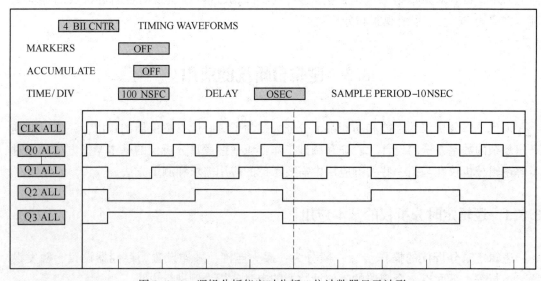

图 8-3-2　逻辑分析仪定时分析 4 位计数器显示波形

8.3.2　逻辑状态分析仪的基本应用

逻辑状态分析仪的操作步骤与定时分析仪类似。首先需要连接逻辑分析仪探头和被测件，添加并定义探头。然后，将采样设置为选择状态采样，逻辑分析仪就可以工作在同步采样模式下。

以 Agilent 的 16800 系列逻辑分析仪为例（见图 8-3-3），在设置了状态同步采样方式之后，采样选项中通常有默认的常规采样率参数，如 250 MHz，也可以根据需要选择更高的时钟，改变为 450 MHz 的增强采样，或是选择 500 M 的双时钟沿采样，后两种采样都需要占用相邻通道的存储器存放时间标签，但对于使用中的每一个通道都可以获得全部的存储深度。然后，需要设置时钟模式。时钟模式默认值为 Master 主时钟模式下，这时候全部的采样都基于同一个主时钟。也可以选择主从时钟模式，此时部分采样基于主时钟，部分采样基于从时钟。另一种模式是多路复用模式与双采样模式，即一次采样中分别基于主时钟和从时钟各采集一次。

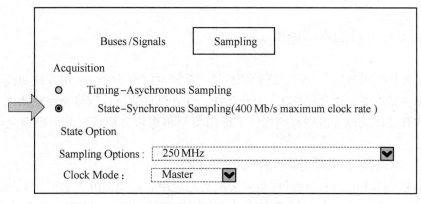

图 8-3-3　状态分析设置

然后，在时钟设置区域可以设置时钟为上升沿采样、下降沿采样或双边沿采样。如果需要设置复杂的时钟，可以在高级时钟设置中进行。然后可以根据需要设置触发条件。设置完成后运行逻辑分析仪。可以在列表模式下查看总线上每一个时刻的数据。并可以查找和定位数据。

使用逻辑状态分析仪时，即使使用专用的探头，与微处理器有关的地址、数据、状态和控制信号也很难检测。逻辑分析仪用户必须对微处理器的指令集有很好的理解。为此，逻辑分析仪通常提供反汇编功能，方便用户执行类似任务。图 8-3-4 是一个典型的反汇编清单。清单从左至右显示了内存使用的地址、指令、数据对象、读或写类型等。

LABEL >	ADDR	68010/332 MNEMONIC		DATA	R/W
BASE >	HEX		HEX	HEX	SYMBOL
+0058	6DA4C	MOVE L	D0.-[A7]	2F00	RD
+0059	6DA4E	MOVEQ.L	100000001.D0	7001	RD
+0060	6DA50	ST B	D0	50C0	RD
+0061	02FF4	0000	DATA WRITE	0000	WR
+0062	02FF6	0180	DATA WRITE	0180	WR
+0063	6DA52	LEA L	000000.A0	41F8	RD
+0064	6DA54	0000	PGM READ	0000	RD
+0065	6DA56	LEA L	4000[A0].A1	43E8	RD
+0066	6DA58	4000	PGM READ	4000	RD
+0067	6DA5A	LEA L	0400[A0].A5	4BE8	RD
+0068	6DA5C	0400	PGM READ	0400	RD
+0069	6DA5E	MOVEQ.L	100000000.D0	7000	RD
+0070	6DA60	MOVE.L	[A7]+.D0	201F	RD
+0071	6DA62	RTS		4E75	RD
+0072	02FF4	0000	DATA READ	0000	RD
+0073	02FF6	0180	DATE READ	0180	RD

M68332 EVS　　STATE LISTING　　INVASM　　MARKERS OFF

图 8-3-4　逻辑分析仪反汇编清单

8.3.3　逻辑分析仪的典型应用

随着计算机技术的迅速发展，逻辑分析仪的功能也层出不穷，应用方法和范围也在不断更新。除了基本的定时分析与状态分析功能，在软硬件测试、信号完整性测试、毛刺检测及嵌入式开发调试等方面均有应用。下面简要介绍逻辑分析仪在几个典型应用领域的贡献。

1. 逻辑分析仪在 FPGA 测试中的应用

FPGA 在目前的电子电路设计中得到了广泛的应用。然而，由于 FPGA 上的引脚通常是昂贵的硬件资源，因此只有相对少的引脚被用于调试，限制了 FPGA 内部设计的可视化。如果在调试和验证过程中需要访问不同的内部信号，就必须改变设计，把这些信号引出至引脚。这是费时的工作，并可能会影响 FPGA 设计的时序关系。FPGA 采用的高级封装方式、印刷电路板电气噪声等，也都极大增加了 FPGA 测试的难度。

早期的 FPGA 调试方法有两种。一种使用嵌入式逻辑分析仪，另一种使用外部逻辑分析仪。嵌入式逻辑分析仪是由各个 FPGA 制造商提供的逻辑模块来实现的。这些模块被插入 FPGA 设计中，占用 FPGA 逻辑资源来实现触发电路，占用 FPGA 存储器资源来实现存储功能。JTAG 被用来配置核心操作，然后把捕获的数据传送到 PC 进行查看。由于嵌入式逻辑分析仪要使用 FPGA 的内部资源，因此仅适用于较大规模的 FPGA，且仅能进行状态模式分析，速度有限；其优点是：要求的引脚数量较少，探测简单，成本相对较低。由于嵌入式逻辑分析仪方法的局限性，许多 FPGA 设计人员已经采用外部逻辑分析仪的方法，将感兴趣的内部信号引出到 FPGA 引脚上，然后连接到外部逻辑分析仪进行测试。这种方法提供了非常深的存储器，还能够把内部 FPGA 信号与系统中的其他活动关联起来。外部逻辑分析仪的方式占用 FPGA 逻辑资源非常少，不使用 FPGA 存储器，在状态模式和定时模式下均可操作；缺点是要求 FPGA 上有更多的引脚，在移动测试点时可能需要重新编译和设计。

为克服上述两种方法的缺点，出现了结合这两种方法优点的一种新测试方法。如图 8-3-5 所示，Tektronix 公司的 FPGAView 解决方案由四个部分的组件构成。第一个组件是 Altera 公司在其 Quartus® Ⅱ 软件套件中提供的测试复用器，这个测试复用器允许查看 FPGA 设计内部，把内部信号与外部信号关联起来。由于它消除了耗时的重新编译设计的过程，每个调试引脚可以访问多个内部信号，可以极大地提高工作效率。第二个组件是运行在开发软件中的 FPGAView 软件包，这个软件包允许用户通过第三个组件 JTAG 编程电缆来控制测试复用器。最后一个组件是 TLA 系列逻辑分析仪，用来采集和分析数据。这种解决方案不仅具备了外部逻辑分析仪的所有优点，还消除了以往方法中的各种限制，简化了许多与 FPGA 有关的调试任务。此外，FPGAView 还可以处理 JTAG 链中的多个 FPGA。

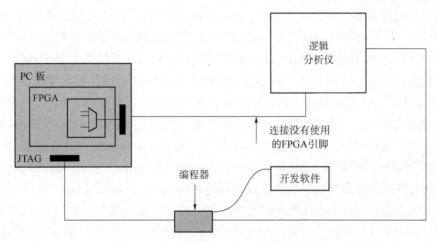

图 8-3-5 典型的 FPGAView 实现方案

Agilent 公司的 FPGA 动态探头技术也是一种相似的技术。通过使用 FPGA 提供的开发工具，根据 FPGA 的测试需求，创建一个调试盒，把这个调试盒插入到 FPGA 数据中。然后将 FPGA 内部待探测的信号分为若干个组，逻辑分析仪可以方便地切换到需要探测的信号组，这就为了解 FPGA 的内部活动和设计提供了空前的可视能力。在动态切换并测量新的信号组时，也仅需几秒时间，而不必停止 FPGA 的运行，不会改变原有的设计，也不会影响器件内的时序关系。

2. 逻辑分析仪在现代工业串行总线测试中的应用

多年来，同步并行总线一直是数字设备之间交换数据的主流技术方法。并行数据总线的通信速度似乎要超过串行传输技术。然而，在并行总线中，在较高的时钟频率和数据速率下的定时同步问题很难解决，有效限制了并行总线传输的速度。此外，在支持远距离传输、实现成本方面也面临着重大挑战。相比之下，串行总线只发送一路码流，"自行提供时钟输入"，不存在数据和时钟之间的定时偏移。在串行传输中，同步不存在问题，而整体吞吐量则是更加突出的问题。目前，多种新型串行数据总线的数据吞吐量较前几年提高了一个量级，包括 PCI-Express、XAUI、RapidIO、HDMI 和 SATA 等，这些高速串行总线在解决了速度传输的瓶颈同时，设计复杂性也增加了，这就对相关的测试技术也提出了新的挑战。如果解决不好测试问题就会妨碍产品的开发周期，提高开发成本。

先进的逻辑分析仪都支持多种主流的串行总线协议，包括 PCI Express、Advanced Switching interface（ASI）、Serial ATA（SATA）、Serial Attached SCSI（SAS）、Serial RapidlO、Parallel RapidlO、SPI 4. 2（System Packet interface，POS PHY L4）、I^2c、SPI 等。Agilent 公司提供了对这些协议的包译码工具 Packet Viewer，可将捕获的逻辑分析仪数据解码成包信息，并能够充分利用颜色与视图等资源，有效表达协议解码的结果，使得用户能够方便地跟踪系统的事务处理、数据和包，快速找到所需的信息，同时还能提供非插入的测试和包级的逻辑分析触发与解码，实现跨多组总线的时序相关分析和序列事件触发。

3. DDR4 总线数据采集与分析

虽然并行总线逐渐被串行总线替代，但内存总线一直在持续发展，从 SDRAM，DDR（DDRSDRAM，英文全称为 dual data rate SDRAM，DDRSDRAM 是一种高速 CMOS 动态随机访问的内存技术），DDR2，DDR3，DDR4 到今天的 DDR5，不仅速率越来越快，技术实现的难度和复杂度也一直在增加。以 DDR4 为例，与前一代相比，其内存控制器、主板、DRAM、封装和软件全部是新的，而且工作电压更低，因此，对逻辑分析仪这种测试工具的要求也与以前不一样，通过 DDR4 颗粒对应的探头套件或 DDR4 DIMM 的探头套件实现总线信号探测。逻辑分析仪针对探测信号实现读写分离、数据解码和性能分析等。目前，DDR 总线数据速率越来越高，DDR4 可达 3200 Mbps，LPDDR4X 可达 4266Mbps，这就要求逻辑分析仪在进行状态分析时能够接受很高的时钟信号，比如 1. 6 GHz、2. 133 GHz 等。以 DDR4 总线为例，DQS/DQ 是双向的突发传输信号，能够分辨不同时刻发生的读写信号非常关键，当前高性能逻辑分析仪支持双采样和四采样模式，可以实现 DDR4 高速数据的读写分离。

图 8-3-6 从硬件的角度解读了 Keysight 逻辑分析仪 U4164A 在 DDR3、DDR4 内存总线调试中的四个作用，即时序定时分析、状态分析、同时进行状态与定时分析和跨越整个总线宽度进行信号完整性分析。最后一个作用是 Keysight 逻辑分析仪特有的功能，在逻辑分析仪连上几十路甚至上百路信号的情况下，对每一路信号进行眼图分析，这有点像示波器的等效采样功能，但由于逻辑分析仪的测试精度无法和示波器相比，只能用来相对表征这几十路或上百路信号中，哪些信号的眼图较差，以便后面可以用示波器进一步进行信号完整性分析。

要想对内存总线进行深入分析，逻辑分析仪除了硬件上要保证一定的性能外，还提供系列软件工具来简化测试和调试，如图 8-3-7 所示，除了解码功能外，还提供针对 JEDEC 标准的一致性测试工具，当需要对内存电路进行调试时，触发便成为重要功能之一，例如特定内存操作状态下的性能分析，U4164A 针对内存总线的特定操作预定义了宏触发，使用的时候只需调出执行；又如，针对特定地址做出读操作，读出某个特定数据才触发。

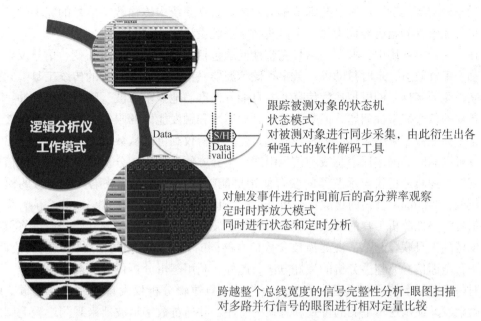

跟踪被测对象的状态机
状态模式
对被测对象进行同步采集，由此衍生出各
种强大的软件解码工具

对触发事件进行时间前后的高分辨率观察
定时时序放大模式
同时进行状态和定时分析

跨越整个总线宽度的信号完整性分析–眼图扫描
对多路并行信号的眼图进行相对定量比较

图 8-3-6　逻辑分析仪在 DDR3、DDR4 内存总线调试中的作用

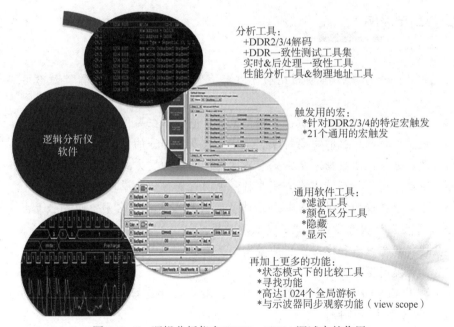

分析工具：
+DDR2/3/4解码
+DDR一致性测试工具集
实时&后处理一致性工具
性能分析工具&物理地址工具

触发用的宏
*针对DDR2/3/4的特定宏触发
*21个通用的宏触发

通用软件工具：
*滤波工具
*颜色区分工具
*隐藏
*显示

再加上更多的功能：
*状态模式下的比较工具
*寻找功能
*高达1 024个全局游标
*与示波器同步观察功能（view scope）

图 8-3-7　逻辑分析仪在 DDR3、DDR4 调试中的作用

4. 快速识别问题信号、验证信号完整性

随着电子技术的飞速发展，处理器的速度越来越高，存储器的吞吐量和总线速度也有大幅的提高。当数字系统的时钟频率达到数百兆或更高时，每个设计细节都很重要，需要认真地考虑电路中的时钟分布、信号路径、残桩引线、噪声容限、阻抗和负载、传输线影

响、功率分配等问题。所有这些细节都会对高速数字系统中传输数字信号的完整性产生影响。信号完整性问题已经成为每一个高速数字系统设计的关键问题。

在高速数字系统中,典型的信号完整性问题包括振幅问题、边沿畸变、信号反射、接地跳动、串扰效应、定时抖动等。数字存储示波器是信号完整性分析的传统工具。它可用于捕获被测数字信号的模拟参数信息,并且能方便准确地显示方波、瞬时尖峰脉冲,显示各种各样的信号完整性问题。但是由于受到通道数和触发能力的限制,数字存储示波器无法从整个高速数字系统数据层去发现故障。逻辑分析仪则可以从数据层上观测一个错误数据,且可以同时观测多通道总线和信号眼图,十分方便地发现和分析数字系统中的信号完整性问题。逻辑分析仪与示波器的联合使用更能够深入观测到有缺陷数字信号的模拟特性。例如,Tektronix 公司的集成化分析 iLink 工具包或 Keysight 公司的 View scope,集成了两种信号完整性分析工具的特点,实现了数字示波器与逻辑分析仪的互联。通过将模拟域和数据域的工具联合起来,观测模拟参数信息的同时可以观察相同信号的数字码流信息,这是进行全面信号完整性分析的最好方法。此外,利用逻辑分析仪的毛刺触发功能,可以实现对整个总线上的所有通道进行故障查找,一旦逻辑分析仪发现总线上有逻辑毛刺出现,就触发并显示逻辑毛刺的位置和总线的时序,并通过数字示波器来观测逻辑毛刺的模拟细节。

习题与思考题

8-1 数字信号与模拟信号相比有哪些特点?为什么使用示波器测试数字信号比较困难?

8-2 按功能划分,逻辑分析仪有哪两大类?它们的主要区别是什么?

8-3 说明逻辑分析仪的主要特点、基本组成及各部分的主要作用。

8-4 逻辑分析仪的数据采集方式有哪两种?它的触发方式有哪几大类?

8-5 逻辑分析仪的存储方式有哪几种?说明跳变存储的原理和作用。

8-6 逻辑分析仪的定时图与通用示波器的波形图有什么区别?说明波形显示、列表显示和图解显示三种状态显示方式的特点和应用。

8-7 逻辑状态分析和定时分析的触发选择有什么不同?

8-8 如何提高定时图的分辨力?

8-9 利用 Multisim 中的虚拟逻辑分析仪,对 4 位计数器的输出进行定时分析,给出电路原理图和仿真试验结果。

第 4 篇

测试自动化

第9章 测试自动化

9.1 组建自动测试系统

正如第1章中所描述的，自动测试具有测试速度快、准确度高、重复性好、能够实现定时或长期不间断测试、适用于高危及恶劣环境等优点，采用自动测试系统是实现一些复杂测试任务的必然选择。通常，自动测试系统都要求把多个仪器通过接口总线组合在一起，以便在计算机的控制下自动执行各项测试任务。本书之前各章均是对单一测量仪器的介绍，本章则要解决仪器与仪器之间、仪器与主控计算机之间的信息交互问题，以及如何在此基础上通过仪器间的相互协作完成特定测试任务的问题。

1. 自动测试系统的基本结构

如图9-1-1所示，自动测试系统通常由三大部分及相互之间的接口组成。主机是整个自动测试系统的核心。主机可以是通用PC、嵌入式控制器、工作站及可以担任"控者"的测量仪器，与主机相关的显示、打印、存储等设备也属于主机的范畴之内。主机通过专用的测试系统总线与测试仪器连接，在软件或测试程序的支持下实现对仪器的控制，并进一步完成各种测试任务。测试仪器既包括实现测量与分析功能、信号产生功能的常规仪器，也包括实现测量路径自动切换功能的各类切换开关，如多路复用器、矩阵开关、射频开关等。测试仪器通过接卡器与测试夹具与被测单元（unit under test，UUT）实现连接，通常采用插接方式实现。

图9-1-1 自动测试系统结构图

在自动测试系统中，总线技术、软件开发技术是最具共性的关键技术，本章后续将对这两部分内容做详细介绍。

2. 自动测试系统结构的另一种描述

国防、航空、航天等部门在进行自动测试系统产品的采购、管理和维护时，通常还采用另一种自动测试系统结构的描述方式，即认为自动测试系统包括三个主要部分：自动测试设备（automated test equipment，ATE）、测试程序集（test program set，TPS）和测试环境。自动测试设备包括测试与测量仪器、计算机、开关、通信总线、接卡器和系统软件。其中，计算机实现测试与测量仪器的控制，并执行测试程序；系统软件实现测试平台控制，并提供测试程序开发和执行的环境，系统软件通常包括操作系统、编译工具和测试序列执行软件等。测试程序集包括 UUT 诊断软件、连接被测单元和 ATE 的测试夹具、指导操作员如何加载和执行 TPS 的文档等。测试环境包括 ATS 架构描述文档、编程和测试规范语言、编译工具、开发工具、UUT 设计需求文档、允许 TPS 软件以最小成本开发的测试策略等。这种自动测试系统组成的描述是从系统在一个较长生命周期内的升级、维护及成本节约的角度出发来考虑的。

3. 自动测试系统的开发和集成

现代自动测试系统具有性能高、可移动、模块化、多用途和标准化等一些特点，在测试系统配置形式、测试仪器和总线类型等方面有多种选择。更重要的是，人们对于自动测试系统的需求也越来越呈现出多样化的特点，测试目标和测试过程日益复杂化，使得单一一种总线技术、简单的系统架构不能覆盖所有自动测试的需求。在这种背景下，自动测试系统开发和集成工作就显得尤为重要。

在自动测试系统的开发和集成工作中，特别是对于大型或者复杂的自动测试系统，应该按照系统工程中系统生命周期模型来指导每个阶段的工作。生命周期模型定义了系统生命周期各个阶段的目标、输入、需求、交付成果及验证与确认活动。历史上出现了多种生命周期模型，如"瀑布模型""V 模型""螺旋形模型"等。其中，"V 模型"清晰地描述了各阶段的输入、输出及各阶段之间的信息流，非常适合于自动测试系统的开发、集成和管理，图 9-1-2 是一个"V 模型"的典型结构。

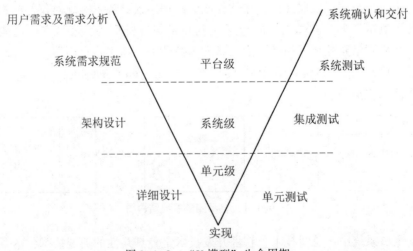

图 9-1-2　"V 模型"生命周期

自动测试系统的开发可以基于"V 模型"来策划相关工作，在"V 模型"的左半部分，是一个从顶层往下的设计过程，其中，用户需求及需求分析阶段是自动测试系统开发中最关键的阶段，在此阶段需要明确测试对象，确定目标信号的类型和特征，给出待测参数的定义，开展测试功能分析、可测性分析、测试方法分析等。在需求分析的基础上，形成系统需求规范这个关键的文档。在架构设计阶段，需要综合考虑技术与经济性能的优化匹配，完成硬件体系结构和软件体系结构的设计。其中，硬件体系结构设计包括控制器选型、接口总线分析、硬件体系结构分析等工作，应根据被测信号类型、测试级别、不同测点的空间位置等需求选择积木式总线系统（GPIB 系统）、模块化系统（VXI、PXI）、网络化系统（LXI）或者混合系统；软件体系结构设计包括软件运行环境分析、操作系统选择、开发平台选择、数据库选择、关键测试算法选择等。在详细设计阶段，需要完成测试仪器模块选择、UUT 接口设计、软件模块设计等工作。在实现阶段需要完成具体的硬件、软件开发与调试工作。在"V 模型"的右半边则是繁杂而细致的测试、验证与确认工作，需要按照单元测试、集成测试、系统测试、系统确认和交付的流程来完成。

由于软件在自动测试系统中起着越来越重要的作用，大型或复杂测试系统的软件往往十分复杂。在系统生命周期的框架下，对测试系统软件开发定义单独的生命周期是一种较好的选择。图 9-1-3 所示是一种适用于测试系统软件开发的"V 模型"。

9.2　自动测试系统中的总线技术

在自动测试系统中，总线技术对自动测试系统的发展起着十分重要的作用。作为连接主机与程控仪器的纽带，总线的能力直接影响着系统的总体性能。总线技术的不断升级换代推动了自动测试技术水平的提高。

总线是信号或信息传输的公共路径。在大规模集成电路内的各部分之间、一块插件板的各芯片之间、一个系统的各模板之间及系统与系统之间，普遍采用总线进行连接。采用总线结构的微机系统、测控和仪器系统与采用非总线结构的系统相比，在系统设计、生产、使用和维护等方面具有很多优越性，包括易于实现模块化硬件设计、拥有多厂商产品支持、便于组织生产、易于实现系统升级、具有良好的可维修性和经济性等。

总线的分类方法很多。按总线应用领域来分，可分为计算机总线、仪器或测控系统总线和网络通信总线。按总线的数据传送方式来分，有并行总线和串行总线，并行总线按一次传送数据的宽度可分为 8 位、16 位、32 位和 64 位总线等。按照总线的用途和应用场合，则可分为片内总线（微处理器芯片内的总线）、片间总线（又称元件级总线，一个微处理器应用系统中连接各芯片的总线）、内总线（又称板级总线，是微机系统内连接各插件板的总线）和外总线（又称通信总线，用于微机系统之间、微机系统与外设之间及微机系统与其他系统之间的通信连接）。

在目前用于自动测试系统中，有些采用了专门为仪器与自动测试系统设计的总线，这类总线通常都提供同步、触发和高精度时钟等仪器专用信号线。另外一些则是借用了计算机总线或通用的通信总线，如 USB、RS-232、IEEE1394、ISA、PCI 等。限于篇幅，下面仅对自动测试系统专用总线 GPIB、VXI、PXI、LXI 做介绍。

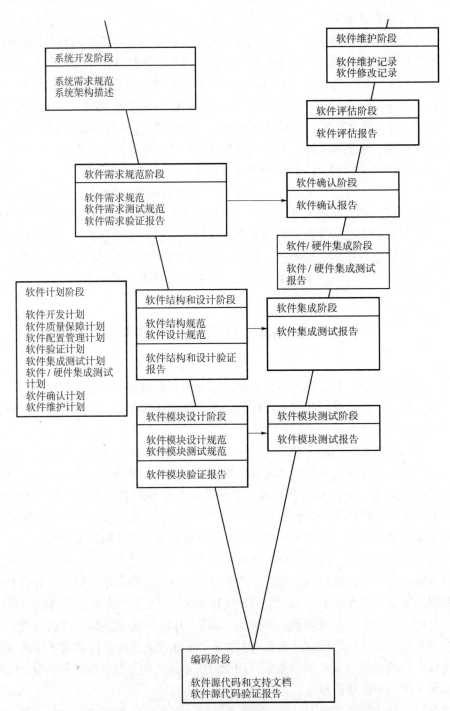

图 9-1-3 软件生命周期模型

9.2.1 GPIB 总线

GPIB 是通用接口总线的简称。1972 年，美国 HP 公司经过 8 年的研究提出了一种标准仪器接口系统。后经过改进，于 1974 年正式命名为 HP-IB 系统。由于该系统性能十分优越，很快便得到了广泛应用。1974 年，国际电工委员会（IEC）接受了该标准，并将其命名为 IEC 625。1975 年 4 月，国际电气与电子工程师学会（IEEE）颁布了正式标准文件 IEEE std488-1975。这种标准接口系统，在美国称为 HP-IB 或 IEEE 488 标准接口系统；在英国、日本、苏联称为 GP-IB；在德国和荷兰称为 IEC-IB 或 IEC 625；我国于 1984 年公布了等效的标准 "SJ 2479.1-84"。虽然名称多种多样，但除了在机械标准方面欧美略有不同之外（IEC 625 比 IEEE 488 多了一条地线），其余完全相同。本书将该标准统称为 GPIB。随着微处理器的飞速发展，智能仪器的处理速度和通信能力大大提高，为适应新的硬件环境要求，IEEE 于 1987 年 6 月通过了 IEEE 488 标准的升级文本 IEEE 488.2，在代码、格式、通用命令方面对原有标准做了扩充。

GPIB 总线标准从一问世就得到人们的重视。尽管 GPIB 总线的最高数据传输速率仅能达到 1MB/s，以现在的标准来衡量性能不是很高，但目前的很多台式仪器中几乎都配备有 GPIB 接口作为仪器的标配或者选件，因此，GPIB 总线应用仍然非常广泛。为了方便仪器厂家的研发和生产，很多集成电路制造商也生产了各种 GPIB 的接口芯片，如 Motorola 公司的 MC68488、MC3440、MC3441、MC3443、MC3447 和 MC3448，Intel 公司的 8291、8292 和 8293 及 NEC 公司的 μpD7210 等，用于开发 GPIB 接口卡以安装在仪器仪表或者控制计算机中。另外，许多公司还销售各种 GPIB 卡的成品，例如美国 NI 公司和是德科技（Keysight，其前身为美国 Agilent 公司）生产了 PCI-GPIB 卡、USB-GPIB 接口卡等，其中，PCI-GPIB 卡可插于计算机的 PCI 总线上工作，适合台式计算机，USB-GPIB 接口卡通过插在计算机的 USB 接口上工作，适合于笔记本电脑，携带十分方便。

1. GPIB 系统的基本结构

如图 9-2-1 所示，GPIB 系统主要由器件、接口和总线 3 部分组成。

（1）器件

凡配备了 IEEE 488.1 接口的独立装置均称为器件。GPIB 系统的器件分为以下 3 类。

①控者器件。系统的指挥者，能够发布各种命令，对接口系统进行管理，一般使用计算机来实现。例如在 PC 扩展槽插上 GPIB 卡并配以专门的软件，就成了控者器件。

②讲者器件。在系统运行中，当控者退出总线控制后，能够发布测量数据、报告内部状态或者发布仪器程控命令的器件统称为讲者器件。

③听者器件。凡是能接收控者发出给指定器件命令或者接收讲者器件发出的数据、程控命令的器件统称为听者器件。

器件的定义比仪器灵活。一个程控开关只要配备 IEEE 488.1 接口就是一个器件，而一个程控网络分析仪，虽然很复杂，如果仅有一个接口，也只能是一个器件。通常一台仪器配备一个接口，所以每台程控仪器就是一个器件。在系统运行时，器件在不同时刻可以

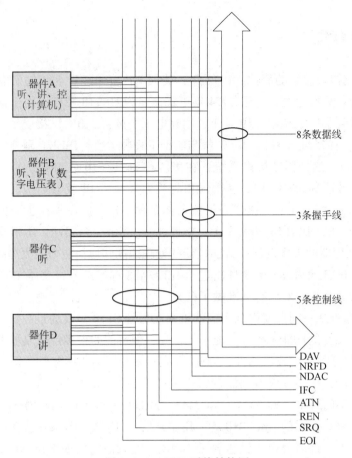

图 9-2-1　GPIB 系统结构图

有不同职能。例如，计算机在发布接口命令时是控者，在发布程控命令时是讲者，在接收测量数据或状态消息时是听者，也可以在退出控制后不参与系统的运行，而处于空闲状态。就系统运行的某一时刻而言，计算机只能是控者、讲者、听者之一，或者空闲，而不允许同时有两种或两种以上的职能。在图 9-2-1 中并联了 A、B、C、D 4 种有代表性的器件：A 是计算机，它在系统中主要起控者作用；如果要对其他器件程控，可以自命为讲者；在查询时，计算机也可自命为听者，接收被查询器件报告的状态数据。B、C、D 器件无控者功能，在系统中分别起讲者/听者、听者、讲者的作用。

（2）接口

器件通过接口与系统中其他器件进行数据和控制信息的交互。GPIB 规范对接口在机械尺寸、连接电缆、管脚命名、电气规范、消息及命令编码等方面都做了严格的、标准化的规定。标准接口的插座通常在仪器后面板上，多数还有地址设定开关，或通过仪器自身的配置软件供使用者在组建系统时有选择地设置仪器的地址。

GPIB 系统中使用的总线电缆和总线插头各有两种形式，按 IEC625 规定采用了 24 芯电缆和 25 芯针式接插头，如图 9-2-2 所示。按 IEEE 488 标准的规定则采用 24 芯扁线型接插头，如图 9-2-3 所示。电缆内部各条芯线彼此绝缘，而电缆的外部都有金属编织的屏蔽和外绝缘层。电缆中除了有 16 条芯线信号线外，还有 8 条芯线用作地线，每一条地线与对应的握手线或管理线绞合成"线对"，地线成为信号线的内屏蔽线，抑制信号线之间的串扰。

电缆两端各安装一对接插头，即每端有一对并联的插头和插座，这种结构形式可使多条总线的接插头叠接在一起。这也是 GPIB 系统的显著特点之一。

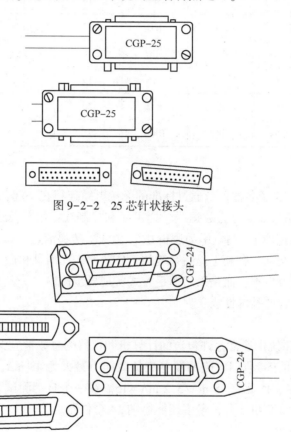

图 9-2-2　25 芯针状接头

图 9-2-3　24 芯扁线型接头

无论哪种电缆和接插头，电缆芯线和接插头引脚的定义都是标准化的，见表 9-2-1 和表 9-2-2。

表 9-2-1　IEEE488.1 标准的引脚定义

引脚	信号线	引脚	信号线	引脚	信号线	引脚	信号线
1	DIO1	7	NRFD	13	DIO5	19	地
2	DIO2	8	NDAC	14	DIO6	20	地
3	DIO3	9	IFC	15	DIO7	21	地
4	DIO4	10	SRQ	16	DIO8	22	地
5	EOI	11	ATN	17	REN	23	地
6	DAV	12	屏蔽	18	地	24	逻辑地线

表 9-2-2 IEC625 标准的引脚定义

引脚	信号线	引脚	信号线	引脚	信号线	引脚	信号线
1	DIO1	8	NRFD	15	DIO6	22	地
2	DIO2	9	NDAC	16	DIO7	23	地
3	DIO3	10	IFC	17	DIO8	24	地
4	DIO4	11	SRQ	18	地	25	地
5	REN	12	ATN	19	地		
6	EOI	13	屏蔽	20	地		
7	DVA	14	DIO5	21	地		

（3）总线

GPIB 规范定义了各器件应通过标准的无源电缆连接在一起，各对应引脚线并行连接。总线共有 16 条信号线，分为数据线、握手线和控制线三组。总线上采用 TTL 电平、负逻辑（即低电平为逻辑 1，高电平为逻辑 0）。总线上传递消息和命令，允许各仪器间不通过计算机实现信息交互，有利于提高系统的工作效率。在消息和命令的传递中没有统一的时钟，也没有规定波特率，而是采用握手方式实现异步传输。

2. GPIB 系统的基本性能

（1）器件容量

一个 GPIB 系统中通常允许包含的计算机和仪器的总数量应少于或等于 15 台（包括控者器件在内）。由于接收门电路的灌电流负载能力最大为 48 mA，而每个发送门高电平输出电流为 3.2 mA，因此有 48 mA/3.2 mA=15。在一个自动测试系统中，一般仅需要一台计算机。因此除计算机之外，最多还能容纳 14 台仪器。

（2）电缆长度

规定电缆总长度不大于 20 m，此时数据传输速率低于 500 kB/s；另一种规定方式是"每根电缆长度×器件数≤20 m"。通常电缆长度有 2 m、1.5 m 两种。在满足系统要求条件下，选用短电缆对提高数传速率有利。如果采用平衡发送器和接收器，可将数传距离扩大到 500 m。为了扩展 GPIB 总线的长度，连接距离较远的设备，市场上还可以买到 GPIB 转光纤的 GPIB 总线扩展器，需要成对使用。使用这种总线扩展器，可以把 GPIB 总线的传输距离扩展到 1 km。

（3）传输速率

在标准电缆上一般为 250~500 kB/s。在特殊情况下，例如采用 HP-1000 L，电缆总长小于 10 m，发送门用三态门时，最高可达 1 MB/s。

（4）地址容量

类似于网络设备，采用 IP 作为计算机的地址，在 GPIB 系统中，使用 GPIB 地址，一个器件至少占用一个地址，个别器件还可以占用两个以上的地址。一个器件若收到了自己的"听地址"消息，表示此器件已受命为"听者"，应该且必须参与从总线上接收数据；若收到了"讲地址"消息，则表示该器件被任命为"讲者"，能够通过总线向其他器件传送数据。GPIB 系统采用 5 位二进制数来作为 GPIB 地址，其中"11111"码不作器件的地址代码，其余 31 个编码可作为器件的听地址和讲地址。GPIB 系统也允许使用双字节来扩展地址容量，即主地址之后加 1 个副地址，副地址也有 31 种编码，这样可使地址容量扩大到 961 个。

3. GPIB 系统的总线结构及操作

如图 9-2-1 所示，GPIB 系统总线共有 16 条信号线，分为数据线、握手线和控制线三组。

（1）数据线 8 条（$DIO_8 \sim DIO_1$）

通过这些数据线可以传输多线消息。数据编码可采用二进制编码、BCD 编码或 7 bit 的 ASCII 码（第 8 bit 用于奇偶校验，或者不用）。目前用得最多的是 ASCII 码。

（2）握手线 3 条（DAV、NRFD、NDAC）

由于 GPIB 系统中没有时钟同步，要保证数据双向、异步、可靠地在处理速度不同的器件之间传递，需要采用这 3 条信号线来实现握手功能。与这 3 条握手线相关的工作过程称为"三线挂钩"。

①DAV（data valid）"数据有效"线。该线由发送消息的一方控制，只有当 DAV = 1 时，表示总线上的数据有效，收方才可以接收。如果 DAV = 0，即使总线上有消息，收方也认为是无效的，不予接收。

②NRFD（not ready for data）"没有准备好"线。该线是由接收器件共同控制的。当接收器件中至少有一个器件没准备好时，NRFD = 1。只有当所有接收器件全部准备好时，才有 NRFD = 0。

③NDAC（no data accept）"数据未接收"线。该线也是由接收器件共同控制的。当接收器件中至少有一个器件没有收完数据时，NDAC = 1。直至所有接收器件全部接收完时，NDAC 才会为 0。

当发送消息一方要发送一个字节时，首先将数据送至数据总线上，但此时 DAV = 0，收方不能接收。发送一方检查 NRFD 是否为 0，如果有任何一台设备没有准备好，NRFD 将保持为 1（因为所有设备的 NRFD 线是接在一起的，实现了"线与"的逻辑），一直等到 NRFD = 0，表示收方全部准备好，发送一方令 DAV = 1，收方开始接收，同样的道理，直至全部收方都接收完。这时 NDAC = 0，发送一方也令 DAV = 0，宣布数据无效，并将总线上的数据撤掉。如果发送新的字节，将再次重复上述过程。详细的过程见图 9-2-4。

（3）控制线 5 条（ATN、IFC、REN、EOI、SRQ）

①ATN（attention）"注意"线。此线由现行控者控制。ATN = 1 表示现行控者正在起作用。当 ATN = 0，意味着现行控者已退出控制。当 ATN 由 0 变 1 时，表明控者要进入作用态，此时现行讲者与听者间的握手要立刻中断。

②IFC（interface clear）"接口清除"线。此线由系统控者控制。IFC = 1 表明控者命令

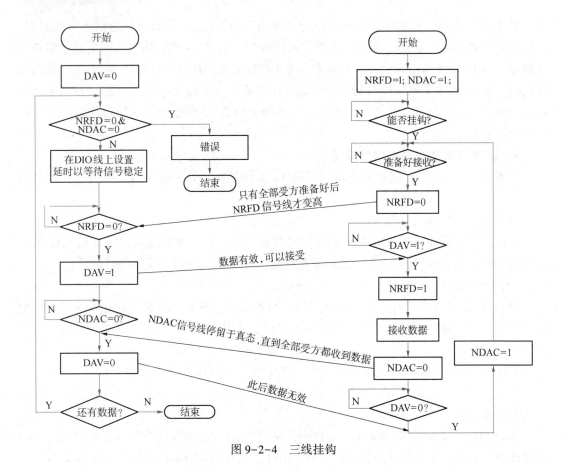

图 9-2-4　三线挂钩

系统中各器件接口功能清除到初始态。规范规定 IFC = 1 的时间至少要保持 100 μs 以上，然后令 IFC = 0。如果 IFC 始终为 1，系统将无法运行。通常在自动测试系统上电以后，控者发一次 IFC 命令，使接口功能可靠地回到初始态。在特定情况下需要系统控者介入控制时，系统控者通过发 IFC，从现行控者手中接过控制权。

③REN（remote enable）"远控可能"线。REN 受控者控制。测试系统运行初期，REN = 0，它使程控器件一律回到本地操作方式，也就是说器件工作受前面板的按键、旋钮控制。当 REN = 1 时，器件并不能立刻进入远地程控方式，只有此后由控者对各程控器件任命听者后，被任命听者的器件才能进入程控方式。如果器件要再回到本地方式，这时需要控者发有关的指令，或者由人工干预，此时按动器件面板上"返回本地"的按钮才行。

④EOI（end or identify）"结束或识别"线。此线可由现行控者控制，也可由现行讲者控制，但作用不同。

a）识别作用。当 ATN = 1 且 EOI = 1，表明控者要求"识别"，这时 EOI 线受现行控者控制。这是并行查询中一种查询方式。控者在工作时，要想了解系统中各器件的工作状态，有否服务请求，控者事先将 8 条 DIO 线之中的某 1 条分配给被查询的器件，当控者发出 IDY=ATN · EOI 时，被查询的器件就应用指定的 DIO 线回答一个 PPR_n 消息（1 或 0）。这样控者进行一次并行查询就可以了解少于或等于 8 台器件是否有服务请求，从而决定以后的处理方式。控者令 IDY=1，准备接收查询器件的 PPR_n 消息，这个过程就是识别。

b）结束作用。这时 EOI 线受现行讲者控制，此时表示数传的结束，即 END=ATN · EOI。当讲者发送到最后一个数据时，令 EOI=1，通知收方这是最后一个数据了。待收方收完，讲者再令 EOI=0，表次此次讲者与听者间的数传已经结束了。

⑤SRQ（Service ReQuest）"服务请求"线。SRQ 线是有服务请求功能的各器件共用的，它是各器件的 SRQ_i 的逻辑或。当控者退出控制后，控者依然有监视 SRQ 线的能力，一旦发现 SRQ=1，这就表明系统中至少有一个器件要求控者为它服务，这时控者应中断现行讲者和听者的数传，通过查询了解情况后，为该器件服务。这种"服务请求"类似于计算机中的"中断"。

上述 5 条管理线中，控者控制 4 条线，对 SRQ 线则仅进行监视。对于多控者系统来说，一般控者也可以通过 SRQ 线向系统控者提服务请求。

4. GPIB 系统的消息交换

（1）消息交换模型

如图 9-2-5 所示，GPIB 系统中的任何器件都包含器件功能和接口功能这两部分功能。器件功能是指本器件应完成的测控功能，该功能产生器件消息并通过总线传递，也能够接收由其他器件发出的器件消息。例如，数字电压表的测量方式设置、测量量程设置、测量数据产生等都属于器件功能的范畴。GPIB 的接口功能实现器件间在机械、电气、功能等方面的匹配连接，接口功能可以接收经由 GPIB 总线传递的远地接口消息，或者是仅在器件功能与接口功能之间传递的本地接口消息，并根据这些消息的内容来管理接口本身、控制数据接收或发送或改变接口内部功能状态。

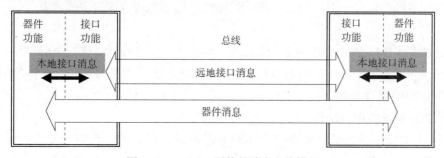

图 9-2-5　GPIB 系统的消息交换模型

IEEE 488.1 标准定义了 10 种接口功能，各个器件可根据自身需求从中选用一个或多个接口功能，但不允许自行定义接口功能，否则将不能保证与其他仪器的兼容性。对于器件功能来说，由于器件功能与器件关系密切，不同器件之间器件功能差别很大，IEEE 488.1 标准没有给出定义，由设计者自行设计。随后的 IEEE 488.2 和 SCPI 标准给出了器件功能和器件消息的相关规范，详见 9.3.2 节中的描述。

（2）消息分类

GPIB 系统中器件之间需要传递的消息种类很多，消息以三个大写（或小写）的英文字母表示。消息的分类有多种方式。

按内容分，消息可分为接口消息与器件消息。

①接口消息由控者发出，包括通令、指令、副令、地址等消息，其标志是 ATN = 1。控者在发布接口消息时激励 ATN 线为 1；各器件收到 ATN=1 时，就可确认在 $DIO_8 \sim DIO_1$ 上收到的消息为接口消息。在接口消息中，"通令"是指所有器件都必须接收的命令。"指令"是指定系统中一个或几个器件接收的命令。"副令"是在指令后紧接着发出的补充命令，供指定的器件接收。"地址"是控者发的器件的听地址或讲地址。

②器件消息是讲者发出的，包括 DAB（数据字节）、PDB（程控命令）、STB（状态字节），其判别标志是 ATN = 0。

按来源分，消息可分为远地消息和本地消息。

①远地消息。凡经过总线传递的消息称为远地消息。它可以是接口消息，也可以是器件消息；可以是在 DIO 线上传递消息，也可以是在管理线或握手线上传递的消息。远地接口消息用三个大写英文字母表示，如 ATN（注意）、SRQ（服务请求）等。

②本地消息。从某个器件的器件功能传到接口功能的消息称为本地消息。本地消息仅能在器件内部传递，以三个英文小写字母表示，如 pon（电源接通）、rdy（准备好）等。

接消息使用信号线的数目分类，可以分单线消息和多线消息。

①单线消息。只使用一根线传递的消息称为单线消息。如 REN、ATN、DAV 等。

②多线消息。使用多根信号线传递的消息叫多线消息。

从上述三种分类方法不难看出，同一种消息可能具有多种名称。例如 IFC 是单线、接口、远地消息；rdy 是器件、本地消息。因为 rdy 不使用信号线向外发送或接收，所以不能按单线或多线消息去分类。MLA（我的听地址）可称为远地接口多线消息。

（3）消息编码

无论是多线接口消息还是多线器件消息，都必须以适当的形式进行编码，然后才能传递。IEEE 488.1 标准对 16 条多线接口消息的编码格式作了严格的规定，具体的编码定义可以查阅 IEEE 488.1 标准。

5. GPIB 系统的接口功能

在 GPIB 系统中，为了保证数据传输和数据控制的可靠性，在综合分析控者、讲者、听者的共性逻辑关系基础上，定义了 10 种接口功能，见表 9-2-3。为了节约成本，各个器件可根据自身需求从中选用一个或多个接口功能。

表 9-2-3　10 种接口功能

名称	代号	英文原文
控者	C	Controller
讲者	T	Talker

续表

名称	代号	英文原文
听者	L	Listener
源握手	SH	Source Handshake
受者握手	AH	Acceptor Handshake
服务请求	SR	Service Request
远地/本地	RL	Remote/Local
并行查询	PP	Parallel Poll
器件触发	DT	Device Trigger
器件清除	DC	Device Clear

（1）接口功能简介

控者功能是为计算机或其他控制器而设立的。控者可以利用该功能向有关器件发布各种命令，例如复位系统、寻址某台器件为讲者或听者等。

讲者功能适用于需要向其他器件传送数据的器件，例如一台示波器需要将其采集到的测量数据送往打印机。

听者功能适用于所有需要从总线上接收数据的器件，例如一台打印机要将其他仪器经总线传出的数据接收下来并进行打印，数字万用表需要接收测量方式和量程设置的指令等。

源方握手（SH）功能和受方握手（AH）功能是为使响应速度不同的器件功能在同一系统中能够正确地交互数据（或命令）而设立的。源方握手功能必须配合控者或者讲者功能使用，对内 SH 功能要考查器件功能是否已将消息字节准备好了，对外 SH 功能首先考查受方是否已经准备好接收消息；在受方收到消息后，对内 SH 功能通知器件功能撤销前一个消息字节。受方握手功能适用于所有需要从总线上接收数据或命令的器件，在接收控者发出的命令时，AH 功能仅同控者的 SH 功能握手，保证器件能收下控者发出的命令。在接收数据时 AH 功能负责对内和对外握手。此时，AH 功能首先根据本器件的器件功能是否准备好接收数据来决定是否向源方传出 RFD 消息；一旦收到了 DAV 消息之后，AH 功能通知器件功能从 DIO 线上接收数据；待器件功能完成数据接收之后，AH 功能向源方发出 DAC 消息，宣布数据已收到。

服务请求（串行查询）功能类似于计算机的外部中断请求功能，例如当器件在运行中出现了一些异常情况，器件将使 SRQ 为 1 产生服务请求，提请控者为它服务。一旦控者对它进行串行查询，则器件的 SR 功能将促使本器件将 SRQ 置为 0。串行查询是逐台进行的。控者先任命被查询的器件为讲者，控者自任命为听者，听取被查询器件的汇报——状态数据。

远控/本地控制功能提供了针对器件的本地操作和远控操作方式选择功能，两种操作方式不能同时进行，由控者控制 REN 线的电平实现。

并行查询功能是控者为了了解系统中各器件有否服务请求而主动查询的一种方式。不具有讲者功能的器件可以通过该功能来接受控者的查询。此时，控者需要首先配置被查询器件在识别时占用哪条 DIO 线，以 1 或 0 来回答是否有服务请求。配置结束后，控者进行识别 IDY = ATN · EOI = 1，例如控者收到的消息为 00000100，则可判定 DIO_3 信号线对应的器件有服务请求。由于这种判别可以针对 8 个器件同时进行，所以称为并行查询。

器件触发功能允许器件接收控者发来的 GET（群执行触发）指令，使器件完成某一操作。例如，有些器件在上电后并不立即开始工作，而是要由控者发出一条"启动"命令，单独地启动一台或成群地启动几台器件后才开始进行测量。

器件清除功能使器件功能回到某种指定的初始状态。在测试过程中往往需要使一台甚至全体器件功能回到某种特定的初始状态，如让计数器的计数值回到零。器件清除功能由控者使用。

（2）器件的接口功能设置

对于某一类器件，通常仅需从 10 种接口功能选择一种或多种接口功能，而没有必要配置全部功能。这既要充分考虑器件的性能需要，又应兼顾成本、使用效率等方面的要求。表 9-2-4 给出了几类器件应该配置的接口功能示例。

表 9-2-4　接口功能配置示例

设备名称	所需配置接口
信号发生器（听者）	AH, L, RL, DT
纸带读出器（讲者）	SH, AH, T
数字电压表（听者和讲者）	SH, AH, T, L, SR, RL, PP, DC, DT
计算机（听者、讲者和控者）	SH, AH, T, L, C

6. 基于 GPIB 总线的自动测试系统

组建 GPIB 自动测试系统时，通常选用计算机作为控者。通过将 GPIB 接口卡插入计算机的扩展槽，将卡上的 GPIB 接口插座通过 GPIB 电缆同其他仪器相连，就可以构成测试系统，如图 9-2-6 所示。

为了提高运行速度，在 GPIB 接口卡多以大规模集成电路为主体来实现。图 9-2-7 是 GPIB 接口卡的简化方框图。

除硬件连接外，还需要考虑 GPIB 总线的软件编程问题。在自动测试系统发展的早期，编程人员大多使用扩展 BASIC 语言来完成 GPIB 接口控制和测试软件编制工作。扩展 BASIC 语言额外增加的 20 多条扩充 BASIC 语句的句法，用于管理 GPIB 系统的操作，使编程人员无须细微地了解 GPIB 的许多细节，如 HP 公司的 HP-BASIC 语言。随着软件技术的发展，自动测试系统软件的编程人员既可以使用 C、Visual Basic、Visual C++、C#等图形化编程语言来编写自动测试软件，还可以使用一些公司推出的专用于虚拟仪器的开发软件编程环境，主要有 Agilent 公司的图形化编程环境 Agilent VEE 、NI 公司的图

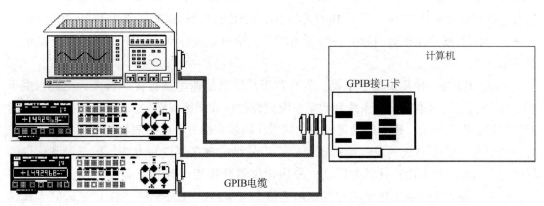

图 9-2-6 基于 GPIB 的自动测试系统

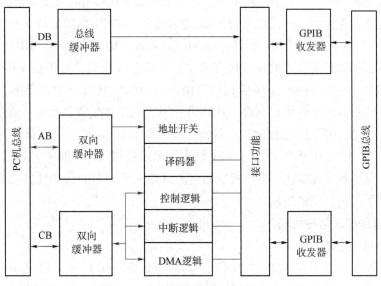

图 9-2-7 GPIB 接口卡的结构框图

形化编程环境 LabVIEW 等，9.3.4 节给出了一个基于 GPIB 总线的自动测试系统的 C 语言编程实例。

*9.2.2 VXI 总线

1. VXI 总线的产生背景

VXI 总线是"用于仪器的 VME 总线扩展"的简称。制定 VXI 总线标准的目的是：在 VME 总线基础上，定义一个对所有厂家开放的、并与当前工业标准兼容的模块化仪器标准。

VME 总线的概念可以追溯到 20 世纪 70 年代末 Motorola 公司对 68000 微处理器的开发和应用。1981 年 10 月，Motorola 公司和 Signetics 公司达成协议，支持在用于 68000 的

Versabus 基础上建立一系列符合"欧洲卡"印刷电路板标准（IEC297-3）的插卡，并将这种总线重新命名为 VME 总线。1987 年 3 月，VME 总线被 IEEE 接受为 IEEE 1014 标准。后来，VME 总线逐渐成为国际上一种通用的工业微机总线标准，VME 总线相关产品也十分丰富。

VME 总线是一种开放式的系统，具有背板总线通信速率高等优越特性。然而，由于 VME 总线仅是为微型计算机系统和数字系统设计的，如果将 VME 总线用于模拟量的精确测量，则会噪声过大，也不能满足模块化仪器在同步、触发、电磁兼容和电源等方面的一些特殊要求。VME 总线的通信编程也只能采用低级的寄存器读写方式，很难做到软件的标准化。为此，许多用户针对多厂商、模块化仪器系统规范提出了很多要求，美国的空军、陆军、海军还分别组建了专门的程序委员会（MATE、CASS 和 IFTE）来研究卡式仪器 IAC（instruments-on-a-card）的需求与标准问题。与此同时，GPIB 总线在消息交互方面的优势也得到人们的关注。在 GPIB 系统中，用户已可以采用高级语言来设计测试软件，摆脱了低级的寄存器读写方式。但是与 VME 总线相比，GPIB 总线的缺点在于数据传输速率只能达到 1 MB/s。1987 年 6 月，来自 Colorado Data systems、HP、Racal Dana、Tektronix 和 Wavetek 五家公司的技术代表成立了 VXI 总线联盟，着手在 VME 总线、GPIB 总线标准及其他一些国际标准（包括 IEEE 1101.2—1992、IEEE 488.2 等）的基础上，制订适用于开放式仪器系统的附加标准。1987 年 7 月，VXI 总线联盟颁布了通用模块化仪器结构标准总线规范，即 VXI 总线的技术规范。1989 年 7 月 14 日，又颁布了 VXI 总线规范修订版 Rev. 1.3。1992 年 9 月 17 日，VXI 总线技术规范被 IEEE 批准为 IEEE 1155—1992 标准。VXI 总线仪器在可靠性、抗干扰能力、测试速度等方面的优势使其在国防、航空航天等领域得到了较为广泛的应用。

2. VXI 总线模块与主机箱

（1）VXI 总线模块

VXI 总线规范采纳了与 VME 总线完全兼容的 A 型（3U）和 B 型（6U）两种模块，并在此基础上新定义了 C 型和 D 型两种尺寸，如图 9-2-8 所示。A 型模块只有一个 P1 连接器，B 型、C 型模块有 P1 和 P2 两个连接器，D 型模块还附加有 P3 连接器。

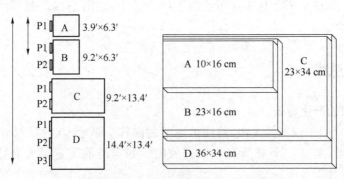

图 9-2-8　VXI 总线模块尺寸示意图

（2）VXI 总线主机箱

对应于四种尺寸的模块，也有四种尺寸的主机箱。A 型主机箱仅提供 J1 连接器，只可插入 A 尺寸模块的主机箱；B 型主机箱最大能插入 B 尺寸模块的主机箱，J1 连接器是必备的，J2 连接器是可选的；C 型主机箱最大能插入 C 尺寸模块的主机箱，J1 连接器是必备的，J2 连接器是可选的；D 型主机箱最大能插入 D 尺寸模块的主机箱，J1 连接器必备，而 J2 和 J3 连接器是可选的。

如图 9-2-9 所示，通常 VXI 模块垂直安装主机箱中，P1 连接器在顶部，元件面在模块的左侧。一个主机箱最多有 13 个（0～12 号）槽位，其中 0 号槽比较特殊，位于机箱的最左边或最底部。VXI 主机箱还为系统提供适合仪器工作要求的公用电源、冷却和电磁屏蔽环境条件。

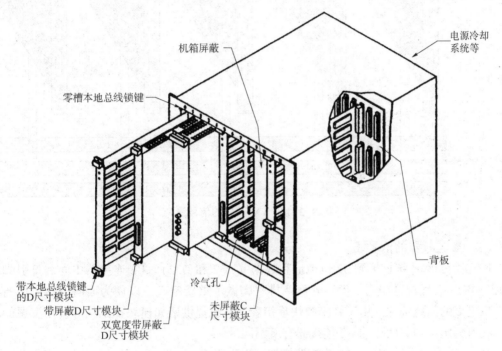

机箱屏蔽

电源冷却
系统等

零槽本地总线锁键

带本地总线锁键
的 D 尺寸模块

带屏蔽 D 尺寸模块

双宽度带屏蔽
D 尺寸模块

冷气孔

未屏蔽 C
尺寸模块

背板

图 9-2-9　VXI 总线主机箱

3. VXI 总线的信号线

（1）VXI 总线组成

VXI 总线组成如图 9-2-10 所示。从功能上看，VXI 总线定义的信号可分为以下两类：VME 总线和测量专用信号线。测量专用信号线包括时钟与同步线、模块识别线、星形触发线、局部总线、触发总线和加法总线。

（2）P1 连接器的信号线

P1 连接器的信号线均为 VME 总线信号线，支持 16 位和 24 位地址（A16 和 A24）及 8 位和 16 位的数据通道（D08 和 D16），并支持握手、仲裁和中断等功能。

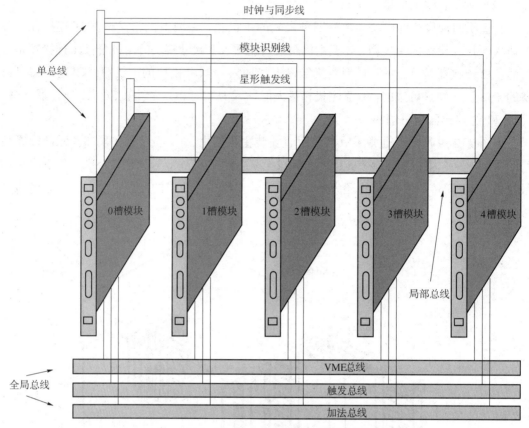

图 9-2-10   VXI 总线的信号线

（3）P2 连接器的信号线

P2 连接器将系统扩展到 32 位地址和数据 （A32 和 D32）。P2 连接器中间一排引脚的定义与 VME 总线规范相同，但对外面两排引脚做了重新定义，以便为面向仪器应用的模块提供更多的系统资源。由于 0 槽模块承担着为系统提供诸如模块识别线等公用资源的功能，其引脚定义与其他槽的 P2 连接器有所不同。

与 VME 总线系统相比，P2 连接器增加了以下引脚：

● −5.2 V、−2 V、±24 V 和附加的+5 V 电源；

● 10 MHz 差分时钟线 CLK10$_+$ 与 CLK10$_-$，CLK10 是一条 10 MHz 的系统时钟线，由 0 槽以差分 ECL 信号的形式输出；

● 模块识别线 MODID，其功能是识别 VXI 总线主机箱中某一插槽上的逻辑器件；

● 8 条并行 TTL 触发线 TTLTRG0～TTLTRG7，用于模块间通信的集电极开路 TTL 信号线；

● 2 条并行 ECL 触发线 ECLTRG0～ECLTRG1，可作为模块间的精确定时资源；

● 12 条连接到相邻模块的局部总线 LBUS，是一种由相邻模块定义的菊花链式总线，局部总线的用途可以由模块生产厂家自行定义，允许使用 TTL、ECL 或模拟信号来实现相邻模块之间的信号传递；

● 带有 50Ω 匹配负载的模拟加法总线 SUMBUS，加法总线是贯串 VXI 总线系统背板的一条模拟信号线，任何模块都可用一个模拟电流源驱动器来驱动这条线，也可通过一个高阻接收器接收来自该总线的信息。

（4）P3 连接器的信号线

为了满足更高性能仪器的需要，VXI 总线在 D 尺寸模块上增加了 P3 连接器。与 P2 连接器相似，0 槽在 P3 连接器为系统提供资源方面也起着独特的作用，如高速时钟和触发。VXI 总线在 P3 连接器增加了以下信号线：

● +5 V、−5.2 V、−2 V、±24 V 和±12 V 附加电源线；
● 与 P2 连接器 10 MHz 时钟同步的 100 MHz 差分时钟信号线；
● 一个用于 100 MHz 时钟沿选择的同步信号线；
● 4 根附加的 ECL 触发线；
● 24 根附加的局部总线；
● 用于模块间准确定时的星形触发线；
● 4 根保留线。

4. VXI 总线器件

（1）VXI 总线器件分类

器件是 VXI 总线系统中最基本的逻辑单元，一个器件通常由一个模块组成，但也允许有多模块器件或多器件模块。每个器件都有唯一的逻辑地址。如图 9-2-11 所示，按照所支持的通信协议类型，VXI 总线器件分为 4 类。

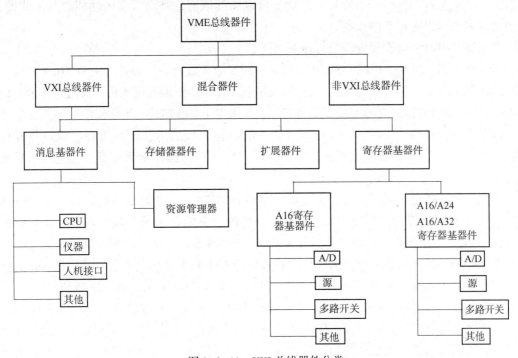

图 9-2-11　VXI 总线器件分类

①消息基器件。指拥有命令者"与/或"命令基从者能力的器件，支持基于配置寄存器和通信寄存器的 VXI 总线通信协议，如字串行通信协议。这类器件一般是具有一定通信能力的智能器件，如：数字式万用表、频谱分析仪、显示控制器、IEEE 488-VXI 总线接口器件、开关控制器等。

②寄存器基器件。指具有寄存器基从者能力的器件，支持 VXI 总线寄存器映射，但不支持基于通信寄存器的协议。通常，寄存器基器件是简单、廉价的器件，如：简单的开关、数字 I/O 卡、简单的串行接口卡和要求很少智能或不要求智能的插卡。

③存储器器件。指具有配置寄存器且包含一些存储器特征（如需要设置存储器类型和存取时间等），但不具有 VXI 总线定义的其他寄存器或通信协议的器件，如 RAM 和 ROM 等。

④扩展器件。指制造商开发的一些具有特别用途的 VXI 总线器件，具有配置寄存器供系统识别。

混合器件是指与 VME 总线兼容的器件。这种器件能够与 VXI 总线器件通信或使用 VXI 总线，但本身并不满足 VXI 总线对仪器的要求。现有 VME 总线板配以适当软件可构成混合器件。非 VXI 总线器件是指那些不符合 VXI 总线规范的 VME 总线器件。

（2）VXI 总线的资源管理器

VXI 总线系统提供一组公用系统资源，包括 0 槽服务和系统配置管理服务，其中系统配置管理服务由资源管理器提供，0 槽服务由资源管理器或 0 槽器件提供。VXI 总线资源管理器是逻辑地址为 0 的一个器件。VXI 总线器件的逻辑地址可以静态设置也可以动态分配，本节所述均为静态设置逻辑地址时资源管理器的功能。一个资源管理器必须是具有命令者能力的消息基器件。资源管理器的功能可以与其他消息基命令者的功能合并。此外，资源管理者也可以提供 0 槽服务。

在系统开机时，资源管理器执行如下功能。

①器件识别。在 VXI 总线"SYSRESET＊"线变为无效之后，等待"SYSFAIL＊"线变为无效状态或是等待 5 s 之后，在已定义的 256 个配置寄存器地址范围内，读出每个地址的状态寄存器。如果成功，那么相应的器件存在；如果发生总线错误，则该器件不存在。

②系统自检管理。在系统上电且所有器件的自检完成之后，资源管理者通过将器件"复位"位置"1"或将器件"系统故障禁止"位置"1"，强制全部故障器件进入"软复位"状态。

③A24 和 A32 地址映射。首先，读每个器件 ID 寄存器的"地址空间"段，确定哪些器件是 A24 或 A32 器件；接着读器件类型寄存器的"存储器需求"段来确定各器件所需的 A24 或 A32 寄存器数目；然后计算 A24 和 A342 偏移量，以使任意两个器件的地址空间不重叠，将偏移量写入各器件的偏移寄存器来分配 A24 和 A32 的基地址；最后将器件的控制寄存器的"A24/A32 使能"位写入"1"，以允许各器件访问 A24 或 A32 地址空间。

④配置命令者/从者层次。在整个系统范围内建立系统控制的层次结构，这种结构采用一个或多个倒置树的形式。在多层次结构中，一个器件可以既是命令者又是从者，命令者对其直接面对从者的通信和控制寄存器具有特权控制能力。一个顶层命令者不再有命令

者。所有的命令者都是消息基器件。

⑤分配 IRQ 线。在系统的各中断管理模块和中断模块间分配 VME 总线的 IRQ 线。每根 IRQ 线只分配给一个中断管理模块，但可分配给几个中断模块。

⑥启动正常操作。分配 IRQ 线后，资源管理者可提供某些与系统相关的启动服务，按逻辑地址递增的顺序，向所有顶层命令者发送"开始正常操作"命令，至此系统开机过程结束，进入实时运行方式。

VXI 总线子系统 0 槽向 1~12 号槽提供公用资源。在 P2 连接器上，提供 CLK10 时钟线和 MODID 线；在 P3 连接器上，提供 CLK100 时钟线，也可提供 SYNC100、STARX 和STARY 信号。VXI 总线 0 槽器件只存在于 B 型、C 型和 D 型模块上。VXI 总线 0 槽器件必须有型号编码，编码范围应在 0~255 之间。不具有 0 槽功能的器件型号编码不允许在此范围内。0 槽器件可以是寄存器基或消息基的，通常与资源管理器合并在一个模块中。

5. VXI 总线通信协议

在 VXI 总线系统中，无论一个器件具备何种功能，VXI 总线标准都对其规定了必备的最基本能力，即：每个 VXI 总线器件均有一组完全可由 P1 连接器访问的"配置寄存器"。系统通过这些寄存器来识别器件的种类、型号、生产厂商、所占用的地址空间（A16、A24 或 A32）和存储器需求等。仅具备这些最基本能力的 VXI 总线器件叫作"寄存器基器件"。例如，图 9-2-12 中，单 CPU 系统中的全部仪器都可以用寄存器基器件来实现，CPU 与这些仪器之间用"器件相关通信协议"来进行通信。

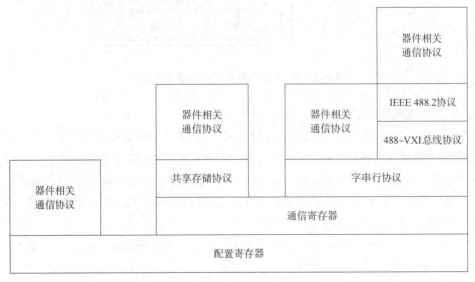

图 9-2-12　VXI 总线通信协议分层结构

对于需要具备更高一级通信能力的系统，VXI 总线定义了一类器件，叫作"消息基器件"。除了具有配置寄存器外，消息基器件还有一组可由系统中其他模块访问的通信寄存器。因此，消息基器件可通过"字串行协议"与其他器件进行通信。图 9-2-13 中的多CPU 系统就是这种类型系统的一个很好的范例。该系统中每个仪器均是消息基器件，均能从主机或公用主机接口接收命令。由于各生产厂商都遵守了此类通信协议，因此能够保证各厂商生产仪器之间的兼容性。在字串行协议基础上，还可以定义更高一级的仪器通信协议，例如488-VXI通信协议、488.2句法等。

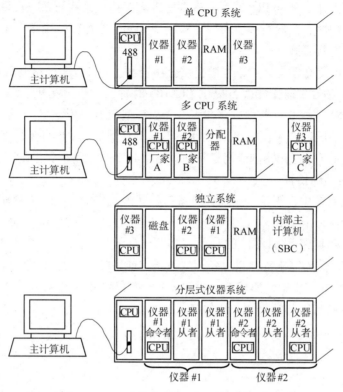

图9-2-13　几种典型的VXI总线系统配置

6. VXI 总线系统的组成

VXI总线系统可以包含一个或多个VXI总线子系统。一个VXI总线子系统由0槽的中央定时模块与最多12个仪器模块组成，这些模块安装在19英寸宽的标准机箱内。多数VXI总线系统只包含一个13槽机箱。通常的系统配置是将系统资源（包括产生VXI总线时钟、VME总线所要求的系统控制器功能和数据通信接口，如IEEE 488或RS-232等）放置在0槽内，其他插槽由用户自行配置。

为了保证VXI总线系统的开放性与灵活性，VXI总线没有规定某种特定的系统层次结构或拓扑结构，也没有指定操作系统、微处理器类型及与主机相连的接口类型，VXI总线仅是规定了保证不同厂商产品之间具备兼容性的一个基础平台。图9-2-13给出了几种可以采用的VXI总线系统配置形式，不同的拓扑结构往往具有不同的通信要求，这些要求可由如图9-2-12所示的一组分层通信协议来实现。

VXI总线器件之间的通信是基于一种包括"命令者"与"从者"器件的分层结构进行的。图9-2-13中所示的单CPU系统只有一层命令者/从者分层结构，其中CPU与主机接口器件是命令者，3个仪器模块为从者，命令者可根据从者的能力启动与它们的通信。

如果从者是"消息基器件"，可以用"字串行协议"中的"命令"启动通信；如果是"寄存器基器件"，通信就是与器件相关的，会因系统的不同而不同。"命令者/从者"层次可以是多重的，一个消息基器件可以是在某个层次中的命令者，同时又是下一层中的从者。图 9-2-13 中的分层仪器系统中，仪器#1 和仪器#2 的命令者分别有两个从者，而其本身又是主机接口的从者。

通常情况下，各仪器都能共享主机的接口器件，VXI 总线将此类器件定义为具有特定通信功能的消息基器件。例如 488-VXI 总线接口器件支持 IEEE 488 通信协议，其他类型的接口器件，如 RS-232、局域网或人机接口等也可使用类似的方法设计通信协议。

*9.2.3 PXI 总线

1. 概述

为了适应仪器与自动测试系统用户日益多样化的需求，1997 年 9 月 1 日，NI 公司推出了一种全新的开放式、模块化仪器总线规范——PXI。它将 Compact PCI（坚固PCI）规范定义的 PCI（peripheral component interconnect）总线技术拓展为适合于试验、测量与数据采集场合的机械、电气和软件规范，从而形成了新的虚拟仪器体系结构。1998 年，PXI 系统联盟成立，联盟的宗旨是：推进 PXI 与 Compact PCI 在测量和自动化领域的应用，进行 PXI 规范维护和版本控制，保证多厂商系统在机械、电气和软件方面的互操作性。

Compact PCI 是 PCI 电气规范与耐用的欧洲卡机械封装和高性能连接器相结合的产物，这种结合使得 Compact PCI 系统可以拥有多达 7 个外设插槽，超过了普通 PC 机的 4 个插槽。系统还允许通过工业标准的 PCI-PCI 桥接器向用户提供更多的扩展槽。为了满足仪器用户对一些高性能的需求，PXI 还提供了触发总线、局部总线、系统时钟等资源，并且做到了 PXI 产品与 Compact PCI 产品的双向互换。

PXI 选择了 PCI 总线规范作为实现的基础，保持了与工业 PC 软件标准的兼容性，使PXI 用户能够无障碍地使用各种 PC 软件工具和开发环境，包括台式 PC 的操作系统、底层的器件驱动器、高级的仪器驱动器、图形化 API 等。因此，在许多测试领域，由 PC 组建的系统与 PXI 系统可以相互替代。PXI 规范还单独定义了关于 PXI 模块、机箱和系统的软件规范，以更快地适应最新的操作系统和软件标准。此外，PXI 产品填补了低价位卡式仪器系统与高价位 VXI 系统之间的空白。

PXI 规范的体系结构如图 9-2-14 所示，在本章的后续几节中，将对规范的主要部分做详细的介绍。

2. PXI 系统的机械结构

（1）PXI 模块

PXI 支持 3U 和 6U 两种尺寸的模块，如图 9-2-15 所示。3U 模块的尺寸为 100 mm×160 mm，模块后部有两个连接器 J1 和 J2。连接器 J1 提供了 32 位 PCI 局部总线定义的信号线，连接器 J2 提供了用于 64 位 PCI 传输及实现 PXI 电气特性的信号线。6U 模块的尺寸

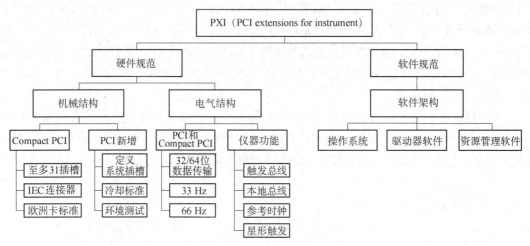

图 9-2-14　PXI 规范的体系结构

为 233.35 mm×160 mm，除了具有 J1 和 J2 连接器外，6U 模块还提供有实现 PXI 性能扩展的 J3 乃至 J4、J5 连接器。PXI 使用与 Compact PCI 相同的高密度、屏蔽型、针孔式连接器，连接器引脚间距为 2 mm，符合 IEC 1076 国际标准。

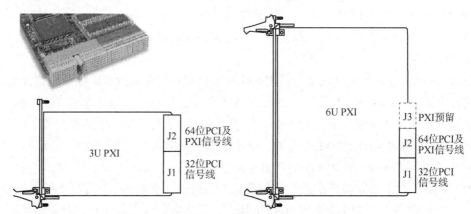

图 9-2-15　PXI 模块外形与连接

（2）PXI 系统机箱

图 9-2-16 所示是一个典型的 PXI 系统示意图。PXI 系统机箱用于安装 PXI 背板，并且为系统控制模块和其他外围模块提供安装空间。每个机箱都有一个系统槽和一个或最多 30 个外围扩展槽。系统槽的位置定义在一个 PCI 总线段的最左端，如果系统控制器需要占用多个插槽，应以固定槽宽向左侧扩展，避免了系统控制器占用其他外围模块的槽位。星形触发控制器是可选模块，如果使用该模块，应将其置于系统控制模块的右侧；如果不使用该模块，可将其槽位用于外围模块。3U 尺寸的 PXI 背板上有两类接口连接器 P1 和 P2，与 3U 模块的 J1 和 J2 连接器相对应。一个单总线段的 33 MHz PXI 系统最多可以有 7 个外围模块，66 MHz PXI 系统则最多可以有 4 个外围模块。使用 PCI-PCI 桥接器能够增加总线段的数目，为系统扩展更多的插槽。

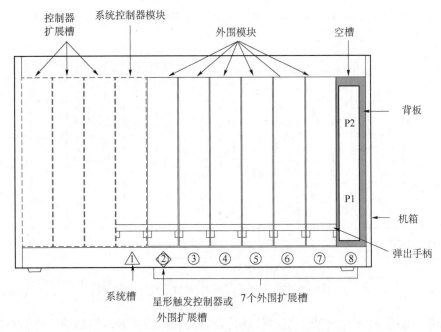

图 9-2-16 33MHz 3U PXI 系统示例（单总线段）

为了在 6U 机箱中有效地使用 3U 模块，PXI 规范也定义了如何将两个 3U 模块插入一个 6U 机箱插槽的方案。如果用户不使用 PXI 的特殊功能，PXI 模块与 Compact PCI 产品是可以互换使用的。此外，PXI 规范还对设备标识、环境测试、冷却、接地与 EMI、EMC、电气安全等方面做了细致的规定。

3. PXI 系统的电气结构

PXI 总线在标准 PCI 总线的基础上增加了一些仪器专用的信号线，包括总线型触发线、星形触发线、系统时钟和局部总线，用于满足高级定时、同步、边带通信的需求。

（1）PCI 总线

由于 PXI 规范是以 PCI 总线规范为实现基础的，PXI 总线保留了大部分 PCI 总线的优越性能，包括：

- 33/66 MHz 时钟；
- 32 位和 64 位数据传输；
- 132 MB/s（32 位、33 MHz）到 528 MB/s（64 位、66 MHz）的峰值数据传输速率；
- 可通过 PCI-PCI 桥实现系统扩展；
- 可升级为 3.3 V 系统；
- 支持即插即用等。

（2）局部总线

如图 9-2-17 所示，PXI 定义了与 VXI 总线相似的菊花链状的局部总线，各外围模块插槽的右侧局部总线与相邻插槽的左侧局部总线相连，依次类推。但是系统背板上最左侧外围模块插槽的左侧局部总线被用于星形触发，系统控制器也不使用局部总线，而将这些引脚用于实现 PCI 仲裁和时钟功能。PXI 系统最右侧插槽的右侧局部总线可用于外部背板接口（如用于与另一个总线段的连接）。

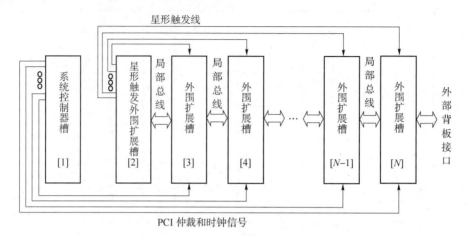

图 9-2-17 PXI 定时总线/触发总线/局部总线

局部总线有 13 根信号线。用户可以自行定义它们的功能，例如用于传输高速 TTL 信号或高达 42V 的模拟信号，或作为相邻模块间边带数字通信的传输通道，这不会占用 PXI 系统的带宽。局部总线的配置（信号类型的配置）由机箱的初始化文件 chassis. ini 来定义。初始化软件根据各个模块的配置信息来使能局部总线，禁止类型不兼容的局部总线同时使用。这种软件键控方法比 VXI 总线的硬件键控方法具有更高的灵活性。

（3）参考时钟

参考时钟 PXI_CLK10 是由 PXI 背板为各外围扩展插槽单独提供的 10 MHz 参考时钟，该时钟是 10 MHz 的 TTL 信号，推荐精度不低于±50 ppm，占空比在 45%～55% 范围内。参考时钟在不同插槽间引入的信号畸变应小于 1 ns，也允许由外部时钟源提供参考时钟信号。PXI_CLK10 可用于测控系统中多模块间的同步，其极低的信号畸变指标也使它成为实现各种触发协议时的标准时钟。

（4）触发总线

PXI 有 8 条总线型触发信号线 PXI_TRIG［0：7］。PXI 规范定义了以下两种触发协议：PXI 异步触发协议（一种单线广播触发方式）和同步触发协议（一种以 PXI_CLK10 为参考时钟的触发方式）。PXI 规范对于触发信号线在印刷电路板上的线长、端接方式、驱动特性等都作出了详细的定义，以保证触发信号的完整性。这 8 条触发线的使用十分灵活，例如：用于同步 7 个外围模块；或者 1 个模块来控制其他模块按照严格的时序工作。总线型的连接也使得各模块可以对外部异步事件做出精确的时间响应。

（5）星形触发

星形触发信号线 PXI_STAR 为 PXI 用户提供了更高性能的同步功能。星形触发控制器安装在第一个外围模块插槽，使用插槽左侧的 13 根局部总线引脚，实现与各外围模块星形触发信号线 PXI_STAR 连接。PXI 系统在实现星形触发信号线的布线和连接时，采用了传输线均衡技术，以此来满足对触发信号要求苛刻的应用场合，包括：不同插槽间星形触发信号的传输时延不能大于 1 ns，星形触发槽至各外围扩展槽间星形触发信号的传输时延不能大于 5ns 等。星形触发线也可用于向星形触发控制器回馈信息，如报告插槽状态或其他响应信息等。对于星形触发的具体应用，PXI 规范没有做出更详细的规定。

（6）使用 PCI-PCI 桥接器实现系统扩展

使用标准的 PCI-PCI 桥接技术能够将 PXI 系统扩展为多个总线段。例如，在有两个总线段的 PXI 系统中，桥接器位于第 8 和第 9 槽位上，连接两个 PCI 总线段。双总线段的 33MHz PXI 系统能够提供 13 个外围扩展槽，计算公式为

（2 总线段）×（8 槽/总线段）－（1 系统槽）－（2 PCI-PCI 桥插槽）= 13 可用扩展槽

同样，三总线段的 PXI 系统能提供 19 个外围扩展槽。

在进行系统扩展时，PXI 不允许在 2 个总线段之间直接将触发总线进行物理连接，以免降低触发总线的性能。建议采用缓冲器的方式实现多总线段 PXI 系统间的逻辑连接。星形触发控制器至多提供对双总线段 13 个外围模块的访问能力，不提供对更多总线段的支持。

4. PXI 软件规范

PXI 软件规范的目的是确定 PXI 系统组建时存在的一些普遍性的软件需求，以便更好地实现系统的互操作性和易集成性。PXI 软件规范包括硬件描述文件和软件框架与需求两部分内容。

PXI 硬件描述文件采用由 ASCII 文本构成".ini 文件"形式，应用软件或者驱动软件能够很容易地解析这种文件。硬件描述文件包括系统描述文件和机箱描述文件两类。系统描述文件描述整个 PXI 系统的特性，包括机箱个数、每个机箱的主要特性（型号、制造商及关于 PCI 总线段、触发总线、星形触发线和插槽的列表）、各 PCI 总线段包含的槽号列表、各条触发总线涉及的插槽、星形触发线的控制器槽号及 PXI_STAR 线映射表、各个插槽的局部总线属性及 PCI 逻辑地址。通过系统描述文件可以实现系统特性及物理插槽识别等。机箱描述文件描述 PXI 机箱的特性，包括对于 PCI 总线段、触发总线、星形触发线和插槽详细特性的描述，以便资源管理器能够据此生成 PXI 系统的描述信息，管理 PXI 的触发总线、星形触发线和局部总线等硬件资源。

PXI 软件框架与需求中，描述了 32 位 Windows 框架（Vista/XP/2000）和 64 位 Windows 框架（Vista x64 和 XP x64）。对于每种软件框架，PXI 规范均对应该采用的控制器的 CPU 类型、控制器支持 VPP-4.3 的能力、外围模块提供的安装/配置/控制软件、支持的软件开发环境等做出了详细的规定。这些能够进一步简化 PXI 系统集成，提升现有 PC 软件的使用范围和效能，便于在 PC 系统和 PXI 系统之间移植软件。

5. PXI 系统的组建和应用

在组建 PXI 系统时，首先应完成测试需求分析、选择操作系统和应用软件开发环境等，然后就是选择机箱、模块、附件等工作。PXI 机箱有 3U 和 6U 尺寸的，插槽数目从 3 槽到 21 槽不等，从外形和配置方式上分类，有便携式、台式和机架式等，如图 9-2-18 所示。PXI 系统控制器有嵌入式和外置式两种形式。嵌入式控制器具有独立系统的一些优

点，便携性好、实时性高。外置式控制器采用外置台式 PC 结合总线扩展器的方式实现系统控制，通常需要在 PC 扩展槽中插入一块 MXI-3 接口卡，然后通过铜缆或光缆与 PXI 机箱 1 号槽中的 MXI-3 模块相连。PXI 总线模块的种类很多，如模拟输入和输出、数字输入和输出、数字信号处理、总线接口和通信、图像采集、运动控制、定时输入和输出、开关模块、各类模拟激励源和测量仪器模块等，PXI 接口模块有与其他仪器系统的总线接口模块（如 IEEE-488、MXI-2 for VXI、VME、RS-232 和 RS-485 等）、军用接口模块（如 ARINC-429 和 MIL-STD-1553 等）、通信接口模块（如以太网、SCSI、CAN、DeviceNet、光纤、PCMCIA 等）等。

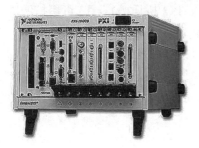

（a）NI PXI-1000B 8槽台式机箱　　　（b）NI PXI-8186 嵌入式控制器　　（c）NI PXI-6025E 多功能DAQ模块

图 9-2-18　PXI 总线产品

目前，PXI 系统已被应用于数据采集、工业自动化与控制、军用测试、科学实验等领域。特别是在工业自动化与控制领域，PXI 系统以其坚固的机械结构、良好的兼容性和较高的可靠性及可用性得到了业界的青睐，应用范围包括：机器工况监测与控制、机器视觉与产品检测、过程监测与控制、运动控制、离散控制、产品批量检验和测试等。

9.2.4　LXI 总线

1. 概述

近年来，高速以太网和网络时钟同步技术得到了飞速的发展，千兆以太网的广泛适应性突破了多数实际测试系统的速度瓶颈，而 IEEE 1588 实现了以太网的确定性定时，从而能够满足测试和测量行业苛刻的定时要求。在这种背景下，LAN 已经成为测量和测试领域中替代 GPIB、VXI 和 PXI 的可行方案。2004 年，Agilent 公司和 VXI 科技公司联合成立了 LXI 联盟，联盟最优先的任务是通过推荐统一的基于以太网的仪器标准，实现仪器间的兼容性，其宗旨是显著简化系统集成者的工作、降低成本、提高性能，同时充分利用已存在的开放工业标准和成熟的商业技术。LXI 联盟得到测试和测量业界知名公司的大力支持。2005 年 9 月，LXI Rev 1.0 标准公布；其最新版本是 2008 年 10 月发布的 LXI Rev 1.3。LXI 充分融合了 IEEE 802.3、TCP/IP、Web 浏览器、XML、IVI-COM 驱动程序和 IEEE 1588 等许多标准，集 GPIB 的易用性、VXI 的性能及以太网的灵活性和功能性于一身，构成了一种适用于自动测试系统的新一代模块化仪器平台标准。

截至 2011 年 3 月，通过 LXI 联盟认证的 LXI 产品有 1 500 多种，其中 A 类 LXI 产品有 11 类、26 种，如 Agilent N8241A 任意波形发生器；B 类 LXI 产品有 2 类、5 种，如 Agilent E5818A 触发箱、Keithley 37XX 系列开关/万用表；C 类 LXI 产品有 203 类、1470 种，如北京航天测控公司的 AMC9305 示波器、AMC9403 函数发生器等。图 9-2-19 是一些 LXI 产品示例。

（a）Agilent N8241A（A类）　　　　　（b）Agilent N5700 系列系统直流电源（C类）

图 9-2-19　LXI 产品示例

2. LXI 的技术特点

LXI 标准采用 LAN 这一开放标准来实现器件间的通信，充分利用了当前及未来 LAN 的能力，提供高于其他测试和测量总线解决方案的优越性能。LXI 标准有以下特点。

（1）易用性

LXI 基本上是用 LAN 代替 GPIB 和 MXI。只需用 CAT-5 替代 GPIB 和 MXI 电缆，就能实现更低的价格和更高的性能，并具备 LAN 的各种优点。在过去 20 年中，以太网所扩展的能力已远远超过测试和测量专用接口总线，如 GPIB 和 VXI。以太网从连接 PC 和打印机的点对点技术发展到使用 DHCP 寻址的强大对等技术、网络管理能力和各种诊断全都免费提供。由于每一种 LXI 设备都必须支持提供主机操作和控制网页的 HTTP 服务器，因此可以实现仪器或模块的固件版本和校准日期的上网查询，异地协同工作也十分方便。LXI 标准实质上是 LAN 在测试和测量中实现的最好实践。此外，对于程序控制，LXI 标准推荐 IVI-COM 仪器驱动程序，由于其面向对象的固有特性和层次式的 API，它们能获得面向对象环境先进特性的种种好处。

（2）性能

LXI 仪器采用标准的以太网接口传递数据，而网络传输速率在过去 15 年里从 10 Mb/s 发展到 10 Gb/s，而且向后兼容，与 VXI、PXI 相比，极大地提高了系统的数据传输速率。LXI B 类器件具备基于 IEEE 1588 的时钟同步能力，允许 LAN 上的不同装置自动和透明地把它们的系统时钟与高精度时钟同步，达到 100 ns 及以上的精度。LXI 的 A 类器件则定义了一个公共硬件触发总线触发，相邻仪器间能达到 5 ns/m 的定时精度，可以满足低抖动触发的应用需求。

（3）可扩展性

LXI 器件能够与非 LXI 仪器组成混合测试系统。由于 LXI 模块不需要机箱，因此对系统所能增加的模块数没有硬性限制。所受的实际限制仅为可用的机架空间和以太网集线器上的可用端口。以太网是一项极为稳定的标准，它已有 30 多年的历史，并且现在仍在应用。以太网同时也是一项有活力的标准，许多新增的高层协议通常是以"向下兼容"的方式进行，确保了 LXI 系统的未来可扩展性。

（4）便于组建分布式系统

LXI 极大地扩展了之前测量仪器的应用范围。使用 LAN 或互联网，就能容易地跨越长距离和对最终用户"透明"。由于以太网几乎是随处可得的，可以实现远程系统或传感器"永远在线"。LXI 的网络安全性能够由现代路由器来保障，如基于 MAC 或 IP 地址的访问过滤、WLAN 加密等。VPN（虚拟专网）允许通过公共互联网安全地发送 IP 包，由 IPsec 或其他加密协议加密。

（5）机架空间与安装

LXI 标准包括可选的机械规范。仪器允许没有面板，可以是半机架宽度、一个或几个机架单位高度。它也没有物理意义上的用户界面。根据仪器类别，制造商能够显著压缩仪器的尺寸。LXI 的另一优点是不需要机箱。与卡箱式系统不同，LXI 模块能随意分布在测试机架、实验室或建筑物中任意最适宜的地点。以太网固有的灵活性提供了将传感器或被测装置（DUT）与测量仪器间的电缆长度减到最小、尽量增大测量信号与电源线或任何电磁干扰源距离的可能性。LXI 的新使用方式也包括在一个小的封装中组合传感器和测量硬件，甚至智能传感器的供电也可通过以太网来实现。

（6）下一代测试系统应用

LXI 是合成仪器（SI）的理想技术。在合成仪器中，需要把仪器拆分成部件时，部件间的通信就成为至关重要的因素。通过千兆以太网，LXI 同时提供优异的数据率和 TCP/IP（对等和并发通信）的灵活性。

如图 9-2-20 所示，LXI 器件能够与非 LXI 仪器组成混合测试系统，非 LXI 仪器可以通过内部或者外部的适配器与 LXI 器件实现连接。此时，台式仪器、VXI、LXI、PXI 将共存于系统，它们通常是 LAN 上的一个节点。

3. LXI 的器件类型

LXI 标准将 LXI 器件分为三种功能类型，功能类的定义不是根据 LXI 器件的物理尺寸划分的，而是根据器件能够提供的触发和同步能力来分类的。LXI 器件制造商应在数据手册或文档中明确器件的功能类型，在器件网页中也应包含功能类型的信息。这三种类型的器件可以在测试系统中混用。

（1）C 类器件

提供符合 LXI 规范的标准 LAN 和 Web 接口，包括实现 LAN 查询功能、IVI 驱动程序接口、仪器网页及推荐的电源、冷却、尺寸、指示灯和复位按钮等。这类器件十分适合将非 LXI 产品改造为符合 LXI 标准的应用，对于那些不需要提供触发或定时功能的场合也是适合的。这类器件也包括使用电池或者以太网供电 PoE（power over ethernet）的小型产品，如传感器这种结构简单、低成本的器件。所有 LXI 仪器必须达到 C 类要求。

（2）B 类器件

在符合 C 类要求的基础上，B 类器件提供标准的 LXI 事件接口、同步 API 并支持 IEEE 1588 定时特性。通过 IEEE 1588 接口能够实现与 GPIB 总线系统相同性能或者更高性能的触发功能，即实现位于网络任何位置 LXI 设备的亚微秒级（100 ns）同步。B 类器件适合于组建分布式测量系统。

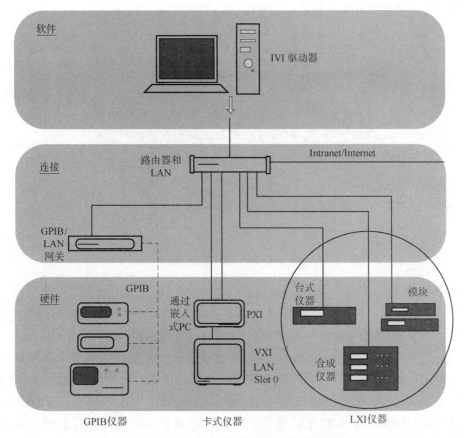

图 9-2-20　LXI 与其他总线仪器的混合测试系统

（3）A 类仪器

在符合 B 类要求的基础上，A 类器件提供了硬件触发总线接口。该触发总线是一个 25 针 100 MHz 的低电压差分信号总线 LVDS（low-voltage differential signaling）接口，有可独立分配的 8 个通道，能构成星形或菊花链配置，提供类似于 VXI/PXI 背板总线的器件间触发能力，其定时精度仅受限于电缆及 LXI 硬件的物理特性，相邻仪器间能达到 5 ns/m 的定时精度。触发总线的电缆长度通常要比 VXI 总线背板触发线要长。合成仪器就是符合 A 类标准的仪器。

4. LXI 标准的主要内容

（1）物理规范

LXI 设备采用 IEC 60297 定义的标准机架单位，规定了半机架宽度装置的最大尺寸，允许 1U（1 个机架单位）、1/2 机架宽度这样小的无面板模块的存在。LXI 设备自己提供冷却。设备从侧面进风，从后面出风。每一 LXI 模块必须遵从所在地区或市场的 CSA、EN、UL 和 IEC 标准，符合相关（如 FCC、VDE、Mil-Std）的 EMC 标准。模块由 47 ~ 66 Hz，100~240 V 的标准单相交流电源供电，也允许通过直流电压或 PoE 供电。LXI 规范定义了开关、电缆和指示灯的类型和位置，如图 9-2-21 所示。对于没有前面板显示的

LXI 设备，左下方必须有 3 个指示灯、电源、LAN 和 IEEE1588 指示灯。

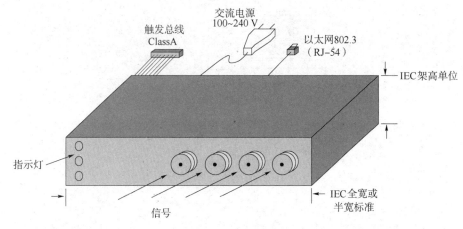

图 9-2-21　LXI 物理结构

（2）以太网

每一个 LXI 设备必须实现 IEEE 802.3 标准，以保证其一致性。LXI 使用标准 RJ-45 连接器，通过 Auto-MDIX 实现检测 LAN 电缆的极性（直通或跨接）。符合 LXI 标准的装备要支持 TCP（传输控制协议）、UDP（用户数据报协议）和 IPv4（互联网协议第 4 版）。TCP 是在对等信息系统中最常用的标准互联网协议，UDP 是在有要求高速应用时用于单点对多点信息发送时的协议。LXI 标准推荐使用 1 Gb/s（允许 100 Mb/s），它用自动协商机制来保证设备使用其最佳速度。LXI 装置必须支持 IP 地址（DHCP 或自动 IP）、MAC 地址（由制造商规定）和主机名（由用户规定）的设置功能。符合 LXI 标准的设备必须支持 ICMP（乒服务器）、基于 DHCP 的 IP 地址分配、手动域名服务器（DNS）和动态 DNS。由于 DNS 可把域名翻译成 IP 地址，因此能为系统软件的长寿命作出贡献，即可以改变 IP 地址而保持域名不变。为安全起见，LXI 规定了一整套默认的 LAN 条件，要求"LAN 配置初始化"（LCI）开关把设备复位到这些已知条件。

（3）程序接口

由于 LXI 标准要求所有设备都须有可互换虚拟仪器（IVI）驱动程序，因此可使用所偏爱的程序语言或开发环境。IVI-COM 和 IVI-C 是已建立的工业标准驱动程序，多数主流的仪器厂商都随 LXI 仪器提供这些驱动程序。LXI 标准也强制要求符合 LXI 标准的设备必须支持 LAN 查询功能，使主控 PC 能确认已连接的仪器。目前，LXI 标准要求使用 VXI-11 协议，该协议适用于所有类型的测试设备，而不仅仅是 VXI 的基于 LAN 的连通能力。

（4）仪器网页

每一台符合 LXI 标准的设备都必须提供自己的网页。网页上要有该设备的各种重要信息，包括制造商、型号、序列号、说明、主机名、MAC 地址和 IP 地址。LXI 要求这一可从任何 W3C 浏览器接入的配置网页允许使用者改变参数，如主机名、说明、IP 地址、子网掩码和 TCP/IP 配置模式。许多 Agilent LXI 仪器所提供的监视和控制能力已超过 LXI 的要求。例如可通过网络设置一台数字万用表，命令它开始测量，然后读取结果。一些 LXI

仪器甚至允许把所有测量专用件——CDMA、GSM、Wi-Fi 等下载到仪器中，用一条命令进行专门的测量。通过浏览器控制仪器的能力为需要从世界任何地方访问测试系统的工程师开辟了全新可能。

（5）同步触发机制

LXI 另一特性是它的触发和同步能力。通过融合 LAN 和 IEEE 1588 时间同步协议，LXI 提供多种 GPIB、PXI 和 VXI 所不具备的触发模式。三种类型的 LXI 设备，C 类、B 类和 A 类递增地实现这些能力。

①网络消息触发。

实现网络消息触发时，多个 LXI 设备之间通过交换机或集线器连接在一起，网络触发消息可以由计算机发给所有设备，也可由其中一个设备发给其他所有设备，这样就可以实现一点对多点的触发应用。触发消息在网络间的传递采用标准 UDP 网络协议。网络消息触发时，LXI 模块之间可以相互协调，排除了计算机处理速度的瓶颈影响。此外，它也不需要专门的触发线，且没有距离的限制。由于受到 LAN 通信延时的影响，这种触发方式的同步误差在毫秒级。

②IEEE1588 时钟同步触发。

IEEE1588 是 Agilent 实验室十几年前开发的标准。IEEE1588 协议把一个装置指定为主时钟，用以与网络上其他装置的时钟同步，在几秒时间内，主时钟和从设备的时钟可达到 100 ns 甚至更高精度的同步。

IEEE 1588 适用于通过局域网通信的系统，如支持多点广播消息的以太网。该协议能实现亚微秒级的同步。通过使用 PC、仪器、智能传感器和其他系统装置中包含的实时时钟，它只给系统的网络和计算资源增加最小的负担。

当同步过程开始时，这些装置鉴别系统中最精确的时钟，并把它作为主时钟。如图 9-2-22 所示，同步过程包括以下三步。第一步，主时钟向网络中的所有其他装置发送同步脉冲和当前时间。所有从装置把它们的时钟设置到主时钟。第二步，各从设备发送时间戳记应答主装置。主装置计算同步脉冲原发送时间和不同接收时间之间的偏置量。第三步，主装置向各从装置发送偏置值，以补偿主装置同步脉冲与从装置接收时间的差值。在经过这一初始调准后，后续的周期性同步脉冲就足以保持从装置与主时钟间的精确同步。

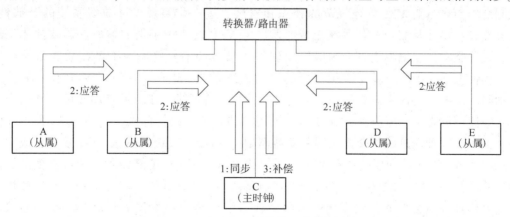

图 9-2-22　IEEE 1588 网络的亚微秒级同步原理

IEEE1588 网络时钟同步触发方式能适应最苛刻的分布式测量应用的要求，不用单独连接触发电缆，且不受距离的限制。

③LXI 触发总线。

A 类 LXI 器件具备硬件触发总线。这是一种 8 通道的多点低压差分信号总线。LXI 模块可被配置成为触发信号源或接收器，触发总线接口亦可设置成"线或"逻辑。每个 LXI 模块都安装有输入输出连接器，允许设备以菊花链或星形方式链接。这种触发方法同步精度大约是 5 ns/m。由于触发总线的长度对同步精度有较大影响，这种方式适用于测试仪器相互靠得很近的系统。

9.3　自动测试系统的软件设计

在自动测试系统中，不仅各项测试任务需要在软件的统一协调下完成，而且随着虚拟仪器技术的发展，很多系统中的激励信号产生功能及具体的测试、分析等功能都要由软件来完成。软件可以被认为是自动测试系统的神经中枢。自动测试系统软件的发展与硬件发展相关，但也有其独立性。

在 20 世纪 70 年代中期，GPIB 总线系统问世了，IEEE 488.1 规范对可程控仪器的功能、机械和电气特性方面做了详细的定义，但在软件控制方面，仅仅涉及远地接口消息。20 世纪 80 年代，IEEE 488.2 和 SCPI（standard commands for programmable instruments）对于程控仪器的公用命令、仪器的内务管理、器件消息的标准化等方面做了详细定义。然而，IEEE 488.2 和 SCPI 仅涉及了自动测试系统软件生命周期的很小一部分内容，以软件工程的角度来看，对于软件架构、软件开发环境及设计软件可重用、可扩展性和互操作性等内容都未做规定。20 世纪 90 年代以后，虚拟仪器逐渐得到人们认同，虚拟仪器的相关技术规范也在不断地完善。1993 年 9 月，为了使 VXI 总线更易于使用，保证 VXI 总线产品在系统级的互换性，GenRad、NI、Racal Instruments、Tektronix 和 Wavetek 公司发起成立了 VPP 系统联盟，并发布了 VPP 技术规范。虽然 VPP 技术规范制定的初衷是对 VXI 总线规范的补充和发展、进一步实现 VXI 总线系统的开放性、兼容性和互换性及缩短 VXI 系统集成时间，但 VPP 规范中定义的虚拟仪器软件体系结构、仪器驱动器、编程语言、高级应用软件工具等却不仅仅局限于 VXI 总线系统的应用，实际上适用于所有基于虚拟仪器的自动测试系统。因此，可以说 VPP 技术规范是自动测试系统软件体系建立的一个里程碑。此后，为了进一步方便自动测试系统用户对系统的使用和维护，解决测试软件的可重用和仪器的互换性问题，1997 年春季，NI 公司又提出了一种先进的可交换仪器驱动器模型——IVI。1997 年夏天，IVI 基金会成立并发布了一系列 IVI 技术规范。在 VPP 规范的基础上，IVI 规范建立了一种可互换的、高性能的、更易于维护的仪器驱动器，支持仿真功能、状态缓冲、状态检查、互换性检查和越界检查等高级功能。允许测试工程师在系统中更换同类仪器时，无须改写测试软件，也允许开发人员在系统研制阶段或价值昂贵的仪器没有到位时，利用仿真功能开发仪器测试代码,这无疑将有利于节省系统开发、维护的时间成本,增加用户在组建自动测试系统时硬件选择的灵活性。目前,IVI 技术规范仍在不断完善之中。

目前的第三代自动测试系统软件大多是符合 VPP 和 IVI 等技术规范的,多数软件的开发也都是在 LabVIEW、LabWindows/CVI、Agilent VEE 等软件开发环境下进行的。本节将依次对这些内容进行介绍,最后通过一个简单的示例讲解自动测试系统软件的设计方法。

*9.3.1　软件架构

VISA 是"virtual instrument software architecture"(虚拟仪器软件架构)的首字母缩写,是 VPP 联盟制定的 I/O 接口软件标准及相关规范的总称。虽然该规范是针对基于 VXI 的虚拟仪器制定的,但目前已经被广泛用于自动测试系统软件的架构设计中。

VISA 是随着 VXI 总线和虚拟仪器技术的发展而出现的。在 VXI 总线硬件实现标准化之后,软件标准化已成为 VXI 总线技术发展的热点问题,其中 I/O 接口软件的标准化尤为重要。在 VISA 出现之前,一些仪器厂商在推出 VXI 控制器的同时,纷纷推出了形式多样的 I/O 接口软件。如 NI 公司用于 GPIB 仪器控制的 IEEE 488 及用于 VXI 仪器控制的 NI-VXI、HP 公司的 SICL(标准仪器控制语言)。这些 I/O 接口软件尽管性能很高,但却是不可互换的,极大影响了仪器驱动程序和测试程序的适用性。在这种情况下,VPP 系统联盟开始制定新一代的接口软件规范,即 VPP 4.X 系列规范。如果全球的 VXI 模块生产厂家均以该接口软件作为 I/O 控制的底层函数库来开发模块驱动程序,在通用 I/O 接口软件的基础上,不同厂商的软件就可以在同一平台上协调运行。这将大大减少软件的重复开发,缩短测试应用程序的开发周期,极大地推动 VXI 软件的标准化进程。

如图 9-3-1 所示,VISA 采用自下而上的金字塔结构。VISA 首先定义了一种管理所有 VISA 资源的资源管理器,以实现各种 VISA 资源的管理、控制和分配,内容包括:资源寻址、资源创建与删除、资源属性的读取与修改、操作激活、事件报告、存取控制和默认值设置等。在资源管理器的基础上,VISA 定义了 I/O 资源层、仪器资源层和用户自定义资源层。I/O 资源层提供对于 GPIB、VXI 和串行口等硬件设备的低级控制功能,并可很容易地扩充;仪器资源层提供了采用传统编程方法控制仪器的功能,应用程序可以通过打开与特定仪器资源的通话链路,完成与仪器的通信;用户自定义资源层也称为虚拟仪器层,该层体现了 VISA 的可扩展性与灵活性,用户可以在前两层资源的基础上通过增加数据分析、处理等功能来实现物理上并不存在的仪器。VISA 结构模型的顶层是用户应用程序接口。用户应用程序是用户利用各种 VISA 资源自行创建的,其本身不属于 VISA 资源。

VISA 采用这种金字塔形的结构模型,为各种虚拟仪器系统软件提供了一个形式统一的 I/O 操作函数库。作为现存在 I/O 接口软件的功能超集,VISA 将不同厂商的仪器软件统一于同一平台。对于初学者来说,VISA 提供了简单易学的控制函数集;对于复杂系统的组建者来说,VISA 则提供了强大的仪器控制功能。

在 VISA 中,最基本的软件模块是定义在资源类上的各种资源。VISA 资源类是一种对

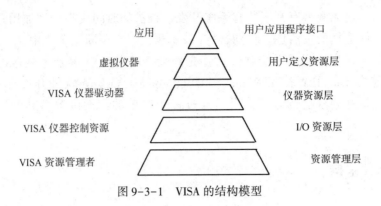

图 9-3-1　VISA 的结构模型

器件特点的抽象化功能描述，类似于面向对象程序设计方法中"类"的概念。VISA 资源的概念则类似于面向对象程序设计方法中"对象"的概念。VISA 资源由三个要素组成：属性集、事件集与操作集。以读资源为例，其属性集包括结束字符串、超时值及协议等，事件集包括用户退出事件，操作集则包括各种端口读取操作。VISA 资源类包括仪器控制资源（INSTR）、存储器访问资源（MEMACC）、GPIB 总线接口资源（INTFC）、VXI 主机箱背板资源（BACKPLANE）、从者器件侧资源（SERVANT）和 TCP/IP 套接字资源（SOCKET）。

　　此外，为了保证各资源所提供服务的一致性、提高资源的可测试性与可维护性，VISA 还定义了资源模板。资源模板精确描述了一种可扩展的、能够提供一整套公用服务的接口，各种 VISA 资源都从该模板继承这种接口。VISA 资源模板提供控制服务和通信服务，控制服务提供生存期控制、属性控制、异步操作控制和访问控制等功能，通信服务则提供操作调用服务和事件处理机制下的事件服务。

　　下面以 NI 公司的 NI-VISA 为例，给出通过 VISA 控制消息基仪器和寄存器基仪器的 C 语言例程。

　　例 9-3-1　消息基仪器控制例程

```
#include "visa. h"
#define MAX_CNT 200
int main(void)
{
    ViStatus status;                    /* 用于错误检查 */
    ViSession defaultRM, instr;         /* 通话链路 */
    ViUInt32 retCount;                  /* 返回字符串的个数 */
    ViChar buffer[MAX_CNT];             /* 字符串 I/O 缓存 */
    /* 第一步:系统初始化 */
    status=viOpenDefaultRM(&defaultRM);
    if (status < VI_SUCCESS) {
        return - 1;                     /* 如果初始化出错,退出 */
    }
    /* 第二步:器件 I/O
```

```
/* 打开与主地址为 1 的 GPIB 器件的通话链路 */
status = viOpen(defaultRM, "GPIB0::1::INSTR", VI_NULL, VI_NULL,&instr);
/* 设置与消息基仪器通信的超时值 */
status = viSetAttribute(instr, VI_ATTR_TMO_VALUE, 5000);
/* 查询器件标识信息 */
status = viWrite(instr, " * IDN? \n", 6, &retCount);
status = viRead(instr, buffer, MAX_CNT, &retCount);
… …
/* 可以在此处添加另外的代码 */
/* 第三步:关闭系统 */
status = viClose(instr);
status = viClose(defaultRM);
return 0;
}
```

例 9-3-2 寄存器基仪器控制例程

```
#include "visa. h"
int main(void)
{
    ViStatus status;                   /* 用于错误检查 */
    ViSession defaultRM, instr;        /* 通话链路 */
    ViUInt16 deviceID;                 /* 用于储存数值 */
    /* 第一步:系统初始化 */
    status = viOpenDefaultRM(&defaultRM);
    if (status < VI_SUCCESS) {
        return - 1;                    /* 如果初始化出错,退出 */
    }
    /* 第二步:器件 I/O
    /* 打开与逻辑地址为 16 的 VXI 器件的通话链路 */
    status = viOpen(defaultRM, "VXI0::16::INSTR", VI_NULL, VI_NULL, &instr);
    /* 读器件 ID,并向 A24 地址控件执行写储存器操作 */
    status = viIn16(instr, VI_A16_SPACE, 0, &deviceID);
    status = viOut16(instr, VI_A24_SPACE, 0, 0x1234);
    /* 第三步:关闭系统 */
    status = viClose(instr);
    status = viClose(defaultRM);
    return 0;
}
```

通过以上两个例程,可以看出 VISA 库函数与其他 I/O 接口库函数在调用形式上并无太多差异,而且 VISA 函数的参数意义明确,结构一致,易于学习和使用。

*9.3.2 仪器驱动器

1. 概述

仪器驱动器是 VPP 系统框架的重要组成部分，是实现仪器控制并与仪器通信的一种软件。在仪器驱动器出现之间，自动测试系统设计人员通常采用 BASIC 来实现仪器编程和控制。由于每台仪器都有其特殊性，厂商提供的 ASCII 命令集也各不相同，用户需要花费很多时间学习每台仪器用户手册和特殊编程方法。编程实现时，既涉及底层的仪器 I/O 操作，又要完成高层的人机交互功能。这就要求系统集成人员不仅是一个仪器专家，也应是一个编程高手。仪器编程成为系统集成过程中最费时费力的部分。

20 世纪 80 年代以来，个人计算机的迅速发展促使更多的用户使用 PC 来实现仪器控制，同时，计算机软件技术也不断进步，速度更快、功能更强大、易于实现模块化编程的编译语言（如 Pascal 和 C 语言）得到了广泛的应用。这些实际情况导致了仪器应用的两种不同发展趋势：标准仪器命令集和仪器驱动器软件。

（1）标准仪器命令集

"标准仪器命令集"的出发点在于：使不同厂商的多种仪器均使用相同的命令集，用户在更换或升级仪器系统时，只需做很少的应用程序改动，并且也能够兼容 BASIC 语言或其他专用开发软件平台。1987 年，IEEE 组织颁布了 IEEE 488.2 标准，包括 IEEE 标准代码、格式、协议和公用命令（详见附录 D），在 IEEE 488.1 规范对仪器电气、机械和功能兼容性做出规定的基础上，进一步定义了适用于 IEEE 488 系统的标准代码和格式、与具体器件无关的消息交换通信协议及一些公用命令。

IEEE 488.2 标准在很大程度上解决了使用 IEEE 488.1 时所遇到的问题，但是 IEEE 488.2 只涉及仪器的内务管理功能而并不涉及器件消息本身，器件消息的非标准化给编程人员造成的困难依然很大。例如不同种类的 DMM 的直流电压测量功能，使用的程控命令就可能有 DC、DCV、FI、FUI 等多种，兼容性差。针对这种情况，1990 年 4 月，可程控仪器标准命令 SCPI（详见附录 E）的第一个版本 SCPI Rev. 1990.0 发布。SCPI 的推出增加了程控命令和响应消息的标准化程度，提高了仪器的互换性，SCPI 助记符简单明确，便于记忆，可以大大缩短编程和系统维护时间，还能保护用户的软件投资不轻易因系统升级而遭受损失。SCPI 标准的应用范围既包括 IEEE 488 总线系统，也包括 RS-232C 和 VXI 总线消息基仪器系统。此外，为了尽可能覆盖所有仪器的全部功能，SCPI 被定义为一种开放式标准，不但 SCPI 联合体成员可以对它的补充和修改提出意见，而且非成员也同样可以提出意见。

从目前发展情况来看，许多仪器的设计都采用了 SCPI 标准。但在另一方面，SCPI 标准在易用性、可重用性、实现仪器互换性方面还不够，这就导致了仪器驱动器技术的出现。

（2）仪器驱动器软件

20 世纪 80 年代初，一些具有丰富仪器编程经验的用户开始采用模块化编程方法来设计仪器驱动器，以解决 VXI 总线系统中复杂的寄存器基器件控制和编程问题，以及仪器代码的可重用性问题。到 20 世纪 90 年代初，仪器驱动器技术已经成为仪器用户使用的主流技术，其中最成功的实例是将仪器驱动器源代码及相关的开发工具一起提供给最终用户，使最终用户可以很方便地修改原有仪器驱动器。目前，仪器驱动器主要有 VPP 和 IVI 两种形式。

2. VPP 仪器驱动器

为了制定仪器驱动器软件设计和开发标准，VPP 规范定义了两个结构模型。第一个模型是仪器驱动器外部接口模型，描述了仪器驱动器与系统其他软件的接口。第二个模型是仪器驱动器内部设计模型，描述了仪器驱动器软件模块的内部组织结构。

如图 9-3-2 所示，仪器驱动器的外部接口模型分为 5 个部分。函数体是仪器驱动器的核心部分，即仪器驱动程序函数的源代码，可以用 ANSI C 语言编写，或者用图形化的编程语言 LabVIEW 编写。为了方便用户使用，支持仪器驱动程序开发的应用软件开发环境通常提供图形化的交互式开发者接口。例如，在 LabWindows/CVI 或 LabVIEW 开发环境中，函数面板就是一种交互式开发者接口。在函数面板中，仪器驱动器函数的各个参数都以图形化的控件形式表示，提供自动变量声明、自动生成代码、联机帮助等功能，允许编程者交互式操作函数。显然，其他一些通用的软件开发平台，如 Microsoft Visual C++或 Visual Basic 等，仅提供编程开发者接口，不提供交互式开发者接口。编程式开发者接口是应用程序调用仪器驱动器函数的软件接口，如 Windows 下的仪器驱动器动态连接库文件（.dll）。仪器驱动器通过 VISA I/O 接口实现与各种仪器的通信连接，包括 VXI、GPIB、RS-232、以太网及其他类型仪器。VISA 具备对所有 VXI 总线功能进行访问的能力，包括消息基和寄存器基器件编程、中断和事件处理、VXI 总线背板访问等。子程序接口是仪器驱动器访问其他一些支持库的软件接口，如数据库、数学函数等，这些库函数不包含在仪器驱动器的源代码中，也不要求以源代码的形式提供。

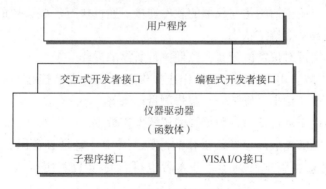

图 9-3-2　仪器驱动器外部接口模型

仪器驱动程序内部设计模型如图 9-3-3 所示。该模型定义了驱动器函数体的内部组成。该模型对仪器驱动器开发者非常重要；对最终用户也非常重要。一旦用户掌握了该模型的结构并知道如何使用某一仪器驱动器，相关的知识就可以用于其他仪器驱动器。

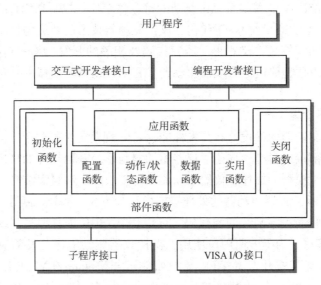

图 9-3-3　仪器驱动器内部设计模型

由图 9-3-3 可知，仪器驱动程序函数体分成两大部分：应用函数和部件函数。应用函数是以源代码形式提供的一种面向测试任务的高级编程接口。通常情况下，应用函数通过配置、启动、读测量数据等动作来完成一次完整的测试操作。这不仅提供了如何使用部件函数的范例，也使用户可以仅通过单独一个函数就可以完成整个测试操作。符合 VPP 规范的仪器驱动器都包括一个或多个应用函数，VPP 规范允许某些应用函数与部件函数具有相同的功能，但不允许应用函数调用部件函数中的初始化或关闭函数。部件函数实现对仪器某一特定功能的控制，是以源代码形式提供的一种较低级的编程接口。如图 9-3-3 所示，部件函数分为 6 种类型，每种类型又可包含一个或多个函数。

①初始化函数：用于初始化与仪器的软件连接。通过执行一些必要的操作，使仪器处于默认的上电状态或其他特定状态。

②配置函数：实现对仪器的配置，以便执行所需的操作。

③动作/状态函数：用于执行一次操作或报告正在执行或已挂起的操作状态，操作的类型有激活触发系统、输出激励信号、报告测量结果等。

④数据函数：用于从仪器取回数据或向仪器发送数据。

⑤实用函数：能够完成许多实用操作的函数，其中一些是必备函数，如复位、自检、错误查询、错误消息和版本查询等。开发者也可自行定义实用函数，如校准、信息识别等。

⑥关闭函数：终止一次仪器通话操作，并释放与该通话有关的系统资源。

根据仪器类型和功能的不同，也可以将部件函数按另一种形式分类，如图 9-3-4 所示。

图中的能力类别函数是完成某一类特定仪器功能的函数，如测量功能、源功能、路径功能和其他功能等。能力类别函数通常可分解为多个实现更低一级功能的子函数。其中，测量函数根据测量任务完成仪器配置、启动测量过程并从仪器读取测量数据，包括配置函

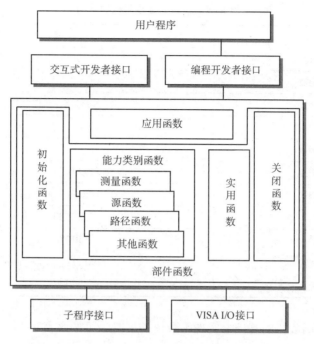

图 9-3-4 仪器驱动器内部设计模型的另一种形式

数和读函数两个子函数。源函数的功能是将仪器配置成输出指定激励信号的方式，并启动仪器输出该激励信号，包括配置函数和启动函数两个子函数。路径函数是开关类仪器（如矩阵开关、多路转换器等）具有的一类函数，通过控制开关的动作，建立指定的信号传输路径，包括配置函数和启动函数两个子函数。

　　VPP 仪器驱动器函数体规范中规定，所有 VPP 仪器驱动器文件和必备函数名称都有一个规范化的前缀。该前缀以 VPP-9 规范定义的仪器厂商的两个缩写字符开头，再加上仪器型号的描述字符组成。例如 Tektronix 公司的 VX4750 模块的仪器驱动器 ANSI C 源文件名为：tkvx4750.c，由 Tektronix 的缩写字符"tk"与模块名称"vx4750"组合而成。为了方便起见，以下都用 PREFIX 来表示该前缀。

　　此外，VPP 规范将大多数仪器都应具备的一类通用函数定义为必备函数，包括初始化函数、关闭函数和属于实用函数类的复位函数、自检函数、错误查询函数、错误消息函数及版本查询函数。除了必备函数之外的其余部件函数称为开发者自定义函数。VPP 规范对必备函数的原型、参数名称、参数类型和返回值等都做了统一的定义，开发者不能自行修改，因此这类函数也称为模板函数。

　　VPP 仪器驱动器函数面板文件 PREFIX.fp 采用树状的函数组织结构。表 9-3-1 为由仪器驱动器必备函数组成的最小函数面板树。表中，函数树的各级以首行缩进的形式来区分，斜体字表示函数类节点，正体字表示函数节点，"< >"表示一组函数或函数类。

表 9-3-1　最小函数面板树结构

树节点	必备函数
初始化	PREFIX_init
应用函数	
<应用函数>	PREFIX_<器件相关>
<能力类别函数>	
实用函数	
错误消息	PREFIX_error_message
错误查询	PREFIX_error_query
复位	PREFIX_reset
自检	PREFIX_self_test
版本查询	PREFIX_revision_query
关闭函数	PREFIX_close

当需要在最小函数树的基础上实现函数树扩展时，可按照表 9-3-2 所示的规则进行。

表 9-3-2　扩展的函数面板树结构

树节点	描述
初始化	PREFIX_init
初始化函数	
<其他初始化函数>	
应用函数	
<应用函数>	（通用函数类）
测量函数	
<高级测量函数>	（仪器命令集的抽象表示）
测量配置函数	
<高级测量配置函数>	
低级配置函数	
< 配置函数>	（低级配置函数，包括测量、触发函数等）
读函数	
<高级读函数>	（启动读操作并取数）
启动函数	
<启动函数>	（启动读操作函数）

树节点	描述
取数函数	
<取数函数>	
路径函数	
<路径函数>	（高级信号路径函数）
路径配置函数	
<配置函数>	
启动函数	
<启动函数>	
源函数	
<高级源函数>	（产生激励信号）
源配置函数	
<配置函数>	（低层源配置函数）
启动函数	
<启动函数>	
实用函数	
复位	PREFIX_reset
自检	PREFIX_self_test
错误查询	PREFIX_error_query
错误消息	PREFIX_error_message
版本查询	PREFIX_revision_query
<其他实用函数>	
关闭函数	PREFIX_close

3. IVI 仪器驱动器

（1）IVI 仪器驱动器的技术特点

IVI 仪器驱动器具有很多 VPP 仪器驱动器不具备的特点。首先，IVI 技术提升了仪器驱动器的标准化程度，使仪器驱动器从具备基本的互操作性提升到了仪器类的互操作性。通过为各仪器类定义明确的 API，测试系统开发人员在编写软件时可以做到在最大程度上与硬件无关。采用 IVI 技术的测试程序集能被置于包含不同仪器的多种仪器系统中，并且可以在不改变测试程序源代码和重新编译的情况下，替换过时的仪器或采用更新的、更高性能的或是更低价格的仪器，实现系统的平稳升级。对于用户来说，这些都是十分关键的。除了代码的可重用性之外，基于标准编程接口的仪器互换性也降低了系统长期维护和技术支持的费用。其次，IVI 仪器驱动器能够自动地对仪器的当前状态进行缓冲。每个仪器命令仅影响那些为特定测量而必须改变的仪器属性，这对于缩短测试时间、降低测试费用十分有利。最后，IVI 仪器驱动器提供仪器仿真功能，用户可以在仪器还不能用的条件下，输入所需参数来仿真特定的环境，就像仪器已被连接好一样，处理所有输入参数，进行越界检查和越界处理，返回仿真数据。

（2）IVI 仪器驱动器的分类

如图 9-3-5 所示，IVI 仪器驱动器分为 IVI 类驱动器和 IVI 专用驱动器两大类型。

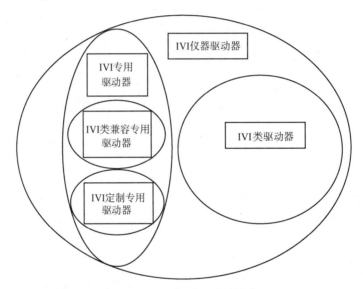

图 9-3-5   IVI 仪器驱动器的类型

其中，IVI 专用驱动器是指封装了用于控制某一种或某一类仪器所需的信息，能够直接与仪器硬件通信的驱动器。IVI 类兼容专用驱动器是指与某一类已定义的 IVI 仪器类兼容的驱动器，使用已定义仪器类的标准 API，但同时增加了一些其他特性，以满足用户对仪器互换性的要求。IVI 定制专用驱动器使用用户化的 API，不与任何定义的仪器类标准兼容，不能实现硬件的互换性，主要用于一些特殊场合。IVI 类驱动器则提供符合已定义 IVI 仪器类规范的仪器驱动器 API，通过 IVI 类兼容专用驱动器间接实现与仪器硬件的通信连接。实际上，可以将 IVI 类驱动器理解为一种抽象的、具有过渡性质的仪器驱动器，类似于面向对象编程技术中的虚拟基类，而 IVI 类兼容专用驱动器则是它的派生类。例如，IviScope 类驱动器中包含了示波器仪器类规范定义的函数、属性与属性值，如果一个应用程序调用了 IviScope 类驱动器，该驱动器则将调用 IviScope 类兼容专用驱动器实现与仪器硬件的数据通信。

截至 2010 年 6 月，已经发布的 IVI 类驱动器包括：示波器类 IviScope、数字万用表类 IviDmm、函数发生器类 IviFgen、直流电源类 IviDCPwr、功率计类 IviPwrMeter、频谱分析仪类 IviSpecAn、射频信号发生器类 IviRFSigGen、计数器类 IviCounter、下变频器类 IviD-
ownconverter、上变频器类 IviUpconverter、数字化仪类 IviDigitizer 等。

IVI 仪器驱动器可以采用 C API 或 COM API 的形式，分别被称为 IVI-C 和 IVI-COM。
通常情况下，IVI 仪器驱动器由仪器厂商、系统集成商或是软件厂商提供给用户。与 IVI
仪器驱动器相关的一些其他软件组件，如实用配置工具和专用软件工具等，也由这些厂商
分发或提供软件下载链接。IVI 仪器驱动器使用 VISA I/O 库实现与 GPIB、VXI 或串口器
件的通信连接，供应商一般不提供 VISA I/O 库，而由用户自行安装。IVI 仪器驱动器与
IEEE 1394、PCI 等其他类型总线的通信连接则不使用 VISA I/O 库，由驱动器供应商负责
提供相应的库。

（3）IVI 仪器驱动器功能组

使用 IVI 仪器驱动器的目的之一是使用户能够在不改变测试程序源代码、不进行源程
序的重新编译或链接的条件下，就可以实现测试系统中的仪器更换。为此，IVI 仪器驱动
器必须有标准的程序接口。但由于仪器功能千差万别，不可能用一种程序接口来涵盖一类
仪器中所有型号仪器的所有特性。因此，IVI 基金会定义了下列的驱动器功能组。

①IVI 固有功能组。包含所有 IVI 仪器驱动器都必须实现的一些函数、属性和属性值，
其中一些固有函数与 VPP 规范中的定义相似。例如，IVI 仪器驱动器必须包含初始化函
数、复位函数、自检函数和关闭函数等。另外一些固有属性和函数允许用户使能或禁止某
些 IVI 功能，如状态缓冲、仿真、越界检查和仪器状态检查等。

②仪器类基本功能组。包含某一类仪器普遍应具备的一些函数、属性和属性值。IVI
基金会通过表决来确定这些基本功能组。例如，示波器仪器类的基本功能组包含边缘触发
配置、启动波形采集和返回波形数据等一些函数和属性。IVI 类兼容专用驱动器必须实现
所有基本功能。

③仪器类扩展功能组。包含表示某一类仪器特有性能的一些函数、属性和属性值。例
如，示波器仪器类为不同示波器具有的一些特殊触发方式定义了不同的扩展功能规范，有
TV 触发、脉宽触发、毛刺触发等，能够执行 TV 触发的示波器应实现 TV 触发扩展功能组
规范。通常情况下，IVI 类兼容专用驱动器应实现其硬件支持的所有扩展功能。

④仪器专用功能组。包含仪器类中未定义的一些特殊函数、属性和属性值。例如，有
些示波器具有 IviScpoe 类规范中未定义的抖动分析和定时分析功能。用户在使用这类仪器
驱动器时，应注意在仪器替换时对测试程序做出相应的修改。

IVI 类兼容专用驱动器包含表 9-3-3 中的 IVI 功能组。IVI 定制专用驱动器则只能包含
IVI 固有功能和仪器专用功能组，如表 9-3-4 所示。

表 9-3-3　IVI 类兼容专用驱动器

IVI 固有 功能	IVI 基金会定义的功能					仪器 专用 功能
	仪器类功能					
	基本功能	扩展功能				
		扩展 功能 #1	扩展 功能 #2	…	扩展 功能 #n	

表 9-3-4　IVI 定制专用驱动器

IVI 基金会定义的功能	仪器专用功能
IVI 固有功能	

（4）仪器互换性的实现

对于 IVI 仪器驱动器的用户，应用程序可以像使用传统仪器驱动器一样来直接访问特定的 IVI 仪器驱动器。此时用户能使用 IVI 提供的仿真、越界检查和状态检查等功能，但却不能确保在进行仪器替换时不修改测试程序代码。尽管应用程序开发者可以做到仅使用那些仪器类规范定义的属性和函数。但对于 IVI-C 来说，直接访问 IVI-C 类兼容专用驱动器势必要用到以唯一标识该驱动器的标识符作为前缀的一些函数和属性，这将导致测试程序丧失互换性；对于 IVI-COM 来说，直接打开与特定 IVI-COM 类兼容专用驱动器 API 的通话链路时，必须明确指定一个 Class ID 或 Prog ID 来唯一地标识该驱动器，这也将导致互换性的丧失。

为了确保在进行仪器替换时不修改测试程序代码、不做任何的重新编译或链接，做到完全的互换性，用户需要直接对仪器类 API 进行编程而不是直接对特定的 IVI 类兼容驱动器进行编程，与特定仪器相关的驱动器和硬件资源配置不能在测试程序中完成，而需要依赖外部的"配置仓"。这种"配置仓"具备动态加载特定仪器驱动器的能力。图 9-3-6 解释了采用 IVI-C 类兼容专用驱动器时互换性的实现方法。首先，应用程序通过一个逻辑名来调用 IVI 类驱动器，IVI 类驱动器将该逻辑名与配置仓中的所有逻辑名进行匹配，得到实际的 IVI-C 类兼容专用驱动器指针，并实现该驱动器的动态加载，然后将 IVI 类驱动器中的函数和属性与 IVI-C 类兼容专用驱动器的对应函数和属性进行链接，使应用程序可以间接地访问这些函数和属性。此外，应用程序也可通过 Get Specific Driver C Handle 函数，获取指定 IVI-C 类兼容专用驱动器的通话链路句柄，进而访问该驱动器的一些定制专用函数和属性。

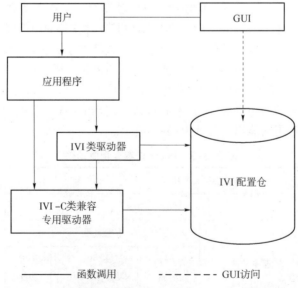

图 9-3-6　采用 IVI-C 类兼容专用驱动器时互换性的实现

从上面的介绍中可以看出，IVI 配置仓对于互换性的实现是非常重要的。IVI 配置仓中除了包括一系列逻辑名，还包括与各逻辑名一一对应的驱动器通话配置集。在应用程序通过某个逻辑名来访问 IVI 专用驱动器时，相应的通话配置集将决定与哪个专用驱动器和仪器建立通话链路，同时也将决定一些可配置属性的设置，如仿真、状态缓冲、状态检查等。当用户更换仪器时，只需将 IVI 配置仓中的对应逻辑名重新定位到另一个通话配置集，IVI 类驱动器就能从配置仓中读取修改后的通话配置信息，从而保证互换性的实现。通常，为了方便用户修改 IVI 配置仓，仪器供应商都提供配置工具软件。

9.3.3 软件开发环境

1. 概述

第三代及下一代自动测试系统的核心技术是软件技术。一个现代化测控系统性能的优劣很大程度上取决于软件平台的选择与应用软件的设计。目前，能够用于自动测试系统、虚拟仪器系统开发、比较成熟的软件开发平台主要有两大类：一类是通用的可视化软件编程环境，主要有 Microsoft 公司的 Visual C++、C#、Visual Basic、Inprise 公司的 Delphi 和 C++ Builder 等；另一类是一些公司推出的专用于虚拟仪器开发的软件编程环境，主要有 Agilent 公司的图形化编程环境 Agilent VEE、NI 公司的图形化编程环境 LabVIEW 及文本编程环境 LabWindows/CVI。在以上这些的软件开发环境中，面向仪器的交互式 C 语言开发平台 LabWindows/CVI 具有编程方法简单直观、提供程序代码自动生成功能及有大量符合 VPP 规范的仪器驱动程序源代码可供参考和使用等优点，是国内虚拟仪器系统集成商使用较多的软件编程环境。Agilent VEE 和 LabVIEW 则是一种图形化编程环境或称为 G 语言编程环境，采用了不同于文本编程语言的流程图式编程方法，十分适合对软件编程了解较少的工程技术人员使用。

此外，还有一些用于数据采集、自动测试、工业控制与自动化等领域的多种设备驱动软件和应用软件，包括 LabVIEW 的实时应用版本 LabVIEW RT、工业自动化软件 Bridge-VIEW、工业组态软件 Lookout、基于 Excel 的测量与自动化软件 Measure、即时可用的虚拟仪器平台 VirtualBench、生理数据采集与分析软件 BioBench、测试执行与管理软件 TestStand，以及各种 LabVIEW 和 LabWindows/CVI 的增值软件工具包等。

2. LabWindows/CVI 简介

LabWindows/CVI 是美国 NI 公司开发的测量软件包 Measurement Studio 中包含的一种用于虚拟仪器系统开发 32 位集成软件开发环境，它将完整的 ANSI C 内核与多种数据采集、分析和显示等测控系统专业工具及交互式编程方法有机地结合起来，为熟悉 C 语言的开发人员提供了一个理想的虚拟仪器软件开发环境。CVI（C for virtual instrumentation）就是"用于虚拟仪器的 C 语言"的英文缩写。

概括起来，LabWindows/CVI 具有以下特点。

①采用基于 ANSI C 内核的事件驱动与回调函数编程技术，程序的实时性能优越，适合于开发大型、复杂的测试软件。对于同样的程序，如果 LabWindows/CVI 在 1 ms 内可以

执行完毕，LabVIEW 可能需要花 16 ms 时间。

②LabWindows/CVI 是以工程文件为框架的集成化开发平台，它将源代码编辑、32 位 ANSI C 编译、连接、调试及各种函数库等集成在一个开发环境中，并且为用户提供函数面板和仪器驱动器编程向导等交互式开发工具。用户可以快速方便地编写、调试和修改应用程序，形成独立可执行的文件。

③支持多种总线类型的仪器和数据采集设备，为用户提供 GPIB/GPIB 488.2 库、DAQ 库、Easy I/O 库、VISA 库、VXI 库、RS-232 库和 IVI 库等。

④支持强大的数据处理和分析功能，为用户提供格式化 I/O 库、Analysis 库、Advanced Analysis 库、ANSI C 库等。

⑤提供功能强大的图形化用户界面编辑器和 User Interface 库，提供菜单、图形、对话框、旋钮、LED 等多种虚拟仪器专用图形控件。用户可以很方便地在用户界面编辑器中建立和编辑用户界面文件（.uir 文件），在文件编辑完成后，LabWindows/CVI 能够自动生成源代码头文件、自动地声明变量和创建相关的回调函数，极大地提高了编程效率。

⑥支持网络和进程间通信功能，为用户提供 DDE 库、TCP 库、ActiveX 库、X Property 库（用于 Unix 操作系统）及对外部软件模块和组件的支持。

⑦支持多种操作系统，包括 Windows 98/NT/2000、Mac OS 和 Unix 等。

LabWindows/CVI 最早应用于飞行器测试，现在已经广泛用于各种工业领域及虚拟仪器的教学与科研工作中。

3. LabVIEW 简介

实验室虚拟仪器工程平台（laboratory virtual instrument engineering workbench，LabVIEW）是 NI 公司于 1986 年推出的一种高效的图形化软件开发环境。与 Microsoft C、QuickBasic 或 LabWindows/CVI 等文本语言的一个重要区别是：LabVIEW 是一种图形编程语言，技术人员不用掌握太多的计算机编程知识，只需通过定义和连接代表各种功能模块的图标，就能方便迅速地建立起通常只有编程技巧高超的程序员才能编制出的高水平应用程序。同时，LabVIEW 支持与多种总线接口系统的通信连接，提供数据采集、仪器控制、数据分析和数据显示等与虚拟仪器系统集成相关的多种功能，是一种面向测量与自动化领域工程师、科学家及技术人员的优秀编程平台。

LabVIEW 具有以下特点。

（1）图形化的仪器编程环境

LabVIEW 使用"所见即所得"的可视化技术建立人机交互界面，并使用图形化的符号而不是文本式的语言来描述程序的行为。LabVIEW 提供测试测量和过程控制领域使用的大量显示和控制对象，如表头、旋钮、图表等，用户可以采用流程图式的编程方法简单迅速地编写程序。

（2）内置高效的程序编译器

LabVIEW 采用编译方式运行 32 位应用程序，执行速度与 C 语言不相上下。LabVIEW 内置有代码评估器，可以将程序中对时间要求苛刻的部分代码进行分析并实现最优化。此外，LabVIEW 也可将程序转换为"*.EXE"独立可执行文件。

（3）灵活的程序调试手段

用户可在程序中设置断点单步执行程序，在程序的数据流上设置探针，观察程序运行过程中数据的变化。

（4）支持各种数据采集与仪器通信应用

LabVIEW 的数据采集 DAQ 函数库支持 NI 公司生产的各种插卡式和分布式数据采集产品，包括 ISA、EISA、PCI、PCMCIA 和 MacintoshNuBus 等各种总线产品，提供工业 I/O 设备（如 PLC、数据记录器和单回路控制器等）的驱动程序，以及符合工业标准的 VISA、GPIB、VXI 和 RS-232 驱动程序库。

（5）功能强大的数据处理和分析函数库

LabVIEW 的特色在于提供了功能超强且庞大的、足以与专业数学分析套装软件相匹敌数据处理与分析函数库，其中不仅包括数值函数、字符串处理函数、数据运算函数和文件 I/O 函数，还包括概率与统计、回归分析、线性代数、信号处理、数字滤波器、窗函数、三维图形处理等高级分析函数。

（6）支持多种系统平台

LabVIEW 支持 Windows NT/95/3.1、PowerMacintosh、Agilent-UX、SUN SPARC、Linux 等多种操作系统，且在任何一个平台上开发的 LabVIEW 应用程序均可直接移植到其他平台上。

（7）开放式的开发平台

LabVIEW 提供了与 LabWindws/CVI 源代码相互调用的接口；提供 DLL 库接口和 CIN 接口，使用户能够在 LabVIEW 平台上调用其他软件平台编译的模块，实现在 LabVIEW 环境下控制一些定制的仪器硬件；提供对 OLE 的支持，可与其他应用软件一起构成功能更为强大的应用程序开发环境。

（8）网络功能

LabVIEW 支持基于 ActiveX、DDE、DataSocket 及 TCP/IP 技术实现网络连接和数据交换。

4. Agilent VEE 简介

Agilent 可视化工程环境（Agilent visual engineering environment，Agilent VEE）是一种图形化的虚拟仪器编程语言。在使用 Agilent VEE 时，只需用鼠标较屏幕上的各个功能图标按一定顺序连接起来，就可以创建可视化的 VEE 程序。编程过程直观、方便，易于理解。在程序创建完毕，也无须进行文本语言编程时所必需的编译—链接—执行等过程，就能直接执行程序，大大缩短了测试软件的开发时间。

概括起来，Agilent VEE 有以下特点。

（1）图形化的编程

Agilent VEE 提供了虚拟仪器系统应用领域所需要的各种显示或控制模块，如按钮、图表显示器、温度指示器、容器、柱状图、时域波形、频域波形等，用户还可以根据需求自行编辑这些目标模块的属性，为用户设计一个美观实用的用户界面提供了很大的帮助。Agilent VEE 采用流程图式程序设计方式，其优点是直观、思路清晰，设计者不必关心一些编程语法细节，也易于实现多个程序的并发执行。

（2）内置的程序编译器

Agilent VEE 采用了新的交互式编译器技术，从本质上改善了编译器的执行性能。

（3）丰富的仪器驱动程序

Agilent VEE 提供了大量的仪器驱动程序。利用这些驱动程序或者任何一个符合工业标准的 VXI plug&play 驱动程序都可以直接控制仪器设备。此外，Agilent VEE 还提供两种控制仪器的简易方法：仪器控制面板和 Direct I/O 目标模块。仪器控制面板提供通过计算机来控制仪器的用户接口，有了控制面板后，就不必知道控制某个仪器的专用命令，一旦通过菜单和对话框完成仪器配置后，驱动器就会自动地在总线上传输正确的命令串。使用 Direct I/O 目标模块，则需要使用仪器的专用命令，直接与仪器进行通信。

（4）强大的数据分析与处理

Agilent VEE 对数据分析与处理的功能虽稍弱于 LabVIEW，但其数据分析函数库的功能也非常强大。这些函数库包括了数理统计、类型比较、矩阵运算、微积分、信号分析与处理、数字滤波器等。

（5）灵活的程序调试手段

用户可在任何一个目标模块处设置断点单步执行或分步执行程序，很方便地观察程序运行的状态和数据的流向。

（6）支持多种系统平台

Agilent VEE 支持多种系统平台，包括 Windows NT/95/3.1、Power Macintosh、Agilent-UX、SUN SPARC、Concurrent Computer Corporation 的实时 UNIX 系统等。

（7）网络功能

Agilent VEE 支持 TCP/IP 协议和 Internet 功能，便于实现远程测试和远程监控。

由于 Agilent VEE 对 Agilent 公司和其他制造厂商的仪器产品均提供了较好的支持，目前 Agilent VEE 已经被广泛应用于各种测试、工业和科研领域。

5. 自动测试系统的软件设计

为了保证自动测试系统软件具有较高的可靠性和可用性及良好的可移植性和兼容性，在进行软件设计时，应按照软件工程学提出的软件设计过程和方法进行，具体应注意以下几点。

①采用自顶而下的软件设计方法，首先完成软件的需求分析、系统功能分析和结构分析，通过逐层分解和逐级抽象，建立软件的层次化结构框图，确定各部分的功能及相互关系，然后根据软件的结构框图，划分程序模块，最后再开始具体的编程工作。

②在软件系统分析和具体编程过程中，应注意采用模块化和面向对象的软件设计方法，特别要重视一些可重用的基本软件模块，以提高系统软件的灵活性、移植性和可维护性，降低系统的复杂程度。

③自动测试系统软件应具有较高的可靠性。系统不能因测试人员的操作失误而导致崩溃，也不能因环境干扰或其他问题导致故障蔓延和丢失信息。在系统软件设计与实现过程中，应对此给予充分的重视。

④自动测试系统软件设计要符合一些相关规范的要求，如 VPP 规范或 IVI 规范等，选择符合规范的软件开发环境和仪器驱动程序，保证应用软件的可移植性和兼容性。

⑤采用图形化用户界面设计技术和可视化编程技术，提供切合实际需要和友好的人机交互界面，提供完善的帮助信息和快捷简便的帮助信息访问手段，提高软件的可用性。

⑥采用自顶而下和自底而上相结合的方法进行软件测试。将整个软件调试过程分为模块测试、集成测试、软/硬件集成测试、系统测试等步骤，对所设计的软件进行完全的测试和验证，发现和纠正编程与设计错误，生产出合格的软件产品。

9.3.4 软件开发示例

限于篇幅，本节仅给出一个基于 GPIB 的射频衰减器衰减特性自动测试系统的简单示例。

射频衰减器衰减特性自动测试系统的布置如图 9-3-7 所示。信号发生器 HP 8648C 产生频率和幅度都非常稳定的正弦测试信号，把该信号通过同轴电缆送到被测衰减器的输入端，衰减器输出信号送到测量接收机 R&S ESI26 中对信号的幅度进行测量。计算机作为系统的控者，控制各个仪器的动作和测量流程，完成衰减器幅频特性的自动测试。在本例中，选用 NI 公司的 GPIB-PCI 卡来实现系统 GPIB 总线接口控制，将其插入计算机的扩展槽中，使用 GPIB 电缆连接计算机、仪器和被测器件。

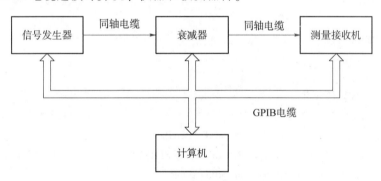

图 9-3-7 测试系统的布置图

NI 公司的 GPIB-PCI 卡提供了 GPIB 总线接口函数库和 VISA 接口库，用户可以用 VISUAL C++、VISUAL BASIC 等多种语言方便地调用。有关 VISA 的例子前面已有说明，在此，使用 GPIB-PCI 卡提供的 GPIB 总线接口函数库作为例子，编写自动测试程序。

GPIB-PCI 卡提供的 GPIB 总线接口函数库是在安装 GPIB-PCI 卡驱动程序时，安装软件拷贝到 Windows 系统目录下的 Gpib32.dll 文件。这个 dll 文件是一个动态链接库文件，在其中提供了完成所有 GPIB 卡控制的函数，例如：向某一地址的仪器发送命令的函数，向某一地址的仪器读取数据的函数，向某一地址的仪器进行串行点名的函数等，用户编写的自动测试软件在运行时，可以动态地调用这些函数，无须对 GPIB 总线的底层管理进行控制，使用起来非常方便。

根据测试系统配置，衰减器在各个频率点上的衰减值（dB），在忽略了测试电缆损耗的条件下，等于"信号发生器输出信号电平（dB）"减去"测量接收机读数（dB）"。在自动测试系统软件设计中，首先应设置信号发生器和测量接收机的一些工作参数，包括设置测量接收机的输入口为 2 号口、检波方式为峰值检波、测量带宽为 120 kHz、测量时间为 1 ms、输入衰减为 10 dB。在测量的循环体内，设置信号发生器的输出频率和输出幅度，设置测量接收机的测量频率点，然后读取测量结果，直到所有的频率点都测量结束。

基于 VISUAL C++的自动测试程序示例如下。

```
struct   CAttData
{
 double frequency;
 double attvalue;
 char frequnit[10];
}

struct CAttData   AttData[1001];
unsignedshort RecAddress= 19;                            //接收机 GPIB 地址
unsignedshort SigAddress=20;                             //信号发生器 GPIB 地址
double StartFreq=1;                                      //测量的起始频率
double StopFreq =1000;                                   //测量的终止频率
double StepFreq=1;                                       //测量的频率地址

void TestAttenu()
{
double frequency;
charCommand[100];
strcpy(Command,"INPUT:TYPE INPUT2");                     //设置接收机输入口
send(0,RecAddress,Command, strlen(Command),DABend);
strcpy(Command,"SENSE1:DETECTOR:RECEIVER POSITIVE");     //设置接收机检波方式
send(0,RecAddress,Command, strlen(Command),DABend);
strcpy(Command,"SENSE:BANDWIDTH 120KHZ");               //设置接收机测量带宽
send(0,RecAddress,Command, strlen(Command),DABend);
strcpy(Command,"SENSE2:SCAN1:TIME 0. 001S");            //设置接收机测量时间
send(0,RecAddress,Command, strlen(Command),DABend);
strcpy(Command,"INPUT2:ATTENUATION 10dB");              //设置接收机输入衰减
send(0,RecAddress,Command, strlen(Command),DABend);
frequency=StartFreq;
for(int i=0;i<1000;i++)
{
frequency=frequency+i * StepFreq;
char ctemp[100];
sprintf(ctemp,"%. 4f",frequency);
```

```
        strcpy(Command, "FREQ:CW ");                           //设置信号发生器输出频率
        strcat(Command,ctemp);
        strcat(Command,"MHZ");
        send(0,SigAddress,Command, strlen(Command),DABend);
        strcpy(Command,"POW:AMPL 50DBUV");                     //设置信号发生器输出幅度
        send(0,SigAddress,Command, strlen(Command),DABend);
        strcpy(Command,"SENSE1:FREQUENCY:CW ");               //设置接收机测量频率
        strcat(Command,ctemp);
        strcat(Command,"MHZ");
        send(0,RecAddress,Command, strlen(Command),DABend);
        strcpy(Command,"TRACE:DATA? SINGLE");                 //询问接收机测量结果
        send(0,RecAddress,Command, strlen(Command),DABend);
        Delay(1);//延时 1ms
        receive(0,RecAddress,ctemp,99,DABend);                //读取接收机测量结果数据
        AttData[i]. attvalue=50- atof(ctemp);
        AttData[i]. frequency=frequency;
        strcpy(AttData[i]. frequnit,"MHz");
    }
};
```

在程序中用到两个 GPIB 卡驱动程序提供的函数：send 和 receive，它们的函数调用格式如下。

①int send（int boardid，unsigned address，void ∗buffer，long count，int eotmode）。

其中，boardid 是 GPIB 卡的 ID；address 是被发送命令仪器的 GPIB 地址；buffer 是发送的命令字符串；count 是命令字符串的长度；eotmode 决定了发送最后一个字符时的结束符。

例如，程序中发送的第一个命令：send（0，RecAddress，Command，strlen（Command），DABend）；执行结果是把命令" INPUT：TYPE INPUT2" 发送到地址为 19 的仪器，使接收机使用第二个输入口。

②int receive（int boardid，Addr4882_ t address，void ∗buffer，long count，int eotmode）。

其中，boardid 是 GPIB 卡的 ID；address 是被读取数据的仪器的 GPIB 地址；buffer 是接收数据的缓冲区；count 是读取的最大字节数；eotmode 决定了接收最后一个字符时的结束符。

例如，程序中语句：receive（0，RecAddress，ctemp，99，DABend）；意思是从地址为 19 的仪器中读取最多 99 个字节或者遇到数据结束标志，即读取测量接收机的测量结果。

上述例子中，只用到了两个主要函数，即发送命令和接收数据的函数。在编写功能较复杂的自动测试软件时，需要调用其他的 GPIB 函数，如串行点名、并行点名等，由于篇幅所限，在此不做一一说明。

*9.4 下一代自动测试系统

针对现有通用自动测试系统的不足，美国军方与工业界于 1996 年提出了下一代自动测试系统 "NxTest" 的开放式体系结构，同时开展了 "敏捷快速全球作战支持"（ARGCS）演示验证系统的开发工作。下面从下一代自动测试系统的体系结构、软硬件参考模型与关键技术 3 个方面来简要介绍下一代自动测试系统。

1. 下一代自动测试系统的体系结构

在美国国防部自动测试系统执行局于 1999 年发布 ATS 体系架构指南中提出了下一代测试系统的体系结构，如图 9-4-1 所示。这个体系结构涵盖了影响 ATS 互联互通性及生命周期成本的 24 个关键接口，目前这些接口中的 7 个已经确定相应的国际标准，其余 17 个还在制订当中。

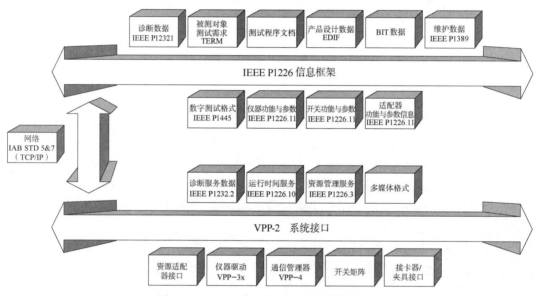

图 9-4-1 下一代自动测试系统的体系结构

下一代自动测试系统体系结构的主要特点是建立在开放的标准接口基础上的信息共享和自由交互结构，能够满足测试系统内部结构之间、多个测试系统之间、测试系统和外部环境之间的信息共享与交互。克服了现有自动测试系统中软硬件结构缺乏标准化而导致的维护工作复杂和互操作性低的缺点，也克服了信息交换和共享率低导致的诊断效率和准确性低的缺点。这个结构的核心就是图 9-4-1 中所示的以 VXI Plug&Play（VPP，即插即用）标准为基础的 "系统接口" 和以 IEEE P1226（ABBET，a broad-based environment for test，广域测试环境）为基础的 "信息框架" 建立起来的，其他关键接口均建立在这两个接口的基础上，如诊断信息方面遵循 IEEE P1232 标准（AI-ESTATE，适用于所有测试环境的人工智能信息交换与服务），在构成分布式综合测试诊断系统时，则遵循 TCP/IP 网络传输协议。

2. 下一代自动测试系统的软硬件参考模型

在图 9-1-1 和图 9-4-1 体系结构的基础上，NxTest 给出了 ATS 硬件、运行时软件视图及 TPS 开发视图的参考模型，并对各模型中接口应采纳的标准、规范进行了规定。NxTest 给出了模型中所有接口应遵循的标准，并将接口标准分为三类：强制标准、非强制标准和待定标准。强制标准适用于明显影响 ATS 互操作性及生命周期成本的接口，同时这些接口也支持获得普遍认可的商用标准。非强制标准适用于不明显影响 ATS 互操作性和生命周期成本的接口。待定标准适用于明显影响 ATS 互操作性及生命周期成本且商用标准不支持的接口。

（1）硬件参考模型

图 9-4-2 是 NxTest 硬件参考模型，该参考模型的接口包括以下几种。

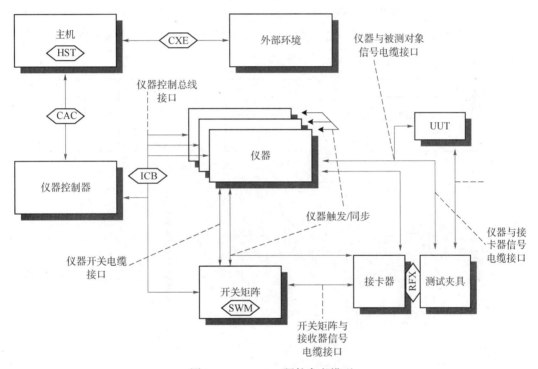

图 9-4-2　NxTest 硬件参考模型

①计算机控制器 CAC（computer asset controller interface）接口描述了在分布式系统中主机与仪器控制器之间的通信路径。这个接口可以在主机内或主机外，在内部的有 ISA、PCI 接口等，在外部的有 IEEE 488、RS-232、以太网、MXI 等。

②计算机-外部环境 CEX（computer to external environments）接口描述了 ATS 主机和远程系统之间的通信方式。

③主机 HST（host computer interface）接口描述了主控计算机提供的人机交互接口及支持 TPS 运行的处理方式。

④仪器控制总线 ICB（instrument control bus）接口描述了 ATS 中主机或仪器控制器与测试仪器之间的连接。一般的接口有 IEEE 488、VME 和 VXI 等。

⑤接卡器/测试夹具 RFX（receiver/fixture interface）接口描述了接卡器（ATS 的一部分）和测试夹具（TPS 的一部分）之间的接口，RFX 同时也建立了 UUT 和 ATS 之间的电气和机械连接。RFX 执行非强制标准：IEEE P1505（接卡器—测试夹具接口标准）。该标准严格限制了出现在接卡器上不同位置的信号种类。

⑥开关矩阵 SWM（switching matrix interface）接口描述了 ATS 测试仪器和 RFX 引脚之间的切换路径。SWM 接口与 ATS 接卡器管脚图一起描述了 ATS 中的仪器是如何通过一个切块开关矩阵与 UUT 连接的。SWM 接口执行非强制标准：IEEE P1552—1999（测试系统的标准架构（SATS））。

（2）运行时软件视图模型

图 9-4-3 是 NxTest 运行时软件视图的模型。该模型可看作是一个功能性软件过程的通用模板。该模型的子集也会出现在分布式处理系统中的各独立处理器中。对于任何处理器来说，只要存在该模型中的任何组成部分，它们之间的互联就必须与相应的标准化接口规范相一致。

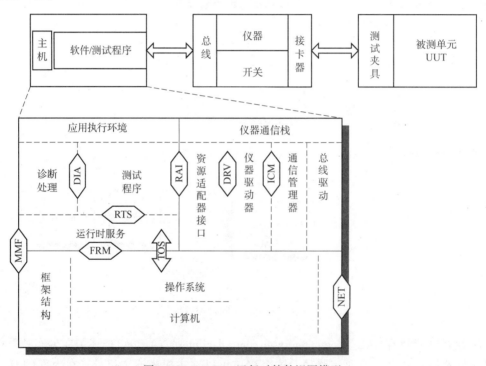

图 9-4-3　NxTest 运行时软件视图模型

运行时间结构模型中的接口包括以下几种。

①诊断处理 DIA（diagnostic processing）接口是连接测试执行过程和软件诊断过程之间的协议。通过诊断过程可以分析测试结果的意义并给出结论及必要的附加操作建议。诊断处理接口是在测试进程或支持 TPS 的运行时服务与诊断推理机、诊断控制器或其他诊断设备之间的接口。诊断工具一般有三种形式：专家系统、决策树和基于模型的推理机。这方面的标准允许开发一些可以将测试方法翻译成测试程序语言的工具。该接口执行待定标准：IEEE

1232—1998（适用于所有测试环境的人工智能交换与服务（AI-ESTATE）概览与架构）、IEEE 1232.1—1997（AI-ESTATE 数据和知识规范的试用标准）、IEEE 1232.2—1998（AI-ESTATE 服务规范的试用标准）。

②仪器驱动器应用程序接口 DRV（instrument driver API）是通用仪器类和专用仪器驱动器之间信息交互的应用程序接口，该接口间的有效调用包括驱动器初始化、预触发和测量命令等。该接口的标准化为不同组织开发的软件能够协同工作提供了基础。该接口执行强制标准：VPP-3.2（仪器驱动器函数体规范）。

③框架 FRM（framework）是一个包括系统需求、软件协议和商业规则（如软件安装）在内的集合，这些都关系到测试软件在主机和操作系统中的运行。系统框架为软件模块的开发提供了一个通用的接口，并保证了只要遵循这个专门的架构，它们即可被移植到其他的计算机中。基于 VPP 系统框架设计的系统保证了 ADE、DRV、GIC、ICM 和其他 FRM 部件可兼容且互联互通。该接口执行强制标准：VPP-2（系统框架规范）。

④仪器命令语言 ICL（instrument command language）是一种语言，这种语言描述了仪器进入和退出时的命令和结果。该接口的需求由 DRV 接口和 GIC 接口约束。

⑤仪器通信管理 ICM（instrument communication manager）接口是连接仪器驱动器和通信管理器之间的接口，通信管理器支持与独立于总线及相关协议（如 VXI、IEEE 488.2、RS-232 等）的仪器通信。如果没有标准的 ICM 接口，供货商就不能提供互联互通的仪器驱动，因为它们会在软件的最底层使用不同的 I/O 驱动。另外，标准的 I/O 接口软件允许在仪器驱动中设置如总线地址或仪器地址这样的参数。该接口执行强制标准：VPP-4.3（VISA 库）。

⑥多媒体格式 MMF（multimedia formats）接口定义了从多媒体编程工具向应用开发环境、应用执行环境和主机框架传送信息的格式，这些信息包括文本、音频、视频和三维物理模型信息。

⑦网络协议 NET（network protocol）接口是用于与外部环境通信的协议，范围可能是局域网或是广域网。用于 CXE 硬件接口的软件协议是由 NET 来描述的。

⑧资源适配器接口 RAI（resource adapter interface）是仪器驱动器和测试进程或运行时服务之间的接口，通过该接口，仪器驱动器从测试进程或运行时服务接受命令，并向它们返回结果。RAI 提供了一种获取仪器服务的通用方法，这种服务将 TPS 与特定仪器分离开来，使得采用 TPS 描述测试需求成为可能，而不需要涉及特定仪器功能和命令。该接口执行待定标准，包括：VPP-3.1（仪器驱动器架构和设计规范）、VPP-3.2（仪器驱动器函数体规范）、VPP-3.3（仪器驱动器交互式开发者接口规范）、VPP-3.4（仪器驱动器编程者开发接口规范）、IVI-4（IviScope 示波器类）、IVI-5（IviDmm 数字万用表类）、IVI-6（IviFGen 函数发生器/任意波形发生器类）、IVI-7（IviPower 电源类）、IVI-8（IviSwitch 开关矩阵/复用器类）。

⑨运行时服务 RTS（runtime services）是指 TPS 需要的诸如错误报告和数据日志等服务，这些服务通常未由 DRV、FRM、GIC 和 NET 提供。这个接口提供了一个通用的方法来获得仪器服务，这些服务通过允许测试需求在 TPS 中描述而不是通过仪器专业的功能和

命令来描述，因为这些命令会限制 TPS 只能和特定的仪器相连。

⑩测试程序-操作系统 TOS（test program to operating system）接口是指 TPS 直接发出的关于主机操作系统的系统调用。

（3）TPS 开发视图参考模型

如图 9-4-4 所示，TPS 开发视图参考模型中的接口包括以下几种。

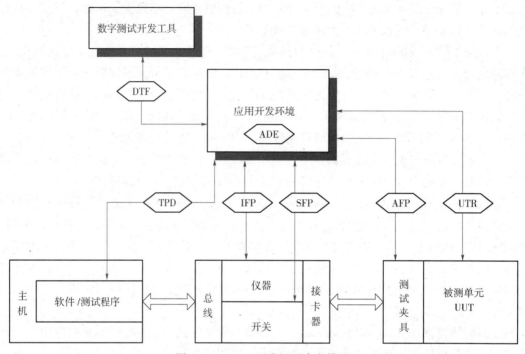

图 9-4-4　TPS 开发视图参考模型

①应用开发环境 ADE（application development environments）是测试工程师创建和维护 TPS 的接口，TPS 可以用文档或图形化语言来描述。该接口是非强制的，因为 FRM 接口已经约束了对 ADE 的需求。

②适配器功能和参数数据 AFP（adapter function and parametric data）定义了测试夹具功能的信息和格式，规定 ADE 如何访问这些功能及相关性能参数。

③仪器功能和参数数据 IFP（instrument function and parametric data）规定了仪器的负载能力、感知能力和驱动能力的信息及格式，规定了 ADE 如何访问这些功能及相关性能参数。

④开关功能和参数数据 SFP（switch function and parametric data）规定了开关矩阵互联能力的信息和格式，以及 ADE 如何访问这些功能及相关性能参数。

⑤测试程序文档 TPD（test program documentation）是一种用自然语言描述的 TPS 文档信息，以便 TPS 维护人员使用。

⑥被测单元测试需求 UTR（UUT test requirements）规定了为实现 UUT 测试而必须应用于 UUT 的负载、感知和驱动能力，包括能够成功执行测试的最小性能集合。UUT 测试需求在 TPS 移植、重载的时候是十分需要的。该接口执行待定标准：IEEE 计算机协会测

试技术委员会–测试需求模型（TeRM）标准。

⑦数字测试数据格式 DTF（digital test data formats）描述了测试数字 UUT 必需的逻辑电平序列。数字测试数据一般被分为四个部分：模式、时序、电平和用于故障字典的电路及部件模型。此外，也有一些与数字测试密切相关的诊断数据。DTF 接口执行强制标准：IEEE 1445—1998（数字测试交互格式标准）。

3. 下一代自动测试系统的关键技术

要实现上述提出的 NxTest 系统体系架构及软硬件参考模型，需要不同于传统自动测试系统的一些关键技术作为支撑，下面对这些技术做简要描述。

（1）并行测试技术

并行测试指 ATS 在同一时间内完成多项测试任务，包括同时完成多个 UUT 的测试或在单个 UUT 上同步或异步运行对多个参数的测试任务。并行测试技术通过增加单位时间内 UUT 的数量提高系统吞吐率，减少仪器及 CPU 的闲置时间提高设备的利用率，通过对贵重设备的共享节约成本。目前国外采用多通道并行模拟测试技术已可以实现单个 UUT 的多个参数并行测试。例如 Teradyne 公司的 Ai7，在 C 尺寸单槽 VXI 模块上同时集成了 32 路并行测试通道，每个通道可以独立配置。NI 公司的 TestStand、TYX 公司的 Test Base 等软件则采用了多线程技术实现了测试资源的动态分配与优化调度，满足了多 UUT 的并行测试需求。

（2）合成仪器技术

简单地说，合成仪器技术是一种基于可动态配置功能模块的虚拟仪器技术。合成仪器可以支持多种应用，实现多通道激励或测量路径配置，高效地更新系统或为全新的系统完成配置，能够根据需求加入处理功能或新的测试算法，提供精密的系统级联合诊断能力等。2006 年以来，已经有一些合成仪器产品问世，详见 1.2.1 节中的描述。

（3）公共测试接口

公共测试接口既包括各类通用自动测试系统已经定义的机械、电气接口，也包括正在制订的功率接口模块、开关矩阵模块接口、信号接卡器与测试夹具等硬件接口。1999 年，关于 RFI（receiver fixture interface，接卡器与测试夹具接口）的 IEEE P1505 标准发布，为大规模测试系统测试组件间大量电信号的连接制订了规范。

（4）先进测试软件开发技术

TPS 从结构上可分为：面向仪器、面向应用和面向信号三种形式，其中，面向信号的开发能够充分实现 TPS 的互操作性。面向信号的开发使测试需求反映为针对 UUT 端口的测量/激励信号要求，使得 TPS 中不包含任何针对真实物理资源的控制操作。当测试资源模型也是围绕"信号"而建立时，则只要通过建立虚拟信号资源向真实信号资源的映射机制，就可以实现 TPS 在不同配置的测试系统上运行。在面向信号的软件方面，军用和航空测试领域提出了面向信号的组件库 ATLAS 2000；IVI 基金会在 IVI -MSS 模型基础上提出的基于信号接口的"IVI-Signal Interface"仪器驱动器标准，实现了更高层次的仪器互换；IEEE 于 2005 年发布了 IEEE 1641"用于信号与测试定义"的标准。这些标准都有益于实现 TPS 的可移植与互操作性。

从下一代自动测试系统体系结构的规划可以看出，未来通用测试系统软件体系结构将以 IEEE 制定的 ABBET 标准为基础来实现测试产品设计和测试维护信息的共享和重用。作为产品测试服务标准，ABBET 标准明确指出了集成设计数据、测试策略和需求、测试步骤、测试结果管理和测试系统应用的综合环境，涵盖了从测试产品设计、生产到维护的全生命周期的各个环节。采用 ABBET 标准将实现测试仪器的可互换，TPS 的可移植与互操作，支持软件资源的重用，使集成诊断测试系统的开发更方便、快捷。

随着被测对象的日益复杂和制造成本的增加，以数据处理为基础的传统测试诊断方法已经无法适应复杂设备的维护的需要，以知识处理为基础的人工智能技术将是自动测试系统发展的必然趋势，IEEE 1232 AI-ESTATE 标准制订了智能测试诊断系统的知识表达与服务方面的规范，确保了诊断推理系统相互兼容且独立于测试过程，实现了测试诊断知识可移植和重用。在测试诊断信息描述语言方面，IEEE P1671 则定义了 ATML（自动测试标注语言）标准，ATML 是 XML（可扩展标注语言）的一个子集，继承了 XML 适用于多种运行环境，便于与各种编程语言交互的优点，是目前最适合描述 ATS 中测试数据、资源数据、诊断数据和历史数据的语言。

习题与思考题 ▶▶ ▶

9-1 简述各代自动测试系统的特点。

9-2 常用的自动测试系统的外总线有哪几种？说明它们的主要用途。

9-3 GPIB 系统有哪几部分组成？说明 GPIB 接口的各种功能。如何实现这些功能？

9-4 说明 GPIB 系统的基本特性。如何设计和组建 GPIB 系统？

9-5 说明 VXI 自动测试系统结构的特点。

9-6 VXI 总线包含哪些信号线？各信号线的作用分别是什么？

9-7 什么是 PXI？比较 PXI 与 Compact PCI 的异同点。

9-8 说明 LXI 有哪些器件类型，各有什么特点。

9-9 说明在 IEEE488.2 和 SCPI 两个国际标准制订之后，为什么还要制订 VPP 规范。

9-10 什么是 VISA？

9-11 根据 VPP 仪器驱动器的模型，设计一种数字万用表的仪器驱动器函数树及函数模板。

9-12 什么是 IVI？IVI 技术的特点是什么？

9-13 在 IVI 仪器驱动器中，仪器互换性是如何实现的？

9-14 在 LabVIEW 或 LabWindows/CVI 环境下，设计一种虚拟 FFT 分析仪，通过 PC 的声卡来实现音频信号采集，并能够在屏幕上实时显示音频信号的时域波形及其频谱图。

$$P(\,|t|\leqslant t_\alpha)=\int_{-t_\alpha}^{t_\alpha}\frac{\Gamma\left(\dfrac{k+1}{2}\right)}{\sqrt{k\pi}\,\Gamma\left(\dfrac{k}{2}\right)}\left(1+\frac{t^2}{k}\right)^{-\frac{k+1}{2}}\mathrm{d}t=P\big[\,|\bar{x}-E(X)|\leqslant t_\alpha\hat{\sigma}(\bar{x})\,\big]$$

$$=P\big[\,|\bar{x}-E(X)|\leqslant t_\alpha\hat{\sigma}(X)/\sqrt{n}\,\big]$$

$$t=\frac{\delta}{\hat{\sigma}(\bar{x})}=\frac{\bar{x}-E(X)}{\hat{\sigma}(X)/\sqrt{n}}$$

$$k=n-1$$

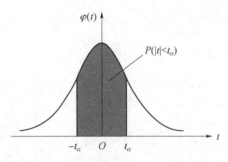

表 A-1　t_α 值表

P(k)	0.5	0.6	0.7	0.8	0.9	0.95	0.98	0.99	0.999
1	1.000	1.376	1.963	3.078	6.314	12.706	31.821	63.657	636.619
2	0.816	1.061	1.386	1.886	2.920	4.303	6.965	9.925	31.598
3	0.765	0.978	1.250	1.638	2.353	3.182	4.541	5.841	12.924
4	0.741	0.941	1.190	1.553	2.132	2.776	3.747	4.604	8.610
5	0.727	0.920	1.156	1.476	2.015	2.571	3.365	4.032	6.859
6	0.718	0.906	1.134	1.440	1.943	2.447	3.143	3.707	5.959
7	0.711	0.896	1.119	1.415	1.895	2.365	2.998	3.499	5.405
8	0.706	0.889	1.108	1.397	1.860	2.306	2.896	3.355	5.041

续表

$P(k)$	0.5	0.6	0.7	0.8	0.9	0.95	0.98	0.99	0.999
9	0.703	0.883	1.100	1.383	1.833	2.262	2.821	3.250	4.781
10	0.700	0.879	1.093	1.372	1.812	2.228	2.764	3.169	4.587
15	0.691	0.866	1.074	1.341	1.753	2.131	2.602	2.947	4.073
20	0.687	0.860	1.064	1.325	1.725	2.086	2.528	2.845	3.850
25	0.684	0.856	1.058	1.316	1.708	2.060	2.485	2.787	3.725
30	0.683	0.854	1.055	1.310	1.697	2.042	2.457	2.750	3.646
40	0.681	0.851	1.050	1.303	1.684	2.021	2.423	2.704	3.551
60	0.679	0.848	1.046	1.296	1.671	2.000	2.390	2.660	3.460
120	0.677	0.845	1.041	1.289	1.658	1.980	2.358	2.617	3.373
∞	0.674	0.842	1.036	1.282	1.645	1.960	2.326	2.576	3.291

附录 B　肖维纳准则表

n	Ch	n	Ch	n	Ch
5	1.65	16	2.16	27	2.35
6	1.73	17	2.18	28	2.37
7	1.79	18	2.20	29	2.38
8	1.86	19	2.22	30	2.39
9	1.92	20	2.24	31	2.45
10	1.96	21	2.26	32	2.50
11	2.00	22	2.28	33	2.58
12	2.04	23	2.30	34	2.64
13	2.07	24	2.32	35	2.74
14	2.10	25	2.33	36	2.81
15	2.13	26	2.34	37	3.02

附录 C　格拉布斯准则表

g ／ n 置信概率	3	4	5	6	7	8	9	10	11	12	13
95%	1.15	1.46	1.67	1.82	1.94	2.03	2.11	2.18	2.23	2.29	2.33
99%	1.16	1.49	1.75	1.94	2.10	2.22	2.32	2.41	2.48	2.55	2.61

g ／ n 置信概率	14	15	16	17	18	19	20	21	22	23	24
95%	2.37	2.41	2.44	2.47	2.50	2.53	2.56	5.58	2.60	2.62	2.64
99%	2.66	2.71	2.75	2.79	2.82	2.85	2.88	2.91	2.94	2.96	2.99

g ／ n 置信概率	25	30	35	40	50	100
95%	2.66	2.74	2.81	2.87	2.96	3.17
99%	3.01	3.10	3.18	3.24	3.34	3.58

附录D IEEE 488.2 标准

D.1 IEEE 488.2 的内容和应用范围

20世纪70年代中期，IEEE 488.1 标准的制订极大地推进了自动测试系统的发展。但是，IEEE 488.1 仅规定了仪器在电气、机械和基本功能方面的相容性要求，对于代码、格式、通信协议和公用命令等方面的系统相容性要求未作规定。仪器制造商常需要在 IEEE 488.1 标准的基础上，自行定义数据格式及通信协议，这无疑增加了仪器设计者的工作量，也使测试系统应用软件的可重用性受到了很大的限制。为了解决这些问题，1981年 IEEE 颁布了 IEEE 728 标准，给出了 IEEE 488 接口系统中使用的代码与格式转换的推荐性标准，但仍未对通信协议和公用命令作出规定。1987年，IEEE 又颁布了 IEEE 488.2-1987，即：用于 IEEE 488.1-1987 可程控仪器数字接口系统的 IEEE 标准代码、格式、协议和公用命令。1992年颁布了 IEEE 488.2 的修订版"IEEE Std 488.2-1992"。

IEEE 488.2 标准规定了一套代码和格式，供采用 IEEE 488.1 总线连接的器件使用，定义了对与应用无关但与器件相关的消息交换具有影响力的通信协议，以及在仪器系统应用中十分有用的一些公用命令和特性，进一步扩展和解释了 IEEE Std 488.1-1987 标准包含的一些接口功能，并保证与原标准的兼容性。

IEEE 488.2 标准主要涉及以下6个方面内容。

①以 IEEE 488.1 的功能子集形式给出了支持 IEEE 488.2 协议器件所必须配置的 IEEE 488.1 讲者、听者、源握手、受者握手、器件清除和服务请求等接口功能。

②包括出错处理在内的标准消息处理协议，用于保证控者发出的程序消息和器件发出的响应消息都能可靠地进行传送。

③定义了明确的程序消息和响应消息语法结构，特点是器件在接收消息时比发送消息时有更多的灵活性，即要求器件能宽容地听、严格地讲。

④定义了在仪器系统中有广泛用途的41条公用命令，其中13条是必备的，另外28条是可选的，或是在选择了某种非必选的器件接口功能后才转为必备的。

⑤使用标准的状态报告模式，规定了若干用于服务请求和查询的公用命令以配合状态报告工作。

⑥定义了系统地址配置和同步协议。IEEE 488.2 增加了地址自动分配功能，定义了2条用于地址自动分配的命令和有关工作过程的说明；同时还提供3条专门用于同步的公用

命令，以保证程序和器件功能同步。

尽管如此，采用 IEEE 488.2 标准不能保证系统在应用级上的兼容性。为了实现一个最优化系统的配置，用户必须熟悉所有系统部件的特性。

D. 2　IEEE 488 接口系统的消息交换

1. 程序消息和响应消息

IEEE 488 系统是由总线连接起来的控者和若干器件组成，控者和器件之间的消息传递构成了整个系统的消息交换。如图 D-1 所示，程序消息由控者发送给器件，使器件产生一定操作的消息；而响应消息由器件发送给控者，以响应程序消息。无论是程序消息还是响应消息都是在 ATN=1 下传送的。程序消息和响应消息分别由听、讲语法单元组成。

图 D-1　一般消息传输

2. 功能协议层

图 D-2 为消息交换的功能协议分层图。

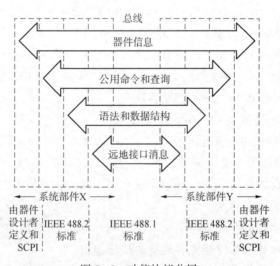

图 D-2　功能协议分层

由图 D-2 可以看出，一个仪器的消息交换功能可分为四个层次。A 层为接口功能，由 IEEE 488.1 定义，包括接口的机械、电气及功能特性规范；B 层和 C 层，即消息通信功能层和公用系统功能层，由 IEEE 488.2 标准定义，包括消息交换的代码、格式、协议及公用命令规范；D 层为器件功能层，可由设计者自行定义或根据 SCPI 设计。

D.3 IEEE 488.2 公用命令

IEEE 488.2 标准将一些常用命令定义成仪器必须按标准严格执行的一组命令，即公用命令。公用命令分命令和查询两种形式。区别于专用命令，所有公用命令前都加有星号，查询形式的公用命令都以问号为结束符。下面将分别叙述各类公用命令。

1. 自动配置命令

此类命令包括 2 条可选命令。

① *AAD：接受地址命令。该命令与地址设置协议配合，使控者检查所有的地址可配置器件（即执行该命令的器件），并分配给每个器件一个 IEEE 488.1 地址。

② *DLF：禁止听者功能命令。该命令取消地址可配置器件的听者功能。

2. 系统数据命令

此类命令包括 1 条必备命令和 5 条可选命令。

① *IDN?：识别查询，必备命令，用于查询系统接口中器件的唯一标识，包括生产厂家、型号、序列号、固件版本等。

② *OPT?：选项识别查询，用于识别系统接口中的可读选项。

③ *PUD：保护性用户数据命令，用于存储器件独有的数据，包括校准日期、使用时间、环境条件和总量控制编号等，至少应提供 63 字节的存储区域。

④ *PUD?：保护性用户数据查询，用于读取 *PUD 存储区域的内容。

⑤ *RDT：资源描述传输命令，将一条资源描述存储在器件中。

⑥ *RDT?：资源描述传输查询，从器件读取资源描述。

3. 内部操作命令

此类命令有 2 条必备命令和 2 条可选命令。

① *RST：复位命令，必备命令，执行器件复位。

② *TST?：自检查询，必备命令，使器件执行内部自检过程，并在输出队列中返回器件是否已正确完成自检的响应信息。

③ *CAL?：校准查询，可选命令。使器件执行内部自校准过程，并产生指示器件是否已正确地完成自校准的响应信息。

④ *LRN?：识别器件设置查询，可选命令。使编程者可以获取一个由<响应消息单元>组成的序列。该序列可以作为<程序消息单元>，将器件恢复为 *LRN? 命令执行时的状态。

4. 同步命令

此类命令包括 3 条必备命令。

① *WAI：等待继续命令，使器件停止执行命令或查询，直到非操作挂起标志为真。

② *OPC?：操作完成查询，在器件完成所有挂起的操作后，在器件的输出队列中放置 ASCII 字符 "1"。

③＊OPC：操作完成命令，在器件完成所有挂起的操作后，将标准事件状态置于寄存器中的 OPC 位置位。

5. 宏命令

此类公用命令包括 6 条可选命令。

①＊DMC：宏定义命令，允许编程者为一个宏标记指定一个由 0 或多个<程序信息单元>组成的序列。

②＊EMC：宏使能命令，使能或禁止宏扩展，但不影响宏定义。

③＊EMC？：宏使能查询，查询宏是否被使能。

④＊GMC？：宏内容查询，读取宏命令的当前定义。

⑤＊LMC？：识别宏查询，返回当前定义的宏标记。

⑥＊PMC：清除宏命令，删除所有由＊DMC 命令定义的宏。

这 6 条命令是成组出现的。如果 6 条中有 1 条能被某器件执行，则其他命令或查询也应能被执行。

6. 宏扩展命令

此类命令只有 1 条可选命令：＊RMC，用于从器件中清除 1 条宏定义。

7. 并行查询命令

当器件选用 PP1 功能子集时，以下 3 条并行查询命令是必备的。

①＊IST？：个别状态查询，读取 IEEE 488.1 定义的器件本地消息"ist"的当前状态。

②＊PPE：并行查询使能寄存器命令，用于设置并行查询使能寄存器。

③＊PRE？：并行查询使能寄存器查询，用于查询并行查询使能寄存器的当前内容。

8. 状态和事件命令

此类命令和查询与器件的状态报告能力有关，包括有 7 条必备命令和 2 条可选命令。

①＊PSC：上电状态清除命令，可选命令。在系统上电时自动清除服务请求使能寄存器、标准事件状态使能寄存器、并行查询使能寄存器和一些器件相关事件使能寄存器。

②＊PSC？：上电状态清除查询，可选命令。用于获取器件的上电清除标志，"0"表示各寄存器将保留原有状态，"1"表示各寄存器将被清零。

③＊CLS：清除状态命令，必备命令。该命令将清除状态数据结构，并迫使器件进入操作完成命令空闲状态和操作完成查询空闲状态。

④＊ESE：标准事件状态使能命令，必备命令。用于设置标准事件状态使能寄存器。

⑤＊ESE？：标准事件状态允许查询，必备命令。用于查询标准事件状态使能寄存器的当前内容。

⑥＊ESR？：标准事件状态寄存器查询，必备命令。用于查询标准事件状态寄存器的当前内容。

⑦＊SRE：服务请求允许命令，必备命令。用于设置器件服务请求使能寄存器。

⑧＊SRE？：服务请求允许查询，必备命令。用于查询器件服务请求使能寄存器的当前状态。

⑨＊STB？：读状态字节查询，必备命令。用于读取器件的状态字节和 MSS（主综合状

态）位。

9. 触发命令

此类命令包括 3 条可选命令。

① * TRG：触发命令，实现 IEEE 488.1 的群执行触发接口消息"GET"的功能。当器件执行 DTI 功能子集时该命令是必备的。

② * DDT：定义器件触发命令，可选命令。* DDT 定义一个执行序列，当器件收到一个群执行触发（GET）接口消息或 * TRG 触发命令时，执行该序列。

③ * DDT?：定义器件触发查询，可选命令，用于读取当器件接收到 GET 或 * TRG 命令时所执行的命令序列内容。

10. 控者命令

此类命令只有 1 条回传控制权命令" * PCB"。对于不包含 C0 功能子集的控者，该命令是必备的。用于通知可能成为控者的器件：在该器件发送 TCT（取得控制权）接口消息时，控者将把控制权回传给该器件。

11. 存储设置命令

此类命令有 2 条任选命令。

① * RCL：恢复命令，使器件恢复保存在本地存储器中的器件设置。

② * SAV：存贮命令，将器件的当前设置保存在本地存储器中。器件的文档中应明确规定可存储的器件设置项目。

12. 存储设置扩展命令

此类命令只有 1 条保存默认器件设置命令" * SDS"。在设置存储设置命令的基础上，可以选用该命令，实现对保存/恢复寄存器的初始化。

附录E 可程控仪器标准命令SCPI

IEEE 488.2用于实现仪器的内务管理而并不涉及器件消息本身。为了解决器件消息的标准化问题，1988年，HP公司推出了标准化的系统语言HP-SL，并于次年改称为测试和测量系统语言TMSL。1990年4月，由HP、Tektronix等九家知名的仪器制造商组成了联合体，一致同意采用可程控仪器标准命令集SCPI，并公布了第一版标准文本SCPI Rev. 1990.0。作为一种开放式的"活"标准，SCPI联合体成员及非成员都可以提出对SCPI的补充和修改意见。目前，SCPI已经在IEEE 488、VXI和串行口等仪器产品中得到较为广泛的应用，其最新版本是SCPI Rev1999.0。

SCPI标准包含三部分内容：语法形式、命令构造和数据交换格式。

1. 语法形式

（1）助记符

SCPI采用英文单词作为各种命令的助记符，并遵守以下的缩写规则：

①若一个英文单词的字母个数少于4个，这个词本身就是一个助记符；

②若一个英文单词的字母个数超过4个，取前4个字母作为助记符；

③若助记符的结尾是元音字母，则去掉这个元音字母，只保留3个字母；

④若助记符是一个句子，则使用每一个单词的中的首字母和最后一个单词的全部字母作为关键词，再按前述①、②、③三条原则进行处理。

例如，单词"Frequency"缩写为"FREQ"，"Power"缩写为"POW"，"Free"缩写为"FREE"，"Direct Sequence"缩写为"DSEQ"。为了阅读程序的方便，SCPI还允许采用另一种长助记符形式。长助记符分为两部分，第一部分为上述形式的简略助记符，用大写字母表示，第二部分为关键词的其他部分，用小写字母表示，例如Power可记作POWer。

（2）层次结构

SCPI命令采用"树型网络"复合层次结构，多个助记符连接起来构成一个复合词，助记符之间用冒号隔开，以表示一个完整的功能。例如，进行电压周期测量的命令为"MEASure：VOLTage：PERiod"。这种多层结构使SCPI命令含意清晰、条理清楚、易于扩展。

（3）标准参数格式

SCPI规定了数值参数、逻辑参数、开关参数等几种标准参数格式。数值参数可采用十进制、十六进制或二进制形式，也可以是一些特殊参数，如最小值、无穷大等。数值参数可以有单位后缀。逻辑参数有两个取值，即1、0或ON、OFF。开关参数通常包含多个枚举值，例如，触发源有内触发、外触发、总线触发和立即触发等开关参数值。

2. 命令构造

SCPI 定义了 IEEE 488.2 的 13 个必备命令和 400 个以上的 SCPI 可选命令。一种仪器并不需要实现所有命令的功能。为了使标准化的命令与具体仪器硬件无关，SCPI 给出了如图 E-1 所示一种通用仪器模型，用于指导仪器命令集的构造。

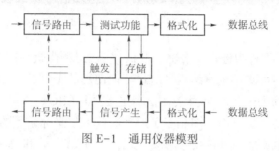

图 E-1　通用仪器模型

图中的每个方框都对应一个 SCPI 子系统，各子系统又有更详细的模型描述。有了这种通用仪器模型，各种仪器命令的构造就会变得简单方便。首先根据需要，找到系统的特定功能块，然后沿着"树型网络"从顶向下寻找各分支，寻找是否有完成相应功能的指令，若有，就可以直接写出完整的命令；否则，就需要加入一个分支点，以扩展其指令集。

3. 数据交换格式

SCPI 的数据交换格式描述了一种数据集的标准表示方法，用于实现仪器与仪器之间及其他应用场合中数据的交换。这种数据交换格式是以 Tektronix 公司的模拟数据交换格式（ADIF）为基础，经过修改补充到 SCPI 中的。

附录 F 史密斯圆图

史密斯圆图是 RF 工程中进行反射率（驻波比）、射频阻抗/导纳分析时常用的图形表示方法，尤其是在进行简单匹配网络设计时最普遍使用的工具。

史密斯圆图是于 1939 年由当时美国无线电公司（RCA 公司）的菲利普·史密斯（Phillip Smith）发明的。史密斯圆图相当于把平面笛卡尔坐标系下的复阻抗图（Z 平面），将纵轴（虚轴 jX 或电抗轴）向右侧弯曲成半圆，并在 $jX \to \infty$ 和 $jX \to -\infty$ 处将其闭合，并使其与横轴（实轴 R 或电阻轴）$R \to \infty$ 的点重合，形成一个圆。经过这样的转换，就把原来笛卡尔坐标系下无限大的复阻抗平面压缩到一个有限的平面圆周之内。

所以，史密斯圆图实质上还是一幅复阻抗图（见图 F-1），圆图中央的水平轴是阻抗的实轴，即纯电阻轴。需要注意的是，在史密斯圆图中阻抗的刻度单位是以归一化的形式来标度的。比如对于参考阻抗 Z_0 为 50 Ω 的系统（这也是最常见的 RF 参考阻抗），横轴的中心点（也是圆图的中心点）刻度为 1，代表该点的阻抗为 $Z = 50 + j0$，而横轴的左端点为 $0 + j0$（短路点），右端点为 $\infty + j0$（开路点）。横轴以上的半圆区域内，阻抗的虚部（电抗）为正值，即感性区域，而横轴以下的半圆部分电抗为负值，即容性区域。圆图中一系列被中央横轴平分，并在圆图右端相切的圆周为等电阻圆，在这些圆周上具有相同的阻抗实部（电阻）。圆图中还有一系列与等电阻圆相正交的圆弧，称为等电抗圆，即在这些圆弧线上的点具有相同的阻抗虚部（电抗）。

鉴于负载反射率的定义为 $\Gamma = \dfrac{Z_L - Z_0}{Z_L + Z_0}$，所以史密斯圆图也可以直接拿来用于表示反射率 Γ（S_{11}），或端口电压驻波比（VSWR），只不过需要将坐标刻度数字改成相对应的数值即可。

如果将笛卡尔坐标系下的复导纳平面（Y 平面），作与史密斯圆图类似的变换，则可以得到反转史密斯圆图，其形式上与史密斯圆图呈左右对称关系。原电阻轴变成了电导轴（为保持与阻抗圆图一致，其方向被对调了），其左端点仍然为短路点（$Y \to \infty$），右端点为开路点（$Y = 0$）。一系列的等电导圆相切交于左侧短路点；与等电导圆正交的则为一系列等电纳圆。反转史密斯圆图的横轴以上半平面仍为感性区，下半平面仍为容性区。

圆图经常作为射频阻抗匹配设计的辅助工具。其中，史密斯圆图（阻抗圆图）适用于进行串联匹配设计，而反转史密斯圆图（导纳圆图）则非常便于进行并联匹配设计，如图 F-2 所示。所以，还出现了一种将阻抗和导纳圆图重叠起来的复合史密斯圆图，分别用两种颜色来区分阻抗和导纳，如图 F-3 所示。这种复合圆图常常被当作射频阻抗设计过程中的计算表来使用。

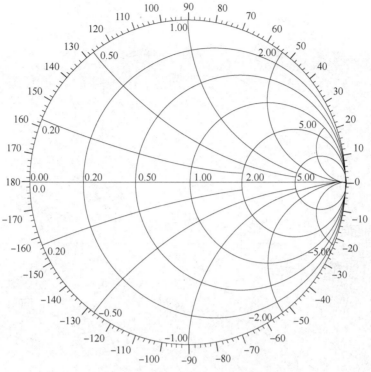

图 F-1 史密斯圆图（阻抗圆图）

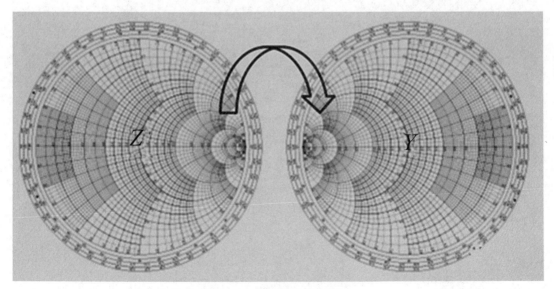

图 F-2 阻抗圆图与导纳圆图

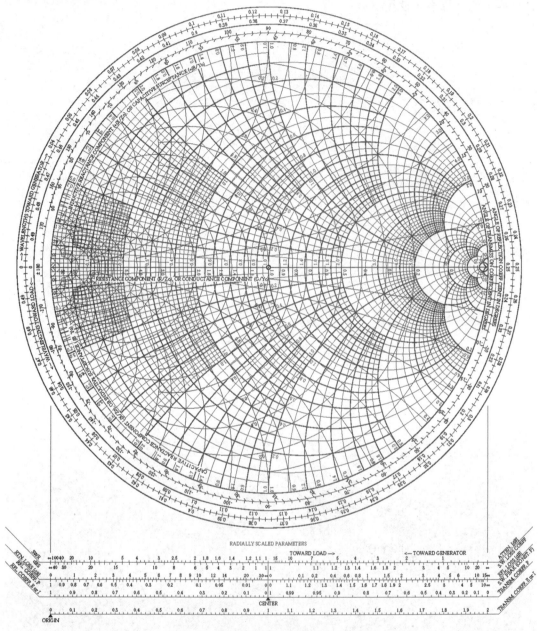

图 F-3　复合史密斯圆图（阻抗+导纳）

参考文献

[1] 蒋焕文,孙续. 电子测量[M]. 3 版. 北京：中国计量出版社,2008.

[2] WRITE RA.Electronic Test Instruments[M].2nd ed. America：Prentice Hall Upper Sanddle River,2002.

[3] 杨吉祥,詹宏英,梅杓春. 电子测量技术基础[M]. 南京：东南大学出版社, 1999.

[4] 张永瑞,刘振起,杨林瑞,等.电子测量技术基础[M]. 西安：西安电子科技大学出版社,1994.

[5] 李希文,赵建. 电子测量技术[M]. 西安：西安电子科技大学出版社,2008.

[6] 邓斌. 电子测量仪器[M]. 北京：国防工业出版社,2008.

[7] 李袁柳,王玉珍.调制域分析仪在频率测量上的应用[J]. 宇航计测技术,1999, 19(1):5.

[8] 李君雅.基于无源和有源延迟链的频率时间测量方法及研究[D]. 西安：西安电子科技大学,2009.

[9] 孙杰,潘继飞. 高精度时间间隔测量方法综述[J]. 计算机测量与控制,2007, 15(2): 145- 148.

[10] 朱恒宝. 游标法时间间隔测定器[J]. 华东船舶工业学院学报,1997,11(2):90-97.

[11] 练泽霖. DDS 频率合成及测频技术研究[D]. 南京：南京理工大学, 2009.

[12] 陈跃. 高速深存储任意波形发生器数字系统设计[D]. 成都：电子科技大学, 2009.

[13] 王森章. 直接数字频率合成研究及其 FPGA 实现[D]. 上海：上海交通大学, 2004.

[14] 王忠林. 基于 DDS 技术的多功能信号发生器研究[D]. 济南：山东大学, 2007.

[15] CORDESSES L .Direct digital synthesis：a tool for periodic wavegeneration[M].Atlanta：John Wiley & Sons, Inc, 2012.

[16] NICHOLAS H T, SAMUELI H, KIM B. The optimization of direct digital frequency synthesizer performance in the presence of finite word length effects[C]//Proceedings of the 42nd Annual Frequency Control Symposium, 1988;357-363.

[17] BEST R E.锁相环设计、仿真和应用[M]. 李永明,译.5 版. 北京：清华大学出版社,2007.

[18] 黄智伟. 锁相环与频率合成器电路设计[M]. 5 版. 西安：西安电子科技大学出版社,2008.

[19] WANG B.Techniques de modélisation et de simulation pour la vérification précise de PLLs á facteur de division entiere[D]. Limoges：UNIVERSIT' E DE LIMOGES, 2009.

［20］JOHNSON H, GRAHAM M. High speed digital design：a handbook of black magic［M］. New Jersey：Prentice Hall, 1993.

［21］CORCORAN J, POULTON K. Analog-to-digital converters：20 years of progress in agilent oscilloscopes［J］. Agilent measurement journal, 2007：34-40.

［22］吕洪国. 现代网络频谱测量技术［M］.北京：清华大学出版社,2000.

［23］赵会兵. 虚拟仪器技术规范与系统集成［M］. 北京：清华大学出版社,2003.

［24］于劲松,李行善.下一代自动测试系统体系结构与关键技术［J］.计算机测量与控制, 2005,13(1):1-3.

［25］彭刚锋. 基于 NxText 的军用自动测试系统研究［J］. 航空计算技术,2008,38(2):93 -95.

［26］肖明清,朱小平. 并行测试技术综述［J］. 空军工程大学学报(自然科学版),2005,6 (3):22-25.

［27］李行善,梁旭. 基于局域网的自动测试设备组建技术［J］. 计算机测量与控制,2006,14 (1):1-4.

［28］陈希林,王学奇. LM-STAR 案例分析及下一代测试技术展望［J］. 计算机应用研究, 2007,24(5):48-51.

［29］李华. 综合仪器和下一代自动测试系统［J］. 国外电子测量技术,2005,24(12):1-4.

［30］KERNER J. Joint technical architecture：impact on department of defense programs［J］. Journal of defense software engineering,2001:4-9.

［31］MNLESICH M. Software architecture requirements for DoD automatic test systems［J］.IEEE AES system magazine, 2000:31-38.

索引（汉语拼音顺序）

峰值检测 ~	Peak detect ~
过采样 ~	Oversampling ~
均值 ~	Averaging ~
采样	Sampling
等效时间 ~	Equivalent time ~
实时 ~	Real-time ~ (Single shot ~)
顺序 ~	Sequential ~
随机 ~	Random repetitive ~
采样率	sample rate
有效 ~	effective ~
参考电平	reference level
测量	measurement
电子 ~	electronic ~
时域 ~	Time domain ~
频域 ~	Frequency domain ~
数据域 ~	Data domain ~
调制域 ~	Modulation domain ~
测量不确定度	Uncertainty of measurement
测试	test
测试程序集	TPS, Test program set
长期稳定度	Long-term stability
触发	Trigger
~电平	~ level
~极性	~ slope
~事件	~ event
~限定	~ qualification
~序列	~ sequence
~ 抑制	~ hold-off
矮脉冲 ~	Runt ~
边沿 ~	Edge ~
单次 ~	Single ~
电源 ~	AC line ~
电平 ~	Level ~

低通环路滤波器   LPF, Low pass filter

电平表   Electric level meter

电子计数器   Electronic counter

    常规~   Conventional~

多周期平均测量   multiple period averaging measurement

动态范围   Dynamic range

短期稳定度   Short-term stability

F

FFT 分析仪   Fast fourier transformation analyzer

FPGA   Field programmable gate array

非等精密度测量   Unequal precision measurement

分辨力   Resolution

    幅度~   Amplitude~

    频率~   Frequency ~

傅里叶变换   Fourier transformation

    离散~   DFT, Discret ~

    快速~   FFT, Fast ~

傅里叶分析仪   Fourier analyzer

G

给出值   Measured value

格拉布斯检验法   Grubbs criterion

共模抑制比   CMRR, common mode rejection ratio

广域测试环境   ABBET, A broad-based environment for Test

国际单位制   SI, Système international d′unités

国际通用计量学基本术语   VIM, International vocabulary of basic and general terms in metrology

H

混叠   aliasing

I

IVI   Interchangeable virtual instruments

J

计量   metrology

    ~基准   Measurement standard

加窗   Windowing

加权平均   Weighted mean

多斜积分式~	Multi-slope ~
脉冲调宽式~	Pulse width modulation~
时间交织式~	Time interleaved ~
双斜积分式~	Dual slope ~
斜坡电压式~	Ramp run-up~
余数再循环~	~ using recirculation of remainder
子带~	Subranging ~
逐次逼近式~	Successive approximation ~

N

奈奎斯特	Nyquist
内插	Interpolation
线性~	Linear ~
正弦~	Sinusoidal~

P

PC-DAQ	Personal computer based data acquisition
频率合成器（频率综合器）	frequency synthesizer
多环~	Multi-PLL ~
频率稳定度	Frequency stability
频谱分析仪	Spectrum analyzer
外差式~	Heterodyne ~
实时~	RTSA, real-time ~
扫描滤波式~	Sweep filtering ~

Q

权	weight

R

任意波形发生器	AWG, Arbitrary waveform generator

S

SCPI	Standard commands for programmable instruments
三线挂钩	Handshake processusing three signal lines
扫描	Sweep
~正程	Forward ~
~回程	Backward ~
扫频宽度	SPAN
时间间隔误差	TIE, Time interval error

伪随机二进制序列	PRBS，Pseudo random binary sequences
无杂散动态范围	SFDR，Spurious free dynamic range
误差（测量误差）	Error（measurement error）
变值系统~	Variable systematic~
触发~	Trigger~
粗大~	Gross~，Abnormal~
分贝~	Decibel~
读数~	Reading~
固有~	Inherent~
恒值系统~	Constant systematic~
绝对~	Absolute~
累进性系统~	Progressive systematic~
量化（±1）~	Quantization（±1 count）~
满度相对~	Full-scale relative~
容许~	permissible~
时基~	Time base~
随机~	Random~
相对（真）~	Relative~
引用（相对）~	Fiducial（relative）~
系统~	Systematic~
转换~	Transformation~
周期性系统~	Periodic systematic~

X

X-Y 显示	X-Y display
显示保持	Display persistence
彩色~	Color display persistence
相位噪声	Phase noise
肖维纳检验法	Chauvenet criterion
谐波抑制	Harmonic suppression
修正值	Correction value

Y

压控振荡器	VCO，Voltage-controlled oscillator
仪器	Instrument
合成~	SI，Synthetic instrument

虚拟~	Virtual instrumentation
个人~	Personal instrument
PC~	PC instrument
智能~	Smart instruments
仪器驱动器	Instrument driver
游标法	Dual vernier method
有效数字	significant digit
预分频器	Prescaler
单模~	Single modulus ~
双模~	Dual modulus ~
四模~	Quadruple modulus~
原子时	AT，Atomic time

Z

ZOOM（缩放或细化）	ZOOM
Z 轴功能	Z-axis function
杂散抑制	Spur suppression
噪声系数	Noise factor
真值	True value
理论~	Theoretical ~
约定~	Conventional ~
正确度	Correctness，trueness
正弦查找表	LUT，Look up table
直接模拟合成法	DAFS，Direct analog erequency synthesis
直接数字波形合成	DDWS，Direct digital waveform sythesis
直接数字频率合成方法	DDFS，Direct digital freguency synthesis
自动测试设备	ATE，Automated test equipment
自动测试系统	ATS，Automatic test system
第一代~	First generation ~
第二代~	Second generation~
第三代~	Third generation~
下一代~	NxTest~
自动增益控制	AGC，Automatic gain control
总线	Bus
CAMAC~	CAMAC~

GPIB~	General purpose interface~
LXI~	LAN-based extensions for instrumentation
PCI	Peripheral component interconnect
PXI~	PCI extensions for instrumentation
VXI~	VMEbus extensions for instrumentation
最低有效显示数字	LSD, Least significant digit
准确度	accuracy